Gestaltung des Digitalen Schattens für Instandhaltungsdienstleistungen im Maschinen- und Anlagenbau

Design of the Digital Shadow for Maintenance Services of Equipment Manufacturers

Von der Fakultät für Maschinenwesen
der Rheinisch-Westfälischen Technischen Hochschule Aachen
zur Erlangung des akademischen Grades eines
Doktors der Ingenieurwissenschaften
genehmigte Dissertation

vorgelegt von

Tobias Harland

Berichter:

Univ.-Prof. Dr.-Ing. Dipl.-Wirt. Ing. Günther Schuh
Außerplanmäßiger Professor Dr.-Ing. Volker Stich

Tag der mündlichen Prüfung: 10. Dezember 2018

SCHRIFTENREIHE RATIONALISIERUNG

Tobias Harland

Gestaltung des Digitalen Schattens für Instandhaltungsdienstleistungen im Maschinen- und Anlagenbau

Herausgeber:
Prof. Dr.-Ing. Dipl.-Wirt. Ing. G. Schuh

Band 160

fir an der RWTH Aachen

Bibliografische Information der Deutschen Nationalbibliothek
Die Deutsche Nationalbibliothek verzeichnet diese Publikation in der Deutschen Nationalbibliografie; detaillierte bibliografische Daten sind im Internet über https://portal.dnb.de abrufbar.

Tobias Harland:

Gestaltung des Digitalen Schattens für Instandhaltungsdienstleistungen im Maschinen- und Anlagenbau

1. Auflage, 2019

Gedruckt auf holz- und säurefreiem Papier, 100% chlorfrei gebleicht.

Apprimus Verlag, Aachen, 2019
Wissenschaftsverlag des Instituts für Industriekommunikation und Fachmedien an der RWTH Aachen
Steinbachstr. 25, 52074 Aachen
Internet: www.apprimus-verlag.de, E-Mail: info@apprimus-verlag.de

Druck: KN Digital Printforce GmbH, Stuttgart

ISBN 978-3-86359-694-1

D 82 (Diss. RWTH Aachen University, 2018)

Für

meine Familie

Gestaltung des Digitalen Schattens für Instandhaltungsdienstleistungen im Maschinen- und Anlagenbau

Zusammenfassung

Unternehmen des Maschinen- und Anlagenbaus generieren heute einen signifikanten Anteil ihres Umsatzes und Gewinns mit produktbegleitenden Dienstleistungen. Weiterhin sind sie mit der Herausforderung konfrontiert, die digitale Transformation ihres Unternehmens zu gestalten. Eines der wichtigsten Konzepte der Industrie 4.0 ist der Digitale Schatten. Er kann als das hinreichend genaue, digitale Abbild des Unternehmens in Echtzeit definiert werden. Der Digitale Schatten fungiert folglich als übergeordnete Datenbank, die sämtliche relevanten Ereignisse im Unternehmen strukturiert aufnimmt. Damit leistet der Digitale Schatten einen wichtigen Beitrag dazu, vorhandene Datensilos in Unternehmen aufzubrechen und eine verlässliche Datenbasis für eine Vielzahl darauf aufbauender, rollenspezifischer Applikationen zu schaffen.

Folglich besteht das übergeordnete Ziel der Arbeit darin, Unternehmen des Maschinen- und Anlagenbaus dazu zu befähigen, einen Digitalen Schatten für ihre Dienstleistungen einzuführen. Hierzu wird auf Basis einer fallstudienbasierten Untersuchung zunächst eruiert, wie Instandhaltungsdienstleistungen als Basis für einen Digitalen Schatten zu modellieren sind. Anschließend wird ein Datenmodell entwickelt, das als Grundlage für eine Datenbank dienen kann.

Das Ergebnis der vorliegenden Arbeit ist ein Prozessbaukasten. Dieser beinhaltet sämtliche Prozessmodule, die in einer Instandhaltungsdienstleistung auftreten können. Aus der individuellen Konfiguration der Prozessmodule kann ein unternehmens-individuelles Datenmodell für den Digitalen Schatten der Instandhaltungsdienstleistungen bestimmt werden. Um die Anwendung dieses Prozessbaukastens und die anschließende Einführung des Digitalen Schattens zu unterstützen, besteht ein weiteres Ergebnis der Arbeit in einer Vorgehensweise zur Einführung eines Digitalen Schattens.

Design of the Digital Shadow for Maintenance Services of Equipment Manufacturers

Abstract

Equipment manufacturers today generate a significant share of their sales and profits with value-added services for their products. Furthermore, they are confronted with the challenge to design the digital transformation of their company. One of the most important concepts in the Industrie 4.0 is the Digital Shadow. It can be defined as the sufficiently precise, digital image of the company in real-time. The Digital Shadow thus functions as a superordinate database that records all relevant events in the company in a structured manner. In this way, the digital shadow makes an important contribution to breaking up existing data silos in companies and creating a reliable data basis for many role-specific applications based on it.

Consequently, the overall objective of the present work is to enable equipment manufacturers to introduce a digital shadow for their services. To this end, a case study research will first be conducted to determine how maintenance services can be modeled as the basis for a digital shadow. Then a data model is developed that can serve as a foundation for a database.

The result of this work is a modular kit of processes. This includes all process modules that can occur in a maintenance service. From the individual configuration of the process modules, a company-specific data model for the digital shadow of maintenance services can be determined. To support the application of this modular kit of processes and the subsequent introduction of the digital shadow. Another result of the present work is a procedure for the introduction of a digital shadow.

Inhaltsverzeichnis

1 Einleitung 3

1.1 Motivation 3
1.2 Zielsetzung 5
1.3 Forschungskonzeption & Aufbau der Arbeit 7

2 Begriffliche Grundlagen und Eingrenzung des Untersuchungsbereichs 11

2.1.1 Digitaler Schatten 11
2.1.2 Industrielle Dienstleistungen 12
2.1.3 Instandhaltung 15
2.1.4 Maschinen- und Anlagenbau in Deutschland 18
2.1.5 Informationen und Informationssysteme 20
2.1.6 (Geschäfts-)Prozesse 23
2.1.7 Zusammenfassung: Eingrenzung des Betrachtungsbereichs 24

3 Gestaltung des Digitalen Schattens - Status quo in Forschung und Technik 27

3.1 Status quo in der Forschung 27
3.1.1 Anforderungen 27
3.1.2 Vorarbeiten zum Digitalen Schatten 28
3.1.3 Vorarbeiten zur Modellierung von industriellen Dienstleistungen 31
3.1.4 Vorarbeiten für Daten- und Informationsmodelle von Dienstleistungen 39
3.1.5 Zwischenfazit: Ableitung des resultierenden Forschungsbedarfs 48
3.2 Erfassungstechnologien für den Digitalen Schatten 50
3.2.1 Klassifizierung der Technologien 51
3.2.2 Beschreibung der Technologien 52
3.2.3 Bewertung der Technologien 64
3.3 Systemarchitekturen für den Digitalen Schatten 69
3.3.1 Beschreibung der Systemarchitekturen 69
3.3.2 Vergleich der Systemarchitekturen 76

4 Theoretische Bezugspunkte und Konzepte 79

4.1 Case Study Research 79
4.2 Vorgehensweise zur Entwicklung des Referenzmodells 82
4.3 Grundsätze ordnungsmäßiger Modellierung 84
4.4 Auswahl der Modellierungstechnik und des -werkzeugs 86
4.4.1 Prozessmodellierung 88
4.4.2 Datenmodellierung 91

5 Konzeptionierung des Digitalen Schattens 93

5.1 Modellierungsebenen des Digitalen Schattens von Instandhaltungsdienstleistungen im Maschinen- und Anlagenbau 93

5.1.1 Modellierungsebenen des Systems *Digitaler Schatten* 93
5.1.2 Modellierungsebenen der Instandhaltungsdienstleistung 97
5.1.3 Konsolidierung des Modellrahmens 102
5.2 Erhebung der Referenzprozessmodule von Instandhaltungsdienstleistungen im Maschinen- und Anlagenbau 103
5.2.1 Auswahl der Fallstudien 106
5.2.2 Aufnahme und Analyse der Fallstudien 108
5.2.3 Referenzprozessmodule des Prozessbaukastens 110

6 Detaillierung des Referenzmodells für den Digitalen Schatten 121

6.1 Datenmodell des Digitalen Schattens 121
6.1.1 Dimension *Prozesse* 124
6.1.2 Dimension *Ressourcen* 125
6.1.3 Dimension *Ergebnisse* 127
6.1.4 Dimension *Dokumente* 127
6.1.5 Konsolidierung des Datenmodells 128
6.2 Informationsbedarfe in Serviceorganisationen 131
6.2.1 Strategie 135
6.2.2 Leistungsprogramm 136
6.2.3 Aufbau- und Ablauforganisation 138
6.2.4 Auftragsabwicklung 140
6.2.5 Kontinuierliche Verbesserung 141
6.2.6 Prüfung der Datenverfügbarkeit 143
6.3 Systeme und Technologien zur Erfassung der Daten des Digitalen Schattens 147
6.3.1 Szenario 1: Aufnahme von Stammdaten 148
6.3.2 Szenario 2: Aufnahme von Prozessergebnissen 150
6.3.3 Szenario 3: Identifikation von Objekten 152
6.3.4 Szenario 4: Anmeldung und Bestätigung von Prozessschritten 153
6.3.5 Szenario 5: Workflow 154
6.3.6 Konsolidierung 156
6.4 Formale Prüfung des Modells anhand der Grundsätze ordnungsgemäßer Modellierung 158

7 Einführung des Digitalen Schattens 161

7.1 Konzeptionierung der Vorgehensweise 161
7.2 Anwendung und Validierung der Vorgehensweise 164
7.2.1 Schritt 1: Prozessanalyse 164
7.2.2 Schritt 2: Entwurf des Datenmodells 167
7.2.3 Schritt 3: Technische Implementierung 173
7.2.4 Schritt 4: Nutzung des Digitalen Schattens 179

8 Zusammenfassung und Ausblick 183

8.1 Zusammenfassung und kritische Reflexion der Ergebnisse 183

8.2 Ausblick auf weitere Forschungs- und Entwicklungsbedarfe 185

9 Literaturverzeichnis 187

10 Anhang 201

10.1 Dokumentation des Referenzmodells 201
10.2 Aufnahme und Analyse der Fallstudien 228
10.3 Analyse Informationsbedarfe, Daten & Erfassungstechnologien 269
10.4 Interviews und Validierungsgespräche 280
10.4.1 Aufnahme der Fallstudien 280
10.4.2 Fokusgruppeninterviews zu Aufgaben im Service- und Instandhaltungsmanagement 280
10.4.3 Abschließende Validierungsgespräche 281

Abbildungsverzeichnis

Abbildung 1-1: Beispieldaten zu Auftragsstart und -ende eines industriellen Dienstleisters (eigene Analyse) ... 4

Abbildung 1-2: *acatech Industrie 4.0 Maturity Index* (SCHUH ET AL. 2017a, S. 16) ... 6

Abbildung 1-3: Zielsetzung der Arbeit (eigene Darstellung) ... 7

Abbildung 1-4: Forschungskonzeption nach ULRICH ET AL. (1984, S. 193) und Aufbau der Arbeit ... 9

Abbildung 2-1: Gütersystematik (CORSTEN U. GÖSSINGER 2007, S. 20) ... 12

Abbildung 2-2: Charakteristische Merkmale von Dienstleistungen (eigene Darstellung) ... 14

Abbildung 2-3: Idealtypische Systematisierung von Serviceleistungen (ENGELHARDT U. RECKENFELDERBÄUMER 2006, S. 222) ... 15

Abbildung 2-4: Instandhaltungsarten nach DIN 13306 (DIN EN 13306, S. 23) ... 17

Abbildung 2-5: Typologie nach Fertigungsart und Erzeugnisstruktur (BELZ ET AL. 1997, S. 37) ... 20

Abbildung 2-6: Beziehung zwischen Zeichen, Daten, Information und Wissen (KRCMAR 2015a, S. 4) ... 21

Abbildung 2-7: Komponenten eines Informationssystems (s. ABTS U. MÜLDER 2017, S. 15) ... 22

Abbildung 2-8: Eingrenzung der Arbeit (eigene Darstellung) ... 25

Abbildung 3-1: Migrationspfad zum Digitalen Schatten (s. BAUERNHANSL ET AL. 2017, S. 30) ... 30

Abbildung 3-2: Prinzipien der Produktionsfaktorkombination bei der Dienstleistungsproduktion (MALERI U. FRIETZSCHE 2008, S. 93) ... 32

Abbildung 3-3: Integrative Leistungserstellung (KLEINALTENKAMP 1997, S. 351) ... 33

Abbildung 3-4: Grundmodell der Dienstleistungsproduktion (CORSTEN U. GÖSSINGER 2007, S. 130) ... 35

Abbildung 3-5: Serviceproduktion (AMBERG ET AL. 2011, S. 91) ... 36

Abbildung 3-6: Ordnungsrahmen des Referenzmodells (GAJEWSKI 2004, S. 81) ... 38

Abbildung 3-7: Ordnungsrahmen des Service-Referenzmodells (KALLENBERG 2002, S. 97) ... 39

Abbildung 3-8: Servicemanagement-Pyramide (BECKER U. NEUMANN 2006, S. 628) 41

Abbildung 3-9: Informationsbedarfe im generalisierten Instandhaltungsprozess (s. DAEUBLE ET AL. 2015, S. 1022) ... 42

Abbildung 3-10: Eingabe-/Ausgabe-Dokumente in der Instandhaltung (Auszug) (DIN EN 13460, S. 25) ... 44

Abbildung 3-11: *Overview of activity types in ASFS networks* (HERTZ ET AL. 2012) .. 46

Abbildung 3-12: *Assistance processes: definition and metrics* (LEGNANI ET AL. 2007, S. 294) ... 47

Abbildung 3-13 Abgeleitete Technologielandschaft der Auto-ID-Systeme (i. A. a. MARTIN 2016, S. 522) ... 52

Abbildung 3-14: Übersicht optischer Codierungsstrukturen mit beispielhaften Codearten (i. A. a. MARTIN 2016, S. 524) ... 52

Abbildung 3-15: Aufbau von Barcodes (eigene Darstellung i. A. a. OVERMEYER 2014, S. U106) ... 53

Abbildung 3-16: Eigenschaften ausgewählter Barcodes (OVERMEYER 2014, S. U107) ... 54

Abbildung 3-17: *The New Technology Stack* (PORTER U. HEPPELMANN 2014, S. 70) 70

Abbildung 3-18: Schichtenmodell: Digitale Infrastrukturen (ARBEITSKREIS SMART SERVICE WELT / ACATECH (HRSG.) 2015, S. 17) ... 71

Abbildung 3-19: *The Architected Environment* (INMON 2005, S. 16) ... 72

Abbildung 3-20: *The Big Data Stack* (DAVENPORT U. DYCHÉ 2013, S. 10) ... 74

Abbildung 3-21: *Big data and data warehouse coexistence* (DAVENPORT U. DYCHÉ 2013, S. 21) ... 74

Abbildung 3-22: ‚Internet of Production'-Infrastruktur (SCHUH ET AL. 2017b, S. 121). 75

Abbildung 3-23: Vergleich möglicher Systemarchitekturen für den Digitalen Schatten 1/3 ... 76

Abbildung 3-24: Vergleich möglicher Systemarchitekturen für den Digitalen Schatten 2/3 ... 77

Abbildung 3-25: Vergleich möglicher Systemarchitekturen für den Digitalen Schatten 3/3 ... 77

Abbildung 4-1: Mengentheoretische Illustration des Referenzmodellbegriffs (THOMAS 2006, S. 14) ... 82

Abbildung 4-2: Vorgehensmodell zur Referenzmodellbildung (SCHÜTTE 1998, S. 185) ... 83

Abbildung 4-3: Metamodellierung (GEHRING 1998 zitiert nach GADATSCH 2017, S. 83) ... 86

Abbildung 4-4: ARIS-Haus mit Phasenkonzept (SCHEER 2002, S. 41) ... 88

Abbildung 4-5: Modellierungsmethoden im Vergleich – Notation (GADATSCH 2017, S. 128) ... 89

Abbildung 4-6: Grundform der „erweiterten" EPK (SEIDLMEIER 2015, S. 28)............ 90
Abbildung 5-1: Systemarchitektur für den Digitalen Schatten.................................. 94
Abbildung 5-2: Vergleich der Modelle industrieller Dienstleistungen 1/3 100
Abbildung 5-3: Vergleich der Modelle industrieller Dienstleistungen 2/3 101
Abbildung 5-4: Vergleich der Modelle industrieller Dienstleistungen 3/3 102
Abbildung 5-5: Modellrahmen für den Digitalen Schatten...................................... 103
Abbildung 5-6: Übersicht über bestehende Ansätze zur detaillierten Beschreibung von Instandhaltungsdienstleistungen (eigene Darstellung) 105
Abbildung 5-7: Übersicht über untersuchte Fallstudien 106
Abbildung 5-8: Ableitung und Weiterentwicklung des Prozessbaukastens auf Basis der Fallstudien (eigene Darstellung)... 109
Abbildung 5-9: Befüllung des Prozessbaukastens über die Fallstudien 110
Abbildung 5-10: Übersicht über die Module des Prozessbaukastens.................... 111
Abbildung 5-11: Anzahl Zuordnungen je Referenzprozessmodul.......................... 118
Abbildung 5-12: Abgleich der Referenzprozessmodule mit bestehenden Ansätzen (eigene Darstellung) 120
Abbildung 6-1: Zusammenspiel von Digitalem Schatten und Anwendungssystemen am Beispiel des Moduletauschs 122
Abbildung 6-2: Zuordnung von Entitätstypen zu Referenzprozessmodulen (Beispiel) 123
Abbildung 6-3: *Standard transactional life-cycle model* (VAN DER AALST 2016, S. 131) 125
Abbildung 6-4: Datenmodell des Digitalen Schattens als eERM 129
Abbildung 6-5: Auszug aus dem Digitalen Schatten einer Serviceorganisation...... 130
Abbildung 6-6: Attributszuordnungsdiagramm für den Entitätstyp *Serviceobjekt*.... 131
Abbildung 6-7: Aachener Lean-Services-Zyklus (STÜER 2015, S. 120)................. 132
Abbildung 6-8: Aufgaben und Informationsbedarfe im Themenfeld *Strategie* 135
Abbildung 6-9: Aufgaben und Informationsbedarfe im Themenfeld *Leistungsprogramm* 137
Abbildung 6-10: Aufgaben und Informationsbedarfe im Themenfeld *Aufbau- und Ablauforganisation*... 138
Abbildung 6-11: Aufgaben und Informationsbedarfe im Themenfeld *Auftragsabwicklung* 140
Abbildung 6-12: Aufgaben und Informationsbedarfe im Themenfeld *Kontinuierliche Verbesserung* 142

Abbildung 6-13: Daten aus dem Digitalen Schatten zur Bestimmung von Leistungskenngrößen hinsichtlich Kosten (Beispiel) 144

Abbildung 6-14: Anteil des gedeckten Informationsbedarfs im Servicemanagement durch den Digitalen Schatten 145

Abbildung 6-15: Übersicht über mögliche Szenarien zur Erfassung der Daten des Digitalen Schattens 147

Abbildung 6-16: Datenerfassungskonzept für den Digitalen Schatten 156

Abbildung 6-17: Verteilung der Szenerien zur Datenerfassung 157

Abbildung 7-1: Vorgehensweise im Business Engineering (ÖSTERLE 1995, S. 23) und Arbeitsschritte zur Einführung des Digitalen Schattens 162

Abbildung 7-2: Liste der Prozessschritte bei der InfraServ Knapsack (Auszug) 165

Abbildung 7-3: Abgleich der Prozessschritte mit den Prozessmodulen des Referenzmodells (Auszug) 166

Abbildung 7-4: Auszug aus dem Prozess der InfraServ Knapsack 167

Abbildung 7-5: Eleminieren und Ergänzen von Entitätstypen (Auszug) 168

Abbildung 7-6: Datenmodell der InfraServ Knapsack 169

Abbildung 7-7: Usecases und Informationsbedarfe für die InfraServ Knapsack 170

Abbildung 7-8: Definition der Schlüsselattribute (Auszug) 171

Abbildung 7-9: Zuordnung von Informationsbedarfen zu Attributen 172

Abbildung 7-10: Attributszuordnungsdiagramm aus dem Referenzmodell für den Entitätstyp *Ressource: Mitarbeiter* 172

Abbildung 7-11: Mögliche Systemarchitektur der InfraServ Knapsack 175

Abbildung 7-12: Fixe Workflows und Ad-hoc Workflows 176

Abbildung 7-13: Review-Formblatt mit beispielhaften Inhalten 181

Abbildung 10-1: Prozessbaukasten des Referenzmodells 201

Abbildung 10-2: Prozessmodul Anfrage/Auftrag erfassen 202

Abbildung 10-3: Prozessmodul *Anfrage/Auftrag technisch klären* 202

Abbildung 10-4: Prozessmodul *Angebot erstellen* 203

Abbildung 10-5: Prozessmodul *Ressourcen disponieren* 203

Abbildung 10-6: Prozessmodul *Auftrag vorbereiten* 204

Abbildung 10-7: Prozessmodul *Problem remote lösen* 204

Abbildung 10-8: Prozessmodul *Termin abstimmen* 205

Abbildung 10-9: Prozessmodul *Werkzeug versenden* 205

Abbildung 10-10: Prozessmodul *Zu Kunden/Servicestützpunkt fahren* 205

Abbildung 10-11: Prozessmodul *Zu Kunden/Servicestützpunkt reisen* 206

Abbildung 10-12: Prozessmodul *Vor Ort anmelden* 206

Abbildung 10-13: Prozessmodul *Gefährdung beurteilen* 206

Abbildung 10-14: Prozessmodul *Equipment rüsten* 207

Abbildung 10-15: Prozessmodul *Freigabe erhalten* 207

Abbildung 10-16: Prozessmodul *Serviceobjekt identifizieren* 207

Abbildung 10-17: Prozessmodul *Fehler identifizieren* 208

Abbildung 10-18: Prozessmodul *Funktion prüfen* 208

Abbildung 10-19: Prozessmodul *Modul prüfen* 209

Abbildung 10-20: Prozessmodul *Ressourcenverfügbarkeit prüfen* 209

Abbildung 10-21: Prozessmodul *Modul reinigen* 210

Abbildung 10-22: Prozessmodul *Modul demontieren* 210

Abbildung 10-23: Prozessmodul *Modul instand setzen (vor Ort)* 211

Abbildung 10-24: Prozessmodul *Modul instand setzen (Werkstatt)* 211

Abbildung 10-25: Prozessmodul *Modul montieren* 211

Abbildung 10-26: Prozessmodul *Modul versenden* 212

Abbildung 10-27: Prozessmodul *Arbeiten dokumentieren* 212

Abbildung 10-28: Prozessmodul *Auftrag abrechnen* 213

Abbildung 10-29: Prozessmodul *Auftrag vor Ort abschließen* 213

Abbildung 10-30: Datenmodell des Digitalen Schattens für Instandhaltungsdienstleistungen 214

Abbildung 10-31: Attributszuordnungsdiagramm *Entitätstyp Auftrag* 215

Abbildung 10-32: Attributszuordnungsdiagramm *Entitätstyp Ereignis* 215

Abbildung 10-33: Attributszuordnungsdiagramm *Entitätstyp Prozess* 215

Abbildung 10-34: Attributszuordnungsdiagramm *Entitätstyp Prozessmodul* 216

Abbildung 10-35: Attributszuordnungsdiagramm *Entitätstyp Status* 216

Abbildung 10-36: Attributszuordnungsdiagramm *Entitätstyp Ressource: Mitarbeiter* 217

Abbildung 10-37: Attributszuordnungsdiagramm *Entitätstyp Ressource: Werkzeug* 217

Abbildung 10-38: Attributszuordnungsdiagramm *Entitätstyp Ressource: Fahrzeug* 217

Abbildung 10-39: Attributszuordnungsdiagramm *Entitätstyp Ressource: Mitarbeiter* Kunde 218

Abbildung 10-40: Attributszuordnungsdiagramm *Entitätstyp Ressource: Serviceobjekt* 218

Abbildung 10-41: Attributszuordnungsdiagramm *Entitätstyp Ressource: Werkstatt* 218

Abbildung 10-42: Attributszuordnungsdiagramm *Entitätstyp Ressource: Plan/CAD-Modell* 219

Abbildung 10-43: Attributszuordnungsdiagramm *Entitätstyp Ressource: Modul* 219

Abbildung 10-44: Attributszuordnungsdiagramm *Entitätstyp Ressource: Neumodul* 219

Abbildung 10-45: Attributszuordnungsdiagramm *Entitätstyp Ressource: Externer Dienstleister* 220

Abbildung 10-46: Attributszuordnungsdiagramm *Entitätstyp Ergebnis: Kunde* 221

Abbildung 10-47: Attributszuordnungsdiagramm *Entitätstyp Ergebnis: Serviceobjekt* 221

Abbildung 10-48: Attributszuordnungsdiagramm *Entitätstyp Ergebnis: Maschinenparameter* 221

Abbildung 10-49: Attributszuordnungsdiagramm *Entitätstyp Ergebnis: Störung* 222

Abbildung 10-50: Attributszuordnungsdiagramm *Entitätstyp Ergebnis: Modul* 222

Abbildung 10-51: Attributszuordnungsdiagramm *Entitätstyp Ergebnis: Zustand des Moduls* 222

Abbildung 10-52: Attributszuordnungsdiagramm *Entitätstyp Ergebnis: Mitarbeiter* 223

Abbildung 10-53: Attributszuordnungsdiagramm *Entitätstyp Ergebnis: Werkzeug* . 223

Abbildung 10-54: Attributszuordnungsdiagramm *Entitätstyp Ergebnis: Externer Dienstleister* 223

Abbildung 10-55: Attributszuordnungsdiagramm *Entitätstyp Ergebnis: Neumodul* . 224

Abbildung 10-56: Attributszuordnungsdiagramm *Entitätstyp Ergebnis: Verfügbarkeit* 224

Abbildung 10-57: Attributszuordnungsdiagramm *Entitätstyp Ergebnis: Fahrzeug* .. 224

Abbildung 10-58: Attributszuordnungsdiagramm *Entitätstyp Ergebnis: Leistung* 225

Abbildung 10-59: Attributszuordnungsdiagramm *Entitätstyp Ergebnis: Starttermin (Plan)* 225

Abbildung 10-60: Attributszuordnungsdiagramm *Entitätstyp Ergebnis: Endtermin (Plan)* 225

Abbildung 10-61: Attributszuordnungsdiagramm *Entitätstyp Dokument: Servicebericht* 226

Abbildung 10-62: Attributszuordnungsdiagramm *Entitätstyp Dokument: Checkliste* 226

Abbildung 10-63: Attributszuordnungsdiagramm *Entitätstyp Dokument: Freigabe*. 226

Abbildung 10-64: Attributszuordnungsdiagramm *Entitätstyp Dokument: Foto/Video/Tonaufnahme* 226

Abbildung 10-65: Attributszuordnungsdiagramm *Entitätstyp Dokument: Angebot/Auftragsbestätigung/Rechnung* 227

Abkürzungsverzeichnis

ATEX	Atmosphères Explosibles
Auto-ID	automatische Identifizierung
BDE	Betriebsdatenerfassung
BPMN	Business Process Model and Notation
CAD	Computer-aided Design
CAQ	Computer-aided Quality
CRM	Customer-Relationship-Management
DIN	Deutsches Institut für Normung
DMS	Dokumentenmanagement-System
DV	Datenverarbeitung
EDV	elektronische Datenverarbeitung
eEPK	erweiterte ereignisgesteuerte Prozesskette
eERM	erweitertes Entity-Relationship-Modell
ERP	Enterprise-Resource-Planning
FEM	Finite-Elemente-Methode
GoM	Grundsätze ordnungsmäßiger Modellierung
GPS	Global Positioning System
ID	Identifikationsnummer
IEC	International Electrotechnical Commission
IoT	Internet of Things
ISO	International Organization for Standardization
IT	Informationstechnologie
MES	Manufacturing Execution System
OE	Organisationseinheit
OLAP	Online Analytical Processing
PDF	Portable Document Format
PLM	Product-Lifecycle-Management
RFID	Radio-Frequency-Identification (Radiofrequenzidentifikation)
RM	Referenzmodell

SCM	Supply-Chain-Management
SMS	Service-Management-System
UML	Unified Modeling Language
VDI	Verein Deutscher Ingenieure

1 Einleitung

1.1 Motivation

Daten werden heute mehr denn je als Rohstoff betrachtet. Maschinen- und Anlagenbauer sehen bspw. ein neues Geschäftsmodell darin, ihren Kunden die optimalen Produktionsparameter einer Maschine für ein bestimmtes Material als digitales Produkt anzubieten. Hierzu analysieren sie Daten aus dem Betrieb der Maschinen einer Vielzahl von Kunden (s. ARBEITSKREIS SMART SERVICE WELT / ACATECH (HRSG.) 2015, S. 58f.). Die Daten, die den Betrieb der Maschinen beschreiben, dienen folglich als Rohstoff für die Verarbeitung zu dem digitalen Produkt. Die Kunden des Anlagenbauers nutzen die zu Informationen veredelten Daten, um Anlagenparameter schneller für ein neues Material konfigurieren und ihre Produktionsprozesse effizienter gestalten zu können. Das Beispiel illustriert, was ein Unternehmen in der „Industrie 4.0" ausmacht: Es lernt systematisch aus Daten und steigert dadurch seine Agilität (s. SCHUH ET AL. 2017a, 11f.). Das Prinzip des **Lernens aus Daten** beschränkt sich dabei nicht auf die Produktionsprozesse, sondern betrifft sämtliche Geschäftsprozesse, insbesondere auch den Service eines Unternehmens (s. SCHUH ET AL. 2017a, S. 38).

Gemäß dieser Sichtweise ist ein Unternehmen heute als ein „informationsverarbeitendes System" zu verstehen, das aus Daten Entscheidungen und Handlungen ableitet (FIR E. V. AN DER RWTH AACHEN (HRSG.) 2017, S. 5). Genau wie ein Rohstoff können Daten in unterschiedlicher Qualität vorliegen. Die Qualität von Daten kann bspw. an ihrer Vollständigkeit, Fehlerfreiheit oder Aktualität gemessen werden (s. ROHWEDER ET AL. 2015, S. 28f.). Sie hat maßgeblichen Einfluss auf die Qualität der Entscheidungen, die auf Basis der Daten getroffen werden. Anders als bei vielen natürlichen Rohstoffen kann die Datenqualität bereits im Vorfeld beeinflusst werden. So können Daten nicht nur nachträglich bereinigt, sondern durch technische Systemoptimierungen, organisationale Prozessverbesserungen sowie Schulungen von Mitarbeitern proaktiv auf ein höheres Qualitätsniveau gebracht werden (s. WEIGEL 2015, S. 83f.).

Ein Beispiel für die Datenqualität eines internen Dienstleisters, der Instandhaltungsarbeiten in mehreren Stahlwerken eines Konzerns anbietet, ist in Abbildung 1-1 dargestellt. In der oberen Hälfte des Bildes sind die Starttermine der Instandhaltungsaufträge auf die Tage eines Monats abgetragen. Hierbei wurden die Daten eines Jahres auf einen Monat aggregiert. In der unteren Hälfte des Bildes sind die zugehörigen Endtermine der Aufträge dargestellt. Aus diesen Daten lässt sich ablesen, dass ein Großteil der Aufträge exakt zu Monatsbeginn startet und exakt zum 28. eines jeden Monats endet. Offenbar spiegeln diese Daten nicht die tatsächlichen Abläufe des Unternehmens wider, sondern sind vielmehr ein Beispiel für mangelnde Datenqualität. Aufträge werden zu Beginn des Monats gesammelt freigegeben und zum Ende des Monats gesammelt zurückgemeldet. Eine Analyse bspw. zur optimierten Schichtbelegung oder zur Dauer von Aufträgen ist mit den vorliegenden Daten nicht möglich.

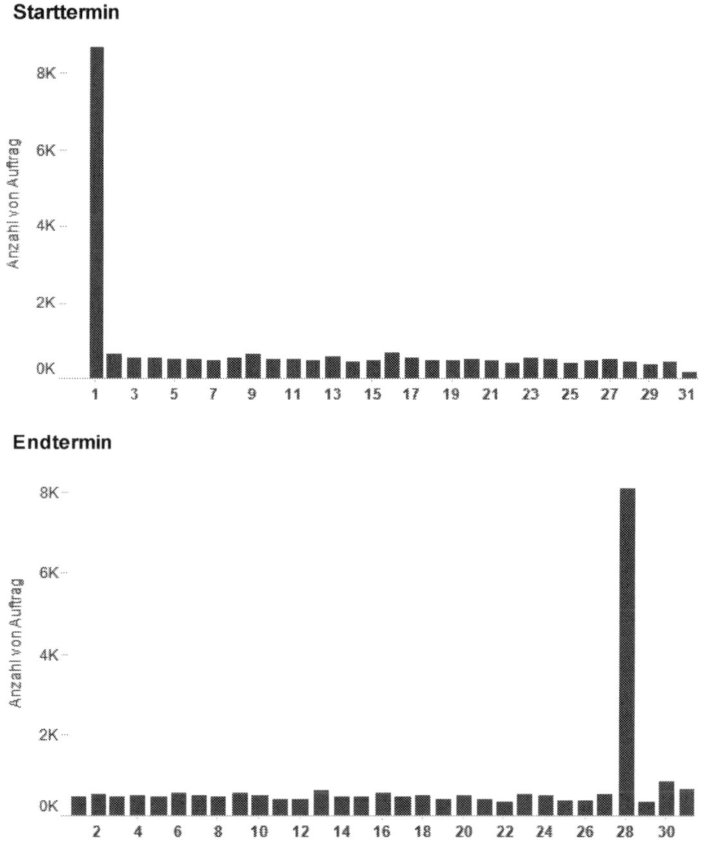

Abbildung 1-1: Beispieldaten zu Auftragsstart und -ende eines industriellen Dienstleisters (eigene Analyse)

Auch jenseits dieses Beispiels stellt die Datenqualität und -verfügbarkeit ein Problem in Unternehmen dar. So geben in einer aktuellen Studie etwa 40 % der befragten Führungskräfte an, dass die Sicherstellung der Datenqualität zu ihren wichtigsten Herausforderungen bei der Einführung von Big-Data-Initiativen zählt. Mehr als 30 % sehen die Sammlung und Verwaltung von großen Datenmengen als wesentliche Problemstellung (The Economist (Hrsg.) 2015, S. 22). Speziell für den Bereich der industriellen Dienstleistungen haben „organisch gewachsene" Strukturen zu fragmentierten Systemlandschaften geführt, in denen eine Vielzahl an Daten redundant gepflegt wird (s. Bienzeisler et al. 2014, S. 28f.).

An dieser Stelle können die Technologien, die unter dem Begriff ‚Industrie 4.0' verstanden werden, einen wesentlichen Beitrag leisten. Unter Industrie 4.0 wird die „echtzeitfähige, daten-volumenstarke und multimodale Kommunikation und Vernetzung zwischen cyber-physischen Systemen und Menschen" verstanden (Schuh et al. 2017a,

S. 10). In der Anwendung dieses Konzepts in Serviceorganisation ist eine deutlich tiefere Durchdringung von IT in die operative Dienstleistungserbringung zu erwarten. Diese äußert sich bspw. in der Integration von mobilen Endgeräten, Auto-ID-Technologien und IoT-Anwendungen in den Dienstleistungsprozess. Die Technologien ermöglichen es, Daten automatisiert und echtzeitnah zu erfassen und wirken damit einer unzureichenden Datenqualität entgegen.

HERTERICH ET AL. haben in einer empirischen Studie eine Reihe von Nutzenpotentialen für den Service herausgearbeitet, die mit der Einführung von cyber-physischen Systemen im technischen Service einhergehen. Insbesondere für die datenbasierte Optimierung technischer Dienstleistungen sehen sie ein „gesamtheitliches Datenmodell mit allen Serviceinformationen" als zentrale Voraussetzung (s. HERTERICH ET AL. 2015, S. 675). Dieses **übergreifende Datenmodell für industrielle Dienstleistungen** ist notwendig, um Daten aus verschiedenen Quellsystemen einen gemeinsamen Kontext zu geben. Erst dadurch kann sichergestellt werden, dass sowohl Daten aus den klassischen betrieblichen Anwendungssystemen wie dem Enterprise-Resource-Planning (ERP)- und dem Service-Management-System (SMS) mit Daten aus mobilen Applikationen sowie mit Sensordaten zu einem **einheitlichen digitalen Abbild der Serviceorganisation** aggregiert werden können.

1.2 Zielsetzung

Das übergeordnete Ziel dieser Arbeit besteht darin, Unternehmen des Maschinen- und Anlagenbaus dazu zu befähigen, ein echtzeitnahes, digitales Abbild ihrer Dienstleistungsorganisation zu generieren. Dies folgt dem Ansatz des „Internet of Events" (VAN DER AALST 2016, S. 3). Nach VAN DER AALST führt eine zunehmende Durchdringung von Technologie wie RFID, GPS und Sensornetzwerken auch zu einem zunehmenden Konvergieren der physischen und der digitalen Welt. Es entstehe hierbei ein „Internet of Events", das die Aufzeichnung, Ableitung, und Analyse von Ereignissen ermögliche (s. VAN DER AALST 2016, 3ff). Folglich soll jedes relevante Ereignis, das in der Dienstleistungsorganisation stattfindet, mit seinen beschreibenden Größen digital abgebildet sein und damit für datenbasierte Analysen zugänglich gemacht werden.

Auf dem Entwicklungspfad eines Unternehmens in die „Industrie 4.0" soll das Ergebnis dieser Arbeit eine Dienstleistungsorganisation dazu befähigen, die Reifegradstufe „Sichtbarkeit" im *„acatech Industrie 4.0 Maturity Index"* zu erreichen. Diese besteht nach SCHUH ET AL. darin, ein „jederzeit aktuelles, digitales Modell des Unternehmens zu erzeugen", das auch „Digitaler Schatten" genannt wird (s. SCHUH ET AL. 2017a, S. 16f.).

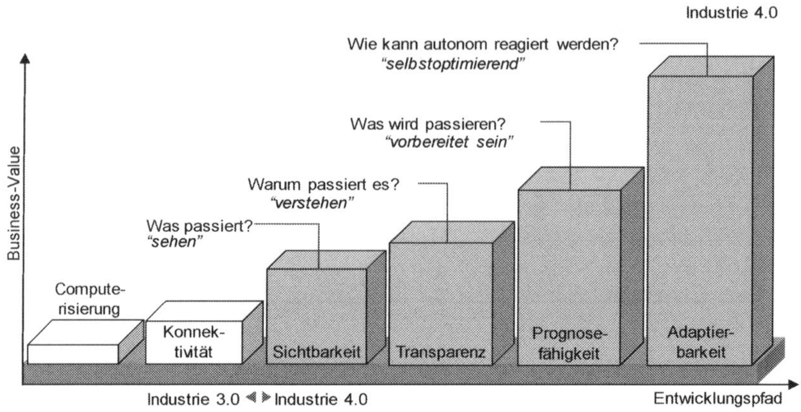

Abbildung 1-2: *acatech Industrie 4.0 Maturity Index* (SCHUH ET AL. 2017a, S. 16)

Das konkrete Ziel dieser Arbeit lässt sich demnach wie folg formulieren:

Ziel der Arbeit ist die Gestaltung des Digitalen Schattens für Instandhaltungsdienstleistungen im Maschinen- und Anlagenbau.

Um diese Ziel zu erreichen, soll im Rahmen der vorliegenden Arbeit zunächst das **Konzept Digitaler Schatten** für den Untersuchungsbereich Instandhaltungsdienstleistungen im Maschinen- und Anlagenbau beschrieben werden. Weiterhin soll ein **Referenzmodel für die Instandhaltungsdienstleistungen** entwickelt werden, das gemäß Abbildung 1-3 die realen Prozessen in der Dienstleistungsorganisation darstellt und ebenfalls die relevanten Ressourcen wie bspw. Mitarbeiter, Werkzeuge und Dokumente beinhaltet. Das Referenzmodell soll als Basis für die im Digitalen Schatten abzubildenden Daten dienen. Schließlich soll ein **Datenmodell** für den zu gestaltenden Digitalen Schatten entwickelt werden. Das Datenmodell soll den aus unterschiedlichen Informationssystemen stammenden Daten einen gemeinsamen Rahmen geben. Weiterhin soll sichergestellt sein, dass der Digitale Schatten alle relevanten Informationsbedarfe abdeckt. Diese sind in Abbildung 1-3 beispielhaft als „Applikationen" aufgeführt. Um eine Anwendung im Unternehmen zu ermöglichen, soll das Modell um eine **Vorgehensweise zur Erstellung des Digitalen Schattens** in einem Unternehmen ergänzt werden.

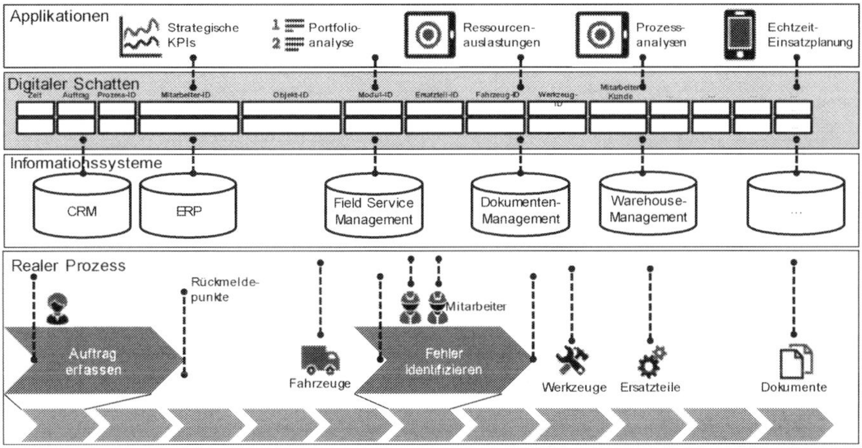

Abbildung 1-3: Zielsetzung der Arbeit (eigene Darstellung)

Das gesetzte Ziel mit seinen Unterzielen lässt sich in die folgende Forschungsfragen fassen:

Hauptforschungsfrage: *Wie ist der Digitale Schatten für Instandhaltungsdienstleistungen im Maschinen- und Anlagenbau zu gestalten?*

Unterforschungsfragen:

- Was ist der Digitale Schatten für Instandhaltungsdienstleistungen im Maschinen- und Anlagenbau und was sind die Anforderungen an diesen?
- Wie sind Instandhaltungsdienstleistungen im Maschinen- und Anlagenbau als Grundlage für ein Datenmodell zu modellieren?
- Welche Daten in welcher Qualität charakterisieren Instandhaltungsdienstleistungen im Maschinen- und Anlagenbau hinreichend genau?
- Wie ist eine Vorgehensweise zur Erstellung eines Digitalen Schattens für ein Unternehmen zu gestalten?

1.3 Forschungskonzeption & Aufbau der Arbeit

Der Digitale Schatten von Instandhaltungsdienstleistungen im Maschinen- und Anlagenbau stellt im Sinne der anwendungsorientierten Forschung eine „Erfindung“ dar. Es ist daher nicht möglich, verschiedene Ausprägungen des Phänomens in der Realität zu beobachten und Schlussfolgerungen hieraus zu ziehen, wie es bspw. im Rahmen einer fallstudienbasierten Untersuchung (vgl. EISENHARDT 1989; EISENHARDT U. GRAEBNER 2007) oder anderer empirisch-induktiver Herangehensweisen Praxis wäre (vgl. ULRICH U. HILL 1976, S. 348). Das zu entwickelnde Konzept Digitaler Schatten ist heute nicht in der unternehmerischen Praxis zu beobachten.

Der Digitale Schatten für Instandhaltungsdienstleistungen im Maschinen- und Anlagenbau stellt eine mögliche Lösung für die oben beschriebene Problemstellung in der

Praxis dar und ist somit den „angewandten Handlungswissenschaften“ als Ausprägung der Realwissenschaften zuzuordnen. Der Wissenschaftsbegriff lässt sich nach ULRICH U. HILL grundsätzlich in die Formal- und Realwissenschaften aufgliedern (ULRICH U. HILL 1976, S. 305). Die Gliederung hilft, die zu untersuchenden Problemstellungen zuzuordnen und eine passende Forschungsstrategie auszuwählen. In den Formalwissenschaften wird die „Konstruktion von Zeichensystemen“ untersucht. Beispielhaft seien hier mathematische, logische und philosophische Problemstellungen genannt. In den Realwissenschaften steht „die Beschreibung, Erklärung und Gestaltung empirisch (sinnlich) wahrnehmbarer Wirklichkeitsausschnitte“ im Fokus (ULRICH U. HILL 1976, S. 305). Während innerhalb der Realwissenschaften die Grundlagenwissenschaften den Versuch unternehmen, die Ausschnitte der Wirklichkeit erklärbar zu machen, verfolgen die Handlungswissenschaften das Ziel, „menschliche Handlungsalternativen“ zu analysieren. Sie haben damit den Anspruch, „faktische Wahrheit“ zu liefern und müssen sich an der Zweckmäßigkeit messen lassen (ULRICH U. HILL 1976, S. 306).

Die entsprechende Forschungsstrategie zu dieser Art Problemstellung liefert ULRICH. In Abbildung 1-4 sind dessen Phasen der angewandten Forschung und die korrespondierenden Kapitel dieser Arbeit dargestellt. Die angewandte Forschung basiert per Definition auf der Anwendung theoretischer Erkenntnisse aus den Formalwissenschaften sowie der durch den Forscher erarbeiteten Konzepte in der Praxis. Da der Zweck dieser Art der Forschung in der Generierung von Lösungen für ein Problem der Praxis besteht, ist die fortwährende Einbindung der Praxis nicht nur notwendige Pflicht, sondern wesentlicher Bestandteil der Forschung (ULRICH ET AL. 1984, S. 192). Praxis bedeutet nach ULRICH „menschliches Verhalten“. Damit einher gehen zwei maßgebliche Herausforderungen: die passende Eingrenzung des Betrachtungsbereichs und die „Anerkennung der Komplexität“. Bei der Anwendung formalwissenschaftlicher Modelle muss daher stets kritisch hinterfragt werden, ob sie die Realität nicht unzulässig verkürzen und diese damit für die praktischen Anwendung unbrauchbar sind (ULRICH ET AL. 1984, S. 175).

In Kapitel 1 der Arbeit werden im Rahmen der Einleitung die Problemstellung und das Ziel der Arbeit vorgestellt. Kapitel 1 spiegelt damit die Erfassung und Typisierung des Problems der Praxis wider. In Kapitel 2 werden begriffliche Grundlagen erläutert sowie eine Eingrenzung des Untersuchungsbereichs durchgeführt. In Kapitel 3 wird der Status quo der Erkenntnisse in Wissenschaft und Technik zu der formulierten Problemstellung diskutiert. Kapitel 2 und 3 bilden die zweite Phase im Forschungsprozess nach ULRICH ab, indem die relevanten Theorien und Hypothesen der empirischen Grundlagenwissenschaften erfasst werden. In der dritten Phase des Forschungsprozesses werden problemrelevante Verfahren der Formalwissenschaften erfasst. In der vorliegenden Arbeit werden diese in Kapitel 4 dargestellt. Anschließend wird der Anwendungszusammenhang in Form von Fallstudien aus mehreren Unternehmen in einem Beschreibungsmodell erfasst bzw. durch ein Erklärungsmodell untersucht. Die Darstellung dessen erfolgt in den Kapiteln 5 und 6 dieser Arbeit. Auf Basis dieser Erkenntnisse wird in Kapitel 7 die Vorgehensweise zur Einführung des Digitalen Schattens entwickelt, die mit der Ableitung von Gestaltungsregeln und -modellen des Forschungsprozesses korrespondiert. Parallel dazu werden die gesammelten Erkenntnisse im Anwendungszusammenhang validiert, was der sechsten Phase des Forschungsprozesses entspricht und teilweise bereits Inhalte der Phase 8 „Beratung der Praxis“ umfasst. Abschließend werden in Kapitel 8 die zentralen Erkenntnisse zusammengefasst und ein Ausblick auf weitere Forschungsbedarfe sowie die weitere betriebliche Anwendung der Erkenntnisse gegeben (s. ULRICH ET AL. 1984, S. 192).

<table>
<tr><th>Einbindung der Praxis</th><th colspan="2">Phasen der angewandten Wissenschaft nach ULRICH[1]</th><th colspan="2">Kapitel der Arbeit</th></tr>
<tr><td>Vorgespräche und Interviews
Erfahrungen aus der Beratungspraxis</td><td>1</td><td>Erfassung und Typisierung praxisrelevanter Probleme</td><td>1</td><td>Einleitung</td></tr>
<tr><td rowspan="3"></td><td rowspan="2">2</td><td rowspan="2">Erfassung und Interpretation problemrelevanter Theorien und Hypothesen der empirischen Grundlagenwissenschaften</td><td>2</td><td>Begriffliche Grundlagen und Eingrenzung des Untersuchungsbereichs</td></tr>
<tr><td>3</td><td>Gestaltung des Digitalen Schattens - Status quo in Forschung und Technik</td></tr>
<tr><td>3</td><td>Erfassung und Spezifizierung problemrelevanter Verfahren der Formalwissenschaften</td><td>4</td><td>Theoretische Bezugspunkte und Konzepte</td></tr>
<tr><td rowspan="2">Erhebung und Analyse von Fallstudien als Grundlage des Referenzmodells</td><td rowspan="2">4</td><td rowspan="2">Erfassung und Untersuchung des relevanten Anwendungszusammenhangs</td><td>5</td><td>Konzeptionierung des Digitalen Schattens</td></tr>
<tr><td>6</td><td>Detaillierung des Referenzmodells für den Digitalen Schatten</td></tr>
<tr><td></td><td>5</td><td>Ableitung von Beurteilungskriterien, Gestaltungsregeln und -modellen</td><td rowspan="2">7</td><td rowspan="2">Einführung des Digitalen Schattens</td></tr>
<tr><td rowspan="2">Anwendung der Vorgehensweise

Überführung der Ergebnis in ein Beratungsprodukt</td><td>6</td><td>Prüfung der Regeln und Modelle im Anwendungszusammenhang</td></tr>
<tr><td>7</td><td>Beratung der Praxis</td><td>8</td><td>Zusammenfassung und Ausblick</td></tr>
</table>

Abbildung 1-4: Forschungskonzeption nach ULRICH ET AL. (1984, S. 193) und Aufbau der Arbeit

2 Begriffliche Grundlagen und Eingrenzung des Untersuchungsbereichs

Gemäß der Forschungskonzeption dieser Arbeit werden in den Kapiteln 2 und 3 die für diese Arbeit relevanten Theorien aus den empirischen Grundlagenwissenschaften erfasst und interpretiert. Es wird damit einer terminologisch-deskriptiven Herangehensweise gefolgt, die u. a. definierende, operationalisierende und deskriptive Aktivitäten beinhaltet und damit den „gedanklichen Bezugsrahmen" für die weitere Arbeit schafft (ULRICH ET AL. 1984, S. 306). Dazu werden nachfolgend die für die vorliegende Arbeit wesentlichen Grundbegriffe erläutert. Im Rahmen der Ausführungen wird darüber hinaus eine Eingrenzung des Untersuchungsbereichs dieser Arbeit vorgenommen.

2.1.1 Digitaler Schatten

Bereits in den 90er-Jahren wurde der Begriff ‚Digitaler Schatten' benutzt, um die aus der menschlichen Kommunikation im Internet unbewusst hinterlassenen Daten zu beschreiben (s. RHEINGOLD 1994, S. 302). Der Begriff wurde von SCHUH ET AL. aufgegriffen und in den Kontext produzierender Unternehmen überführt. Der Digitale Schatten liefert nach SCHUH ET AL. das „relevante Abbild der Realität in Echtzeit" (s. SCHUH ET AL. 2017b, S. 120). Er umfasst „die Prozesse der Produktion, der Entwicklung und angrenzender Bereiche mit dem Zweck, eine echtzeitfähige Auswertebasis aller relevanten Daten zu schaffen" (BAUERNHANSL ET AL. 2017, S. 23). Das Konzept besagt, dass hierzu Daten aus verschiedenen, teilweise in Unternehmen bereits vorhandenen Anwendungs- und Datenerfassungssystemen extrahiert, und an zentraler Stelle aggregiert werden (s. SCHUH ET AL. 2017b, S. 121). Da die vorliegende Arbeit sich mit der detaillierten Gestaltung des Digitalen Schattens befasst, wird an dieser Stelle nicht auf die Details des Konzeptes eingegangen, da jene im Laufe der Arbeit ausführlich diskutiert werden.

Ein Ansatz, der ebenfalls die Erstellung eines digitalen Abbilds der Realwelt zum Ziel hat, ist der des *Digitalen Zwillings*. Durch Simulationen wird hierbei versucht ein „möglichst identisches Abbild der Realität" zu erstellen" (BAUERNHANSL ET AL. 2017, S. 23). Konkrete Anwendung hierfür ist z. B. die Simulation von Bauteilen und Produktionsanlagen. Durch die Veränderung von Eigenschaften des virtuellen Modells können Veränderungen an den entstehenden Bauteilen vorhergesagt werden. Des Weiteren können an Digitalen Zwillingen von Bauteilen Prüfungen simuliert werden, um die Kosten der Prüfung an realen Bauteilen zu umgehen (s. KUHN 2017, S. 441f.).

Während der Digitale Zwilling die Verwendung „möglichst genauer, physikalischer Modelle" erfordert, benötigt der Digitale Schatten nur die für den Prozess relevanten Daten (DROSSEL ET AL. 2016, S. 463). Dieser Unterschied ist bereits im Namen impliziert. Neben der Datenauflösung sind die beiden Konzepte auch durch die Anwendung der Daten zu unterscheiden. Während der Digitalen Zwilling die Simulation der Realwelt auf Basis der Daten zum Ziel hat, ist die Motivation beim Digitalen Schatten zunächst die Datenaufnahme (s. KUHN 2017, S. 440; BAUERNHANSL ET AL. 2017, S. 23ff.; DROSSEL ET AL. 2016, S. 463f.; ZEIDLER ET AL. 2017, S. 5).

Für die vorliegende Arbeit wird der Digitale Schatten in Anlehnung an SCHUH ET AL wie folgt definiert:

Definition | Digitaler Schatten

Der Digitale Schatten ist das hinreichend genaue, digitale Abbild des Unternehmens. Er besteht aus der strukturierten Sammlung der relevanten Daten in Echtzeit und schafft damit die Basis für umfassende Analysen.

2.1.2 Industrielle Dienstleistungen

Dienstleistungen lassen sich gemäß der von CORSTEN U. GÖSSINGER entwickelten Gütersystematik den immateriellen Realgütern zuordnen (s. Abbildung 2-1). Innerhalb dieser Zuordnung unterscheiden sich Dienstleistungen von Arbeitsleistungen dadurch, dass sie als „derivative Produktionsfaktoren“ gesehen werden, die sowohl Input als auch Output eines Produktionsprozesses darstellen können. Arbeitsleistungen hingegen stellen immer nur einen Input für den Produktionsprozess dar und werden als „originäre Produktionsfaktoren“ beschrieben. Weiterhin werden Rechte von den Dienstleistungen abgegrenzt. Diese räumen lediglich „Berechtigungen, Befugnisse und Ansprüche“ ein und stellen damit keine eigenständige Leistung dar (CORSTEN U. GÖSSINGER 2007, S. 20).

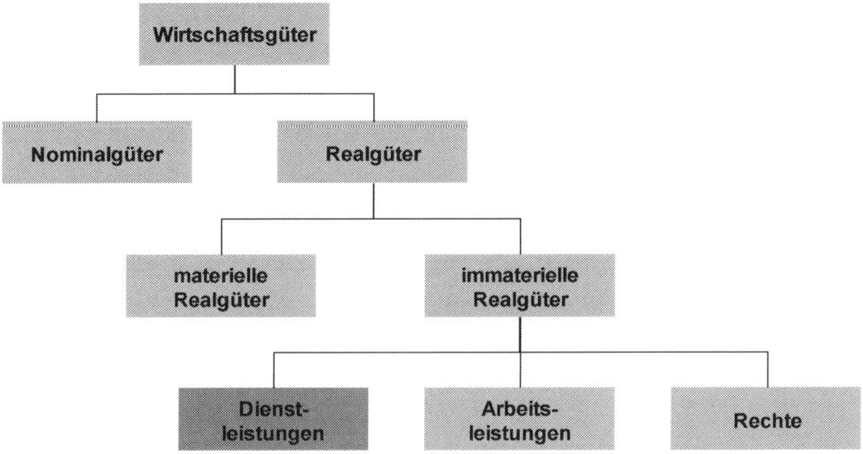

Abbildung 2-1: Gütersystematik (CORSTEN U. GÖSSINGER 2007, S. 20)

Der Begriff ‚Dienstleistung‘ ist in der Fachliteratur nicht einheitlich definiert (HALLER 2015, S. 20; CORSTEN U. GÖSSINGER 2007, S. 21). Vorhandene Definitionen lassen sich den Gruppen *enumerative Definitionen*, *Negativdefinitionen* und *Definitionen entlang der konstitutiver Merkmale* zuordnen (CORSTEN U. GÖSSINGER 2007, S. 21).

Mit **enumerativen Definitionen** wird der Versuch unternommen, den Begriff durch eine Aufzählung von Beispielen zu definieren. Bedingt dadurch werden keinerlei Merkmale vorgeschlagen, anhand derer eine eindeutige Einordnung möglich wäre. Die **Negativdefinitionen** grenzen den Begriff lediglich durch die Unterschiede zu Sachgütern ab und werden als „wissenschaftliche Verlegenheitslösung“ gesehen (CORSTEN U. GÖSSINGER 2007, S. 21).

Basierend auf den **konstitutiven Merkmalen** der Dienstleistung lassen sich die Definitionen in die Gruppen *potenzialorientiert, prozessorientiert* und *ergebnisorientiert* einteilen. Diese Einteilung orientiert sich an dem Ansatz von DONABEDIAN (s. DONABEDIAN 1980, S. 79) und ist darüber hinaus in der Dienstleistungsforschung verbreitet (s. SCHUH U. GUDERGAN 2016, S. 6).

Die **potenzialorientierte Definition** der Dienstleistung beschreibt, dass der Dienstleister zunächst ein Potenzial z. B. in Form von bestimmten Fähigkeiten oder Ressourcen aufbauen und vorhalten muss, um eine Dienstleistung anbieten zu können. Folglich kauft der Kunde kein bereits existierendes Produkt, sondern lediglich ein Leistungsversprechen. Hieraus leitet sich die Immaterialität als konstitutives Merkmal der Dienstleistung ab. Neben den vom Dienstleister eingebrachten Faktoren ist der Kunde ein weiterer Faktor, der notwendig ist, um das Potenzial schöpfen zu können (MEFFERT ET AL. 2015, S. 13; CORSTEN U. GÖSSINGER 2007, S. 21; HALLER 2015, S. 11)

Die **prozessorientierte Definition** der Dienstleistung basiert auf der Annahme, dass der Vorgang der Dienstleistungserbringung das wesentliche Merkmal der Dienstleistung ist. BEREKOVEN definiert u. a. die „entgeltliche Nutzung von Leistungsprozessen Dritter durch direkte Inanspruchnahme der bewirkenden Mittel während des Leistungsprozesses“ als Möglichkeit der Bedarfsdeckung im Rahmen der Dienstleistungserbringung (s. BEREKOVEN 1974, S. 26). Das bedeutet, nicht das Ergebnis des Prozesses ist entscheidend, sondern der Prozess selber. Beispielhaft sei eine Theatervorstellung genannt, bei der die Vorstellung selber den Mehrwert bietet und nicht das Ende des Stücks. Aus dieser Definition resultiert, dass für eine Dienstleistung eine zeitliche und ggf. räumliche Synchronität zwischen den Beteiligten (Kunde und Dienstleister) herrschen muss. Die Produktion der Dienstleistung und deren Konsumption finden zeitgleich statt (Uno-actu-Prinzip) (s. CORSTEN U. GÖSSINGER 2007, S. 22).

Die **ergebnisorientierte Definition** der Dienstleistung beschreibt diese als „ein immaterielles Ergebnis einer dienstleistenden Tätigkeit“ (CORSTEN U. GÖSSINGER 2007, S. 22). Damit wird das Resultat der Dienstleistung an den bearbeiteten Objekten oder bei den involvierten Personen in den Fokus gestellt. MALERI U. FRIETZSCHE stellen heraus, dass es sich bei Dienstleistungen um „Ergebnisse zielgerichteter und gesteuerter Produktionsfaktorkombinationen handelt“ (MALERI U. FRIETZSCHE 2008, S. 21). Der wesentliche Unterschied zu materiellen Produkten bestehe darin, dass Dienstleistungen nur durch die Integration externer Produktionsfaktoren des Abnehmers fertigzustellen seien (s. MALERI U. FRIETZSCHE 2008, S. 21).

Zusammenfassend sind die in Abbildung 2-2 dargestellten Eigenschaften für Dienstleistungen charakteristisch (s. Jussen 2016, S. 15). Die Immaterialität und die Integration des externen Faktors (Integrativität) gehen direkt aus den zuvor dargestellten Definitionsansätzen hervor und werden weithin als die zentralen Eigenschaften einer Dienstleistung definiert (s. Schuh u. Gudergan 2016, S. 3; Haller 2015, S. 8; Engelhardt u. Reckenfelderbäumer 2006, S. 221). Aus der Integration des externen Faktors resultiert das Uno-actu-Prinzip (s. Haller 2015, S. 10) sowie ein hohes Maß an Heterogenität der Dienstleistung (s. Schuh u. Gudergan 2016, S. 3). Zudem wird häufig die mangelnde Lagerungs- und Transportfähigkeit als charakteristische Eigenschaft der Dienstleistung genannt. Diese geht direkt aus der Immaterialität hervor (s. Haller 2015, S. 8; Schuh u. Gudergan 2016, S. 3).

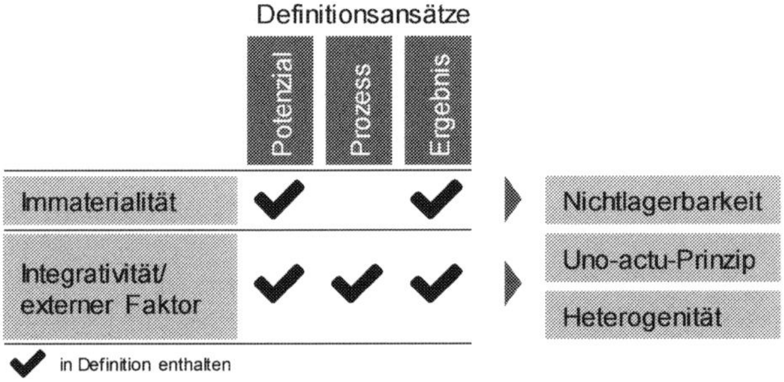

Abbildung 2-2: Charakteristische Merkmale von Dienstleistungen (eigene Darstellung)

Der vorliegenden Arbeit soll im Folgenden die kombinierte Definition von Dienstleistungen nach Meffert et al.zugrunde gelegt werden (Meffert et al. 2015, S. 14):

Definition | Dienstleistungen

„Dienstleistungen sind selbstständige, marktfähige Leistungen, die mit der Bereitstellung [...] und/oder dem Einsatz von Leistungsfähigkeiten [...] verbunden sind **(Potenzialorientierung)**. Interne [...] und externe Faktoren [...] werden im Rahmen des Erstellungsprozesses kombiniert **(Prozessorientierung)**. Die Faktorenkombination des Dienstleistungsanbieters wird mit dem Ziel eingesetzt, an den externen Faktoren, an Menschen [...] und deren Objekten [...] nutzenstiftende Wirkungen zu erzielen **(Ergebnisorientierung)**."

Gemäß der Systematisierung von Engelhardt u. Reckenfelderbäumer (s. Abbildung 2-3) lassen sich Dienstleistungen nach ihrem Nachfrager unterscheiden in konsumtive Dienstleistungen, die von Konsumenten nachgefragt werden, und investive Dienstleistungen, die von Organisationen nachgefragt werden (s. Engelhardt u. Reckenfelderbäumer 2006, S. 222). Die selbe Gliederung wird durch Homburg u. Garbe vorgeschlagen (s. Homburg u. Garbe 1996). Es wird weiterhin unterschieden in Leistungen, die im eigenen Unternehmen erbracht werden (interner Einsatz) und Leistungen, die für externe Kunden erbracht werden (externer Einsatz). Diese Leistungen können in direktem Bezug zu einem Produkt stattfinden oder ohne Hardwarebezug erbracht werden. Bei den Produkten wird wiederum unterschieden in Produkte, die das dienstleistende Unternehmen herstellt und in Fremdprodukte von dritten Anbietern.

Die Inhalte der vorliegenden Arbeit beziehen sich gemäß Abbildung 2-3 auf investive Dienstleistungen im externen Einsatz (Business-to-Business). Weiterhin stehen die Leistungen im direkten Produktbezug. Ob es sich bei den Produkten um eigene Produkte des Anbieters handelt oder Drittprodukte, wird nicht weiter unterschieden. Diese Einordnung spiegelt die Ausgangssituation produzierender Unternehmen wider, die ihren Kunden über den Produktverkauf hinaus Instandhaltungsleistungen für diese und für Wettbewerbsprodukte anbieten. Weiterhin sind reine Dienstleistungsunternehmen in dieser Einordnung inkludiert, die Instandhaltungsleistungen für Produkte verschiedener Hersteller anbieten.

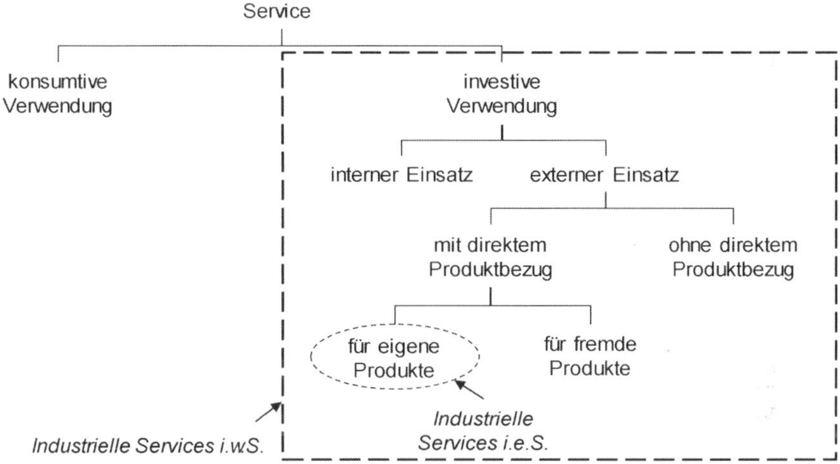

Abbildung 2-3: Idealtypische Systematisierung von Serviceleistungen (ENGELHARDT U. RECKENFELDERBÄUMER 2006, S. 222)

2.1.3 Instandhaltung

Für das Themenfeld Instandhaltung existiert im deutschen und europäischen Normungswesen eine Vielzahl an Veröffentlichungen (DIN EN 15341; DIN 31051; DIN EN 15628; DIN EN 16646; DIN EN 13306; DIN EN 13460; VDI-Richtlinie 2885; VDI-Richtlinie 2895; VDI-Richtlinie 2890). Für die grundlegende Begriffsdefinition beziehen sich weite Teile der Standardliteratur auf die erwähnten Normen (s. RYLL U. FREUND 2010, S. 23; STRUNZ 2012, S. 3; PAWELLEK 2016, S. 17). Aus diesem Grund soll auch für diese Arbeit die Definition der DIN 31051 gelten (DIN 31051, S. 4):

Definition | Instandhaltung

„Kombination aller technischen und administrativen Maßnahmen sowie Maßnahmen des Managements während des Lebenszyklus […] einer Einheit […], die dem Erhalt oder der Wiederherstellung ihres funktionsfähigen Zustands dient, sodass sie die geforderte Funktion […] erfüllen kann."

Ebenfalls in der DIN 31051 sind die vier **Grundmaßnahmen der Instandhaltung** definiert, die in der weiterführenden Literatur weitestgehend bestätigt werden:

Die Grundmaßnahme **Wartung** dient der Erhaltung des Soll-Zustands der Anlage bzw. der „Verzögerung des Abbaus des […] Abnutzungsvorrats" (s. DIN 31051, S. 5; PAWELLEK 2016, S. 17; RYLL U. FREUND 2010, S. 23; STRUNZ 2012, S. 3). Das heißt, eine Wartungsmaßnahme hat immer einen vorbeugenden Charakter und soll den Betrieb eines technischen Systems weiterhin sicherstellen.

Die Grundmaßnahme **Inspektion** dient der Feststellung und Bewertung des aktuellen Zustands eines technischen Systems. Hierzu findet auch eine Analyse der Ursachen für die Abnutzung sowie die Folgerung von Konsequenzen für den weiteren Betrieb statt (s. DIN 31051, S. 5; PAWELLEK 2016, S. 17; RYLL U. FREUND 2010, S. 24; STRUNZ 2012, S. 3). Das bedeutet, im Rahmen einer Inspektion werden keine Änderung am Zustand des technischen Systems durchgeführt.

Die Grundmaßnahme **Instandsetzung** dient der Wiederherstellung der Funktion eines technischen Systems (s. DIN 31051, S. 6; PAWELLEK 2016, S. 17; RYLL U. FREUND 2010, S. 24; STRUNZ 2012, S. 3). Das technische System wird also nach einer Störung auf sein ursprüngliches Leistungsniveau gebracht, z. B. durch den Einbau eines gleichwertigen Ersatzteils.

De Grundmaßnahme **Verbesserung** dient der „Steigerung der Zuverlässigkeit und/oder Instandhaltbarkeit und/oder Sicherheit" eines technischen Systems. Die ursprüngliche Funktion wird dabei nicht geändert. Die Maßnahme beschränkt sich nicht nur auf technische Maßnahmen, sondern beinhaltet auch administrative Maßnahmen und Maßnahmen des Managements (s. DIN 31051, S. 6; PAWELLEK 2016, S. 17; RYLL U. FREUND 2010, S. 24; STRUNZ 2012, S. 3). Der Abnutzungsvorrat eines technischen Systems wird demnach im Anschluss an die Maßnahme größer als der ursprüngliche (s. PAWELLEK 2016, S. 19).

Es lassen sich weiterhin Typen von **Instandhaltungsarten** abgrenzen. Eine Übersicht ist in Abbildung 2-4 dargestellt. Gemäß DIN 13306 kann grundsätzlich in präventive (vor einem Ausfall) und korrektive Instandhaltung (nach einem Ausfall) unterschieden werden. Weiterhin existiert die Verbesserung als Instandhaltungsart (s. o.). Bei der korrektiven Instandhaltung kann sofort reagiert oder die Instandhaltung aufgeschoben werden. Präventive Instandhaltung kann entweder basierend auf dem tatsächlichen Zustand der Anlagen terminiert werden (zustandsorientierte Instandhaltung) oder auf definierten Zeitabständen bzw. Nutzungseinheiten basieren. Die zustandsorientierte

Instandhaltung kann lediglich auf Basis von Ist-Zuständen (nichtvoraussagende Instandhaltung) oder auf Basis von Prognosen (vorausschauende Instandhaltung) erfolgen (DIN EN 13306, S. 14; DIN EN 13306, S. 23).

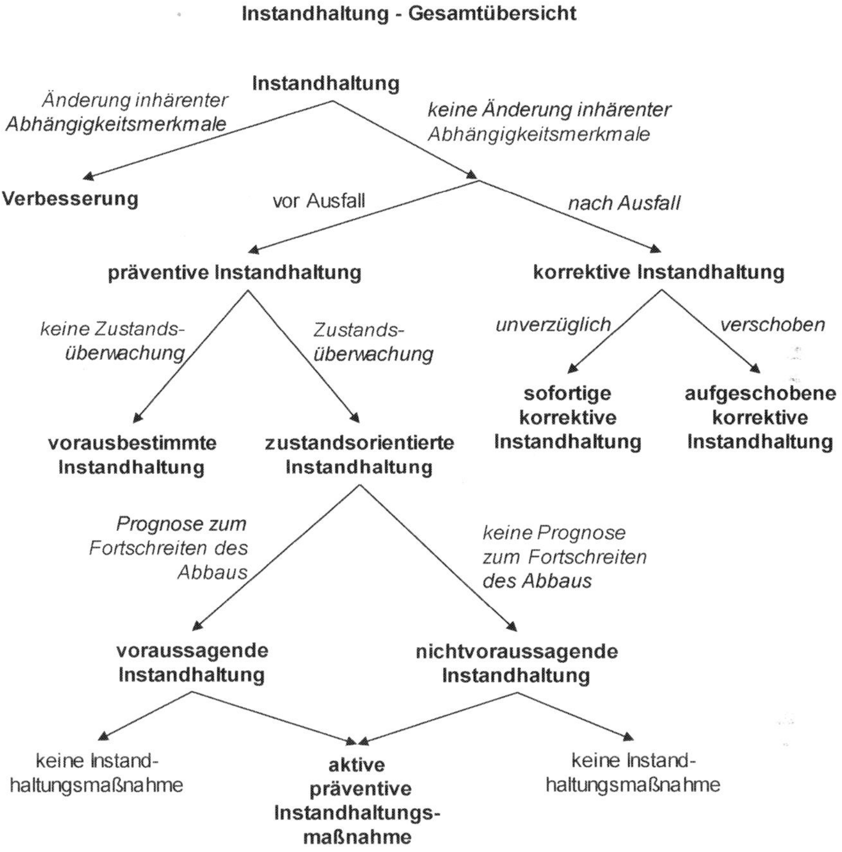

Abbildung 2-4: Instandhaltungsarten nach DIN 13306 (DIN EN 13306, S. 23)

LEIDINGER nimmt eine ähnliche Einteilung der Instandhaltungsarten in zeitbasierte, zustandsbasierte und ausfallbasierte Instandhaltung vor (LEIDINGER 2014, S. 16). Unter anderem in der VDI-Norm wird in diesem Zusammenhang auch von *Instandhaltungsstrategien* gesprochen. Instandhaltungsstrategien definieren, „welche Instandhaltungsmaßnahmen an welchen Instandhaltungsobjekten zu welchen Zeitpunkten durchzuführen sind" (VDI-Richtlinie 2895, S. 25). In dieser Norm wird analog zu den vorgestellten Instandhaltungsarten in ausfallbedingter, vorbeugender und zustandsabhängiger Instandhaltungsstrategie unterschieden (VDI-Richtlinie 2895, S. 25). Dieser Logik folgt auch PAWELLEK mit der Einteilung in schadensbasierte (reaktive), zeitbasierte (präventive) und zustandsbasierte (prädiktive) Grundstrategien (s. PAWELLEK

2016, S. 173). STRUNZ hingegen grenzt vier Instandhaltungsstrategien analog zu den vier Grundmaßnahmen aus der DIN 31051 ab (s. STRUNZ 2012, S. 295).

Für die vorliegende Arbeit wird der Begriff ‚Instandhaltungsdienstleistung' als Kombination der beiden Begriffe Dienstleistung und Instandhaltung wie folgt definiert (i. A. a. MEFFERT ET AL. 2015, S. 14; DIN 31051, S. 4):

Definition | Instandhaltungsdienstleistung

Instandhaltungsdienstleistungen sind selbstständige, marktfähige Leistungen, die der Überprüfung (Inspektion), dem Erhalt (Wartung), der Wiederherstellung (Instandsetzung) oder der Verbesserung der Funktionsfähigkeit eines technischen Systems dienen (Ergebnisorientierung). Sie sind mit der Bereitstellung und/oder dem Einsatz von Leistungsfähigkeit verbunden (Potenzialorientierung). Interne und externe Faktoren werden im Rahmen ihres Erstellungsprozesses kombiniert (Prozessorientierung).

Die in der DIN 31051 erwähnten Managementmaßnahmen wurden für diese Arbeit bewusst exkludiert. Der Begriff ‚Management' bezeichnet nach RÜEGG-STÜRM U. GRAND die „reflexive Gestaltungspraxis", d. h. das Hinterfragen und ggf. Umgestalten des „organisationalen Geschehens" (RÜEGG-STÜRM U. GRAND 2014, S. 26). Im Rahmen des Managements kann der Digitale Schatten der Instandhaltungsdienstleistung als Datenbasis genutzt werden, er bildet aber nicht den Managementprozess selber ab.

2.1.4 Maschinen- und Anlagenbau in Deutschland

Der deutsche Maschinen- und Anlagenbau gehört mit einem Jahresumsatz von 219,5 Mrd. € (15,7 % des verarbeitenden Gewerbes) und mehr als 1 Mio. Beschäftigten (19,3 % des verarbeitenden Gewerbes) zu den bedeutendsten Wirtschaftszweigen Deutschlands (s. VDMA 2017, S. 5). Die Branche ist mittelständisch geprägt. Im Durchschnitt beschäftigt ein Unternehmen 168,5 Mitarbeiter (s. VDMA 2017, S. 7). 65,5 % des Umsatzes im Jahr 2017 wurde von Unternehmen mit weniger als 1000 Mitarbeitern erwirtschaftet (s. STATISTISCHES BUNDESAMT 2017).

Mit einem Exportanteil von 76,7 % ist der deutsche Maschinen- und Anlagenbau auf internationales Geschäft angewiesen (s. VDMA 2017, S. 7). Dies hat Auswirkungen auf das Dienstleistungsgeschäft, da auch der Service international erbracht werden muss. Der Branchenverband VDMA gliedert den Maschinen- und Anlagenbau in 26 Fachzweige, die Tabelle 2-1 zu entnehmen sind.

Tabelle 2-1: Fachzweige des deutschen Maschinen- und Anlagenbaus nach VDMA (s. VDMA 2017, S. 19)

Fachzweige/Sektoren	(Fortsetzung)
Gießereimaschinen	Präzisionswerkzeuge
Aufzüge und Fahrtreppen	Allgemeine Lufttechnik
Elektrische Automation	Flüssigkeitspumpen
Bau- und Baustoffmaschinen	Mess- und Prüftechnik
Robotik und Automation	Kompressoren, Druckluft- und Vakuumtechnik
Kunststoff- und Gummimaschinen	Fördertechnik
Werkzeugmaschinen	Bekleidungs- und Ledertechnik
Nahrungsmittel- und Verpackungsmaschinen	Textilmaschinen
Motoren und Systeme	Antriebstechnik
Druck- und Papiertechnik	Verfahrenstechnische Maschinen und Apparate
Fluidtechnik	Hütten- und Walzwerkseinrichtungen
Holzbearbeitungsmaschinen	Bergbaumaschinen
Armaturen	Power-Systems (Turbinen)

Neben der enumerativen Definition anhand der Fachzweige der Branche, können die zu betrachtenden Fälle anhand charakteristischer Merkmale des Produkts eingegrenzt werden. Zum einen kann eine Unterscheidung in Konsumgüter und Investitionsgüter vorgenommen werden. Als Konsumgüter werden alle vom Konsumenten verbrauchte oder genutzte Güter verstanden (s. KIRCHGEORG U. PIEPENBROCK 2018). Unter dem Begriff ‚Investitionsgüter' i. e. S. werden alle „gewerbliche[n] Gebrauchsgüter" subsummiert (s. KIRCHGEORG 2018). Für die vorliegende Arbeit werden ausschließlich Investitionsgüter betrachtet.

BELZ ET AL. liefern eine Typologie für Unternehmen im Investitionsgütergeschäft entlang der beiden Dimensionen *Erzeugnisstruktur* und *Fertigungsart*. Die beiden Typen *Maschinenbauer* und *Anlagenbauer* sind durch die „mehrteilige, komplexe Struktur" der Erzeugnisse sowie der Einzel-/Kleinserienfertigung und Einmalfertigung als vorherrschende Fertigungsart gekennzeichnet (s. BELZ ET AL. 1997, S. 36). Die Typologie ist Abbildung 2-5 zu entnehmen. Vor dem Hintergrund industrieller Dienstleistungen kann anhand dieser Einteilungen abgeleitet werden, dass mit komplexerem Erzeugnis und weniger standardisierter Fertigungsart der Anteil individueller Dienstleistungen des Unternehmens steigt (s. BELZ ET AL. 1997, S. 36).

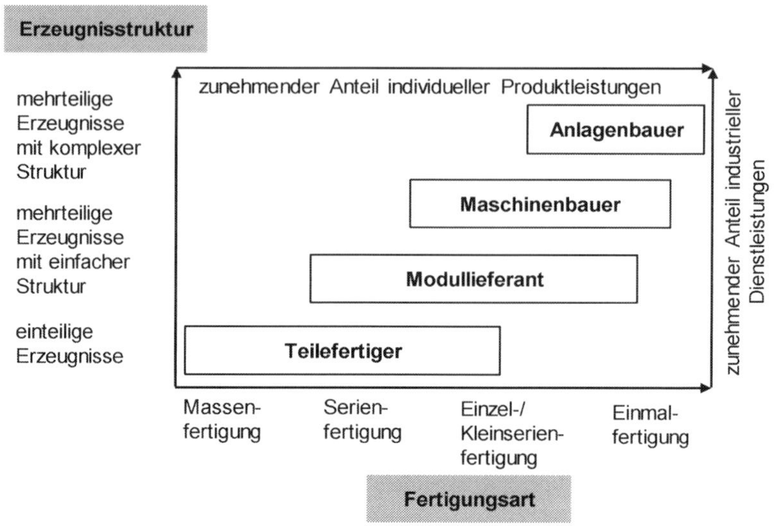

Abbildung 2-5: Typologie nach Fertigungsart und Erzeugnisstruktur (BELZ ET AL. 1997, S. 37)

Für die vorliegende Arbeit wird die nachfolgende Definition für den Maschinen- und Anlagenbau genutzt:

Definition | Maschinen- und Anlagenbau

Maschinen und Anlagen sind mehrteilige Erzeugnisse mit komplexer Struktur. Die Menge aller Unternehmen, die diese Art von Erzeugnissen in Einzel-, Kleinserien- oder Einmalfertigung herstellen, werden dem Maschinen- und Anlagenbau zugeordnet.

Die vorliegende Arbeit beschränkt sich nicht auf Dienstleistungen, die von Unternehmen des Maschinen- und Anlagenbaus erbracht werden. Die Eingrenzung erfolgt anhand der Produkten der Unternehmen des Maschinen- und Anlagenbaus und schließt damit alle Instandhaltungsdienstleistungen an Maschinen und Anlagen ein.

2.1.5 Informationen und Informationssysteme

Nach ABTS UND MÜLDER verfolgen Informationssysteme das Ziel, „die richtigen Informationen, im richtigen Umfang, in der richtigen Form, zur richtigen Zeit, am richtigen Ort zur Verfügung zu stellen“ (ABTS U. MÜLDER 2017, S. 15). Mit dem Konzept Digitaler Schatten werden ähnliche Ziele verfolgt (s. Kapitel 1.2). Nachfolgend werden daher die wesentlichen Begriffe dieses Themenfeldes eingeführt.

Zeichen, Daten, Informationen und Wissen

Das in Abbildung 2-6 dargestellte Modell von KRCMAR grenzt die Begriffe *Zeichen, Daten, Informationen* und *Wissen* voneinander ab (s. KRCMAR 2015a, S. 4; vgl. LEIMEISTER 2015, S. 25). Zeichen bilden die Grundlage des Modells und werden in dem Moment, in dem sie in einen „definierten, strukturierten Zusammenhang" gebracht werden, zu Daten. Durch die Ergänzung von Kontext werden Daten zu Informationen. Werden verschiedene Informationen vernetzt, wird von Wissen gesprochen (s. KRCMAR 2015a, S. 4).

ABTS U. MÜLLER grenzen Daten und Information entlang der Dimensionen „Verarbeitungsmodus" und „Zweckeignung" voneinander ab (s. ABTS U. MÜLDER 2017, S. 11). Unter Daten verstehe man [...] zum Zwecke der Verarbeitung zusammengefasste Zeichen. Dies kann mit und ohne Zweckeignung erfolgen. Bei Informationen stehe weniger die Verarbeitungsmöglichkeit, sondern stärker die zielgerichtete Verwendung im Vordergrund (ABTS U. MÜLDER 2017, S. 11).

In der ISO/IEC 2382 werden die zentralen Begriffe der Informationstechnik abgrenzt. Information wird als „Kenntnis über Objekte [...], die im gegebenen Zusammenhang eine bestimmte Bedeutung hat", definiert (ISO IEC 2382, S. 11). Damit wird auch hier der von KRCMAR erwähnte Kontext als Merkmal der Information genutzt. Daten werden ausgehend von Informationsbegriff als „formalisierte Darstellung von Information" beschrieben.

ALPAR ET AL. bringen eine weitere Sichtweise ein, indem sie Informationen als „zusätzliches, zweckorientiertes Wissen" bezeichnen. Damit bringen sie zum Ausdruck, dass Informationen den Zuwachs an Wissen darstellen und sehen Informationen damit als „Bewegungsgröße" und Wissen als „Bestandsgröße" an (s. ABTS U. MÜLDER 2017, S. 6). Damit lehnen sich ALPAR ET AL. an die betriebswirtschaftlich geprägte Definition von WITTMANN an, der Information als „zweckbezogenes Wissen" bezeichnet (WITTMANN 1959, S. 14).

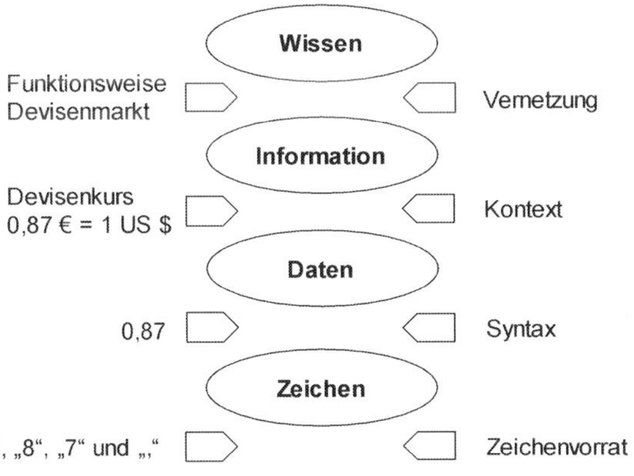

Abbildung 2-6: Beziehung zwischen Zeichen, Daten, Information und Wissen (KRCMAR 2015a, S. 4)

Für die vorliegende Arbeit wird die folgende Begriffsabgrenzung genutzt:

Definition | Informationen

Informationen sind Zeichen, die in einer definierten Syntax vorliegen und in einen Bedeutungszusammenhang gesetzt wurden. Informationen werden als Wissen bezeichnet, sobald sie untereinander vernetzt werden.

Das Konzept des Digitalen Schattens ordnet sich in diesem Modell in der Ebene der Informationen ein. Daten von Instandhaltungsdienstleistungen werden in einem übergreifenden Datenmodell zusammengeführt und damit in einen Kontext gesetzt.

Informationssystem

Nach KRCMAR sind Informationssysteme „soziotechnische (Mensch-Maschine-)-Systeme, die menschliche und maschinelle Komponenten (Teilsysteme) umfassen und zur Bereitstellung von Information und Kommunikation nach wirtschaftlichen Kriterien eingesetzt werden“ (KRCMAR 2015a, S. 8).

ABTS U. MÜLDER definieren Informationssysteme analog zu KRCMAR. Sie ergänzen die Definition mit der Darstellung in Abbildung 2-7. Im Anwendungssystem werden automatisierbare Aufgaben durchgeführt, die basierend auf Hardware, Software, Daten und dem Netzwerk ausgeführt werden können. Das Anwendungssystem stellt demnach die technische Komponente dar. Weiterhin existieren nicht automatisierbare Aufgaben, die vom Menschen übernommen werden. Die Komponenten des Systems stehen im Austausch zueinander und bilden gemeinsam das Informationssystem (s. ABTS U. MÜLDER 2017, S. 15).

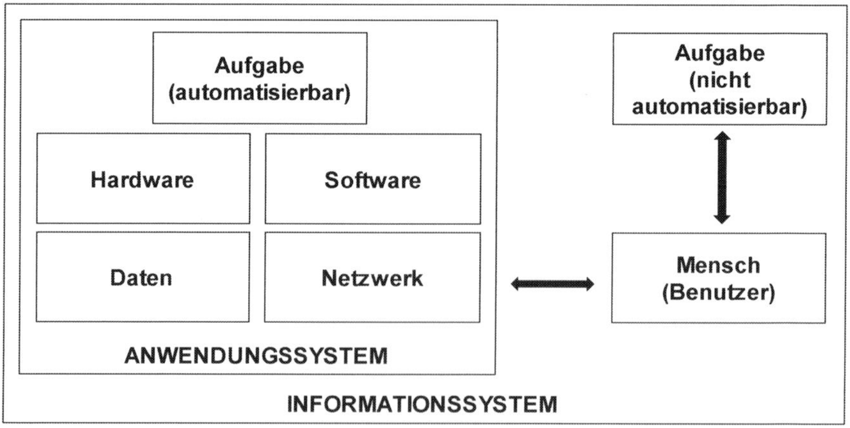

Abbildung 2-7: Komponenten eines Informationssystems (s. ABTS U. MÜLDER 2017, S. 15)

Nach LEIMEISTER lässt sich das gesamte Objektsystem, das den zu untersuchenden Ausschnitt des Unternehmens widerspiegelt, in zwei Teilbereiche gliedern. Das Basissystem beinhaltet alle „physischen Beziehungsarten“. Hierunter fallen z. B. alle Materialflüsse. Das Informationssystem umfasst die „Beziehungsart Information“ (LEIMEISTER 2015, S. 27). Weiterhin wird nach der Art der Aufgabenträger in automatisierte und nicht automatisierte Aufgabenträger differenziert. LEIMEISTER bezeichnet die automatisierten Aufgabenträger des Informationssystems analog zu den anderen vorgestellten Arbeiten als Anwendungssystem (LEIMEISTER 2015, S. 27).

Für die vorliegende Arbeit wird folgende Definition des Begriffs ‚Informationssystem‘ genutzt:

Definition | Informationssystem

Das Informationssystem ist das Teilsystem der betrieblichen Realität, das alle nicht physischen Beziehungen der enthaltenen Entitäten umfasst. Es beinhaltet sowohl automatisierbare Aufgaben, die im Anwendungssystem erfüllt werden, als auch nicht automatisierbare Aufgaben, die durch den Menschen übernommen werden.

Da der Digitale Schatten sich auf der Ebene der Informationen als Beziehungsart befindet und eine automatisierte Verarbeitung der Informationen voraussetzt, ist das Konzept dem Anwendungssystem als Teilkomponente des Informationssystems zuzuordnen.

2.1.6 (Geschäfts-)Prozesse

Eine Reihe von anerkannten Definitionen für den Begriff ‚Geschäftsprozess‘ stammen aus den 90er-Jahren und stehen in enger Verbindung zu dem Konzept des „Business-Engineerings“ (vgl. ÖSTERLE 1995). Schließlich stellt die Prozessorientierung ein zentrales Element des Business-Engineerings dar. Nach ÖSTERLE ist ein Prozess dadurch definiert, dass er aus einer „Abfolge von Merkmalen“ besteht, die jeweils in unterschiedlichen Organisationseinheiten stattfinden. Außerdem unterstützten IT-Anwendungen die Ausführung der Aufgaben. Ein Prozess konsumiere und produziere Leistungen. Durch eine Prozessführung würden Ziele für den Prozess gesetzt und nachgehalten (s. ÖSTERLE 1995, S. 19). In dem Ansatz von ÖSTERLE stellt der Geschäftsprozess nicht nur die Konkretisierung der Unternehmensstrategie dar, sondern wirkt auch als Verbindung zwischen dieser und den einzusetzenden Informationssystemen (s. ÖSTERLE 1995, S. 20).

SCHEER betont in seiner Definition die Leistung für einen Kunden als zentrales Ergebnis eines Prozesses: „Allgemein ist ein Geschäftsprozess eine zusammengehörende Abfolge von Unternehmungsverrichtungen zum Zweck einer Leistungserstellung. Ausgang und Ergebnis des Geschäftsprozesses ist eine Leistung, die von einem internen oder externen "Kunden" angefordert und abgenommen wird“ (SCHEER 2002, S. 3).

HAMMER U. CHAMPY sehen ebenfalls den Wert für den Kunden als das wesentliche Ergebnis eines Geschäftsprozesses. Weiterhin definieren sie den Begriff als Sammlung von Aktivitäten, die der Transformation von Eingangs- in Ausgangsgrößen dienten (s. HAMMER U. CHAMPY 2002, S. 38).

Dem „neuen St. Galler Management-Modell“ nach RÜEGG-STÜRM folgend, existieren in einem Unternehmen neben den Geschäftsprozessen zudem noch Unterstützungsprozesse und Managementprozesse. Die Geschäftsprozesse seien unmittelbar auf Stiftung von Kundennutzten ausgerichtet. Die Gruppe der Unterstützungsprozesse umfasse alle Prozesse, die die Geschäftsprozesse ermöglichten und deren effektive und effiziente Durchführung sicherstellten. Unter Managementprozessen werden alle „Managementaufgaben“ verstanden, „die mit der Gestaltung, Lenkung (Steuerung) und Entwicklung“ des Unternehmens verbunden sind (s. RÜEGG-STÜRM 2005, S. 64ff.).

Nach BERKAU lassen sich Geschäftsprozesse von technischen Prozessen unterscheiden. Während in den Geschäftsprozessen die kaufmännischen Aktivitäten erfolgten, würden in den technischen Prozessen operative Arbeiten des Unternehmens stattfinden (s. BERKAU 1998, S. 27). SCHUH ET AL. sehen diese Unterscheidung ebenfalls als wichtig an. Sie schlagen folgendes Kriterium zur Differenzierung der beiden Gruppen vor: Bei technologischen Prozessen findet eine materielle Transformation statt, während in Geschäftsprozessen immaterielle Eingangsgrößen in immaterielle Ausgangsgrößen umgesetzt werden (s. SCHUH ET AL. 2011, S. 363).

Für die vorliegende Arbeit wird der Begriff wie folgt definiert:

Definition | Prozess

Als Prozess wird die Transformation von materiellen und immateriellen Eingangs- in Ausgangsgrößen verstanden. Die Transformation kann sowohl durch eine einzelne Aktivität als auch durch eine Abfolge von Aktivitäten verschiedener Stellen eines Unternehmens erfolgen. Als Ergebnis des Prozesses steht ein Wert für den Kunden des Prozesses.

Der Digitale Schatten für Instandhaltungsdienstleistungen soll ein digitales Abbild der gesamten Auftragsabwicklung schaffen. Aus diesem Grund werden sowohl die administrative Bearbeitung des Auftrags als auch die operative Erbringung der Dienstleistung modelliert. Das zu entwickelnde Prozessmodell stellt der Unterscheidung von BERKAU folgend somit eine Kombination aus Geschäfts- und technischem Prozess dar.

2.1.7 Zusammenfassung: Eingrenzung des Betrachtungsbereichs

Aufbauend auf den zuvor dargestellten Definitionen kann Abbildung 2-8 die zusammenfassende Eingrenzung des Untersuchungsbereichs entnommen werden. In Abgrenzung zum Digitalen Zwilling wird in dieser Arbeit der Digitale Schatten als „hinreichend genaues Abbild des Unternehmens entwickelt werden “ (s. SCHUH ET AL. 2017b, S. 120). Dabei findet eine Betrachtung auf den Ebenen *Daten* und *Informationen* statt, die in Anwendungssystemen erfasst und bereitgestellt werden. Der Benutzer sowie nicht automatisierbare Aufgaben werden nicht betrachtet.

Untersucht werden Dienstleistungen im Geschäftsumfeld, d. h. die von „Nicht-Konsumenten“ beschafft werden und unternehmensextern erbracht werden (s. ENGELHARDT U. RECKENFELDERBÄUMER 2006, S. 223).

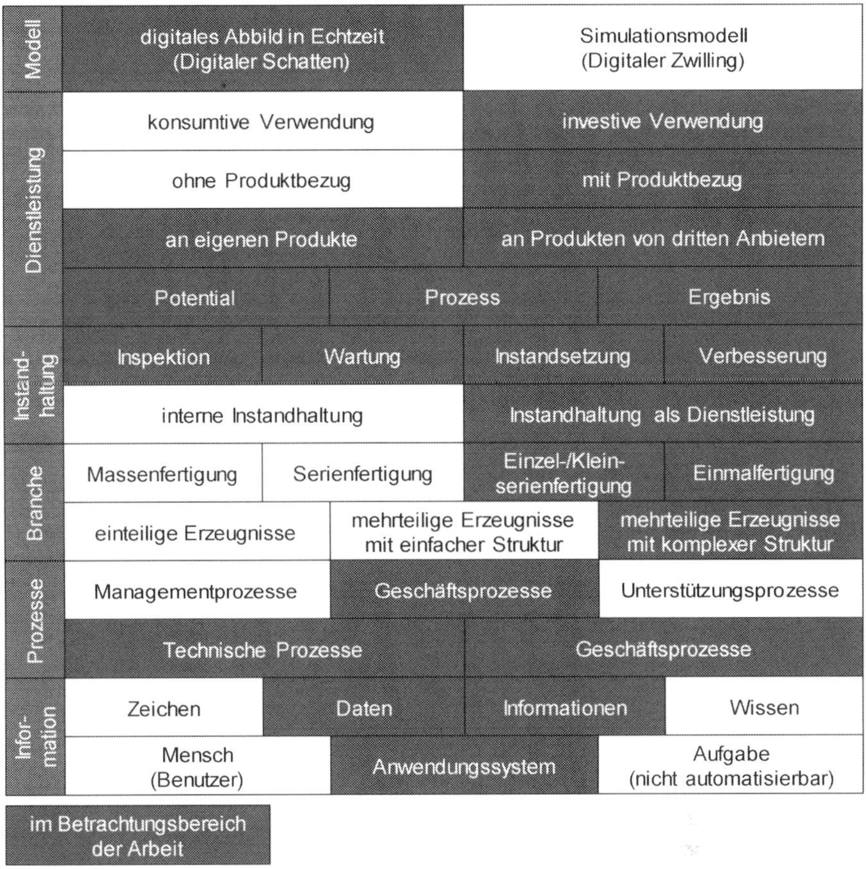

Abbildung 2-8: Eingrenzung der Arbeit (eigene Darstellung)

Die Dienstleistungen werden in den drei Dimensionen *Potenzial, Prozess* und *Ergebnis* untersucht, da mithilfe des Digitalen Schattens ein möglichst umfassendes Abbild der Dienstleistung geschaffen werden soll.

Die zu untersuchenden Dienstleistungen stehen im direkten Produktbezug, da ausschließlich Instandhaltungsleistungen betrachtet werden, die regelmäßig direkt an technischen Erzeugnissen ausgeführt werden. Diese umfassen Inspektions-, Wartungs-, Instandsetzungs- und Verbesserungsleistungen (s. DIN 31051).

Bei den Produkten, an denen die Leistung erbracht wird, wird der Fokus auf Maschinen- und Anlagen gelegt. Diese sind gekennzeichnet durch eine mehrteilige, komplexe Erzeugnisstruktur sowie die Einzel- bzw. Kleinserienfertigung und Einmalfertigung als Fertigungsart (s. BELZ ET AL. 1997, S. 36).

Für die vorliegende Arbeit irrelevant ist die Unterscheidung ob die Dienstleistungen für eigene oder für fremde Produkte erbracht werden (s. ENGELHARDT U.

RECKENFELDERBÄUMER 2006, S. 223). Beide Fälle sind im Betrachtungsbereich enthalten

Mithilfe des Digitalen Schattens sollen im Rahmen dieser Arbeit die Geschäftsprozesse der Dienstleistungsorganisation abgebildet werden. Management- und Unterstützungsprozesse stehen nicht im Fokus. Weiterhin sollen der Gliederung von BERKAU folgend auch die technischen Prozesse, die im Rahmen der Dienstleistung erbracht werden, im Digitalen Schatten abgebildet sein (s. BERKAU 1998, S. 27). Für industrielle Dienstleistungen kann bspw. die Montage von Ersatzteilen als technischer Prozess aufgefasst werden.

3 Gestaltung des Digitalen Schattens - Status quo in Forschung und Technik

In diesem Kapitel werden zunächst die Anforderungen an den Digitalen Schatten für Instandhaltungsdienstleistungen im Maschinen- und Anlagenbau formuliert. Anschließend werden Vorarbeiten zum Digitalen Schatten, zur Modellierung von industriellen Dienstleistungen im Allgemeinen sowie zu Daten- und Informationsmodellen von industriellen Dienstleistungen im Speziellen vorgestellt und mit den Anforderungen abgeglichen. Hieraus wird der resultierende Forschungsbedarf für die vorliegende Arbeit ermittelt. Weiterhin werden im diesem Kapitel vorhandene Datenerfassungstechnologie vorgestellt. Die Darstellung des Status quo in den für die Datenerfassung relevanten Technologien erfolgt in Vorbereitung auf den Abgleich der theoretisch zu erfassenden Daten des Digitalen Schattens mit den technischen Möglichkeiten zur Erfassung derselben (s. Kapitel 6.3). Im dritten Teil (Kapitel 3.3) werden relevante Ansätze für mögliche Systemarchitekturen für das System Digitaler Schatten dargestellt. Diese sind notwendig, um die zu betrachtenden Komponenten des Gesamtsystems zu identifizieren.

3.1 Status quo in der Forschung

3.1.1 Anforderungen

Eine Analyse und Bewertung des Stands der Wissenschaft und Technik erfolgt anhand der Anforderungen, die an das Ergebnis der vorliegenden Arbeit gestellt werden. Aus der in Kapitel 1 geschilderten Ausgangssituation sowie der Zielsetzung der Arbeit werden die folgenden inhaltlichen Anforderungen abgeleitet:

- Der Objektbereich des zu erarbeitenden Models liegt gemäß der thematischen Eingrenzung aus Kapitel 2 auf **industriellen Instandhaltungsdienstleistungen**. Eine Anforderung besteht somit in der Anwendbarkeit der Modelle in diesem Objektbereich.
- Weiterhin liegt in dem Konzept des Digitalen Schattens begründet, dass der Objektbereich **holistisch**, d. h. in allen relevanten Dimensionen betrachtet wird. Diese Anforderung wird untersucht, indem das Vorliegen eines Ordnungsrahmens o. ä. für den Objektbereich geprüft wird.
- Aufbauend auf einer holistischen Betrachtung ist ein **generisches Datenmodell** für den Betrachtungsbereich erforderlich. Das bedeutet, das Datenmodell ist nicht nur für eine konkrete Ausprägung anwendbar, sondern besitzt Referenzcharakter für eine Vielzahl von Anwendungsfällen.
- Die **Granularität** der aufgenommenen Daten ist hinreichend genau, das heißt, der Betrachtungsbereich wird nicht nur in seiner Breite, sondern auch in den notwendigen Details erfasst, ohne ihn jedoch in jeder Einzelheit abzubilden. Die Anforderung besteht daher darin, dass der Ansatz ein Konzept liefern soll, das die hinreichende Genauigkeit der Datenerfassung definiert.

- Die **Richtigkeit** und **Aktualität** der erfassten Daten wird durch technische Systeme sichergestellt und ist weitestgehend unabhängig von menschlichen Eingriffen. Die Anforderung besteht folglich darin, dass der Ansatz ein Konzept hierfür vorschlägt.

Die formalen Anforderungen ordnungsmäßiger Modellierung nach BECKER vervollständigen die Anforderungen an das Ergebnis der Arbeit (s. Kapitel 4.3). Für die Bewertung des Stands der Wissenschaft und Technik sind diese nicht relevant, da zunächst von einer formal korrekten Arbeitsweise ausgegangen wird. Die Ergebnisse der vorliegenden Arbeit werden in Kapitel 6.4 mithilfe dieser Anforderungen reflektiert.

3.1.2 Vorarbeiten zum Digitalen Schatten

Der Digitale Schatten in der Auftragsabwicklung | SCHUH ET AL. 2016

SCHUH ET AL. definieren in dieser Veröffentlichung das Konzept des Digitalen Schattens. Als Anwendungsfall wird die Auftragsabwicklung eines produzierenden Unternehmens gewählt. Die Autoren motivieren das Konzept mit den Potenzialen für die Effizienz von Wertschöpfungsprozessen, die in der Analyse von Daten liegen. Ziel sei es, mit dem Digitalen Schatten die Datengrundlage für darauf aufbauende Analytik zu schaffen (s. SCHUH ET AL. 2016a, S. 48).

Der Digitale Schatten ist laut SCHUH ET AL. charakterisiert dadurch, dass er in „hinreichender Genauigkeit das Abbild der wesentlichen Daten" des betrachteten Bereichs liefert (SCHUH ET AL. 2016a, S. 48). Dabei sei nicht eine hohe Auflösung wichtig, sondern die Vollständigkeit des Datensatzes (s. SCHUH ET AL. 2016a, S. 48).

Für den Anwendungsfall der Auftragsabwicklung bestünden die relevanten Daten bspw. in Auftragsdaten, Maschinendaten, Bestandsdaten oder soziotechnischen Faktoren. Die Auswahl der relevanten Daten erfolge anhand von Datenpunkten entlang des Prozesses, die für die anfallenden Aufgaben benötigt würden (s. SCHUH ET AL. 2016a, S. 49). Die Herkunft der Daten zur Beschreibung der Datenpunkte könne vielfältig sein. Daher sei eine einheitliche Datenstruktur notwendig, die den Zusammenhang der Daten herstelle (s. SCHUH ET AL. 2016a, S. 49).

Der vorgestellte Ansatz lässt sich entlang der definierten Anforderungen wie folgt bewerten:

- **Objektbereich:** Der Ansatz bezieht sich auf die Auftragsabwicklung in produzierenden Betrieben. Daher stimmt der Objektbereich nicht mit dem für diese Arbeit relevanten Objektbereich überein.
- **Holistische Betrachtung:** Der vorgestellte Ansatz beinhaltet den Gedanken der vollständigen Erfassung der relevanten Daten und weist darauf hin, dass diese entlang der am Prozess vorliegenden Informationsbedarfe bestimmt werden.
- **Datenmodell:** Der vorgestellte Ansatz benennt zwar die Notwendigkeit eines Datenmodells, schlägt aber kein Modell vor.

- **Granularität:** Der vorgestellte Ansatz definiert die Anforderung, Daten in einer hinreichend genauen Auflösung zu erfassen, liefert aber keinen Lösungsvorschlag.
- **Richtigkeit und Aktualität der Daten:** Der vorgestellte Ansatz definiert die Anforderung, Daten in Echtzeit zu erfassen, liefert aber kein Konzept hierfür.

Tabelle 3-1: Bewertung SCHUH ET AL. 2016

Bewertung | SCHUH ET AL. 2016				
Objektbereich ind. Dienstleistungen	**Holistische Betrachtung**	**Datenmodell**	**Granularität**	**Richtigkeit & Aktualität der Daten**
○	◑	◑	◑	◑
		○ nicht erfüllt	◑ teilweise erfüllt	● vollständig erfüllt

Standpunkt Industrie 4.0 – Digitaler Schatten | BAUERNHANSL ET AL. 2017

In dem „Standpunkt Industrie 4.0“ der Wissenschaftlichen Gesellschaft für Produktionstechnik (WGP) beschreiben BAUERNHANSL ET AL. wesentliche Handlungsfelder der Industrie 4.0, zu denen der Digitale Schatten zählt (s. BAUERNHANSL ET AL. 2017, S. 10). BAUERNHANSL ET AL. beziehen sich grundsätzlich auf die Definition von SCHUH ET AL. und definieren den Digitalen Schatten als „hinreichend genaue[s] Abbild der Prozesse in der Produktion, der Entwicklung und angrenzende[r] Bereiche mit dem Zweck, eine echtzeitfähige Auswertungsbasis aller relevanten Daten zu schaffen“ (BAUERNHANSL ET AL. 2017, S. 23).

Die Autoren legen den Fokus der Arbeit auf die Beschreibung des Stands der Technik sowie die Identifikation von Forschungsbedarfen und Herausforderung zur Umsetzung des Konzepts Digitaler Schatten. Jene werden den nachfolgend beschriebenen Forschungsfeldern zugeordnet (s. BAUERNHANSL ET AL. 2017, S. 26).

Es mangele an Datenstrukturen und Datenmodellen die den betrachteten Prozess vollständig aber nicht in jedem Detail abbildeten. Maximallisten von abzubildenden Merkmalen seien notwendig, die für den individuellen Anwendungsfall adaptiert würden (s. BAUERNHANSL ET AL. 2017, S. 26).

Weiterhin identifizieren die Autoren die „multimodale Datenaufnahme“ und die „multimodale Datenfusion“ als Handlungsfelder für den Digitalen Schatten. Hierunter werde laut BAUERNHANSL ET AL. die „Datenaufnahme über mehrere Quellen“ verstanden (s. BAUERNHANSL ET AL. 2017, S. 26). In der Aufnahme der selben Daten mit unterschiedlichen Systemen werden Potenziale gesehen für Verlässlichkeit, Genauigkeit, Vollständigkeit, Schnelligkeit und Wirtschaftlichkeit der Datenaufnahme (s. BAUERNHANSL ET AL. 2017, S. 26ff.) .

Als letztes Handlungsfeld definieren die Autoren den „Konsistenz- / Plausibilitätscheck“ der aufgenommenen Daten. Erst wenn die Daten in einer konsistenten, korrekten und vollständigen Form vorlägen, seien sie für den weiteren Gebrauch tauglich (s.

BAUERNHANSL ET AL. 2017, S. 28). Abschließend stellen BAUERNHANSL ET AL. eine Vorgehensweise für die Einführung eines Digitalen Schattens vor, die Abbildung 3-1 zu entnehmen ist.

Abbildung 3-1: Migrationspfad zum Digitalen Schatten (s. BAUERNHANSL ET AL. 2017, S. 30)

Der vorgestellte Ansatz lässt sich entlang der definierten Anforderungen wie folgt bewerten:

- **Objektbereich:** Die Auftragsabwicklung in produzierenden Betrieben steht bei diesem Ansatz im Fokus. Daher stimmt der Objektbereich nicht mit dem für diese Arbeite relevanten Objektbereich überein.
- **Holistische Betrachtung:** Der vorgestellte Ansatz beinhaltet den Gedanken der vollständigen Erfassung der relevanten Daten; es wird darauf hingewiesen, dass diese entlang der am Prozess vorliegenden Informationsbedarfe bestimmt werden.
- **Datenmodell:** Der vorgestellte Ansatz benennt zwar die Notwendigkeit eines Datenmodells, es wird aber kein Modell vorgeschlagen.
- **Granularität:** Im vorgestellten Ansatz werden die Anforderung definiert, Daten in einer hinreichend genauen Auflösung zu erfassen, es wird aber keinen Lösungsvorschlag geliefert.
- **Richtigkeit und Aktualität der Daten:** Im vorgestellten Ansatz werden die Handlungsfelder der „multimodalen Datenaufnahme", der „multimodalen Datenfusion" und des „Konsistenz- / Plausibilitätschecks" definiert, jedoch kein Konzept hierfür geliefert.

Tabelle 3-2: Bewertung BAUERNHANSL ET AL. 2017

Bewertung | BAUERNHANSL ET AL. 2017				
Objektbereich ind. Dienstleistungen	Holistische Betrachtung	Datenmodell	Granularität	Richtigkeit & Aktualität der Daten
○	◑	◑	◑	◑

○ nicht erfüllt ◑ teilweise erfüllt ● vollständig erfüllt

3.1.3 Vorarbeiten zur Modellierung von industriellen Dienstleistungen

Prinzipien der Produktionsfaktorkombination | MALERI U. FRIETZSCHE 2008

MALERI U. FRIETZSCHE modellieren in ihrem Grundlagenwerk im Bereich der industriellen Dienstleistungen die Produktion von Dienstleistungen in einem generischen Modell. Die Autoren orientieren ihr Modell für die Dienstleistungsproduktion am Absatz der Dienstleistung. Dem Absatz komme bei der Dienstleistungsproduktion eine große Bedeutung zu, da keine bereits produzierten Sachgüter verkauft würden, sondern lediglich ein Versprechen für eine Leistung abgesetzt werde (s. MALERI U. FRIETZSCHE 2008, S. 80). Im ihrem Modell trennt der Zeitpunkt des Absatzes sowohl die Beschaffung der Produktionsfaktoren als auch den Prozess der Leistungserstellung in zwei Phasen.

Bestimmte Produktionsfaktoren werden vor dem Absatz der Leistung beschafft. Hierunter fassen die Autoren die Faktoren, „die der Herstellung und Erhaltung der Leistungsbereitschaft des Dienstleistungsbetriebes dienen" (MALERI U. FRIETZSCHE 2008, S. 83). Andere Faktoren werden nach dem Absatz beschafft. Den wesentlichen Unterschied sehen MALERI U. FRIETZSCHE in dem geringeren Risiko, da die Aufträge genauer spezifiziert seien (s. MALERI U. FRIETZSCHE 2008, S. 84).

Die Leistungserstellung wird in dem betrachteten Model in die beiden Phasen *Vorkombination* und *Endkombination* untergliedert. Die Vorkombination habe dabei zum Ziel, die Leistungsbereitschaft herzustellen. Da diese Phase noch vor dem Absatz stattfindet, sei sie noch weitestgehend unabhängig durch den Betrieb durchführbar. Die nach dem Absatz stattfindende Endkombination stehe unter maßgeblicher Einflussnahme des Kunden (s. MALERI U. FRIETZSCHE 2008, S. 87). Das Ergebnis der Faktorkombination stellt nach MALERI U. FRIETZSCHE ein immaterielles Produkt dar (s. MALERI U. FRIETZSCHE 2008, S. 93). Das gesamte Modell ist in Abbildung 3-2 zusammenfassend dargestellt.

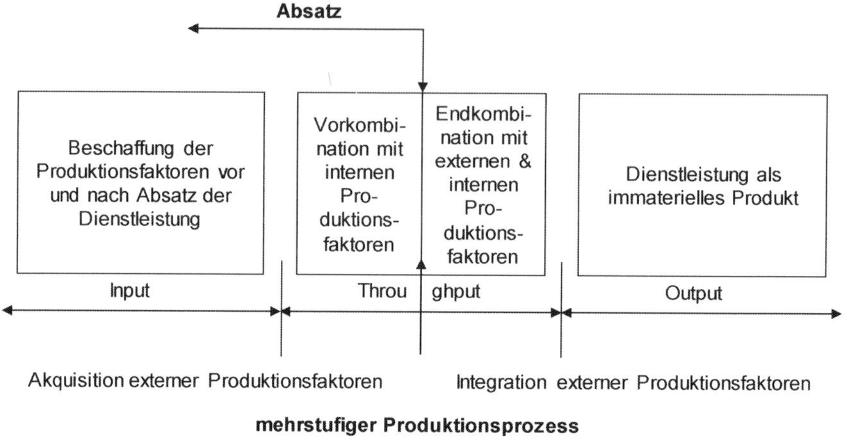

Abbildung 3-2: Prinzipien der Produktionsfaktorkombination bei der Dienstleistungsproduktion (MALERI U. FRIETZSCHE 2008, S. 93)

Der vorgestellte Ansatz lässt sich entlang der definierten Anforderungen wie folgt bewerten:

- **Objektbereich:** Der Objektbereich des Modells ist zwar als passend zu beschreiben, da Dienstleistungen aller Art beinhaltet sind. Instandhaltungsdienstleistungen stehen allerdings nicht im Fokus des Ansatzes.
- **Holistische Betrachtung:** Die Dienstleistung wird in den Dimensionen *Input*, *Throughput* und *Output* modelliert. Damit bildet das Modell die relevanten Dimensionen der Dienstleistung ab.
- **Datenmodell:** Der vorgestellte Ansatz beinhaltet kein Datenmodell für den Objektbereich.
- **Granularität:** Der vorgestellte Ansatz geht nicht auf die Details des Dienstleistungsprozesses ein und liefert keine Aussagen zur Granularität von Daten im Objektbereich.
- **Richtigkeit und Aktualität der Daten:** Der vorgestellte Ansatz liefert keine Aussagen zur Richtigkeit und Aktualität der Daten im Objektbereich.

Tabelle 3-3: Bewertung MALERI U. FRIETZSCHE 2008

Bewertung | MALERI U. FRIETZSCHE 2008				
Objektbereich ind. Dienstleistungen	**Holistische Betrachtung**	**Datenmodell**	**Granularität**	**Richtigkeit & Aktualität der Daten**
◑	●	○	○	○
		○ nicht erfüllt ◑ teilweise erfüllt ● vollständig erfüllt		

Kundenintegration | KLEINALTENKAMP 1997

In dem Ansatz von KLEINALTENKAMP wird ein Modell für die Kundenintegration in den Leistungserstellungsprozess eines Anbieters vorgestellt. Das Modell wird bewusst nicht auf den Anwendungsbereich der Dienstleistungen eingeschränkt. Nach KLEINALTENKAMP geht der Begriff ‚Kundenintegration' zwar auf frühe Arbeiten zum Dienstleistungsmanagement zurück, beschränkt sich allerdings nicht auf diese Domäne (s. KLEINALTENKAMP 1997, S. 350).

Das Modell basiert auf der Integration „vom Nachfrager bereitgestellte[r] sog. Externe[r] Faktoren, an denen die Dienstleistung erbracht wird, in den Leistungserstellungsprozeß" (KLEINALTENKAMP 1997, S. 350). Beispiele für externe Faktoren sind Abbildung 3-3 (untere Bildhälfte) zu entnehmen. Die externen Faktoren stellen nach KLEINALTENKAMP zusammen mit den internen Faktoren das Leistungspotenzial dar, das die Grundlage für die Leistungserstellungsprozesse bildet. Ein gewisser Teil der internen Faktoren könne bereits ohne Einbindung externer Faktoren vorkombiniert werden. Der Autor weist darauf hin, dass sich die Prozesse der Vorkombination aufgrund ihrer Unabhängigkeit von externen Einflüssen von den „integrativen Prozessen" unterschieden (s. KLEINALTENKAMP 1997, S. 350). Das Ergebnis setzt sich nach KLEINALTENKAMP aus „verschiedenen autonomen und integrativ erstellten Teilleistungen" zusammen und wird daher auch als „Leistungsbündel" bezeichnet (s. KLEINALTENKAMP 1997, S. 351).

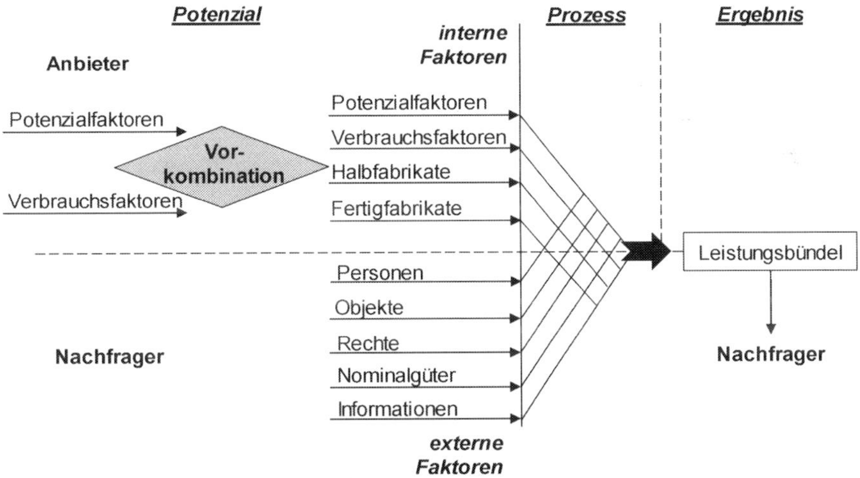

Abbildung 3-3: Integrative Leistungserstellung (KLEINALTENKAMP 1997, S. 351)

Der vorgestellte Ansatz lässt sich entlang der definierten Anforderungen wie folgt bewerten:

- **Objektbereich:** Der Objektbereich des Modells umfasst zwar Instandhaltungsdienstleistungen, beschreibt aber jeden Prozess, in dem Kundenintegration stattfindet. Hierbei ist ebenfalls ein Großteil der Sachgutproduktion inbegriffen.
- **Holistische Betrachtung:** Der Objektbereich wird in den Dimensionen *Potenzial, Prozess* und *Ergebnis* modelliert. Damit bildet das Modell die relevanten Dimensionen der Dienstleistung ab.
- **Datenmodell:** Der vorgestellte Ansatz beschreibt auf eine generische Art die Daten- und Informationsflüsse im Unternehmen, enthält aber kein Datenmodell im engeren Sinne (KLEINALTENKAMP 1997, S. 352).
- **Granularität:** Der vorgestellte Ansatz geht nicht auf die Details des Dienstleistungsprozesses ein und liefert keine Aussagen zur Granularität von Daten im Objektbereich.
- **Richtigkeit und Aktualität der Daten:** Der vorgestellte Ansatz liefert keine Aussagen zur Richtigkeit und Aktualität der Daten im Objektbereich.

Tabelle 3-4: Bewertung KLEINALTENKAMP 1997

Bewertung | KLEINALTENKAMP 1997				
Objektbereich ind. Dienstleistungen	**Holistische Betrachtung**	**Datenmodell**	**Granularität**	**Richtigkeit & Aktualität der Daten**
◑	●	◑	○	○

○ nicht erfüllt ◑ teilweise erfüllt ● vollständig erfüllt

Grundmodell der Dienstleistungsproduktion | CORSTEN UND GÖSSINGER 2007

CORSTEN U. GÖSSINGER unterscheiden den Prozess der Vorkombination von dem Prozess der Endkombination (s. Abbildung 3-4). Ziel der Vorkombination sei es, interne Produktionsfaktoren zu kombinieren, um eine „Leistungsbereitschaft zur Erfüllung erwarteter Dienstleistungsnachfragen [...] herzustellen" (CORSTEN U. GÖSSINGER 2007, S. 128). Die Autoren weisen darauf hin, dass die Leistungsbereitschaft sich von der Kapazität unterscheide. Während die Kapazität das gesamte, „generelle Leistungspotential" umfasse, gebe die Leistungsbereitschaft das sofort verfügbare Leistungspotential wieder (s. CORSTEN U. GÖSSINGER 2007, S. 128).

Die Endkombination erfolgt nach CORSTEN U. GÖSSINGER mit dem Ergebnis, „eine beabsichtigte nutzenstiftende Änderung von Eigenschaften des externen Produktionsfaktors" vorzunehmen (CORSTEN U. GÖSSINGER 2007, S. 128). Hierzu würden die Leistungsbereitschaft und der externe Faktor in den Prozess eingebracht. Der Prozess der Dienstleistungserbringung setzt sich nach CORSTEN U. GÖSSINGER sowohl aus „interaktiven Teilprozesse[n]", die in Kooperation zwischen Anbieter und Nachfrager erbracht werden, als auch aus autonom erbrachten Teilprozessen zusammen. Nichtsdestotrotz weisen sie darauf hin, dass die Integration eines externen Faktors notwendige Voraussetzung für eine ökonomische, nutzenstiftende Marktleistung sei (CORSTEN U. GÖSSINGER 2007, S. 129).

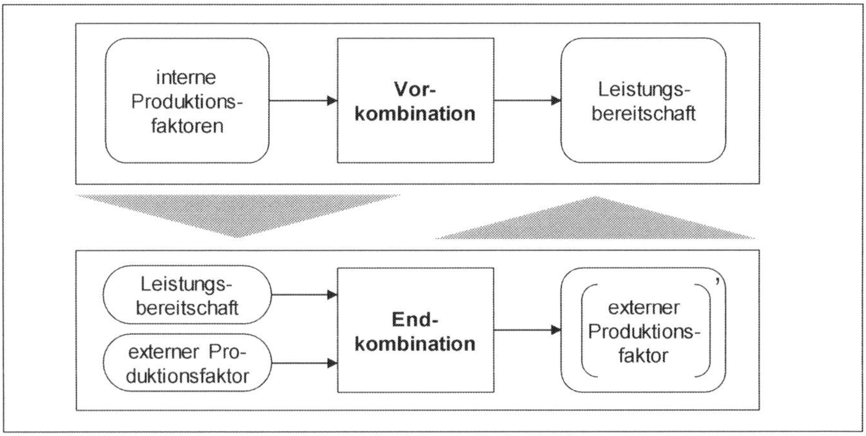

Abbildung 3-4: Grundmodell der Dienstleistungsproduktion (CORSTEN U. GÖSSINGER 2007, S. 130)

Der vorgestellte Ansatz lässt sich entlang der definierten Anforderungen wie folgt bewerten:

- **Objektbereich:** Der Objektbereich des Modells umfasst Dienstleistungen (industrielle und konsumtive Dienstleistungen). Damit sind Instandhaltungsdienstleistungen eingeschlossen, stehen aber nicht im Fokus des Ansatzes.
- **Holistische Betrachtung:** Neben der Unterteilung in Vorkombination und Endkombination sowie der Gliederung nach interaktiven und autonomen Aktivitäten, erfolgt eine Unterscheidung in Potenzial-, Prozess und Ergebnisebene (s. CORSTEN U. GÖSSINGER 2007, S. 128). Damit bildet das Modell die relevanten Dimensionen der Dienstleistung ab.
- **Datenmodell:** Der vorgestellte Ansatz beinhaltet kein Datenmodell für den Objektbereich.
- **Granularität:** Beim vorgestellten Ansatz wird nicht auf die Details des Dienstleistungsprozesses eingegangen und es werden keine Aussagen zur Granularität von Daten im Objektbereich geliefert.
- **Richtigkeit und Aktualität der Daten:** Der vorgestellte Ansatz liefert keine Aussagen zur Richtigkeit und Aktualität der Daten im Objektbereich.

Tabelle 3-5: Bewertung CORSTEN U. GÖSSINGER 2007

Bewertung | CORSTEN UND GÖSSINGER 2007				
Objektbereich ind. Dienstleistungen	**Holistische Betrachtung**	**Datenmodell**	**Granularität**	**Richtigkeit & Aktualität der Daten**
◑	●	○	○	○

○ nicht erfüllt ◑ teilweise erfüllt ● vollständig erfüllt

Serviceproduktion | AMBERG, BODENDORF UND MÖSLEIN 2011

AMBERG ET AL. ordnen die Serviceproduktion zunächst in das Servicemanagement als Ganzes ein. Dieses bestehe aus Servicestrategie, Serviceinnovation, Service Engineering, Serviceproduktion und Serviceevaluation (s. AMBERG ET AL. 2011, S. 88).

Die Serviceproduktion nach AMBERG ET AL. ist Abbildung 3-5 zu entnehmen. Jene lasse sich in drei Phasen gliedern. Zunächst werde die Leistungsbereitschaft hergestellt. Hierfür erfolge eine Beschaffung und eine Vorkombination mit internen Faktoren (s. AMBERG ET AL. 2011, S. 91). Durch Verhandlung mit dem Kunden werde eine Leistungsvereinbarung getroffen. Nach AMBERG ET AL. kann erst nach der Leistungsvereinbarung die Produktion der Dienstleitung begonnen werden. Diese bestehe aus einer Beschaffung aller weiteren Produktionsfaktoren und einer Endkombination mit dem externen Faktor. Als externen Faktor bezeichnen AMBERG ET AL. „den Kunden selbst, aber auch [...] ein Objekt im Besitz des Kunden“ oder „Informationen oder nominale Güter“ (AMBERG ET AL. 2011, S. 92). Aus der Serviceproduktion resultiere schließlich das Leistungsergebnis.

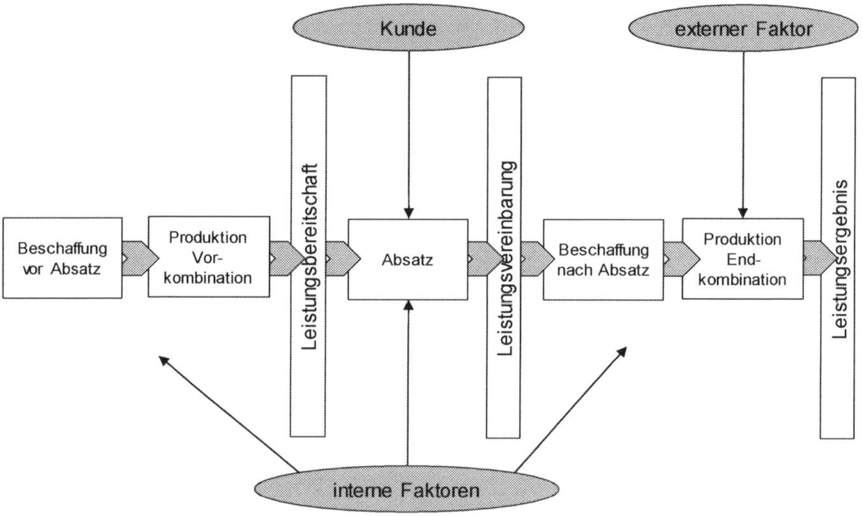

Abbildung 3-5: Serviceproduktion (AMBERG ET AL. 2011, S. 91)

Der vorgestellte Ansatz lässt sich entlang der definierten Anforderungen wie folgt bewerten:

- **Objektbereich:** Der Objektbereich des Modells umfasst Dienstleistungen (industrielle und konsumtive Dienstleistungen). Damit sind Instandhaltungsdienstleistungen eingeschlossen, stehen aber nicht im Fokus des Ansatzes.
- **Holistische Betrachtung:** In dem Ansatz liegt der Fokus auf der Dimension *Prozess* unter Erwähnung der Potenzialfaktoren und des Ergebnisses.
- **Datenmodell:** Der vorgestellte Ansatz beinhaltet kein Datenmodell für den Objektbereich.

- **Granularität:** Der vorgestellte Ansatz geht nicht auf die Details des Dienstleistungsprozesses ein und liefert keine Aussagen zur Granularität von Daten im Objektbereich.
- **Richtigkeit und Aktualität der Daten:** Der vorgestellte Ansatz liefert keine Aussagen zur Richtigkeit und Aktualität der Daten im Objektbereich.

Tabelle 3-6: Bewertung AMBERG, BODENDORF UND MÖSLEIN 2011

Bewertung | AMBERG, BODENDORF UND MÖSLEIN 2011				
Objektbereich ind. Dienstleistungen	**Holistische Betrachtung**	**Datenmodell**	**Granularität**	**Richtigkeit & Aktualität der Daten**
◑	◑	○	○	○
				○ nicht erfüllt ◑ teilweise erfüllt ● vollständig erfüllt

Referenzmodell der Geschäftsprozesse von After-Sales-Dienstleistungen | GAJEWSKI 2004

GAJEWSKI adressiert mit seinem Ansatz das Problem der effizienten Gestaltung der Geschäftsprozesse im After-Sales-Service. Insbesondere werden die Implikationen der Mobilität in Dienstleistungsprozessen im Hinblick auf die Gestaltung der Geschäftsprozesse berücksichtigt (s. GAJEWSKI 2004, S. 2). Der Autor entwickelt ein Referenzmodell für die Geschäftsprozesse bestehend aus drei Lösungskomponenten: dem Ordnungsrahmen, den klassifizierten Merkmalen des Ordnungsrahmens und Referenzprozesse.

Der Ordnungsrahmen diene der Strukturierung und Komplexitätsreduktion der Problemstellung (s. GAJEWSKI 2004, S. 79). In Abbildung 3-6 ist der Ordnungsrahmen mit seinen wesentlichen Elementen dargestellt. Grundsätzlich wird in dem Modell zwischen der Dispositions- und Dienstleistungsaufgabe unterschieden. Die Dispositionsaufgabe bestehe in der Steuerung der Dienstleistungsaufgabe, die Dienstleistungsaufgabe in der Erbringung der Dienstleistung. Zudem beinhaltet der Ordnungsrahmen die Elemente *Vorereignis* und *Nachereignis*, die jeder Aufgabe jeweils vorausgehen bzw. auf diese folgen (s. GAJEWSKI 2004, S. 80).

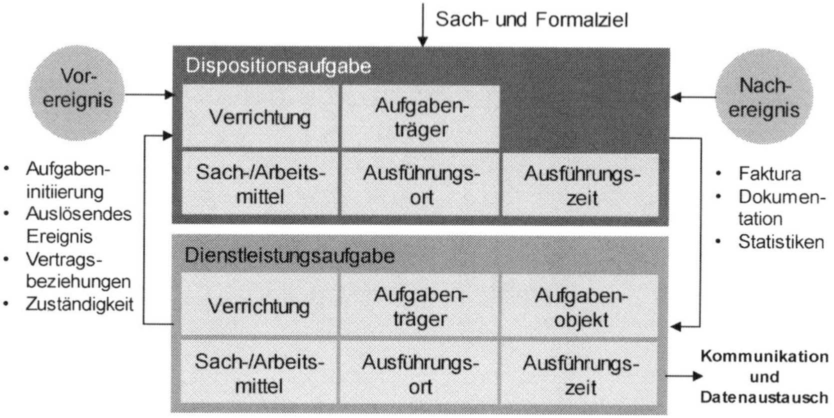

Abbildung 3-6: Ordnungsrahmen des Referenzmodells (GAJEWSKI 2004, S. 81)

Im Rahmen der Klassifikation beschreibt der Autor die einzelnen Elemente des Ordnungsrahmens detaillierter, um im Anschluss Referenzprozesse abzuleiten. Hierbei fließen zudem die Erkenntnisse aus einer Fallstudie sowie einer nachträglichen Validierung ein.

Der vorgestellte Ansatz lässt sich entlang der definierten Anforderungen wie folgt bewerten:

- **Objektbereich:** Der Autor grenzt die Arbeit zunächst auf After-Sales-Dienstleistungen im Allgemeinen ein (s. GAJEWSKI 2004, S. 23). In den weiteren Ausführungen nimmt er allerdings Instandhaltungsleistungen in den Fokus (s. GAJEWSKI 2004, S. 94). Daher entspricht der Objektbereich den Anforderungen.
- **Holistische Betrachtung:** Die drei relevanten Dimensionen der Dienstleistung finden sich in dem Ordnungsrahmen des Ansatzes wieder. Die einzelnen Phasen oder Prozessschritte der Dienstleistung werden jedoch nicht erfasst.
- **Datenmodell:** Der vorgestellte Ansatz beinhaltet kein Datenmodell für den Objektbereich.
- **Granularität:** Der vorgestellte Ansatz schlägt ein Konzept vor, in welcher Form einzelne Aufgaben detailliert beschrieben werden können.
- **Richtigkeit und Aktualität der Daten:** Der vorgestellte Ansatz liefert keine Aussagen zur Richtigkeit und Aktualität der Daten im Objektbereich.

Tabelle 3-7: Bewertung GAJEWSKI 2004

Bewertung | GAJEWSKI 2004				
Objektbereich ind. Dienstleistungen	**Holistische Betrachtung**	**Datenmodell**	**Granularität**	**Richtigkeit & Aktualität der Daten**
●	◑	○	●	○
		○ nicht erfüllt	◑ teilweise erfüllt	● vollständig erfüllt

3.1.4 Vorarbeiten für Daten- und Informationsmodelle von Dienstleistungen

Referenzmodell für den Service | KALLENBERG 2002

Das Referenzmodell von KALLENBERG dient primär dem Zweck, den Prozess der EDV-Auswahl für Dienstleistungsorganisationen zu unterstützen. Hierzu werden sowohl die Organisation und die Prozesse im Service modelliert als auch Systemfunktionen betrachtet (s. KALLENBERG 2002, S. 7).

Der in Abbildung 3-7 dargestellte Ordnungsrahmen des Referenzmodells beinhaltet die Funktionsbereiche des Modells gegliedert in drei Funktionsgruppen (Kernfunktionen, Querschnittsfunktionen und Datenverwaltung) sowie die drei Beschreibungssichten des Modells (Funktionen, Daten und Prozesse) (s. KALLENBERG 2002, S. 97).

Die Funktionssicht wird mithilfe von Funktionsbäumen ausdetailliert und „dient der Abbildung von Vorgängen im Service, die Objekte erzeugen oder verändern“ (s. KALLENBERG 2002, S. 98). Die Datensicht auf das Modell zeigt die „relevanten Informationsobjekte des Service“ und sowie deren Interdependenzen (s. KALLENBERG 2002, S. 100). Die Prozesssicht detailliert die bereits identifizierten Funktionen aus der Funktionssicht mit einer „zeitlich-sachlogische Reihenfolge von Ereignissen und Zuständen“ aus (s. KALLENBERG 2002, S. 108).

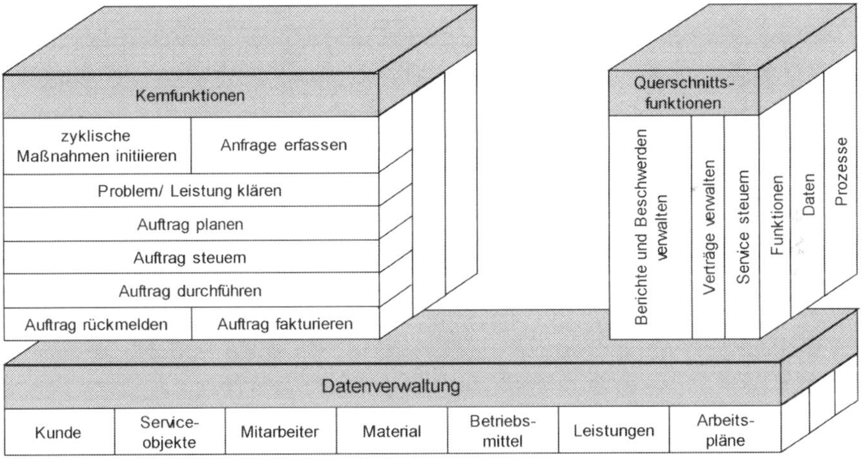

Abbildung 3-7: Ordnungsrahmen des Service-Referenzmodells (KALLENBERG 2002, S. 97)

Der vorgestellte Ansatz lässt sich entlang der definierten Anforderungen wie folgt bewerten:

- **Objektbereich:** Das Modell bezieht sich auf Dienstleistungsorganisationen im Maschinen- und Anlagenbau. Damit ist der Objektbereich identisch zu dem Objektbereich der vorliegenden Arbeit.

- **Holistische Betrachtung:** Das Modell ist nicht explizit in die Dimensionen *Ergebnis, Prozess* und *Faktoren* gegliedert. Dennoch stellt der Autor eine umfassende Betrachtung des Objektbereichs sicher, indem er einen zweidimensionalen Ordnungsrahmen (Funktionsgruppen und Beschreibungssichten) aufspannt und befüllt.
- **Datenmodell:** Der vorgestellte Ansatz beinhaltet ein umfassendes Datenmodell für den Service, der die relevanten Informationselemente abbildet.
- **Granularität:** Der vorgestellte Ansatz liefert detaillierte Referenzprozesse für industrielle Dienstleistungen. Die Ausführung der Dienstleistung wird nur oberflächlich betrachtet.
- **Richtigkeit und Aktualität der Daten:** In dem vorgestellten Ansatz wird sich nicht mit der Erfassung und Qualität der Daten auseinandergesetzt.

Tabelle 3-8: Bewertung KALLENBERG 2002

Bewertung | KALLENBERG 2002				
Objektbereich ind. Dienstleistungen	**Holistische Betrachtung**	**Datenmodell**	**Granularität**	**Richtigkeit & Aktualität der Daten**
●	●	●	◑	○
		○ nicht erfüllt ◑ teilweise erfüllt ● vollständig erfüllt		

Referenzmodell für Workflow-Applikationen in technischen Dienstleistungen | BECKER U. NEUMANN 2006

BECKER U. NEUMANN verfolgen mit ihrem Ansatz das Ziel, ein Referenzmodell für „prozessorientierte Informationssysteme für technische Dienstleistungen" bereitzustellen (BECKER U. NEUMANN 2006, S. 624). Der Ansatz des Workflowmanagements wird auf die Spezifika technischer Dienstleistungen angewendet (s. BECKER U. NEUMANN 2006, S. 624). Unter Workflowmanagement verstehen die Autoren „die durch Informationssysteme unterstützte Koordination und Kontrolle von Arbeitsabläufen" (BECKER U. NEUMANN 2006, S. 625).

Zur Strukturierung der Informationssysteme für technische Dienstleistungen wird ein Ordnungsrahmen (s. Abbildung 3-8) mit den beiden Dimensionen *Geschäftsobjekte* (vertikal) und *Kernprozesse* (vertikal) aufgespannt (BECKER U. NEUMANN 2006, S. 627). Weiterhin werden Datenmodelle (Entity-Relationship-Modelle) für die zentralen Bestandteile des Modells beschrieben. Zu diesen zählen Prozesse, Aktivitäten, Leistungsprodukte, technische Objekte, Verträge und Serviceaufträge (s. BECKER U. NEUMANN 2006, S. 629). Abschließend leiten BECKER U. NEUMANN fünf generische Typen von Aufträgen in technischen Dienstleistungen ab und entwickeln jeweils ein Prozessmodell je Auftragstyp (s. BECKER U. NEUMANN 2006, S. 638).

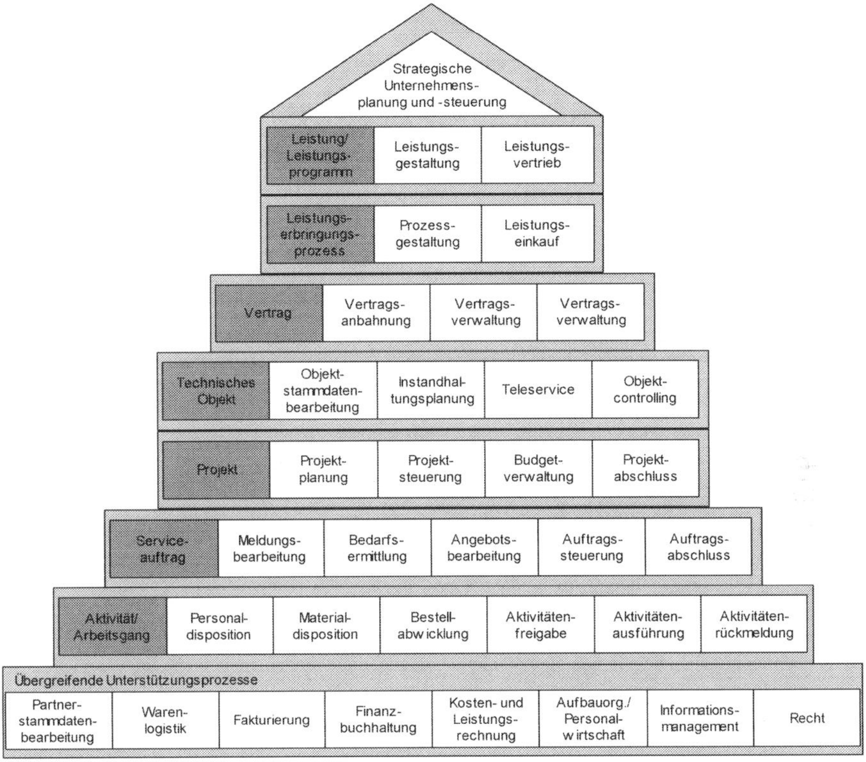

Abbildung 3-8: Servicemanagement-Pyramide (Becker u. Neumann 2006, S. 628)

Der vorgestellte Ansatz lässt sich entlang der definierten Anforderungen wie folgt bewerten:

- **Objektbereich:** Das Modell bezieht sich auf industrielle Dienstleistungen an technischen Produkten. Instandhaltungsdienstleistungen werden als konkretes Beispiel genannt. Der Objektbereich des Ansatzes trifft damit die Anforderungen.
- **Holistische Betrachtung:** Das Modell ist nicht explizit in die Dimensionen *Ergebnis, Prozess* und *Faktoren* gegliedert. Die Autoren stellen eine umfassende Betrachtung des Objektbereichs jedoch sicher, indem sie einen umfassenden Ordnungsrahmen (s. Abbildung 3-8) entwickeln und des Weiteren sowohl Prozess- als auch Datenmodelle entwickeln.
- **Datenmodell:** Der vorgestellte Ansatz beinhaltet ein umfassendes Datenmodell für den Service, der die relevanten Informationselemente abbildet.
- **Granularität:** Der vorgestellte Ansatz liefert Referenzprozesse für industrielle Dienstleistungen. Die Ausführung der Dienstleistung wird nicht im Detail betrachtet.

- **Richtigkeit und Aktualität der Daten:** In dem vorgestelltem Ansatz wird sich am Rande mit der Datenherkunft befasst. Technologien zu Datenerfassung und Sicherstellung der Richtigkeit und Aktualität werden nicht betrachtet.

Tabelle 3-9: Bewertung BECKER U. NEUMANN 2002

Bewertung | BECKER U. NEUMANN 2002				
Objektbereich ind. Dienstleistungen	**Holistische Betrachtung**	**Datenmodell**	**Granularität**	**Richtigkeit & Aktualität der Daten**
●	●	●	◐	◐
		○ nicht erfüllt	◐ teilweise erfüllt	● vollständig erfüllt

Information Needs of the Mobile Technical Customer Service | DAEUBLE ET AL. 2015

Ziel der Untersuchung von DAEUBLE ET AL. ist es, Informationsbedarfe entlang des Serviceprozesses zu identifizieren. Hierfür wurde eine umfangreiche Fallstudie im Service eines weltweit agierenden Unternehmens aus dem Maschinen- und Anlagenbau aufgenommen und analysiert (s. DAEUBLE ET AL. 2015, S. 1019).

Zur Strukturierung wurde zunächst ein generalisierter Instandhaltungsprozess mit den sechs Phasen *Initiierung, Definition des Bereichs, Planung, Vorbereitung, Realisierung* und *Controlling* abgeleitet. Entlang dieses Prozesses wurden aus der Fallstudie insgesamt 13 Informationsbedarfe identifiziert. Diese sind Abbildung 3-9 zu entnehmen.

Die Autoren stellen fest, dass ein Großteil der Informationsbedarfe insbesondere in den Phasen *Vorbereitung, Realisierung* und *Controlling* lägen. Dies seien die Phasen, die hauptsächlich durch den Servicetechniker ausgeführt würden. Daher kommen die Autoren zu der Schlussfolgerung, dass die identifizierten Informationen in Unterstützungssysteme für den Service integriert werden sollten. Die Autoren sehen ihre Ergebnisse als Ausgangspunkt für weitere Arbeiten, bspw. für die Gestaltung und Auswahl dieser Systeme (s. DAEUBLE ET AL. 2015, S. 1025).

Information need	Phase of the generalized maintenance process					
	Initiation	Def of Scope	Plan Work	Prepare Work	Realization	Controlling
N1 Information from the manufacturer	✓	✓	✓	✓	✓	✓
N2 Workorder request information	✓	✓	✓	✓	✓	✓
N3 Service item information	✓	✓	✓	✓	✓	✓
N4 Maintenance contract information	✓	✓	✓	✓	✓	✓
N5 Procedure information			✓	✓	✓	✓
N6 Resource information			✓	✓	✓	✓
N7 Tool information			✓	✓	✓	✓
N8 Spare part information			✓	✓	✓	✓
N9 Law and regulation information			✓	✓	✓	✓
N10 Planning information			✓	✓	✓	✓
N11 Scheduling information			✓	✓	✓	✓
N12 Workorder information				✓	✓	✓
N13 Feedback information					✓	✓

Abbildung 3-9: Informationsbedarfe im generalisierten Instandhaltungsprozess (s. DAEUBLE ET AL. 2015, S. 1022)

Der vorgestellte Ansatz lässt sich entlang der definierten Anforderungen wie folgt bewerten:

- **Objektbereich:** Die untersuchte Fallstudie stammt aus dem Maschinen- und Anlagenbau und bezieht sich auf Instandhaltungsleistungen. Damit trifft der Ansatz den Objektbereich der vorliegenden Arbeit.
- **Holistische Betrachtung:** Durch den fallstudienbasierten Ansatz schränken die Autoren den Objektbereich zunächst nicht ein, sondern nehmen alle verfügbaren Informationen auf. Dadurch wird eine umfassende Betrachtung sichergestellt.
- **Datenmodell:** Der vorgestellte Ansatz beinhaltet lediglich eine Übersicht der Informationsbedarfe. Ein Datenmodell wird darauf basierend nicht abgeleitet.
- **Granularität:** Der vorgestellte Ansatz ordnet den Phasen des Instandhaltungsprozesses die Informationsbedarfe zu, trifft aber keine Aussage über die Daten, die die Prozessschritte beschreiben.
- **Richtigkeit und Aktualität der Daten:** Der vorgestellte Ansatz liefert keine Aussagen zur Richtigkeit und Aktualität der Daten im Objektbereich.

Tabelle 3-10: Bewertung DAEUBLE ET AL. 2015

Bewertung | DAEUBLE ET AL. 2015				
Objektbereich ind. Dienstleistungen	**Holistische Betrachtung**	**Datenmodell**	**Granularität**	**Richtigkeit & Aktualität der Daten**
●	●	◐	○	○

○ nicht erfüllt ◐ teilweise erfüllt ● vollständig erfüllt

DIN EN 13460 Dokumente für die Instandhaltung | DIN EN 2009

In der Norm DIN EN 13460 werden Leitlinien für zwei Anwendungsfälle definiert. Der erste Anwendungsfall besteht in der „technische[n] Dokumentation, die einer Einheit spätestens vor deren Inbetriebnahme beizufügen ist, um ihre Instandhaltung zu unterstützen" (DIN EN 13460, S. 4). Der zweite Anwendungsfall besteht in der „Dokumentation der Information, die während der Betriebsphase einer Einheit zu erstellen ist, damit die Instandhaltungsanforderungen erfüllt werden" (DIN EN 13460, S. 4).

Für die beiden beschriebenen Anwendungsfälle werden die relevanten Dokumente benannt, beschrieben sowie die Informationen aufgelistet, die in den Dokumenten enthalten sein sollen (s. DIN EN 13460, S. 7). Außerdem werden die Dokumente mit den einzelnen Schritten eines typischen Prozesses der Instandhaltung in Verbindung gebracht. Hieraus wird deutlich, welche Dokumente für die einzelnen Schritte Eingangs- bzw. Ausgangsdokumente darstellen (s. Abbildung 3-10).

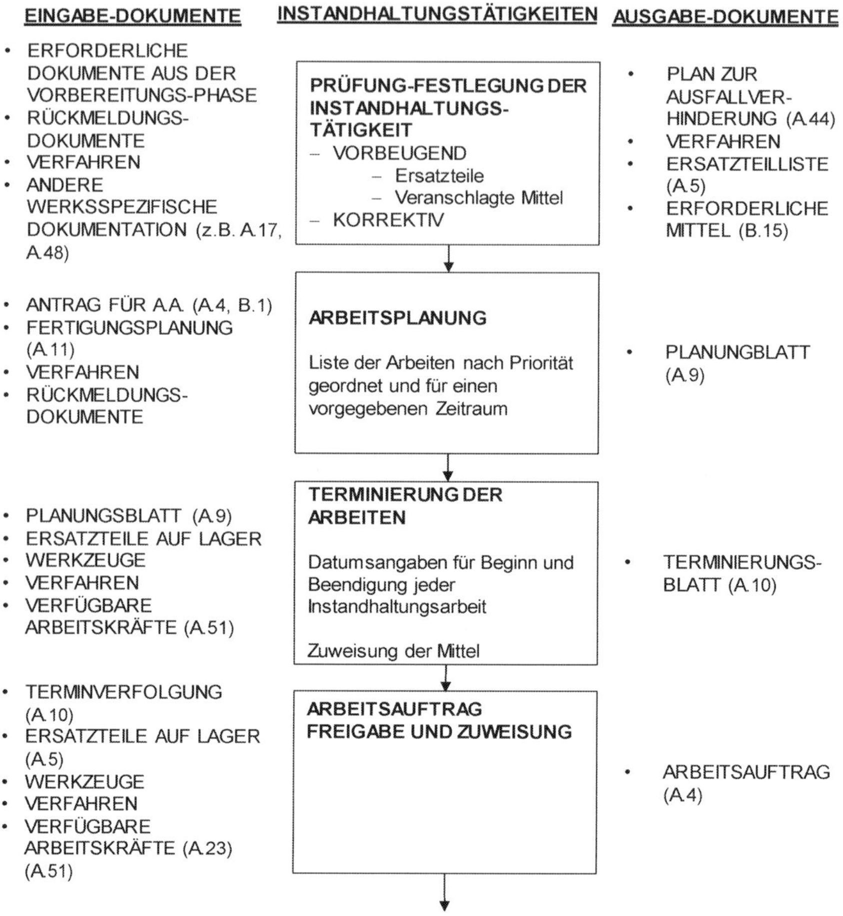

Abbildung 3-10: Eingabe-/Ausgabe-Dokumente in der Instandhaltung (Auszug) (DIN EN 13460, S. 25)

Der vorgestellte Ansatz lässt sich entlang der definierten Anforderungen wie folgt bewerten:

- **Objektbereich:** Der Objektbereich der Norm umfasst die Instandhaltung technischer Systeme. Es wird nicht konkret darauf eingegangen, ob damit auch Instandhaltungsdienstleistungen zwischen Unternehmen inbegriffen sind.
- **Holistische Betrachtung:** Indem die beiden Fälle (vor der Betriebsphase und während der Betriebsphase) unterschieden werden und zudem eine Orientierung entlang eines generischen Instandhaltungsprozesses erfolgt, kann von einer umfassenden Betrachtung ausgegangen werden.

- **Datenmodell:** Die Norm beinhaltet lediglich eine Übersicht der für die Instandhaltung notwendigen Dokumente und die darin enthaltenen Informationen. Ein Datenmodell wird nicht beschrieben.
- **Granularität:** Die Norm gibt keine Auskunft darüber, welche konkreten Daten entlang des Prozesses bzw. in den dargestellten Dokumenten zu erfassen sind.
- **Richtigkeit und Aktualität der Daten:** Die Norm liefert keine Aussagen zur Richtigkeit und Aktualität der Daten im Objektbereich.

Tabelle 3-11: Bewertung DIN EN 2009

Bewertung | DIN EN 2009				
Objektbereich ind. Dienstleistungen	**Holistische Betrachtung**	**Datenmodell**	**Granularität**	**Richtigkeit & Aktualität der Daten**
◑	●	○	○	○
		○ nicht erfüllt	◑ teilweise erfüllt	● vollständig erfüllt

A Process Reference Model for Service Delivery in After-Sales Field Service Networks **| HERTZ ET AL. 2012**

Ziel der Arbeit von HERTZ ET AL. ist es, die Grundlage für ein Simulationsmodell für Netzwerke im „After-Sales-Field-Service" zu schaffen (s. HERTZ ET AL. 2012, 1,2). Dieses soll Entscheidungen bei der Gestaltung des Netzwerks wie bspw. die Allokation von Ressourcen im Netzwerk unterstützen (s. HERTZ ET AL. 2012, 2,7).

Hierzu haben die Autoren mithilfe einer fallstudienbasierten Untersuchung ein Prozessreferenzmodell entwickelt (s. Abbildung 3-11). Dieses bildet die Aktivitäten ab, die im After-Sales-Service durchgeführt werden. Die Aktivitäten sind gegliedert in die Kategorien *produktiv*, *unproduktiv* und *indirekt produktiv*. Die produktiven Aktivitäten werden weiter gegliedert in administrative Aktivitäten, den technischen Support und den Transfer. Für jede Aktivität haben die Autoren zudem die Eingangs- und Ausgangsgrößen benannt und deren Transformation in einem quantitativen Modell abgebildet (s. HERTZ ET AL. 2012, S. 5ff.).

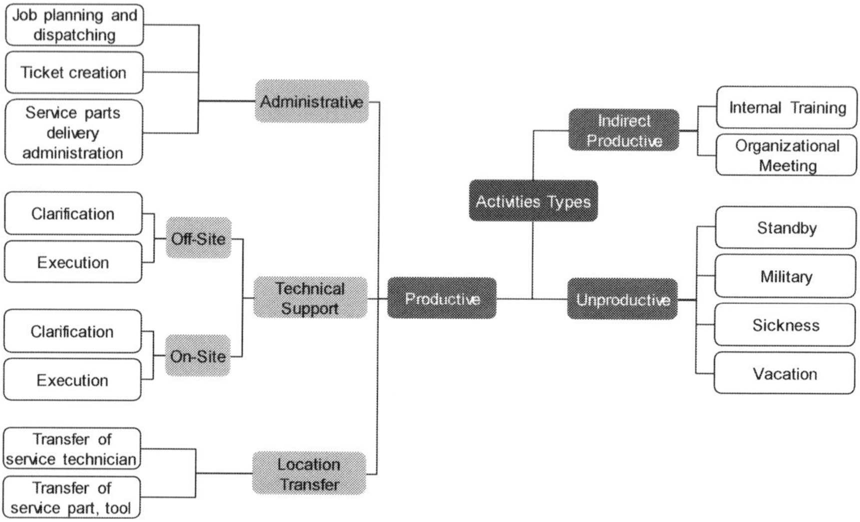

Abbildung 3-11: ***Overview of activity types in ASFS networks*** **(HERTZ ET AL. 2012)**

Der vorgestellte Ansatz lässt sich entlang der definierten Anforderungen wie folgt bewerten:

- **Objektbereich:** Der Objektbereich des Referenzmodells umfasst technische Dienstleistungen im Maschinen- und Anlagenbau und stimmt damit mit dem Objektbereich der vorliegenden Arbeit überein.
- **Holistische Betrachtung:** Das Referenzmodell bildet die Aktivitäten im After-Sales-Service strukturiert entlang der beschriebenen Dimensionen ab und stellt somit eine umfassende Betrachtung des Objektbereichs sicher.
- **Datenmodell:** Der vorgestellte Ansatz beinhaltet kein Datenmodell.
- **Granularität:** Der vorgestellte Ansatz geht nicht auf die Details der dargestellten Aktivitäten ein und liefert keine Aussagen zur Granularität von Daten im Objektbereich.
- **Richtigkeit und Aktualität der Daten:** Der vorgestellte Ansatz liefert keine Aussagen zur Richtigkeit und Aktualität der Daten im Objektbereich.

Tabelle 3-12: Bewertung HERTZ ET AL. 2012

Bewertung | HERTZ ET AL. 2012				
Objektbereich ind. Dienstleistungen	**Holistische Betrachtung**	**Datenmodell**	**Granularität**	**Richtigkeit & Aktualität der Daten**
●	●	○	○	○

○ nicht erfüllt ◐ teilweise erfüllt ● vollständig erfüllt

Towards a Reference Model for After-Sales Service Processes **| LEGNANI ET AL. 2007**

LEGNANI ET AL. leiten aus der großen strategischen Bedeutung des After-Sales-Geschäfts den Bedarf nach einem Referenzprozessmodell her, das die strategische Positionierung des Servicegeschäfts und das Management der operativen Prozesse in Einklang bringt (s. LEGNANI ET AL. 2007, S. 290). Hierzu haben die Autoren einen Ordnungsrahmen entwickelt, der die verschiedenen Teilprozesse im After-Sales-Service den Typen *indirekter Support, Remote-Support, Vor-Ort-Support und zentraler Support* zuordnet (s. Abbildung 3-12). Für jeden dieser Typen wurde eine Abfolge an Teilprozessen vorgeschlagen. Die Teilprozesse sind wiederum durch eine kurze Definition und passende Leistungskennzahlen beschrieben (s. LEGNANI ET AL. 2007, S. 293f.). Die Autoren validieren das Framework durch dessen Anwendung mit Unternehmen. Konkret wurde im Rahmen dieser Fallstudien der Zusammenhang zwischen der strategischen Positionierung und der Relevanz einzelner Prozessschritte untersucht. Die Hypothese, dass die Relevanz einzelner Prozessschritte in Abhängigkeit zu der strategischen Positionierung steht, konnte bestätigt werden.

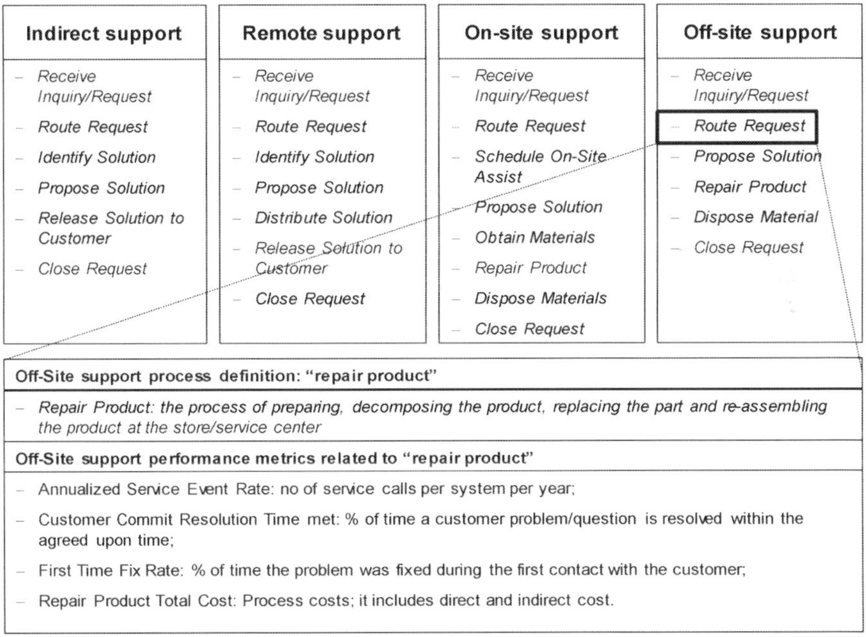

Abbildung 3-12: ***Assistance processes: definition and metrics*** **(LEGNANI ET AL. 2007, S. 294)**

Der vorgestellte Ansatz lässt sich entlang der definierten Anforderungen wie folgt bewerten:

- **Objektbereich:** Der Objektbereich des Referenzmodells umfasst Produkt-Service-Systeme und stimmt damit mit dem Objektbereich der vorliegenden Arbeit überein.
- **Holistische Betrachtung:** Das Referenzmodell bildet die Teilprozesse im After-Sales-Service entlang einer Typologie ab und stellt somit eine umfassende Betrachtung des Objektbereichs sicher.
- **Datenmodell:** Der vorgestellte Ansatz beinhaltet lediglich eine Auswahl von leistungskennzahlen für die Teilprozesse.
- **Granularität:** In dem vorgestellten Ansatz werden die Typen von Prozessen durch Teilprozesse detailliert. Die Teilprozesse werden mit Kennzahlen messbar gemacht.
- **Richtigkeit und Aktualität der Daten:** Der vorgestellte Ansatz liefert keine Aussagen zur Richtigkeit und Aktualität der Daten im Objektbereich.

Tabelle 3-13: Bewertung LEGNANI ET AL. 2007

Bewertung | LEGNANI ET AL. 2007				
Objektbereich ind. Dienstleistungen	**Holistische Betrachtung**	**Datenmodell**	**Granularität**	**Richtigkeit & Aktualität der Daten**
●	●	◑	●	○
		○ nicht erfüllt	◑ teilweise erfüllt	● vollständig erfüllt

3.1.5 Zwischenfazit: Ableitung des resultierenden Forschungsbedarfs

Der Abgleich der Anforderungen an die vorliegende Arbeit mit bestehenden Arbeiten gibt Aufschluss über Inhalte, auf die bei Gestaltung des Digitalen Schattens für Instandhaltungsdienstleistungen bereits zurückgegriffen werden kann sowie über den Forschungsbedarf, der mit der vorliegenden Arbeit abgedeckt werden muss. Eine Übersicht über die Bewertung aller untersuchten Ansätze ist Tabelle 3-14 zu entnehmen.

Auf bestehende Arbeiten zum Konzept des Digitalen Schattens wird aufgebaut, um dieses zum einen auf den Bereich der Instandhaltungsdienstleistungen zu adaptieren und es zum anderen auf Basis der Erkenntnisse weiterzuentwickeln.

Es existiert eine Reihe von Ansätzen, die aus dem Objektbereich der industriellen Dienstleistungen stammen und diesen in Form von Ordnungsrahmen und Prozessmodellen umfassend strukturieren. Diese Ansätze werden für die vorliegende Arbeit herangezogen, um den Ordnungsrahmen für das Daten- und Prozessmodell zu formulieren (s. Kapitel 5.1.2).

Bestehende Arbeiten, die ein Datenmodell beinhalten, werden im Hinblick auf das methodische Vorgehen genutzt. Vorgehensweisen und Erkenntnisse, die die Autoren aus der Anwendung gewonnen haben können so in die vorliegende Arbeit einfließen.

Forschungsbedarfe werden insbesondere darin gesehen, den Betrachtungsbereich der Instandhaltungsdienstleistungen in einer hinreichend hohen Granularität zu modellieren, die dem Konzept des Digitalen Schattens gerecht wird. Weiterhin gilt es, ein Konzept dafür zu entwickeln, wie die Daten in der definierten Granularität richtig und echtzeitnah erfasst werden können.

Tabelle 3-14: Bewertung des Stands der Forschung

Bewertung des Standes der Erkenntnisse					
Ansatz	**Objektbereich ind. Dienstleis-**	**Holistische Betrachtung**	**Datenmodell**	**Granularität**	**Richtigkeit & Aktualität der**
SCHUH ET AL. 2016	○	◑	◑	◑	◑
BAUERNHANSL ET AL. 2017	○	◑	◑	◑	◑
MALERI U. FRIETZSCHE 2008	◑	●	○	○	○
KLEINALTENKAMP 1997	◑	●	◑	○	○
CORSTEN UND GÖSSINGER 2007	◑	●	○	○	○
AMBERG, BODENDORF UND MÖSLEIN 2011	◑	◑	○	○	○
GAJEWSKI 2004	●	◑	○	●	○
KALLENBERG 2002	●	●	●	◑	○
BECKER U. NEUMANN 2002	●	●	●	◑	◑
DAEUBLE ET AL. 2015	●	●	◑	○	○
DIN EN 2009	◑	●	○	○	○
HERTZ ET AL. 2012	●	●	○	○	○
LEGNANI ET AL. 2007	●	●	◑	●	○
○ nicht erfüllt ◑ teilweise erfüllt ● vollständig erfüllt					

3.2 Erfassungstechnologien für den Digitalen Schatten

In diesem Kapitel werden mögliche Erfassungstechnologien für die Daten des Digitalen Schatten zunächst klassifiziert und anschließend beschrieben und bewertet. Anders als im vorherigen Kapitel ist es hier nicht das Ziel bestehende Ansätze zu bewerten, um eine Abgrenzung der vorliegenden Arbeit vorzunehmen bzw. um einen Forschungsbedarf zu bestimmten. Vielmehr wird angestrebt, ein Verständnis für Technologien zu schaffen, die für das Konzept des Digitalen Schattens essenziell sind.

Insbesondere für die Anforderung an den Digitalen Schatten, ein korrektes und echtzeitnahes Abbild des Prozesses zu erzeugen, ist die (semi-)automatisierte Erfassung dieser Daten von zentraler Bedeutung. Die Daten entstehen dabei entlang des gesamten Dienstleistungsprozesses in verschiedenen Systemen und müssen an zentrale Stelle übermittelt werden. In der Informationslogistik wird die Übermittlung von Informationen zum aktuellen Zustand an eine andere Instanz als „Rückmeldung" bezeichnet. Durch Rückmeldung entsteht informationeller Gleichstand zwischen den verschiedenen Ebenen eines Unternehmens, das zur Schaffung von Transparenz beitragen kann (s. OSTERHAGE 2014, S. 15; BÖGE U. BÖGE 2015, S. T2; SCHÖNSLEBEN 2016, S. 631; KLETTI U. SCHUMACHER 2014, S. 14). In der Produktionslogistik kann durch die Rückmeldung von erfassten Betriebsdaten an das ERP-System ein Vergleich zwischen Soll- und Ist-Zustand erfolgen und auf mögliche Störeinflüsse reagiert werden. Durch diese Rückkopplung entsteht ein Regelkreis, der die Produktionssteuerung in eine Produktionsregelung transformiert (BÖGE U. BÖGE 2015, S. T18).

Die Auftragsrückmeldung stellt eine wichtige Teilfunktion der Instandhaltungssteuerung dar, da in diesem Arbeitsschritt alle aktuellen Daten der Auftragsdurchführung, wie Material- oder Zeitaufwand, fortlaufend erfasst werden (s. PAWELLEK 2016, S. 228). Außerdem werden bei außerplanmäßigen Instandhaltungsmaßnahmen weiterführende Informationen, wie z. B. der Schadensort, die Schadensursache oder das Schadensbild zur Analyse und Dokumentation rückgemeldet (s. VDI-Richtlinie 2895). Nach Abschluss der Leistungserbringung werden die erforderlichen Daten an das übergeordnete IT-System entweder manuell in Form eines Serviceberichts oder online durch den Einsatz von Smartphones, Laptops, Tablets oder speziell für den Anwendungsfall entworfenen Endgeräten überliefert (s. SCHUH ET AL. 2016b, S. 288). Auf Basis dieser Daten erfolgen der Auftragsabschluss, die Dokumentation der erbrachten Leistung sowie die Kostenabrechnung für den Kunden (s. SCHUH ET AL. 2016b, S. 288; VDI-Richtlinie 2895).

Im Rahmen der Automatisierung der Rückmeldung kommt der automatischen Identifikation eine wesentliche Bedeutung zu. Als Identifikation wird die eindeutige Erkennung der Identität eines Objekts oder seiner Zugehörigkeit zu einer Objektklasse verstanden. Neben der Datenaufnahme gehören sowohl die Umwandlung in Informationen als auch die Weitergabe und Speicherung der Informationen zur Identifikation (s. MARTIN 2016, S. 520; OVERMEYER 2014, S. U105). Erfolgt die Objekterkennung und Datenerfassung automatisiert durch ein Gerät, spricht man von der „automatischen

Identifikation". Dazu zählen auch händisch geführte Geräte, wie bspw. Barcode-Scanner. Wird jedoch einer der Schritte zur Identifikation durch eine Person durchgeführt, wird dies als „manuelle Identifikation" bezeichnet (s. MARTIN 2016, S. 520; OVERMEYER 2014, S. U105; HIPPENMEYER U. MOOSMANN 2016, S. 33–34).

Nach OVERMEYER gehören zu einem Identifikationssystem das zu identifizierende Objekt, der Kennzeichenträger, das Kennzeichen als (verschlüsselte) Information, die Datenerfassungs- bzw. Leseeinheit, das verarbeitende System sowie die Applikationstechnik (s. OVERMEYER 2014, S. U105). Zu den wichtigsten automatischen Identifikationssystemen, auch Auto-ID-Systeme genannt, gehören nach MARTIN IC-Karten, Barcode-Technologien, RFID- und optische Systeme wie OCR *(Optical Character Recognition)* (s. MARTIN 2016, S. 523). Die Unterteilung der automatischen Identifikationssysteme erfolgt häufig anhand der physikalischen Wirkmechanismen (s. MARTIN 2016, S. 522; OVERMEYER 2014).

Im Folgenden wird zunächst eine Übersicht über die verschiedenen Technologien anhand dieser Unterteilung gegeben (Kapitel 3.2.1), um die einzelnen Technologien anschließend genauer zu beschreiben (Kapitel 3.2.2) und zu bewerten (Kapitel 3.2.3). Die Erkenntnisse aus diesem Kapitel werden in Kapitel 6.3 wieder aufgegriffen, um die für den Digitalen Schatten zu erfassenden Daten geeigneten Erfassungstechnologien zuzuordnen bzw. den Aufwand zur Erfassung abschätzen zu können.

3.2.1 Klassifizierung der Technologien

Relevante Wirkmechanismen der Auto-ID-Technologien sind die Mechanik, der Magnetismus, die Optik sowie die Elektronik (s. Abbildung 3-13). Mechanische Informationsträger wie Kugelspeicher, Lochstreifen, Nocken oder Blechfahnen sind zwar langlebig, aber wegen der geringen Informationsdichte für den Anwendungsfall der Rückmeldungen in Service-Management-Systemen veraltet (MARTIN 2016, S. 522). Informationsträger mit magnetischem Wirkmechanismus besitzen hohe Speicherkapazitäten, weisen aber geringe Führungstoleranzen auf (MARTIN 2016, S. 522). In dem Bereich der Optik können ein- und mehrdimensionale Barcodes Anwendung finden; dazu sind auch Farbcodierung zu zählen (MARTIN 2016, S. 526; HIPPENMEYER U. MOOSMANN 2016, S. 22). Die Technologien der OCR-Text- sowie Geometrieerkennung ist mit einer optischen Analyse verbunden. Mögliche Geometrien sind Lasergravuren oder Prägungen auf Metall- oder Kunststoffoberflächen. Zu optischen Analysen zählen auch Biometrie-Systeme wie etwa die Fingerabdruckerkennung oder die Gesichtserkennung, die einzigartige Geometrien von menschlichen Gesichtszügen identifizieren (s. WOJCIECHOWSKA ET AL. 2017, S. 174). In der Elektronik gibt es Informationsträger wie programmierbare Speicher, feste Speicher sowie Transpondersysteme (MARTIN 2016, S. 522). Unter Transpondersystemen sind Technologien wie das weite Feld der RFID-Technologie zu verstehen, die sowohl festen als auch programmierbaren Speicher enthalten.

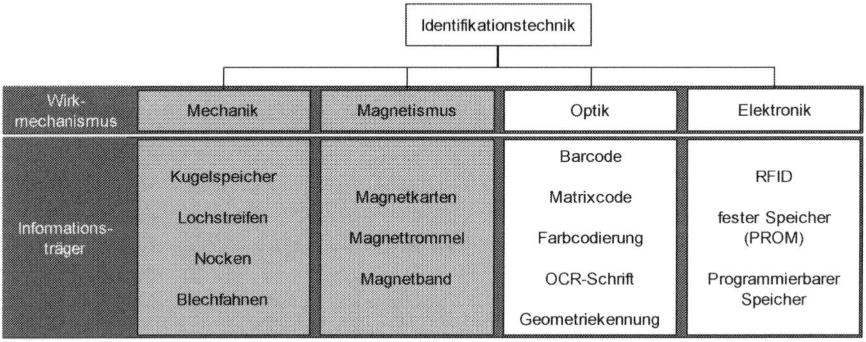

Abbildung 3-13 Abgeleitete Technologielandschaft der Auto-ID-Systeme (i. A. a. MARTIN 2016, S. 522)

3.2.2 Beschreibung der Technologien

In der Landschaft der Auto-ID-Technologie haben sich vor allem die Barcode-/Matrix-Code-Technologie und RFID-Technologie durchgesetzt und finden Anwendung in industriellen Prozessen. Neben diesen Kerntechnologien werden auch Ortungstechnologien, wie das GPS-System, und die Spracherkennung als für die Datenerfassung für den Digitalen Schatten relevante Technologien betrachtet. Magnetkarten sowie mechanische Verfahren werden wegen des geringen Automatisierungsgrades nicht im Detail betrachtet.

Optisch erfassbare Identifikationsmerkmale

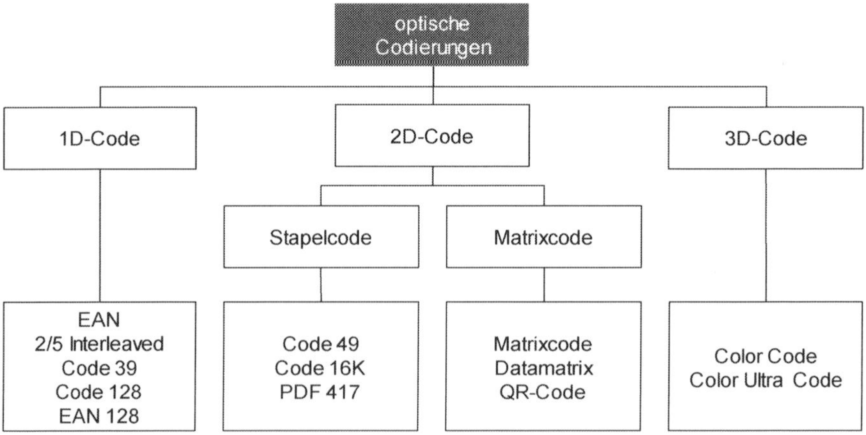

Abbildung 3-14: Übersicht optischer Codierungsstrukturen mit beispielhaften Codearten (i. A. a. MARTIN 2016, S. 524)

Identifikationssysteme, die auf der optischen Datenerfassung basieren, erhalten aus der Auswertung von reflektierten Lichtmustern die benötigten Informationen. Diese Reflexionsmuster, die bei optischen Merkmalen Wellenlängen im Bereich von 300 nm bis ca. 1200 nm aufweisen, müssen einige grundlegende Eigenschaften erfüllen, um die Erfassbarkeit durch Sensorsysteme garantieren zu können. Dazu gehören der Reflexionsgrad der hellen bzw. der dunklen Elemente sowie die Größe des „kleinsten" und des „größten" Nutzelementes in den jeweiligen Dimensionen (s. HIPPENMEYER U. MOOSMANN 2016, S. 22). Die wichtigste Gruppe von optischen Identifikationsmerkmalen stellen die optischen Codierungen dar (s. Abbildung 3-14). Die Kategorisierung der zugehörigen Techniken erfolgt hier anhand der Anzahl an Dimensionen, in denen Informationen gespeichert werden können (s. MARTIN 2016, S. 524).

Trotz der geringen Datendichte stellen 1D-Codes, besser bekannt als Barcodes, weiterhin die relevanteste Anwendung von optischen Codierungen dar. Dies lässt sich auf den günstigen Preis, die hohe Zuverlässigkeit sowie die bestehende Infrastruktur in den Unternehmen zurückführen (s. MARTIN 2016, S. 523–525). Perspektivisch wird die Bedeutung von eindimensionalen Lösungen jedoch sinken, da die Einsatzmöglichkeiten im Rahmen der „Industrie 4.0" im Vergleich zu mehrdimensionalen Codes durch die deutlich geringere Datenkapazität sehr beschränkt sind (s. HIPPENMEYER U. MOOSMANN 2016, S. 16).

Unabhängig vom gewählten internationalen Standard basiert die Codierung der Informationen in Barcodes auf der Auswertung der weißen Flächen und der schwarzen Balken. Während bei primitiven Codierungen nur die Breite der schwarzen Balken entscheidend ist, kann durch die zusätzliche Betrachtung der Breite der weißen Lücken bei komplexeren Standards die Datendichte deutlich erhöht werden (s. OVERMEYER 2014, S. U106). Die Breite der Elemente stellt folglich eine entscheidende Größe in der Barcodetechnologie dar. Dementsprechend ist der sogenannte „Modul", die Breite des schmalsten Elementes in einem Code, eine wichtige Kenngröße zur Beschreibung der verwendeten Codierung (s. MARTIN 2016, S. 523).

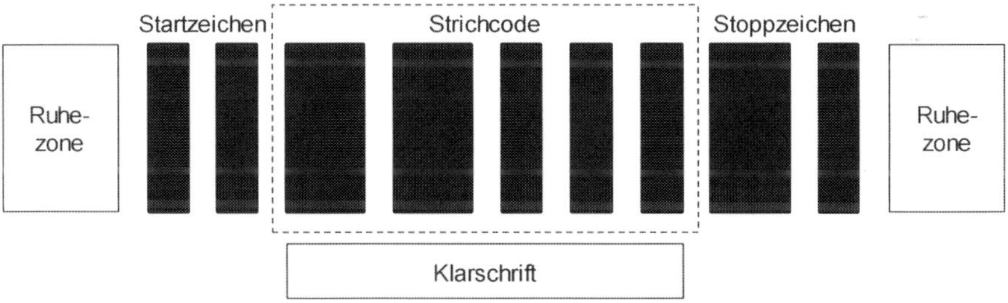

Abbildung 3-15: Aufbau von Barcodes (eigene Darstellung i. A. a. OVERMEYER 2014, S. U106)

Der Barcode setzt sich aus den Bereichen der Ruhezonen, einer in der Regel unbedruckten Flächen vor und nach dem Lesebereich, den Start- und Stoppzeichen sowie dem eigentlichen Datenfeld zusammen. Durch den Einsatz des Startsignals wird sichergestellt, dass nicht fälschlicherweise Streulicht eingelesen wird. Das Stoppzeichen signalisiert der Leseeinheit den Abschluss des Datenfelds. In der Regel werden die Einlaufbereiche asymmetrisch dargestellt, um die Lesbarkeit unabhängig von der

Leserichtung zu ermöglichen. Das Kernstück des Barcodes stellt das Datenfeld dar, da es die relevanten Informationen speichert. Die Wahl der Symbole ist dabei nicht auf numerische Zeichen beschränkt, so können auch alphanumerische Systeme dargestellt werden. Eine optionale Prüfziffer dient zur Erfassung von Lesefehlern (s. OVERMEYER 2014, S. U106; MARTIN 2016, S. 523).

Es existiert eine Vielzahl an international standardisierten Codierungen, wobei der *Code 2/5 Interleaved*, der *UPC (Universal Product Code)*, der *Code 39* und der *EAN (European Article Number)* die relevantesten Codierungen darstellen. Der EAN, der sich als bedeutendste Codierung auf dem Weltmarkt durchgesetzt hat, ist eine rein numerische Zeichenfolge, die neben der fünfstelligen Artikelnummer des Herstellers eine Länderkennung, eine bundeseinheitliche Betriebsnummer und eine Prüfziffer beinhaltet. Seine Besonderheit liegt in der festen Länge von standardmäßig 13 (EAN-13) Elementen. Da in einigen Anwendungsfällen nicht genügend Platz für den EAN-13 zur Verfügung steht, kann alternativ der EAN-8 zum Einsatz kommen, wobei dieser eine auf drei Stellen reduzierte Artikelnummer aufweist (s. OVERMEYER 2014, S. U106-U107).

Code	Darstellbare Zeichen	Länge	Prüfziffer	Norm
EAN-Code	Ziffern 0-9	8 (EAN-8) 13 (EAN-13)	Vorgeschrieben	ISO/IEC 15420
Code UPC	Ziffern 0-9	12 (Version A) 8 (Version E)	Vorgeschrieben	ISO/IEC 15420
Code 128, EAN 128	Alphanumerisch	Variabel	Vorgeschrieben	ISO/IEC 15417
Code 39	Ziffern 0-9 26 Buchstaben Leerzeichen 7 Sonderzeichen	Variabel	Optional	ISO/IEC 16388
Code 2/5 Interleaved	Ziffern 0/9	Variabel	Optional	ISO/IEC 16390

Abbildung 3-16: Eigenschaften ausgewählter Barcodes (OVERMEYER 2014, S. U107)

Der größte Nachteil eindimensionaler Codes ist die geringe Datendichte, die in einem Flächenelement erzielt werden kann. Um diese Problematik zu lösen, wurden Ende der 80er Jahre die ersten zweidimensionalen optischen Codierungen entwickelt, die größere Datenmengen effizient abbilden können (s. KNUCHEL ET AL. 2011, S. 45). Die rasante Verbreitung von Smartphones und anderer Handhelds der letzten Jahre hat dazu geführt, dass 2D-Codes eine kostengünstige Möglichkeit bieten, Informationen überall abrufbar zu machen (s. KNUCHEL ET AL. 2011, S. 45). Mittlerweile existieren über 70 verschiedene 2D-Codes, die sich prinzipiell in die Kategorien *Stapelcode* und *Matrixcode* einteilen lassen (s. OVERMEYER 2014, S. U108; KNUCHEL ET AL. 2011, S. 45-46).

Die Struktur von Stapelcodes basiert auf der vertikalen Anordnung mehrerer eindimensionaler Codierungen. Neben gemeinsamen Start- und Stoppzeichen weisen sie in der Regel Indikatorzonen auf, die zur Orientierung des Scanners dienen. Die eigentliche Verschlüsselung der Informationen wird durch den Einsatz standardisierter Codeblocks realisiert (s. OVERMEYER 2014, S. U107). Durch den Einsatz mehrerer Reihen wird die Datenkapazität deutlich erhöht. So können in einem Bildelement des *PDF 417*, eines typischen Stapelcodes, weit über 2000 Zeichen gespeichert werden (s. OVERMEYER 2014, S. U107).

Matrixcodes, auch Arraycodes genannt, können leicht an ihrem charakteristischen Orientierungssymbol erkannt werden. Die Informationen werden durch polygonische Datenzellen verschlüsselt, deren Abfolge nicht seriell sein muss. Die meist quadratischen Elemente können beliebig auf dem Matrixfeld angeordnet werden, sodass sie nur durch einen vorher festgelegten Algorithmus entschlüsselt werden können (s. OVERMEYER 2014, S. U107). Dies erhöht die Datensicherheit von Matrixcodes extrem. Laut OVERMEYER erfolgt die Spezifizierung von Matrixcodes anhand der Ruhezonen, der Matrixgröße, der Orientierungselemente sowie des Taktmusters zur Generierung des Referenzgitters, der Prüfzifferberechnung, der Verfügbarkeit einer Fehlerkorrekturrechnung und des spezifischen Suchmusters, welches zum Auffinden des Codes und der Autodiskriminierung dient (s. OVERMEYER 2014, S. U107). Matrixcodes können in flexiblen Skalierungen dargestellt werden. Besonders interessant ist die Verfügbarkeit einer Fehlerkorrektur, die die Lesbarkeit von Codes, die bis zu 50% beschädigt sind, ermöglicht.

Die bekannteste Anwendung von zweidimensionalen Codierungen ist der QR-Code, der ursprünglich für die Logistik in der Automobilindustrie entwickelt wurde, mittlerweile aber lizenz- und kostenfrei zur Verfügung steht. Ein QR-Code kann zwischen mind. 21x21 und max. 177x177 Elementen enthalten, was zu einer Kapazität von ca. 3000 Bytes führt. Dies entspricht ca. 7000 Ziffern, oder auch über 4000 ASCII-Zeichen, also einer im Vergleich zu eindimensionalen Codierungen oder Stapelcodes deutlich höheren Datenmenge (s. MARTIN 2016, S. 526). Die vierstufige Fehlerkorrektur ermöglicht es, Informationen aus Symbolen zu erhalten, die bis zu 30% Schädigung aufweisen (s. MARTIN 2016, S. 526; OVERMEYER 2014, S. U108).

Stapelcodes		Max. darstellbare Zeichen	Norm
PDF 417		1850 ASCII-Zeichen 2710 Ziffern	DIN EN ISO/IEC 15438
Code 16K		77 ASCII-Zeichen 154 Ziffern	DIN EN 12323
Matrixcodes		**Stapelcodes**	**Norm**
Data Matrix		2334 ASCII-Zeichen (7 Bit) 1558 erweiterte ASCII-Zeichen (8 Bit) 3116 Ziffern	ISO/IEC 16022
Maxicode		93 alphanumerische Zeichen 138 numerische Zeichen	ISO/IEC 16023
QR Code		7089 Ziffern 4296 ASCII-Zeichen 1817 japanische Schriftzeichen	ISO/IEC 18004

Auswahl von 2-D-Codes (eigene Darstellung i. A. a. OVERMEYER 2014, S. U108)

Um die Speicherkapazität der 2D-Codes weiter zu erhöhen, kann eine farbliche Codierung stattfinden. In diesem Fall spricht man von 3D-Codes (s. MARTIN 2016, 526).

Optische Zeichenerkennung

Im Gegensatz zu Barcodes oder 2D-Codes, die nur mithilfe von Lesegeräten erfasst werden können, verfolgt die optische Zeichenerkennung das Ziel, Symbole zu verwenden, die sowohl maschinell als auch vom Menschen gelesen werden können. Zu diesem Zweck wurden Schriftarten entwickelt, deren Zeichen hinsichtlich Größe, Abstand und Form international genormt wurden. Die Schriftarten, die am häufigsten zur Verwendung kommen, sind die OCR-A, festgehalten in der ISO 1073-1, und die OCR-B, die durch die DIN EN 14603 definiert wird (s. OVERMEYER 2014, S. U108).

Lesegeräte

Aufgrund der weiten Verbreitung von optischen Erkennungsmerkmalen in den verschiedensten Branchen gibt es ein breites Spektrum an Erfassungsgeräten, die zur automatischen Identifikation von Objekten eingesetzt werden können (s. KNUCHEL ET AL. 2011, S. 45–46; HIPPENMEYER U. MOOSMANN 2016, S. 45-57). Eine Unterscheidung der Technologien kann anhand der Belichtungsart, des verwendeten Sensors, des Abtastvorgangs und der Auswertungsbasis (Linie oder Bild) erfolgen (s. MARTIN 2016, S. 527).

Die Basis für die meisten Produktlösungen stellen Laserscanner oder Kamerasysteme dar, die in manueller oder stationärer Ausführung verfügbar sind (s. HIPPENMEYER U. MOOSMANN 2016, S. 45–46; MARTIN 2016, S. 527). Stationäre Systeme können in Form von Terminals als zentrale Erfassungsstellen eingesetzt werden oder der Identifikation bewegter Objekte dienen. Dabei ist ihre hohe Lesegeschwindigkeit von Vorteil, die deutlich über der Leserate von mobilen Scannern liegt (s. MARTIN 2016, S. 527). Mobile

Systeme zeichnen sich jedoch durch ihre kompakte Bauweise und die optionale kabellose Datenübertragung aus, die eine flexible Verwendung der Geräte im Einsatz durch den Mitarbeiter ermöglichen. Moderne Geräte sind nicht mehr auf ein Identifikationsmerkmal beschränkt, sondern können meist sowohl RFID-Chips als auch mehrere optische Codierungen lesen. Die integrierten Kamerasysteme ermöglichen eine zusätzliche fotographische Dokumentation (s. HIPPENMEYER U. MOOSMANN 2016, S. 45–46).

Laserscanner werden zur Auswertung eindimensionaler und zweidimensionaler Strichcodierungen (Barcodes und Stapelcodes) verwendet (s. OVERMEYER 2014, S. U106-U107). Durch die Erfassung der reflektierten Lichtintensität eines Laserstrahls, welcher das Muster des Codes abtastet, werden die optisch verschlüsselten Informationen ermittelt. Die Führung des Laserstrahls erfolgt über ein Spiegelsystem (s. HIPPENMEYER U. MOOSMANN 2016, S. 47ff.). Die Translation des Lichtpunkts bestimmt die durch den Scanner lesbaren Codierungen, wobei nicht nur die Art des Codes, sondern auch seine Ausrichtung von essenzieller Bedeutung ist. Man unterscheidet in der Materiallogistik zwischen der „Picket-Fence-Anordnung“, die eine orthogonale Ausrichtung der Linien des Barcodes zur Bewegungsrichtung bezeichnet, und der „Ladderanordnung“, die eine parallel zur Bewegung gerichtete Lage des Barcodes beschreibt (s. HESSE U. SCHNELL 2014, S. 412–413).

Punktscanner können nur bei konstantem Bewegungsfluss und Picket-Fence-Anordnung eingesetzt werden, wohingegen Linienscanner aufgrund der Auslenkung des Laserstrahls auch Ladder-Anordnungen lesen können. Die hohe Tastfrequenz von Linienscannern ermöglicht es, auch bewegte Objekte zu erfassen. Soll eine höhere Lesegenauigkeit erzielt werden, zum Beispiel bei verschmutzten oder leicht beschädigten Codierungen, kommen Linien-Raster-Scanner zum Einsatz. Durch eine zusätzliche Bewegung des Lichtpunktes orthogonal zur Leserichtung wird ein breiterer Bereich des Barcodes erfasst.

Für die Identifikation von zweidimensionalen Codierungen reichen Linien- oder Linien-Raster-Scanner nicht aus. Hierfür werden Rasterscanner verwendet, die über ein erweitertes Spiegelsystem ein Liniennetz aufspannen. Dieses Raster ermöglicht es zusätzlich, Barcodes unabhängig ihrer Ausrichtung zu lesen (s. HESSE U. SCHNELL 2014, S. 413–414).

Als Alternative zu Laserscannern haben sich lichtempfindliche Sensoren wie CCD- oder CMOS-Sensoren etabliert. Ihr Vorteil liegt in dem niedrigen Preis und dem kleineren Bauraum, nachteilig zeigt sich die geringere Eignung für bewegte Objekte und das beschränkte Sichtfeld (s. HESSE U. SCHNELL 2014, S. 416). Kamerasysteme belichten die Codierung durch eine diffuse Lichtquelle. Die Reflexion wird durch den verwendeten Lichtsensor erfasst und das erzeugte Bild durch ein Verarbeitungssystem ausgewertet. Hier liegt der Unterschied zu Lasersystemen, die die Intensität der Reflexion eines gerichteten Lichtstrahls als direkte Kenngröße nutzen (s. HESSE U. SCHNELL 2014, S. 415–417).

Die Bauform der Zeilenkameras, auch als „Line-Scanner" bekannt, besteht aus einer schmalen Reihe von Sensoren, die nur einen schmalen Bildausschnitt aufnehmen können. In der Regel finden Zeilenkameras in der Erfassung von eindimensionalen Codierungen Verwendung; durch den Zusammenschnitt mehrerer Aufnahmen können jedoch auch zweidimensionale Bilder aufgenommen werden (s. HIPPENMEYER U. MOOSMANN 2016, S. 54–56).

Die Merkmalserfassung durch Kamerasysteme bildet die Grundlage für die Verwendung von Matrixcodes, da ihre Decodierung nur durch Bildverarbeitungssysteme erfolgen kann (s. OVERMEYER 2014, S. U107). Sogenannte Matrixsensoren, deren Sensorelemente zweidimensional angeordnet sind, können zweidimensionale Codierungen unabhängig von ihrer Orientierung mit nur einer Bildaufnahme erfassen (s. HESSE U. SCHNELL 2014, S. 376 u. 416; HIPPENMEYER U. MOOSMANN 2016, S. 56). Des Weiteren können sie ein Farbspektrum abbilden und aufgrund der hohen Auflösung auch für Fotoaufnahmen verwendet werden (s. HIPPENMEYER U. MOOSMANN 2016, S. 56).

Mustererkennung

Neben den künstlichen Merkmalen, die erst auf den Objekten aufgebracht werden müssen, ist es auch möglich, eine Identifikation anhand natürlicher Objektmerkmale vorzunehmen (s. HIPPENMEYER U. MOOSMANN 2016, S. 11). Eine besondere Bedeutung kommt diesen Merkmalen in der Identifikation von Personen zu, da anhand der Auswertung von Ausprägungen biometrischer Charakteristiken, bspw. des Fingerabdrucks, Rückschlüsse auf die Identität gezogen werden können (s. HIPPENMEYER U. MOOSMANN 2016, S. 12; SCHOLZ U. KOHLHUBER 2016, S. 180).

Die Registrierung natürlicher Ausprägungen gewinnt in der Industrie auf den verschiedensten Gebieten an Bedeutung. So kann die Konturerfassung dazu beitragen, dass Roboter eigenständig ihr Umfeld erfassen können (s. VINCZE ET AL. 2017) oder eine automatisierte Sichtprüfung von Bauteilen durchgeführt werden kann (s. BEYERER ET AL. 2016, S. 3). Die Ermittlung von Oberflächentexturen kann zur Klassifikation von Bauteilen verwendet werden oder bei stark unregelmäßigen Texturen, wie Gussteilen, als eine Art Fingerabdruck zur Identifikation verwendet werden (s. BEYERER ET AL. 2016, S. 804; HIPPENMEYER U. MOOSMANN 2016, S. 12).

In der Anwendung finden sich vor allem kamerabasierte Systeme, die zur Aufnahme der Rohdaten eingesetzt werden (s. DÖRN 2017, S. 308) . Die Rohdaten werden in einem ersten Schritt digitalisiert und anschließend in der Bildvorverarbeitung für die weitere Analyse optimiert. Hierzu können bspw. Hochpassfilter eingesetzt werden, um Kanten hervorzuheben, oder Tiefpassfilter, die das Bildrauschen minimieren sollen (s. DÖRN 2017, 313). Der relevante Informationsgehalt des Bildes wird in der Bildanalyse erfasst, indem das Bild in Segmente zusammenhängender Elemente unterteilt wird, aus denen zusätzliche Merkmale bzw. Kennwerte extrahiert werden können. Dies kann zur Kategorisierung der im Bild enthaltenen Elemente, aber auch zur Ableitung von Informationen oder zur Lokalisation von Objekten genutzt werden (s. DÖRN 2017, S. 308–310; BEYERER ET AL. 2016, S. 13–14; SÜßE U. RODNER 2014, S. 589).

Die Erfassung und Identifikation von Objekten in Bildelementen durch künstliche neuronale Netze hat in den letzten Jahren eine rasante Entwicklung genommen und führte bereits zu beeindruckenden Ergebnissen (s. MARTIN 2016, S. 529; CIRESAN ET AL. 2012). Neuronale Netze zeichnen sich dadurch aus, dass sie anhand von Daten darauf trainiert werden können, verschiedenste Muster erkennen und kategorisieren zu können (s. KARRENBERG 2017, S. 444–445). Besonders sogenannte „Convolutional Neural Networks“, zu Deutsch „faltende neuronale Netze“, konnten durch Konditionierung deutlich verbesserte Fehlerquoten in der Klassifikation von Bildelementen aufweisen (s. GIRSHICK ET AL. 2014).

Die Kombination von kamerabasierten Systemen und Tiefenbildern ermöglicht neue Potenziale in der Erfassung und Verfolgung von Objekten, die bspw. in der Servicerobotik eine verbesserte Interaktion zwischen Mensch und Roboter bewirken kann. Roboter wären in der Lage, eigenständig ihr Umfeld zu erfassen, und aus diesem Entscheidungen abzuleiten. Erste Erfolge, wie das Erkennen und Aufheben von Dingen, oder die Prognose der Bewegung eines umfallenden Gegenstandes, konnten bereits erfasst werden (s. VINCZE ET AL. 2017).

RFID-Technologie

Die RFID-Technologie (RFID = Radiofrequenzidentifikation, engl. *Radio Frequency Identification*) ermöglicht die Kommunikation mittels elektromagnetischer Wechselfelder zwischen einem Transponder, der die zur Identifikation notwendigen Daten enthält, und einem Lesegerät. Die Kommunikation dient zur Identifikation des Objekts, an dem der Transponder angebracht ist. Im Gegensatz zu den optischen Verfahren ist bei der RFID-Technologie kein Sichtkontakt zwischen Lesegerät und Transponder notwendig. Die Transponder bestehen aus einem Mikrochip, einer Antenne, einem Gehäuse und je nach Bauweise einer Energieversorgung. Bezogen auf die Energieversorgung wird unterschieden zwischen passiven Transpondern und im Gegensatz dazu semi-aktiven beziehungsweise aktiven Transpondern, die über eine eigene Energieversorgung verfügen. Während die semi-aktiven Transponder nur den Mikrochip mit Energie selbst versorgen, werden aktive Transponder in Gänze versorgt. Bei den aktiven Transpondern mit eigenständig versorgter Signalentstehung sind theoretisch Reichweiten von mehreren Kilometern möglich, im Anwendungsfall sind diese aber auf etwa 100m begrenzt. Im Gegensatz dazu modifizieren die semi-aktiven Transponder lediglich den Rückstreukoeffizienten, weshalb hier Reichweiten wesentlich reduziert sind (MARTIN 2016, S. 529).

Weiterhin werden RFID-Systeme hinsichtlich der genutzten Frequenzbereiche unterschieden (s. HIPPENMEYER U. MOOSMANN 2016, S. 24). Ein sogenannter Low-Frequency-Transponder (LF) weist einen Frequenzbereich von 30 kHz bis 300 kHz auf und verfügt über geringe Reichweiten sowie über eine langsame Datenübertragung (s. HIPPENMEYER U. MOOSMANN 2016, S. 27). Ein weiterer Nachteil besteht in der geringen Richtwirkung. Mögliche Vorteile sind geringere Verluste aufgrund von metallischen Umgebungen, die Wirbelströme verursachen (s. OVERMEYER 2014, S. U109). High-Frequency-Transponder (HF) operieren in einem Frequenzbereich von 3 MHz bis 30

MHz. Die erhöhte Frequenz ermöglicht zwar höhere Reichweiten durch eine bessere Richtwirkung, verzeichnet aber stärkere Verluste durch metallische Umgebungen (s. OVERMEYER 2014, S. U109). Ultra-High-Frequency-Transponder (UHF) arbeiten in einem Frequenzbereich von 850-950 MHz. Die Frequenz sogenannter „Miwaves", die auch zu UHF gezählt werden können, liegt im Bereich 2,5 GHz beziehungsweise 5,6 GHz (MARTIN 2016, S. 530). Ein Merkmal dieser Frequenzbereiche ist das Ausbilden elektromagnetischer Felder, wie auch bei HF- Transpondern. Allerdings können hier neben metallischen Umgebungen auch Kunststoffe mit hoher Dielektrizitätszahl zu Reflexionen führen und entsprechend Übertragungsverluste verursachen (s. OVERMEYER 2014, S. U110).

Als weitere Unterteilung der passiven Transponder kann die Reichweite herangezogen werden. Close-Coupling-Systeme weisen eine Reichweite von 0 bis 1 cm auf. Hierbei werden die zu lesenden Transponder in das Lesegerät eingesteckt oder besonders positioniert. Damit eignet sich dieses System für Anwendungen mit Sicherheitsanforderungen sowie größere Datenmengen (s. OVERMEYER 2014, S. U110). Im Gegensatz dazu operieren Remote-Coupling-Systeme in einer Reichweite von bis zu einem Meter, während passive Long-Range-Systeme bis zu drei Meter überbrücken können (s. OVERMEYER 2014, S. U110).

Weiterhin kann das RFID-System anhand des Speichers unterschieden werden. Der Speicher kann sowohl festcodiert als auch programmierbar sein. Bei dem festcodierten Speicher können die Informationen entweder von dem Hersteller festgelegt werden oder von dem Benutzer übertragen werden. Bei Transponder mit festcodiertem Speicher findet eine Kommunikation nur in Richtung des Lesegeräts statt. Im Gegensatz dazu können wiederbeschreibbare Speicher in beide Richtungen kommunizieren, was für eine Löschung bzw. Wiederbeschreibung des Speichers notwendig ist (s. OVERMEYER 2014, S. U109). Theoretisch ist die Speicherkapazität unbegrenzt; allerdings steigt mit dem Datenvolumen die Übertragungszeit, was die Anwendbarkeit stark einschränken kann. Datenmengen von bis zu 128 kByte sind üblich (s. OVERMEYER 2014, S. U109).

Um den Sicherheitsanforderungen an RFID-Systemen gerecht zu werden, wurden Funktionen wie die Kollisionskontrolle, Datenverschlüsselung, Lese-/Schreibgerätauthentifikation oder Hochsicherheitslesegeräte entwickelt (LI, S. ET AL. 2017, S. 16). Die Verschlüsselung wird mittels eines zusätzlichen Speichers, der einen Schlüssel enthält, realisiert. Nur Schreib-/Lesegeräte, die einen äquivalenten Schlüssel besitzen, können die gespeicherten Informationen auslesen und überschreiben (s. OVERMEYER 2014, S. U109).

Zusätzlich relevant für den Anwendungsprozess der RFID-Technologie sind die Standardisierungen der Übertragungsprotokolle. Die Norm ISO 18000 enthällt Regelungen für Übertragungsprotokolle verschiedenster Frequenzbereiche.

Ortungstechnologie

Die technische Möglichkeit der Ortung von Objekten hat in den letzten Jahren eine breite Anwendung gefunden. Neben den klassischen Anwendungsfeldern wie der Navigation gewinnen Anwendungen im Bereich des Internet of Things (IoT) immer weiter an Bedeutung (DU ET AL. 2016). Track-und-Trace-Anwendungen in Supply-Chains, bspw. von Lebensmitteln, die eine erhöhte Anforderung an die Verfolgbarkeit haben, stellen einen messbaren Mehrwert dar (LI, Z. ET AL. 2017). Übliche Systeme der passiven Ortung sind globale Navigationssatellitensysteme (GNSS), die GSM-Ortung (Global System for Mobile Communications) und WLAN-Ortung innerhalb von Räumlichkeiten.

Bei der GNSS-Ortung werden von Satelliten Signale über deren Laufbahn gesendet. Das Empfangsgerät kann mithilfe der Sendezeit mehrerer Satelliten dann eine Positionsbestimmung durchführen. Zusätzlich gibt es stationäre Empfangsstationen, die mit Korrektursendungen die Genauigkeit der Positionsbestimmungen erhöhen (ZOGG 2011, S. 12).

Die GSM-Ortung basiert auf unterschiedlichen Verfahren, deren Genauigkeit stark voneinander abweichen kann. So kann bei einer sehr groben Netzstruktur ohne weitere Hilfsmittel die Ortung mehrere Kilometer von der tatsächlichen abweichen. Mit netzseitigen Zusatzaufwänden kann mittels des „Timing-Advance-Verfahrens" oder des *„Uplink Time Difference of Arrival"* die Ortung unter guten Konstellationen eine erhöhte Genauigkeit von 100 Metern erreichen. Geräteseitig kann die Genauigkeit auf bis zu 25 Meter erhöht werden, falls *das „Enhanced Observed Time Difference"*-Verfahren angewandt wird. Allgemein lässt sich eine deutlich geringere Präzision mittels der GSM-Ortung realisieren als mit der GNSS-Ortung (SINEGLAZOV U. SHILDSKYI 2014, S. 1).

Spracherkennung

Die Technologie der Spracherkennung hat in den vergangenen Jahren Märkte in vielfältiger Weise durchdrungen. Ob Spracherkennungssoftware verschiedener Elektronikhersteller oder Pick-by-Voice-Anwendungen in der Logistik, die meisten Anbieter arbeiten mit einem sogenannten Client-Server-Ansatz, da die Rechenleistung der Verarbeitung sehr intensiv ist (s. MUSTAFA ET AL. 2017, S. 1). Der konträre On-Device-Ansatz bearbeitet die Daten auf dem lokalen Gerät und ist wegen der nicht mehr notwendigen Übertragung für Anwendungen in sicherheitsrelevanten Bereichen besonders geeignet (s. MUSTAFA ET AL. 2017, S. 1). Technologien wie neuronale Netze die dem Bereich des maschinellen Lernens zugeordnet werden, werden stetig optimiert und ermöglichen es somit, präziser und umfangreicher Informationen aus Audioinformationen zu generieren (vgl. ZHANG ET AL. 2016; XIONG ET AL. 2017). Um aus den in Textform transformierten Sprachaufzeichnungen Informationen abzuleiten, können Text-Mining-Anwendungen verwendet werden (vgl. ORDENES ET AL. 2014).

Mobile Endgeräte

Die Integration von Handhelds in das alltägliche Leben hat in den letzten Jahren eine rasante Entwicklung genommen, auch in Unternehmen ist der Einsatz von mobilen Endgeräten zunehmend zum Standard geworden (s. KNOLL 2016, S. 27). Mobile Endgeräte zeichnen sich durch die leichte Transportierbarkeit, die komfortable und intuitive Handhabung sowie die örtlich und zeitlich unbegrenzte Verfügbarkeit von Applikationen, die für die verschiedensten Einsatzmöglichkeiten entworfen werden können, aus (s. KNOLL 2016, S. 28). Im Gegensatz zu den meisten Geräten, die zuerst in Unternehmen verwendet wurden und erst später im privaten Leben genutzt wurden, wurde das Innovationspotential mobiler Geräte für Unternehmen erst später erkannt (s. KNOLL 2016, S. 29). Dementsprechend übertragen die Anwender ihre Erwartungen aus der privaten Nutzung der Endgeräte auf die berufliche Anwendung und fordern eine ähnliche „Usability" und Ästhetik in der Gestaltung der Geräte und Applikationen (s. KNOLL 2016, S. 29).

Mobile Geräte ermöglichen neue Wege in der Kommunikation und der Datenübertragung, was eine Nutzung in der Leistungserbringung von industriellen Dienstleistungen besonders interessant macht. So können integrierte Lesegeräte für RFID-Tags und Barcodes den Servicetechniker bei der Datenerfassung unterstützen, zusätzliche Informationen können über das Touchpad oder eine Tastatur eingegeben werden. Die kabellose Datenübertragung reduziert den Papieraufwand und ermöglicht eine schnelle Übermittlung der Informationen an das EDV-System. Außerdem kann nach der Erfüllung eines Auftrags sofort eine Rückmeldung erfolgen (s. PAWELLEK 2016, S. 127; BLAUHUT 2016, S. 40; SCHUH ET AL. 2016b, S. 288).

Der Informationsfluss kann ebenfalls in umgekehrter Richtung erfolgen: Über das Endgerät können optisch, haptisch oder akustisch Informationen an den Servicetechniker übermittelt werden (s. BLAUHUT 2016, S. 166). Die Transparenz und die Effizienz des Arbeitsprozesses wird so enorm gesteigert, da den Mitarbeitern zu jedem Zeitpunkt und ortsunabhängig relevante Informationen über die Arbeiten und Serviceobjekte übermittelt werden können (s. BLAUHUT 2016, S. 87).

Die Distribution von Informationen über Handhelds ermöglicht neue Optionen in der Unterstützung der Leistungserbringung, bspw. durch Navigation, Auftragszuteilung oder der Übermittlung von Wissen. Entscheidungen müssen nicht mehr anhand von historischen Daten erfolgen, sondern basieren auf Echtzeitinformationen (s. BLAUHUT 2016, S. 80). Auch die Kommunikation zwischen den Mitarbeitern wird vereinfacht: Neben der Möglichkeit, telefonisch zu kommunizieren, bieten sich Videoanrufe und Textnachrichten als Kommunikationswege an. Zusammenfassend lässt sich sagen, dass mobile Endgeräte die Zusammenarbeit unterstützen und für eine effizientere Arbeitsweise sorgen (s. BLAUHUT 2016, S. 87).

Für die Auswahl eines geeigneten Geräts muss zuerst Klarheit über die Rahmenbedingungen des Einsatzes herrschen. Es ist wichtig zu wissen, welche Daten ermittelt werden und welche Peripherie zu ihrer Erfassung notwendig ist, welche Akkulaufzeit mindestens erforderlich ist, wie die Datenübertragung erfolgen soll und unter welchen

Witterungsbedingungen das Gerät verwendet wird (s. PAWELLEK 2016, S. 130–131). Die Kompatibilität zu den vorhandenen Codierungen und EDV-Systemen ist genauso relevant wie die einfache und flexible Handhabung der Geräte. Um die Akzeptanz der Geräte zu erhöhen, muss besonderes Augenmerk auf die Robustheit und die Funktionalität gelegt werden. Die Eingabe von Daten und das Auslesen von Informationen, bspw. über das Display, müssen auch unter widrigen Bedingungen leicht möglich sein (s. BLAUHUT 2016, S. 147; PAWELLEK 2016, S. 130).

Soll der Einsatz unter widrigen Bedingungen erfolgen, zum Beispiel in lauter und gesundheitsschädlicher Umgebung, ergeben sich besondere Anforderungen an die Konzeption des Geräts. Eine wichtige Unterscheidung der Geräte erfolgt daran, ob die Bedienung mit einer Hand möglich ist und dementsprechend mit der anderen Hand die Tätigkeit weiter ausgeführt werden kann, oder ob beide Hände eingesetzt werden müssen und die aktuelle Tätigkeit unterbrochen werden muss (s. BLAUHUT 2016, S. 43). Müssen während des Einsatzes zusätzlich Handschuhe getragen werden, können zu kleine Knöpfe nur schwer bedient werden. Eingaben über das Touchpad sind meist nur mit Eingabestift oder mit speziellen Handschuhen möglich (s. BLAUHUT 2016, S. 147). Gefährliche und unnötige Ablenkung kann entstehen, wenn die Benutzung des Geräts nur über den Touchscreen erfolgt. In lautem Umfeld muss sichergestellt werden, dass akustische Signale auch wahrgenommen werden. Helme können die Nutzbarkeit von Headsets einschränken.

Eine wichtige Rolle kommt der Positionierung des Geräts während der Nutzung und des Transports zu. Headsets können leicht mitgenommen werden, dafür sind sie in ihrem Funktionsumfang stark eingeschränkt. Der Fokus des Mitarbeiters kann auf der Ausführung der Tätigkeit liegen, und beide Hände können frei verwendet werden. Tablets weisen eine deutlich erweiterte Funktionalität auf und stellen Informationen auf eine übersichtliche Weise graphisch dar. Der große Bildschirm garantiert eine gute Lesbarkeit und ermöglicht eine einfache Dateneingabe. Die angebotenen Variationen sind jedoch sehr sperrig und schwer. Außerdem fordert die Nutzung des Tablets den Einsatz beider Hände und die visuelle Aufmerksamkeit des Anwenders, bspw. bei der Navigation durch graphische Interfaces. Hier stellen Smartphones eine kleinere und flexiblere Alternative dar. Tasten reduzieren die visuelle Belastung, indem Hauptfunktionen nicht erst über den Touchscreen ausgewählt werden müssen, sondern auch ohne Blickkontakt über Tastendruck aktiviert werden können. Wird das Smartphone am Arm montiert, können einige Aufgaben, wie zum Beispiel das Auslesen von RFID-Tags, sogar freihändig ausgeführt werden. Die geringe Größe führt jedoch zu dem Nachteil, dass die Inhaltsdarstellung sehr beschränkt ist (s. BLAUHUT 2016, S. 177).

Geräte und Anlagenteile, die in explosionsgefährdeten Bereichen betrieben werden, müssen im europäischen Raum mit der ATEX-Produktdirektive 2014/34/EU konform sein. Die neue ATEX-Produktrichtlinie, kurz für *Atmosphères Explosibles*, ersetzt die ursprüngliche Direktive 1994/9/EG und dient dem Schutz von Personen bei Arbeiten in explosiven Umgebungen. Sie definiert die Anforderungen an elektrische und nichtelektrische Geräte, die zum Einsatz kommen sollen sowie die Konformitätsbewertungsverfahren, die zur Prüfung der Gerätschaften eingesetzt werden sollen. Es werden zwei Gerätegruppen und sechs Temperaturklassen definiert.

Gerätegruppe I umfasst Gerätschaften, die im Bergbau eingesetzt werden. Ist die Wahrscheinlichkeit einer explosiven Gas- oder Staubatmosphäre gegeben, kommen Geräte der Gruppe II zum Einsatz. Die Temperaturklassen geben an, welche Oberflächentemperaturen maximal vorliegen dürfen. Bereiche, in denen explosionsgefährdete Atmosphären auftreten, müssen nach der ATEX-Betriebsrichtlinie 1999/92/EG in definierte Zonen eingeteilt werden. Sollen mobile Endgeräte in diesen Zonen eingesetzt werden, müssen sie mit den Anforderungen der zulässigen Produktgruppe übereinstimmen.

Während ATEX den gesetzlichen Rahmen in der EEG festlegt und als Orientierungshilfe für einige andere Länder dient, verfolgt die internationale elektrotechnische Kommission (IEC) mit dem IECEx-System das Ziel, eine international einheitliche Zertifizierung von Geräten zu ermöglichen, die im Explosionsschutzbereich eingesetzt werden (s. IEC (Hrsg.) 2014). Obwohl das IECEx-System keinen gesetzesgebenden Charakter hat, wird es in vielen Staaten bereits ohne weitere Prüfung akzeptiert oder dient als Grundlage für eine beschleunigte Prüfung nach nationalem Recht (s. IEC (Hrsg.) 2017).

3.2.3 Bewertung der Technologien

Ziel dieses Kapitels ist es, für die Erfassungstechnologien eine strukturierte Auswahlhilfe hinsichtlich ihrer technologischen Eignung zur Verfügung zu stellen. Jene dient als Grundlage für die Ausführungen in Kapitel 6.3. Zu diesem Thema finden sich für verschiedenste Anwendungsfälle vielfältige Literatur. Hassan führte eine tiefgehende Literaturrecherche zu Einflussfaktoren der Technologieauswahl bei Supply-Chains und Warenhausanwendungen durch. Das Ergebnis wurde mithilfe des adaptierten Technology-Organisation-Environment-Rahmenmodells strukturiert und umfasst neben der strukturellen und technologischen Eignung auch Komponenten der organisationalen und externen Faktoren (Hassan 2014). Im Gegensatz zu der vorhandenen Literatur ist für den Anwendungsfall des Digitalen Schattens ein detaillierter Entscheidungsprozess, wie er in der oben genannten Quelle erarbeitet wurde, nicht zweckmäßig, da ein ausreichend empirisches Fundament nicht existiert. Sinnvoll ist es aber zu bewerten, ob die hier betrachteten Technologien für den Anwendungsfall technisch geeignet sind und den funktionellen Ansprüchen genügen. Dafür sollen die umfassend recherchierten technischen und strukturellen Faktoren aus dem Modell herangezogen werden.

Die Auswahl einer passenden Auto-ID-Technologie ist abhängig von Faktoren der Umgebung. Hierbei sind vor allem feuchte, metallische, dielektrische und elektrisch leitende Umgebungen zu berücksichtigen sowie Anforderungen an Explosionsschutzbereiche. Weiterhin sind Temperatur, Geräuschkulisse, Verschmutzung und Umgebungsdruck relevant für den Anwendungsfall. Neben den Umgebungseinflüssen sind die funktionsrelevanten Einflüsse wie die Arbeitsintensität, die Zuverlässigkeit, die Notwendigkeit einer Sichtlinie, das Transpondergewicht, die Lebensspanne, die Speicherkapazität, die Lese- und Schreibfähigkeit, die Kommunikationsreichweite, die Möglichkeit der Pulkerfassung sowie die Sicherheit der Technologie zu betrachten.

Die Technologien, die mithilfe der Kriterien verglichen werden, sind die RFID- und Barcode-Technologie sowie die optische Erkennung. Dabei wird die RFID-Technologie hinsichtlich der Stromversorgung (passiv, semi-aktiv, aktiv) und der Sendefrequenz (LF, HF, UHF, MW) unterschieden. Die Wahl der Unterscheidung bei der RFID-Technologie hängt von deren Relevanz der jeweiligen Wirkmechanismen ab. Bei der Barcode-Technologie wird zwischen eindimensionalen und zweidimensionalen Systemen unterschieden.

- Feuchte Umgebung (Absorption): Feuchtigkeit beeinflusst die Leistungsfähigkeit der Auto-ID-Systeme in zweierlei Hinsicht: Zum einen kann die Feuchtigkeit zur Schädigung des optischen Codes oder des RFID-Tags führen (s. LI ET AL. 2006, S. 196). Zum anderen kann es bei der RFID-Technologie bei erhöhter Feuchtigkeit in der Umgebung zur Absorption der Signale kommen. Je geringer die Frequenz, desto geringer fällt dieser Effekt aus (s. FRUTH U. XIANG WANG 2011, S. 25).
- Metallische Umgebung (Wirbelströme): Auf die Funktionsweise der optischen Verfahren hat die metallische Umgebung keinen Einfluss. Allerdings wirkt sich diese Umgebung auf die Leistungsfähigkeit RFID-Technologie einschränkend aus. Die eingebrachte elektrische Feldstärke verursacht Wirbelströme, die sich negativ auf induktiv gekoppelte RFID-Systeme auswirken (s. GROTE U. FELDHUSEN 2014, S. 108). Bei UHF-Systemen treten weit kleinere Verluste auf.
- Dielektrische Umgebung (Verstimmung): Der Effekt der Verstimmung, welcher zu einer Verminderung der Lesereichweite führt, trifft vor allem bei UHF-Transpondern auf. Je höher die Dielektrizitätskonstante und die Dicke des Dielektrikums ist, desto stärker tritt dieser Effekt auf (s. FRUTH U. XIANG WANG 2011, S. 23). Die optischen Auto-ID-Verfahren sind nicht von diesen Effekten betroffen.
- Elektrisch leitende Umgebung (Reflexion): Leiter und dielektrische Materialen mit hoher Dielektrizitätskonstante werden von UHF-Wellen und Mikrowellen nicht durchdrungen. Reflexionen können die Folge sein (s. GROTE U. FELDHUSEN 2014, S. 110). Die anderen RFID-Technologien sowie die optische Auto-ID-Technologien sind davon nicht betroffen.
- Temperatur: Bei der Angabe des Temperatureinflusses auf die Technologieauswahl muss zwischen dem Temperaturbereich beim Identifikationsvorgang und der Ruhephase unterschieden werden. RFID-Systeme können beim Arbeitsvorgang einen Temperaturbereich von -20°C bis zu 85°C und im Ruhezustand von -20°C bis 235°C aushalten (s. OMNI-ID (HRSG.) 2017a). Speziell aus Keramik gefertigte Barcodes können Temperaturen bis zu 650°C überstehen und sind somit für Hochtemperaturbereiche besser geeignet.
- Verschmutzung: In Umgebungen mit hohem Verschmutzungsgrad und Staubentwicklung sind RFID-Systeme einsetzbar, demgegenüber ist die Funktion der optischen Auto-ID-Technologien durch blockierende Leseoptiken in diesen Umgebungen eingeschränkt (s. FINKENZELLER 2010, S. 7). Innerhalb der optischen Verfahren ist der 2D-Code bis zu 50% gegen solche Effekte robuster als der 1D-Code.

- Sichtlinie: Die RFID-Technologie benötigt im Gegensatz zu optischen Technologien keine klare Sichtlinie und kann somit flexibler in Umgebungen eingesetzt werden, bei denen eigeschränkte Sichtverhältnisse vorliegen (s. SURESH ET AL. 2014, S. 4).
- Arbeitsintensität: Die verschiedenen Technologien erfordern durch ihre jeweilige Funktionsweise eine andere Handhabung. So erfolgt die Identifikation der RFID-Systeme einfacher als der Barcode-Systeme, wenn gleich die Verwendung beider Systeme im Vergleich zur manuellen Datenerfassung Zeitersparnisse ermöglichen (s. HUBER ET AL. 2017, S. 7). Allerdings muss innerhalb der RFID-Technologien eine Differenzierung vorgenommen werden. Da Systeme mit niedrigen Frequenzen geringere Reichweichten aufweisen als hochfrequente Systeme, müssen jene häufig länger positioniert werden.
- Zuverlässigkeit: Hinsichtlich der Anfälligkeit für menschliches Versagen stellt ein RFID-System im Gegensatz zu den optischen Verfahren das geringste Risiko dar (s. HUBER ET AL. 2017, S. 7).
- Tag-Gewicht: Bei der RFID-Technologie und den optischen Auto-ID-Verfahren müssen Tags verwendet werden. Gegebenenfalls kann der optische Code auf das zu identifizierende Objekt aufgedruckt werden und ist hinsichtlich des Gewichts unerheblich. Bei der RFID-Technologie reicht die Gewichtsspanne von unter einem Gramm bsi 100 Gramm, wobei die niedrigsten Gewichtsgrößen nur von passiven RFID-Tags erreicht werden (s. OMNI-ID (HRSG.) 2017c; 2017b).
- Lese-/Schreibfähigkeit: Die optischen Auto-ID-Technologien verfügen über keine Lese- und Schreibfähigkeit, damit können den vorhandenen Informationen keine weiteren hinzugefügt werden (s. HASSAN 2014, S. 110). Aktive und semi-aktive RFID-Systeme können ausgelesen und beschrieben werden, während passive Systeme nur ausgelesen werden können (s. HASSAN 2014, S. 110).
- Lebensspanne: Die Lebensspanne der einzelnen Technologien hängt stark von dem Anwendungsfall ab. Theoretisch haben optische Auto-ID-Verfahren sowie passive RFID-Tags eine unbeschränkte Lebensdauer. Da optische Codes allerdings leichter beschädigt werden können, weisen diese in Umgebungen mit hohem Bewegungsaufkommen und Kollisionsgefahr eine sehr begrenzte Lebensdauer auf. Demgegenüber verfügen aktive bzw. semi-aktive RFID-Systeme über eine Lebensdauer von bis zu 10 Jahren (s. FRUTH U. XIANG WANG 2011, S. 43).
- Speicherkapazität: Verschiedene Speicherkapazitäten können bei den verschiedenen Technologien realisiert werden. Die RFID-Technologie bietet dabei eine weit größere Variabilität als die optischen Auto-ID-Technologien, so können von 1-Bit-Speicher bis hin zu 512 KB bei SRAM ermöglicht werden (s. FRUTH U. XIANG WANG 2011, S. 73). Der EEPROM ermöglicht eine Speicherkapazität von bis zu 8 KB und wird eher in induktiv arbeitenden Systemen verwendet (s. FINKENZELLER 2010, S. 28). Demgegenüber wird ein SRAM bei aktiven und semi-aktiven RFID-Systemen verwenden, da eine zusätzliche Batterie benötigt wird. SRAM wir häufig bei elektromagnetisch koppelnden System verwendet (s. FINKENZELLER 2010, S. 73). Bei optischen Codes sind nur bis zu 100 Bytes Speicherkapazität realisierbar (s. KO 2017, S. 48).
- Reichweite: Die praktische maximale Reichweite unterscheidet sich innerhalb der Technologien erheblich. LF-Systeme verfügen über eine maximale Reichweite von 0,2 Metern, HF-Systeme von bis zu 1,5 Metern, passive UHF-Systeme von 10 Metern, aktive UHF-Systeme von bis zu 100 Metern, passive MW-Systeme von 3 Metern und aktive MW-Systeme von 300 Metern (s. FRUTH U. XIANG WANG 2011, S.

18). Moderne optische Auto-ID-Systeme können eine Funktionsreichweite von bis zu 15 Metern erreichen (s. SIEW ET AL. 2016).

- Pulkerfassung: Die Fähigkeit, mehrere Tags zu erfassen ist bei HF-Systemen, aktiven als auch passiven UHF-Systemen, sowie aktiven MW-Systemen möglich (s. FRUTH U. XIANG WANG 2011, S. 18). Bei optischen Verfahren ist dies nicht möglich.
- Sicherheit: Die Sicherheit ist allgemein als Fähigkeit der Systeme zu beschreiben, unempfindlich gegenüber Manipulation zu sein. Bei optischen Auto-ID-Systemen ist diese Fähigkeit sehr begrenzt (s. HASSAN 2014, S. 57), bei RFID-Systemen gibt es zahlreiche Möglichkeiten der Verschlüsselung und Authentifizierung (s. FINKENZELLER 2010, S. 213ff.).
- Leistungsfähigkeit: Die Leistungsfähigkeit ist in diesem Zusammenhang als Geschwindigkeit zu verstehen, mit der die Informationen ausgelesen werden können. Im Allgemeinen steigt die mögliche Datenübertragungsrate der RFID-Technologie mit der verwendeten Frequenz (s. FRUTH U. XIANG WANG 2011, S. 18). Bei den optischen Verfahren ist durch die geringe Informationsdichte die Leistungsfähigkeit sehr hoch.

Tabelle 3-15 ist eine qualitative Darstellung der Erfüllung der Kriterien zu entnehmen. Dabei bedeutet der leere Kreis einen definitiven Ausschluss. Die anderen Grade der graphischen Darstellungen stellen lediglich eine qualitative Abstufung dar. Weiterhin ist zu ergänzen, dass Schwächen gewisser Technologien mit besonderen Maßnahmen abgeschwächt oder aufgehoben werden können. Bspw. können negative Auswirkungen gewisser Transponder in einer metallischen Umgebung mit der Konstruktion eines dielektrischen Spalts erheblich verbessert werden (s. FINKENZELLER 2010, S. 108).

Tabelle 3-15: Eignung unterschiedlicher Technologien

	LF	HF	UHF	MW	aktiv	passiv	1D	2D
feuchte Umgebung	○	◑	◑	◑	●	◑		
metallische Umgebung	◑	◑	◑	◑			●	●
dielektrische Umgebung	●	●	◑	◑			●	●
elektrische Umgebung	●	●	◑	◑			●	●
extreme Temperatur	◑	◑	◑	◑	◑	◑	●	●
Verschmutzung	●	●	●	●	●	●	○	◑
verdeckte Sichtlinie	●	●	●	●	●	●	○	○
geringe Arbeitsintensität	◑	◑	●	●	●	◑	◑	◑
Zuverlässigkeit	●	●	●	●	●	●	◑	◑
Tag-Gewicht					◑	●	●	●
Lese-/Schreibfähigkeit					●	○	○	○
Lebensspanne					◑	●	○	○
Speicherkapazität	◑	◑	●	●	●	◑	○	◑
Reichweite	○	◑	◑	●	●	◑	◑	◑
Pulkerfassung	○	●	●	●	●	◑	○	○
Sicherheit	◑	◑	◑	◑	◑	◑	○	○
Leistungsfähigkeit	◑	◑	◑	●	●	◑	●	●

○ nicht geeignet ◑ bedingt geeignet ● gut geeignet

3.3 Systemarchitekturen für den Digitalen Schatten

Für die Einordnung des Konzepts Digitaler Schatten sowie für die Identifikation der zu entwickelnden Komponenten des Digitalen Schattens ist es notwendig, eine Systemarchitektur zugrunde zu legen. Nachfolgend werden die relevanten Architekturen zunächst vorgestellt und anschließend verglichen. Die Definition der für diese Arbeit gültige Systemarchitektur wird in Kapitel 5.1.vorgenommen.

3.3.1 Beschreibung der Systemarchitekturen

The New Technology Stack | Porter & Heppelmann 2014

Porter u. Heppelmann thematisieren in ihrer Veröffentlichung, inwieweit sich der Wettbewerb durch intelligente und vernetzte Produkte verändern wird. Im Rahmen dieser Arbeit wird ein Ordnungsrahmen für die hierbei eingesetzten Technologien vorgestellt, der in Abbildung 3-17 dargestellt ist. Dieser setzt sich aus den drei technologischen Elementen „Product“, „Connectivity“ und „Product-Cloud“ zusammen. Das Produkt wird nach diesem Modell zukünftig als Kombination von Hard- und Software gesehen. In der Cloud werden Datenbanken abgelegt, eine Plattform für Anwendungen betrieben, Regeln und Analytics-Funktionalitäten sowie konkrete Anwendungen für die Produkte bereitgestellt. Die Kopplung zwischen Cloud und Produkt erfolgt über Protokolle, die die notwendige Konnektivität ermöglichen. Für alle drei Elemente ist ein entsprechendes Management der Identitäten sowie ein Security-Konzept notwendig. Auf der Ebene der Produkte und der Cloud bestehen zudem Schnittstellen zu den betrieblichen Anwendungssystemen sowie zu externen Informationsquellen (s. Porter u. Heppelmann 2014, S. 85).

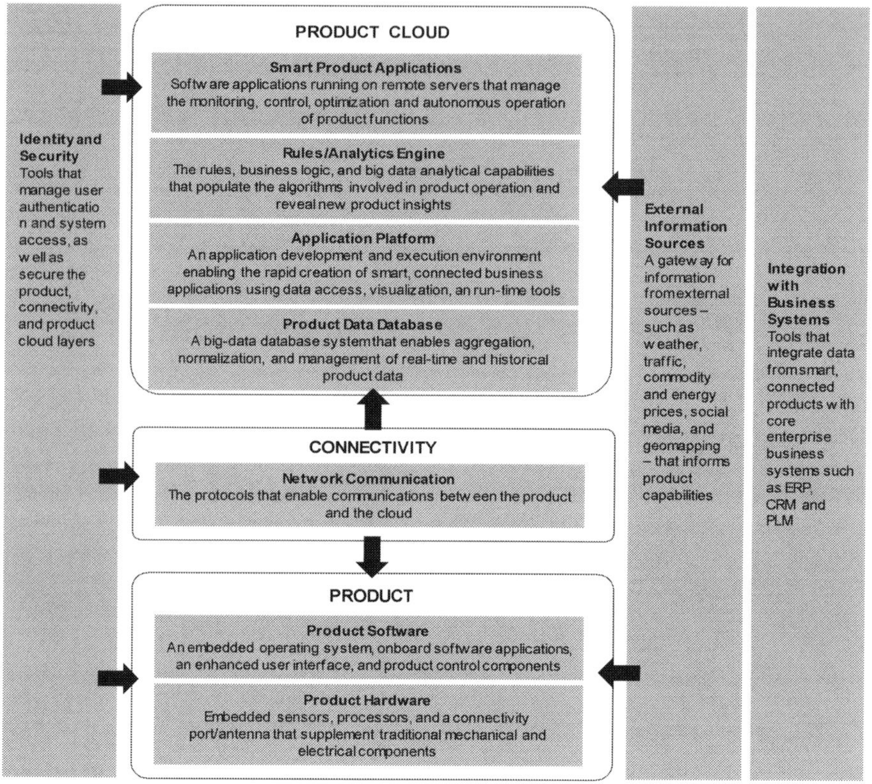

Abbildung 3-17: ***The New Technology Stack*** **(PORTER U. HEPPELMANN 2014, S. 70)**

Schichtenmodell: Digitale Infrastrukturen | ARBEITSKREIS SMART SERVICE WELT / ACATECH 2015

Der ARBEITSKREIS SMART-SERVICE-WELT des Deutsche Akademie der Technikwissenschaften acatech e. V hat 2015 im Rahmen der Veröffentlichung „Smart Service Welt" das in Abbildung 3-18 dargestellte „Schichtenmodell: digitale Infrastrukturen" publiziert. Die Autoren gehen von der Vision aus, dass zukünftig statt der klassischen Dienstleistungen und Produkte nahezu alle Angebote in Form von nutzerzentrierten und individuellen „As-a-Service"-Modellen angeboten würden. Hierfür seien eine Kollaboration von einzelnen Unternehmen in „digitalen Ökosystemen" sowie entsprechende „innovationsorientierte Rahmenbedingungen" notwendig. Den Kern des Modells bilden die fünf aufeinander aufbauenden Elemente „Smart Spaces", „Smart Product", „Smart Data", „Smart Services" und die „Smart Talents" (s. ARBEITSKREIS SMART SERVICE WELT / ACATECH (HRSG.) 2015, S. 16–17).

Die Technische Infrastruktur („Smart Spaces") stelle die Voraussetzungen zur Verfügung, damit sich intelligente Produkte („Smart Products") vernetzen können. Die „Smart Products" seien dadurch gekennzeichnet, dass sie selbständig Daten über ihre

Herstellung und Nutzung sammeln und autonom agieren können. Der Schicht der software-definierten Plattformen komme die Funktion zu, die Daten aus verschiedenen „Systemen und Diensten" zu sammeln, mithilfe „komplexer Algorithmen" weiterzuverarbeiten und die so entstehenden „Smart Data" zur Verfügung zu stellen. Auf der vierten Ebene („Smart Services") würden die zur Verfügung gestellten Daten zu Dienstleistungen „veredelt". Auf dieser Ebene werde der entsprechende betriebswirtschaftliche Rahmen definiert und die hierfür notwendige Kollaboration von verschiedenen Anbietern weitestgehend automatisiert. Eine weitere Voraussetzung für die Kollaboration in digitalen Ökosystemen sei die Involvierung gut qualifizierter Mitarbeiter („Smart Talents"), die die Konfiguration und Steuerung der Smart Services übernehmen (s. Arbeitskreis Smart Service Welt / acatech (Hrsg.) 2015, S. 16–17).

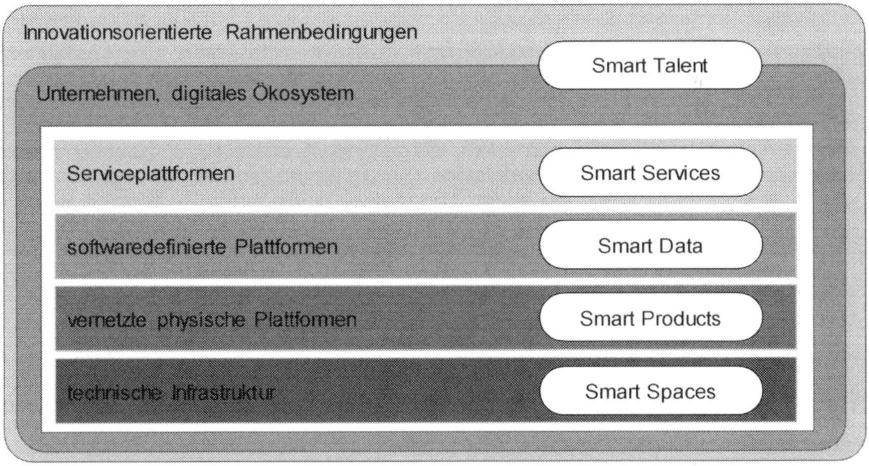

Abbildung 3-18: Schichtenmodell: Digitale Infrastrukturen (Arbeitskreis Smart Service Welt / acatech (Hrsg.) 2015, S. 17)

Data-Warehouse-Architektur | Inmon 2005

Der Ansatz des Data-Warehouse gründet auf der Problemstellung, Informationssysteme zu gestalten, die die Entscheidungsfindung im Unternehmen unterstützen. In den 80er-Jahren setzte eine flächendeckende Nutzung von IT in den Unternehmen in Form des PCs ein. Die Erfahrungen aus dieser Zeit zeigten, dass die Extraktion und Aufbereitung von Daten zu aussagekräftigen Informationen mit diversen Herausforderungen verbunden war. Der Grund für diese Herausforderungen wurde in der sich „natürlich entwickelnden Systemarchitektur" gesehen. Eine Vielzahl von isoliert arbeitenden Datenbanken existierte, aus denen Daten individuell extrahiert wurden. Die extrahierten Daten wurden wiederum erneut extrahiert, um sie an anderer Stelle zu nutzen (s. Inmon 2005, S. 3).

Die in Abbildung 3-19 dargestellte „Architected Environment" wird als Lösung für die beschriebene Problemstellung dargestellt. Die wesentliche Erkenntnis, auf der die Lösung beruht ist, dass zwei unterschiedliche Typen von Daten existierten. Die *ursprünglichen Daten („primitive data")* entstammten direkt den Anwendungssystemen des Unternehmens. Sie würden in den täglichen Prozessen genutzt, könnten aktualisiert werden, hätten einen aktuellen Wert, würden in repetitiven Prozessen bearbeitet und dienen der Büroarbeit. *Abgeleitete Daten („derived data")* hingegen würden für Managemententscheidungen genutzt, könnten neu berechnet aber nicht aktualisiert werden, seien häufig historische Daten, würden in nicht-repetitiven Prozessen bearbeitet und dienten der Arbeit des Managements (s. INMON 2005, S. 14).

Im Modell der „Architected Environment" bilden die operativen Anwendungssysteme (z. B. ERP oder CRM) das unterste Level, auf dem die oben beschriebenen *ursprünglichen Daten* gehalten werden. Das Data Warehouse bildet die Ebene über den Anwendungssystemen. Hier werden historische, ursprüngliche Daten gehalten. Diese wurden zuvor integriert und können nicht überschrieben werden. Auf der dritten Ebene werden nur noch *abgeleitete Daten* in sogenannten „Data-Marts" gehalten. Der Inhalt der Data-Marts ist definiert durch die Anforderungen einzelner Fachabteilungen und greift somit auf einen domänenspezifischen Ausschnitt des Data-Warehouse zu. Auf der obersten Ebene des Modells finden individuelle Analysen und Heuristiken auf Basis der Daten aus den Data-Marts statt (s. INMON 2005, S. 16).

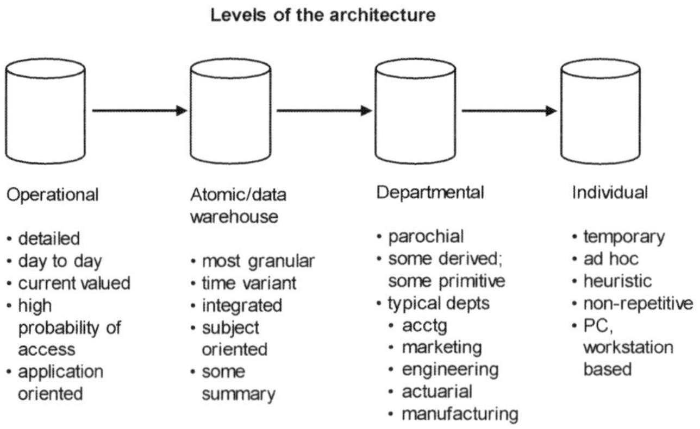

Abbildung 3-19: ***The Architected Environment*** **(INMON 2005, S. 16)**

Der zentrale Schritt hin zu der beschriebenen Architektur bestehe in der Integration der Daten aus den Anwendungssystemen in das Data Warehouse. In sog. „Extract-Transform-Load"-Prozessen werden Daten aus den ursprünglichen Systemen in die übergreifende Struktur des Data Warehouse integriert (s. INMON 2005, S. 18).

The Big Data Stack | Dyché 2014

Um große Datenmengen in strukturierter und unstrukturierter Form in kurzer Zeit verarbeiten zu können, sind eine Reihe von Technologien entwickelt worden, die unter dem Schlagwort „Big Data“ zusammengefasst werden. Dyché ordnet die einzelnen Komponenten von Big Data in das in Abbildung 3-20 dargestellte Schichtenmodell ein.

Auf der untersten Ebene *(„Storage“)* verortet der Autor Technologien zur Datenspeicherung. Bemerkenswert seien auf dieser Ebene die geringen Kosten, die heute für die Speicherung großer Datenmengen anfielen (s. Dyché 2014, S. 120).

Die Ebene *„Platform infrastructure“* beinhaltet die Funktionen, mit deren Hilfe große Datenmengen hoch-performant verarbeitet werden können. Der De-facto-Standard für diese Infrastruktur sei heute die *Hadoop-Engine*, die als Open-Source-Projekt Einzug in viele Lösungen gehalten habe (s. Dyché 2014, S. 120).

Mit der Ebene „Data“ solle verdeutlicht werden, dass die Daten selber ein Vermögenswert für das Unternehmen darstellten, der verwaltet und dessen Qualität sichergestellt werden müsse. Dies gelte nicht zuletzt vor dem Hintergrund einer großen Vielfalt an Daten (s. Dyché 2014, S. 121).

Die Ebene des *„Application code“* beinhalte die Anwendungen, die auf der bereits erwähnten Infrastruktur betrieben würden und Operationen auf den Daten durchführten. Gängige Programmiersprachen für diese Anwendungen seien *Apache Pig* und *Hive (s. Dyché 2014, S. 122).*

Auf der Ebene *„Busines view“* würden die Daten in ein Format überführt, das für weitere Analysen nutzbar sei. So sei bspw. eine Transformation in traditionelle SQL-Datenbanken möglich, auf deren Basis auch ältere Systeme arbeiten könnten (s. Dyché 2014, S. 123).

Die oberste Ebene des Modells *(„Applications“)* beinhalte Anwendungen, die für den Endnutzer bedienbar seien oder zur automatisierten Entscheidungsfindung genutzt würden. Der Autor gibt den Hinweis, dass sich die Analyseverfahren und Darstellungsformen für Big Data nicht grundsätzlich von jenen unterschieden, die seit jeher im Einsatz seien, jedoch der Anteil an Verfahren des maschinellen Lernens deutlich zunehmen werde (s. Dyché 2014, S. 124).

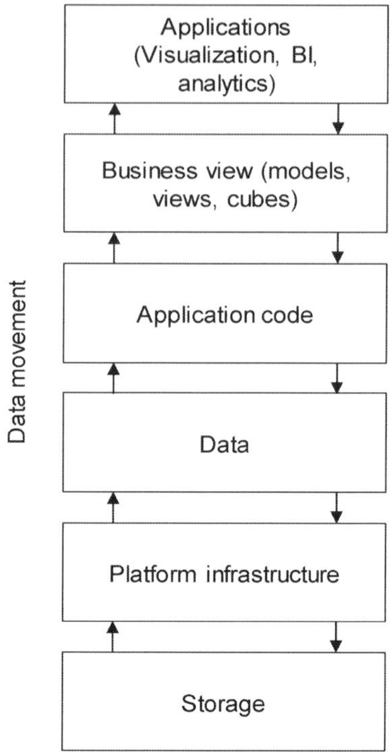

Abbildung 3-20: ***The Big Data Stack*** **(DAVENPORT U. DYCHÉ 2013, S. 10)**

DYCHÉ sieht keinen Widerspruch zwischen der Architektur eines Data Warehouse und des Big Data Stack. Vielmehr sei die Koexistenz beider Systeme für viele Unternehmen mit bereits vorhandenem Data Warehouse eine praktikable Lösung, die gemäß Abbildung 3-21 umgesetzt werden könne (s. DYCHÉ 2014, S. 130) .

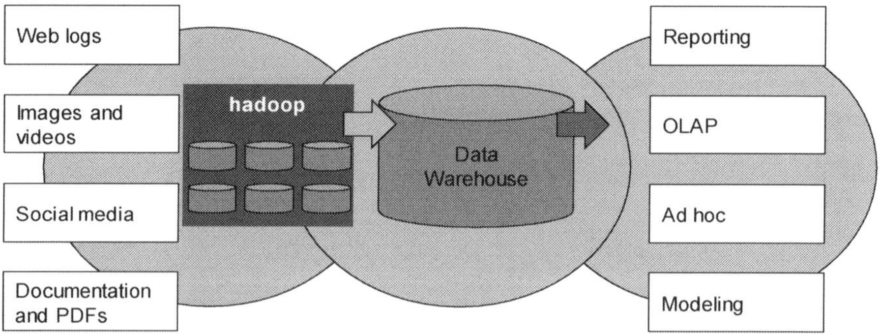

Abbildung 3-21: ***Big data and data warehouse coexistence*** **(DAVENPORT U. DYCHÉ 2013, S. 21)**

‚Internet of Production'-Infrastruktur | SCHUH ET AL. 2017

Die Internet of Production Infrastruktur hat nach SCHUH ET AL. das Ziel, Unternehmen zu mehr Agilität zu verhelfen. Am Beispiel des Change-Requests in einem Produktionsbetrieb wird dargestellt, wie Änderungsprozesse im Unternehmen durch eine geeignete Applikationslandschaft und IT-Infrastruktur (s. Abbildung 3-22) deutlich beschleunigt werden können (SCHUH ET AL. 2017b).

Auf der untersten Ebene des Modells steht die heute im Unternehmen eingesetzte Applikationssoftware einschließlich der in den Systemen gehaltenen Daten. Der Zugriff auf diese Daten werde ermöglicht durch die „Middleware+". Die aus verschiedenen Systemen zusammengeführten Daten würden mit Verfahren der Datenanalyse verarbeitet und im Digitalen Schatten abgelegt. Dieser enthalte einen geringeren Umfang an Daten als der in den Rohdaten vorhandene Umfang. Es sei zudem Aufgabe des Digitalen Schattens, systemübergreifende Zusammenhänge in den Daten abzubilden. Die integrierten Datenmodelle des Digitalen Schattens dienten den „Smart Experts" zur Entscheidungsunterstützung. Die Smart Experts sind auf der obersten Ebene des Modells angeordnet. Die Entscheidungsunterstützung erfolge durch spezifische Applikationen für einzelne Problemstellungen. Außerdem könnten Entscheidungen durch selbstlernende Agenten automatisiert werden. Weiterhin wird darauf hingewiesen, dass zwischen den Ebenen eine „kontinuierliche Synchronisation" stattfinde, um Konflikte in den Datensätzen zu vermeiden (s. SCHUH ET AL. 2017b, S. 120ff.).

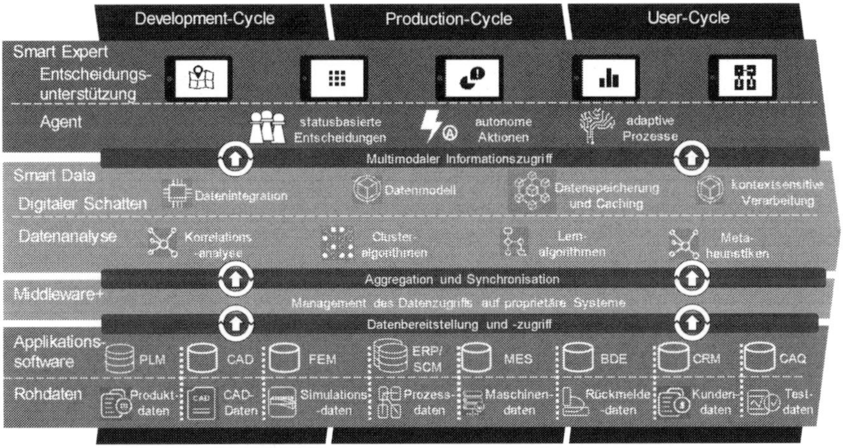

Abbildung 3-22: ‚Internet of Production'-Infrastruktur (SCHUH ET AL. 2017b, S. 121)

3.3.2 Vergleich der Systemarchitekturen

In den drei folgenden Abbildungen sind die einzelnen Schichten der beschriebenen Systemarchitekturen gegenübergestellt. Diese wurden gruppiert in die *Kategorien Datenerfassung, Zugriff, Digitaler Schatten, Applikationen* und *Anwender & Geschäftsmodelle*. Eine detailliertere Beschreibung der Kategorien sowie eine Interpretation auf den Anwendungsfall der Arbeit erfolgen in Kapitel 5.1.1.

<table>
<tr><th>Ansatz</th><th colspan="6">Schichten</th></tr>
<tr><td rowspan="2">Porter u. Heppelmann 2014</td><td colspan="2">Product</td><td colspan="2"></td><td colspan="2">Connectivity</td></tr>
<tr><td>Product Software</td><td>Product Hardware</td><td>External Information Sources</td><td>Integration with Business Systems</td><td>Identity and Security</td><td>Network Com-munication</td></tr>
<tr><td>acatech 2015</td><td colspan="2">Vernetzte physische Plattform
Smart Products</td><td colspan="2"></td><td colspan="2">Technische Infrastruktur
Smart Spaces</td></tr>
<tr><td>Inmon 205</td><td colspan="4">operational</td><td colspan="2"></td></tr>
<tr><td>Dyché 2014</td><td colspan="4"></td><td colspan="2"></td></tr>
<tr><td>Schuh et al. 2017</td><td colspan="3">Rohdaten</td><td>Applikations-daten</td><td colspan="2">Middleware+</td></tr>
<tr><td>Zuordnung</td><td colspan="4">Datenerfassung</td><td colspan="2">Zugriff</td></tr>
</table>

Abbildung 3-23: Vergleich möglicher Systemarchitekturen für den Digitalen Schatten 1/3

Ansatz	Schichten			
Porter u. Heppelmann 2014	Product Cloud Product Database			
acatech 2015	Software-definierte Plattformen Smart Data			
Inmon 205	atomic/ data warehouse			
Dyché 2014	Storage	Platform infrastructure	Data	Business View (models, views, cubes)
Schuh et al. 2017	Smart Data Digitaler Schatten			
Zuordnung	**Digitaler Schatten**			

Abbildung 3-24: Vergleich möglicher Systemarchitekturen für den Digitalen Schatten 2/3

Ansatz	Schichten					
Porter u. Heppelmann 2014	Application Platform	Rules/ Analytics Engine	Smart Product Applications			
acatech 2015	Generische Enabler	Architektur-muster	Leistungsbündel		Smart Talent	Service Plattformen Smart Services
Inmon 205			departmental	individual		
Dyché 2014	Application Code		Applications			
Schuh et al. 2017	Datenanalyse	Agent	Entscheidungs-unterstützung		Smart Expert	
Zuordnung	**Applikationen**				**Anwender & Geschäftsmodelle**	

Abbildung 3-25: Vergleich möglicher Systemarchitekturen für den Digitalen Schatten 3/3

4 Theoretische Bezugspunkte und Konzepte

In diesem Kapitel werden die für die vorliegende Arbeit relevanten Theorien und Konzepte dargestellt und ihr Beitrag für diese Arbeit herausgestellt. Zunächst wird der Ansatz der *„Case Study Research"* erläutert (EISENHARDT 1989). Mithilfe dieser fallstudienbasierten Forschungsmethodik wird der „relevante Anwendungszusammenhang" der Arbeit untersucht (ULRICH ET AL. 1984, S. 193) (Kapitel 4.1). Weiterhin ist es Bestandteil der Arbeit, auf Basis der Untersuchung des Anwendungszusammenhangs ein Referenzmodell für den Digitalen Schatten zu entwickeln. Aus diesem Grund werden in Kapitel 4.2 die theoretischen Grundlagen der Referenzmodellbildung erläutert. Diese werden ergänzt durch die „Grundsätze ordnungsmäßiger Modellierung in Kapitel 4.3. Abschließend werden im Kapitel 4.3 die Methoden zur konkreten Modellierung des Referenzmodells ausgewählt.

4.1 Case Study Research

Forschungsmethodisch folgt die vorliegende Arbeit den Phasen der angewandten Forschung nach ULRICH (s. Kapitel 1.3). Die „Erfassung und Untersuchung des relevanten Anwendungszusammenhangs" ist Bestandteil dieses Forschungsprozesses (s. ULRICH ET AL. 1984, S. 193). Übertragen auf den Anwendungsfall dieser Arbeit ist es Ziel dieses Arbeitsschritts, die Erbringung von Instandhaltungsdienstleistungen in Unternehmen des Maschinen- und Anlagenbaus systematisch zu erfassen und ein allgemeingültiges Modell abzuleiten. Dieses Modell dient als Grundlage für die folgenden Arbeitsschritte. Existierende Modelle industrieller Dienstleistungen erfüllen nicht die zu Beginn definierten Anforderungen an die in dieser Arbeit zu entwickelnde Lösung (s. Kapitel 0, Kapitel 5.2). Die Untersuchung realer Fälle und die darauf basierende Entwicklung neuer Theorien bzw. Modelle entsprechen dem Ansatz der *„Grounded Theory"* nach GLASER U. STRAUSS (s. GLASER U. STRAUSS 2009). Die Autoren grenzen ihren Ansatz von anderen Forschungsmethoden dadurch ab, dass dieser nicht darauf abzielt, existierende Theorien auf Basis von Daten zu testen, sondern versucht, neue Theorien auf Grundlage von Daten abzuleiten (s. GLASER U. STRAUSS 2009, S. 1).

Eine methodische Ausprägung der *Grounded Theory* ist die *Case Study Research*. EISENHARDT hat auf Basis einer Reihe bestehender Ansätze zur Fallstudienuntersuchung sowie zahlreicher eigener Anwendung des Ansatzes eine Vorgehensweise zur systematischen Aufnahme von Fallstudien und Konstruktion darauf basierender Theorien entwickelt (s. EISENHARDT 1989). In einer ergänzenden Veröffentlichung weisen EISENHADT U. GRAEBNER auf typische Herausforderungen der Vorgehensweise und Lösungen für diese hin (s. EISENHARDT U. GRAEBNER 2007). Das Vorgehen der *Case Study Research* ist in Tabelle 4-1 dargestellt.

Tabelle 4-1: ***Process of Building Theory from Case Study Research*** **(s. EISENHARDT 1989, S. 533)**

Step	Activity	Reason
Getting Started	Definition of research question Possibly a priori constructs	Focuses efforts Provides better grounding of construct measures
Selecting Cases	Neither theory nor hypotheses	Retains theoretical flexibility
	Specified population	Constrains extraneous variation and sharpens external validity
	Theoretical, not random, sampling	Focuses efforts on theoretically useful cases - i.e., those that replicate or extend theory by filling conceptual categories
Crafting Instruments and Protocols	Multiple data collection methods	Strengthens grounding of theory by triangulation of evidence
	Qualitative and quantitative data combined	Synergistic view of evidence
	Multiple investigators	Fosters divergent perspectives and strengthens grounding
Entering the Field	Overlap data collection and analysis, including field notes	Speeds analyses and reveals helpful adjustments to data collection
	Flexible and opportunistic data collection methods	Allows investigators to take advantage of emergent themes and unique case features
Analyzing Data	Within-case analysis	Gains familiarity with data and preliminary theory generation
	Cross-case pattern search using divergent techniques	Forces investigators to look beyond initial impressions and see evidence thru multiple lenses
Shaping Hypotheses	Iterative tabulation of evidence for each construct	Sharpens construct definition, validity, and measurability
	Replication, not sampling, logic across cases	Confirms, extends, and sharpens theory
	Search evidence for "why" behind relationships	Builds internal validity
Enfolding Literature	Comparison with conflicting literature	Builds internal validity, raises theoretical level, and sharpens construct definitions
	Comparison with similar literature	Sharpens generalizability, improves construct definition, and raises theoretical level
Reaching Closure	Theoretical saturation when possible	Ends process when marginal improvement becomes small

Die Vorgehensweise beginnt mit der Definition der Forschungsfrage und der Auswahl von zu untersuchenden Fällen. Laut EISENHARDT sei bei der Auswahl der Fälle darauf zu achten, dass diese theoretisch begründet erfolgt. Hiermit solle erreicht werden, dass die Fälle die entstehende Theorie sinnvoll ergänzen oder bestätigen. Da nur eine limitierte Anzahl an Fällen untersucht werden könne, sei eine Variation von irrelevanten Aspekten zwischen den Fällen zu vermeiden (s. EISENHARDT 1989, S. 537).

Für die Auswahl der Werkzeuge zur Datenaufnahme schlägt die Autorin vor, das Prinzip der Triangulation zu befolgen. Hierbei werde bspw. durch verschiedene Arten an gesammelten Daten, der Datenaufnahme und durch mehrere Beobachter die Validität der Aussagen verbessert (s. EISENHARDT 1989, S. 537).

Bei der Aufnahme der Fallstudien wird eine überlappende Sammlung und Analyse von Daten empfohlen. Es wird als Stärke der *Case Study Research* gesehen, dass eine Flexibilität in der Datenaufnahme bestehe. Durch die begleitende Analyse der Beobachtungen werde deutlich, an welcher Stelle weitere Beobachtungen die Analyse sinnvoll ergänzten (s. EISENHARDT 1989, S. 539).

Im Arbeitsschritt der Datenanalyse wird unterschieden in die fallspezifische und die Fall-übergreifende Analyse. Für die Analyse schlägt die Autorin keine konkrete Methode vor, da diese von der untersuchten Fragestellung abhänge. Ziel der fallspezifischen Analyse sei unabhängig von dem eingesetzten Analyseverfahren, ein tiefgreifendes Verständnis für den Fall aufzubringen. In der fallübergreifenden Analyse sei die Auswahl bestimmter Kategorien zu empfehlen, die für alle untersuchten Fälle zu befüllen seien. Dadurch würden subjektive Einflüsse in der Wahrnehmung und Analyse der Daten reduziert (s. EISENHARDT 1989, S. 539).

Das Formen der Hypothesen auf Basis der Datenanalyse wird als hochiterativer Prozess gesehen, der aus zwei Teilschritten bestehe. Zunächst seien die Hypothesen zu definieren, um sie dann entlang aller aufgenommenen Cases zu prüfen. Die Erkenntnisse aus der Prüfung können neben einer Validierung auch in Hinweisen auf eine Anpassung der Hypothese bestehen. Weiterhin sei in diesem Arbeitsschritt die Frage nach dem „Warum“ für die entdeckten Zusammenhänge zu beantworten (s. EISENHARDT 1989, S. 541).

Zum Ende des Prozesses erfolgt ein Abgleich mit der vorhandenen Literatur. Der Abgleich sowohl mit übereinstimmender als auch mit widersprechender Literatur wird als wichtiger Schritt der Vorgehensweise gesehen, um die Validität des Ergebnisses zu belegen. Der Vergleich mit widersprechenden Quellen bewirke eine tiefergehende Auseinandersetzung mit der Materie mit dem Ergebnis, dass Limitationen der Theorie und unterliegende Ursache-Wirkungsbeziehungen besser erkannt würden. Literatur, die das Ergebnis unterstütze, führe zu höherer Validität der eigenen Aussagen (s. EISENHARDT 1989, S. 544).

Der abschließende Schritt der Vorgehensweise besteht in dem Erreichen eines sinnvollen Abschlusses der Untersuchung. Dieser sei für die Aufnahme weiterer Fallstudien sowie für die Analyse der Daten zu definieren. Die Aufnahme weitere Fallstudien solle dann enden, wenn weitere Fallstudien nur noch geringfügig neue Beiträge liefern. Häufig sei die Anzahl aufzunehmender Fallstudien allerdings schon vorab limitiert durch die zur Verfügung stehenden Ressourcen für das Vorhaben. Die Iterationen in der Datenanalyse seien zu beenden, wenn jede weitere Schleife lediglich eine marginale Verbesserung der Theorie liefern würde (s. EISENHARDT 1989, S. 545).

4.2 Vorgehensweise zur Entwicklung des Referenzmodells

Die in der vorliegenden Arbeit entwickelten Modelle haben den Anspruch, als Grundlage für die Gestaltung eines unternehmensspezifischen Digitalen Schattens herangezogen zu werden. Ein Modell, das mit dem Zweck entwickelt wurde, wiederverwendet zu werden, wird als Referenzmodell bezeichnet (s. FETTKE U. VOM BROCKE 2016). Nach FETTKE U. VOM BROCKE muss ein solches Modell entweder tatsächlich für die Gestaltung weiterer Modelle genutzt worden sein oder mit der Absicht entwickelt worden sein hierfür zu dienen (s. FETTKE U. VOM BROCKE 2016).

Eine mengentheoretische Darstellung dieser Definition liefert THOMAS (s. Abbildung 4-1). Es wird zwischen der Menge an Modellen unterschieden, die der Ersteller eines Modells als Referenzmodell erklärt und jener Menge, die der Modellnutzer faktisch als Referenzmodell nutzt. Dies entspricht der Differenzierung von FETTKE U. VOM BROCKE. Ergänzend führt THOMAS noch die Schnittmenge beider Teilmengen auf. Bei diesen Modellen herrsche Konsens zwischen Entwickler und Anwender, dass es sich um Referenzmodelle handele (s. THOMAS 2006, S. 14). THOMAS argumentiert für einen „nutzungsorientierten Referenzmodellbegriff". Er sieht dabei die tatsächliche Verwendung des Modells für die Gestaltung weiterer Modelle als zentrales Kriterium an (s. THOMAS 2006, S. 17).

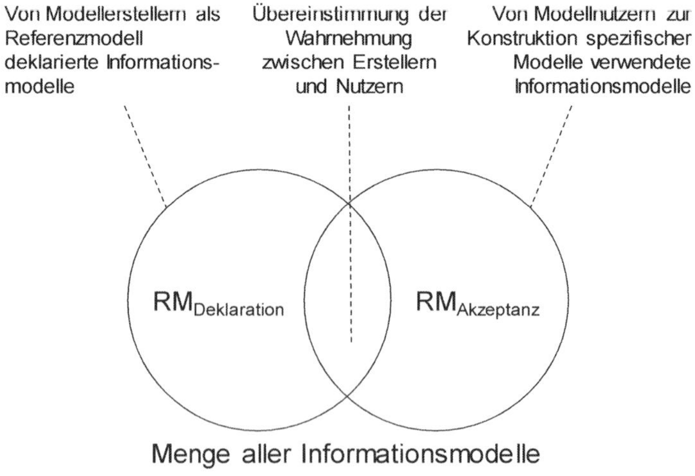

Abbildung 4-1: Mengentheoretische Illustration des Referenzmodellbegriffs (THOMAS 2006, S. 14)

Einen Vorschlag für eine Vorgehensweise zur Gestaltung eines Referenzmodells liefert SCHÜTTE (s. Abbildung 4-2). In der Vorgehensweise werden die fünf Phasen „Problemdefinition“, „Konstruktion des Modellrahmens“, „Konstruktion der Referenzmodellstruktur“, „Komplettierung“ und „Anwendung“ iterativ durchlaufen.

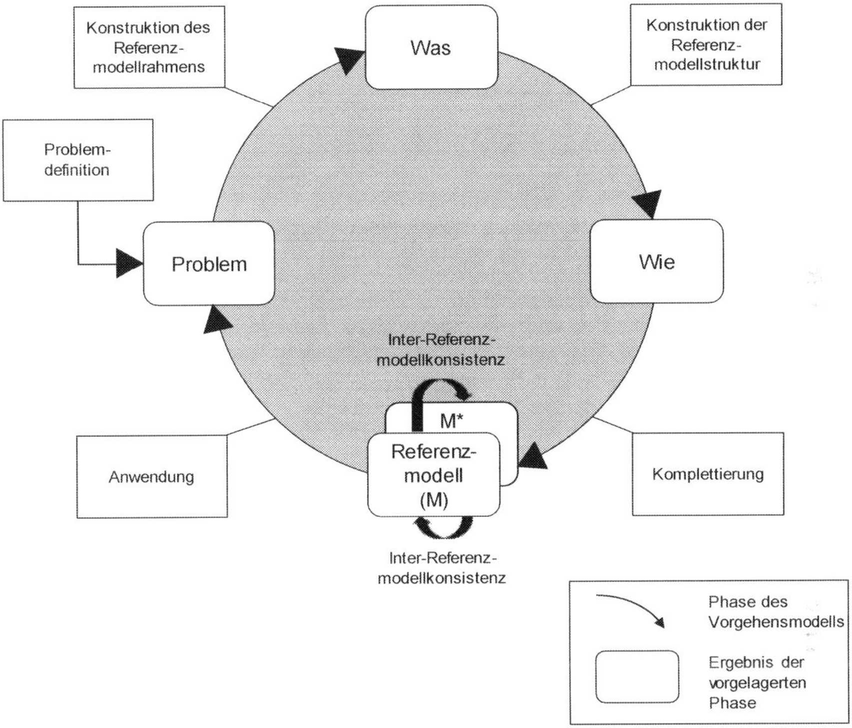

Abbildung 4-2: Vorgehensmodell zur Referenzmodellbildung (SCHÜTTE 1998, S. 185)

Die Phase der **„Problemdefinition“** mündet nach SCHÜTTE in einer Hypothese über eine Problemstellung, die für die untersuchte Art von Organisationen von besonderer Bedeutung ist. Dieses Problem bzw. die identifizierten Typen des Problems bilden den Ausgangspunkt für die Formulierung des Referenzmodells. Der Autor weist zudem darauf hin, dass die Formulierung dieser Hypothese ein „multipersonelle[r] Einigungsprozess“ sein solle. Hierdurch steige die Wahrscheinlichkeit, das Modell entsprechend des Zwecks erfolgreich zu konstruieren (s. SCHÜTTE 1998, S. 184).

In der Phase der **„Konstruktion des Modellrahmens“** werden nach SCHÜTTE Merkmale und deren Ausprägungen für die Modellbestandteile definiert: Dieses „Master-Referenzmodell“ diene als Ausgangspunkt die unternehmensspezifische Konfiguration einer Modellvariante (s. SCHÜTTE 1998, S. 187). Als nächster Schritt erfolgt im Vorgehensmodell nach SCHÜTTE die **„Konstruktion der Referenzmodellstruktur"**. Hier erfolge eine Detaillierung des Modellrahmens in Form von Referenzprozess- und Referenzdatenmodellen. Zur Vollständigkeitsprüfung wird an dieser Stelle ein Anwendertest empfohlen (s. SCHÜTTE 1998, S. 187).

Die **„Komplettierung"** des Referenzmodells erfolge einerseits durch die Betrachtung von Querverbindungen innerhalb des Referenzmodells und andererseits zwischen dem erstellten Referenzmodell und externen Modellen. Weiterhin zähle die Ergänzung von quantitativen Informationen zu dieser Phase (s. SCHÜTTE 1998, S. 188). Das Vorgehensmodell endet mit der Phase der **„Anwendung"**. Hier weist der Autor insbesondere darauf hin, dass Abweichungen zwischen dem Referenzmodell und den angepassten Modellen Indikatoren für die Überarbeitung des Referenzmodells seien (s. SCHÜTTE 1998, S. 188).

4.3 Grundsätze ordnungsmäßiger Modellierung

Die Grundsätze ordnungsmäßiger Modellierung (GoM) wurden mit dem Ziel entwickelt, Gestaltungsempfehlungen zur Steigerung der Qualität und Vergleichbarkeit von Informationsmodellen zu geben (s. BECKER ET AL. 2012b, S. 31). SCHÜTTE hat die erste Fassung der GoM aus dem Jahr 1995 (GoM I) insbesondere auf die Anforderungen der Konstruktion von Referenzmodellen angepasst (GoM II) (vgl. SCHÜTTE 1998; BECKER ET AL. 1995). Aus Tabelle 4-2 gehen die Unterschiede zwischen beiden Versionen der GoM hervor.

Tabelle 4-2: Vergleich der GoM I und GoM II (SCHÜTTE 1998, S. 166)

GoM II (SCHÜTTE 1998)	**Gom I (BECKER ET AL. 1995)**
Konstruktionsadäquanz	Richtigkeit Relevanz
Sprachadäquanz	Richtigkeit
Wirtschaftlichkeit	Wirtschaftlichkeit (andere Kriterien)
Klarheit	Klarheit (teilweise andere Kriterien)
systematischer Aufbau	systematischer Aufbau Richtigkeit
Vergleichbarkeit	Vergleichbarkeit (ohne Nennung von Kriterien)

Auch wenn BECKER ET AL. 2012 die GoM in ihrer ursprünglichen Fassung erneut veröffentlicht haben, wird für diese Arbeit die überarbeitete Version von SCHÜTTE aus dem Jahr 1998 genutzt, da diese speziell für die Konstruktion von Referenzmodellen adaptiert wurden (vgl. BECKER ET AL. 2012b). Die sechs Grundsätze werden nachfolgend erläutert:

Grundsatz der Konstruktionsäquivalenz: Dieser Grundsatz definiert das Ziel der "problemangemessene[-n] Nachvollziehbarkeit der Modellkonstruktion" (SCHÜTTE 1998, S. 113). Dies bedeutet, dass die Repräsentation des Modells auf die konkrete Problemstellung abgestimmt und für den Modellnutzer nachvollziehbar sein muss (SCHÜTTE 1998, S. 114).

Grundsatz der Sprachadäquanz: Die angewendete Modellierungssprache muss für die Problemstellung geeignet sein. Zudem muss die Sprache entsprechend dem ihr zugrundeliegenden Regelwerks richtig verwendet werden (SCHÜTTE 1998, S. 114).

Grundsatz der Wirtschaftlichkeit: Mit diesem Grundsatz wird der grundsätzlichen Maxime wirtschaftlicher Problemstellungen, der Ressourcenknappheit, Rechnung getragen. Auch bei der Informationsmodellierung muss das Kriterium der Wirtschaftlichkeit beachtet werden (SCHÜTTE 1998, S. 114).

Grundsatz des systematischen Aufbaus: Zur Erfüllung dieses Grundsatzes müssen mit dem Modell Aspekte des Objektsystems aus verschiedenen Sichten erfasst werden. Dies ist notwendig, um die Komplexität des resultierenden Modells zu begrenzen, ohne auf die Darstellung relevanter Aspekte des Objektsystems zu verzichten. Neben der Modellierung unterschiedlicher Sichten ist die Darstellung ihres Zusammenhangs notwendig (SCHÜTTE 1998, S. 115).

Grundsatz der Klarheit: Das entstehende Modell muss für alle Nutzergruppen verständlich gestaltet sein. Diese Forderung ist eng mit dem beim Grundsatz der Konstruktionsäquivalenz geforderten Nachvollziehbarkeit und der Sprachadäquanz verbunden, geht aber noch darüber hinaus. Bei der Anwendung von Informationsmodellen sind grundsätzlich die zwei Nutzergruppen der Fachabteilungen und der IT-Abteilung beteiligt. Diese haben unterschiedliche Ansprüche an die Verständlichkeit. Die Ansprüche aller Nutzergruppen müssen erfüllt sein, um dem Grundsatz der Klarheit zu genügen (SCHÜTTE 1998, S. 115).

Grundsatz der Vergleichbarkeit: Für den nutzenstiftenden Einsatz von Informationsmodellen müssen sie mit bestehenden Modellen aus dem Anwendungsfall vergleichbar sein. In der Regel existieren zu einer Anwendung mehrere Modelle. Der Nutzen eines Informationsmodells ergibt sich dabei gerade durch den Vergleich mit den bestehenden Modellen (SCHÜTTE 1998, S. 115–116).

4.4 Auswahl der Modellierungstechnik und des -werkzeugs

Die Erstellung eines Modells geht mit der Nutzung von für den Anwendungsfall adäquaten Modellierungssprachen und -werkzeugen einher (s. BECKER ET AL. 2012a, S. 51, 63, 99f.). Eine Modellierungssprache ist dadurch gekennzeichnet, dass sie ein Begriffssystem sowie ein Metamodell bereitstellt. Das Begriffssystem beinhaltet die zur Verfügung stehenden „Ausdrucksmöglichkeiten" der Modellierungssprache. Diese dienen der Benennung und Kategorisierung der zu modellierenden Elemente des Objektsystems. Mit dem Metamodell werden die Regeln zur Notation der Modellierungssprache definiert (s. GADATSCH 2017, S. 82f.). Aus Abbildung 4-3 geht der Zusammenhang zwischen dem in der Modellierungssprache artikulierten Modellsystem, dem realen Objektsystem und der Rolle des Metamodells hervor.

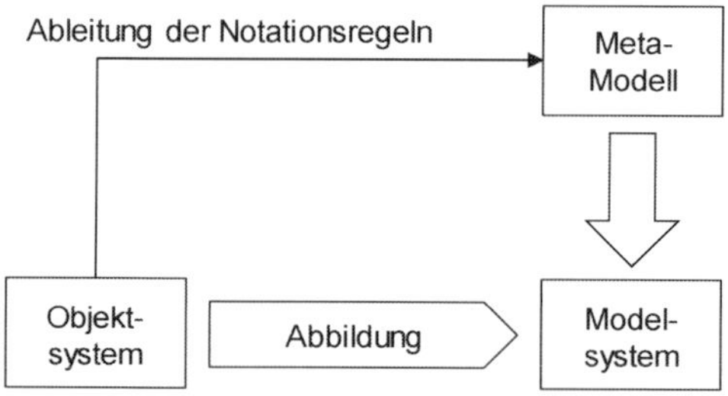

Abbildung 4-3: Metamodellierung (GEHRING 1998 zitiert nach GADATSCH 2017, S. 83)

Als übergeordneter Rahmen wird in dieser Arbeit auf das ARIS-Framework nach SCHEER zurückgegriffen. Es ermöglicht die „ganzheitliche Beschreibung (Modellierung) computergestützter Informationssysteme vom Fachkonzept bis zur Implementierung" (SCHEER 2002, S. 1). Wie für die Problemstellung der Arbeit notwendig, hat das ARIS-Framework den Anspruch, Fragestellung von der Ebene der „betriebswirtschaftlichen Problemstellung" über ein „Fachkonzept", ein „DV-Konzept" und eine „[t]echnische Implementierung" hin zur „Informationstechnik" zu betrachten (SCHEER 2002, S. 7). Die vorliegende Arbeit beinhaltet die beiden erstgenannten Ebenen des Modells. Durch die Nutzung des ARIS-Frameworks wird sichergestellt, dass die Ergebnisse der Arbeit in der Form vorliegen, die für eine nachfolgende technische Umsetzung des Digitalen Schattens notwendig ist.

Im ARIS-Framework wird der Fokus auf „die Modellierung betriebswirtschaftlicher Geschäftsprozesse" gelegt (SCHEER 2002, S. 1). Wie in 2.1.6 dargelegt, wird in der vorliegenden Arbeit die gesamte Auftragsabwicklung, bestehend aus administrativen und technischen Prozessschritten, betrachtet. Es sei daher darauf hingewiesen, dass durch die Betrachtung technischer Prozesse an einigen Stellen der ursprüngliche Betrachtungsbereich des ARIS-Frameworks verlassen wird.

Gemäß Abbildung 4-4 beinhaltet das ARIS-Framework neben dem beschriebenen fachlichen Spektrum eine Gliederung in verschiedene Sichten auf das zu modellierende Informationssystem. Hierbei handelt es sich um die Funktions-, Organisations-, Daten-, Leistungs- und Steuerungs-/Prozesssicht (s. SCHEER 2002, S. 36). Im Rahmen der vorliegenden Arbeit werden die Funktions-, die Daten und die Steuerungssicht ausgestaltet. Die Organisations- und Leistungssicht werden nicht betrachtet. Die mithilfe der Organisationssicht abgebildete Aufbauorganisation ist nicht relevant für die Gestaltung des Digitalen Schattens der Instandhaltungsdienstleistung, da der Fokus auf der Ablauforganisation liegt. Die Eingangs- und Ausgangsgrößen der Prozessschritte (Leistungssicht) werden nicht durch ein gesondertes Modell abgebildet, sondern werden als Entitätstypen direkt im Datenmodell berücksichtigt.

Die Funktionen in der Funktionssicht werden als „Vorgänge" gesehen, also folglich als einzelne Tätigkeiten in einem Prozess. Sie stehen zudem in enger Verknüpfung mit den Anwendungssystemen, da Funktionen durch die Anwendungssysteme ausgeführt werden können (s. SCHEER 2002, S. 36). In der vorliegenden Arbeit werden nicht nur Vorgänge, die in einem Anwendungssystem ausgeführt werden können, sondern auch operative Aktivitäten aus der Erbringung von Dienstleistungen als Funktion modelliert.

In der Datensicht wird in der vorliegenden Arbeit das Datenmodell für den Digitalen Schatten gestaltet. Dieses beinhaltet nach SCHEER sowohl die „Umfelddaten" der betrachteten Funktionen als auch „Nachrichten", die als Eingangs- oder Ausgangsgröße einer Funktion dienen (s. SCHEER 2002, S. 36).

In der Prozesssicht wird der zu modellierende Geschäftsprozess betrachtet. Gleichzeitig werden die Relationen aller zuvor beschriebenen Sichten entlang dieses Geschäftsprozesses integriert betrachtet (s. SCHEER 2002, S. 36).

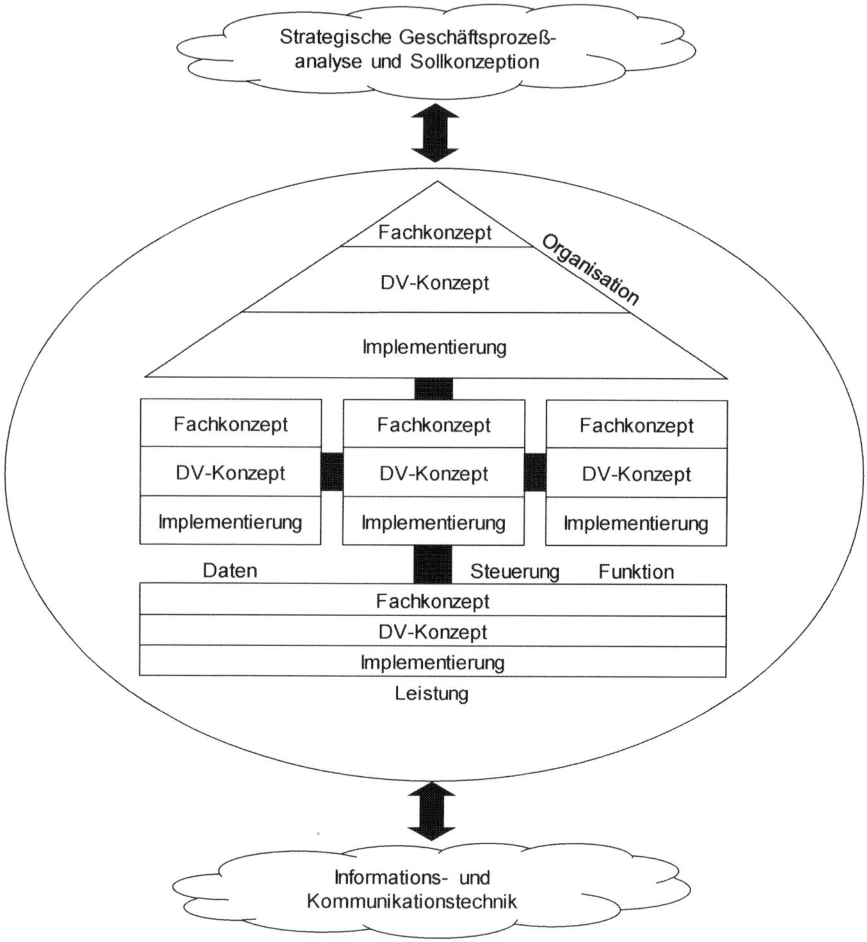

Abbildung 4-4: ARIS-Haus mit Phasenkonzept (SCHEER 2002, S. 41)

Als Software-Werkzeug zur Erstellung und Bearbeitung der genannten Modelle wird für diese Arbeit der *„ARIS Architect & Designer“* von der Software AG verwendet. Die Software wurde in enger Anlehnung an das dargestellte ARIS-Framework entwickelt und ermöglicht eine integrierte Modellierung der verschiedenen Teilmodelle (vgl. SEIDLMEIER 2015).

4.4.1 Prozessmodellierung

Für die Modellierung von Prozessen existieren zahlreiche Modellierungssprachen. Nur eine Auswahl ist allerdings zur Modellierung von Unternehmensprozessen geeignet. Hierzu zählen Swimlane-Diagramme, Wertschöpfungskettendiagramme, UML-

Aktivitätsdiagramme, die Business *Process Model and Notation* (BPMN) und ereignisgesteuerte Prozessketten (EPK) (s. Abbildung 4-5). Aus der Übersicht in Abbildung 4-5 geht hervor, dass für eine umfassende Erfassung von Unternehmensprozessen nur die beiden letztgenannten Methoden empfehlenswert erscheinen. Alle weiteren Methoden bilden lediglich Teilaspekte des Betrachtungsbereichs ab (s. GADATSCH 2017, S. 24f.; KRCMAR 2015a, S. 54).

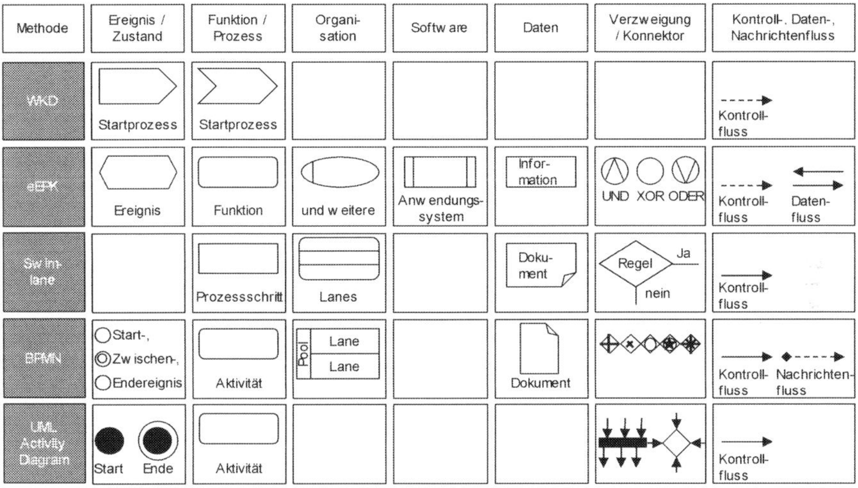

Abbildung 4-5: Modellierungsmethoden im Vergleich – Notation (GADATSCH 2017, S. 128)

In der EPK werden die Tätigkeiten innerhalb eines Unternehmensprozesses als „Funktion" bezeichnet. Diese werden entlang der Reihenfolge der Ausführung modelliert. Wie der Name sagt, werden die Funktionen durch ein Ereignis initiiert. Ereignisse beschreiben einen eingetretenen Zustand und sind damit auch das Resultat jeder Funktion. Aus dieser Logik entsteht eine alternierende Folge von Funktionen und Ereignissen. Der gesamte Prozess muss somit jeweils mit einem Ereignis starten und enden. Ereignisse und Funktionen werden mit einem Kontrollfluss verbunden. Der Kontrollfluss kann durch logische Operatoren (z. B. ODER-Verknüpfung) verzweigt und wieder zusammengeführt werden. Im Vergleich zur ursprünglichen EPK ist die erweiterte EPK noch besser für eine umfängliche Beschreibung von Unternehmensprozessen geeignet, da diese um einige wesentliche Elemente ergänzt wurde (s. KRCMAR 2015a, S. 54ff.). In Abbildung 4-6 sind die westlichen Elemente der eEPK, umgesetzt im ARIS Architect & Designer, dargestellt.

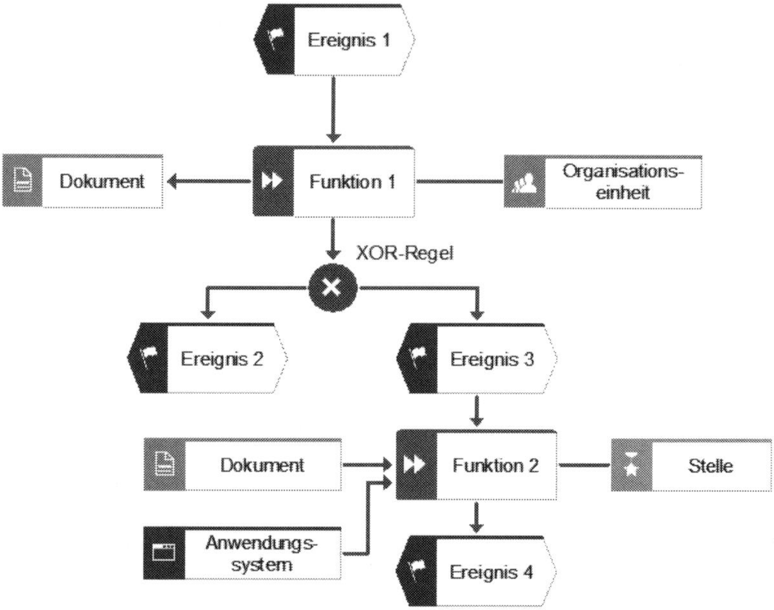

Abbildung 4-6: Grundform der „erweiterten" EPK (SEIDLMEIER 2015, S. 28)

Auch die BPMN basiert auf einer Abfolge von Ereignissen und Funktionen. Im Unterschied zur EPK ist hier die strikt vorgeschriebene alternierende Reihenfolge nicht notwendig. Das Konzept des Kontrollflusses als Verbindung zwischen den beiden Elementen ist ebenfalls enthalten, genau wie der Einsatz logischer Operatoren zwischen den Elementen. Im Unterschied zur EPK können die Elemente bei der BPMN in Swimlanes, und damit in Organisationseinheiten, eingeordnet werden (s. GADATSCH 2017, S. 112ff.). Für eine Übersicht der zahlreichen weiteren Elemente der BPMN sei auf die dazugehörige Norm verwiesen (vgl. ISO/IEC 19510:2013(E)).

Beide Methoden der Prozessmodellierung erzielen ähnliche Ergebnisse hinsichtlich ihrer Verständlichkeit bei den Nutzern (s. GABRYELCZYK U. JURCZUK 2015, S. 34f.). Da die beiden Methoden in ihrem Aufbau ähnlich sind, wurden Verfahren entwickelt, die die Überführung von einem Modell in das andere ermöglichen (vgl. FUCHS U. MARTENS 2008).

Als Vorteil der eEPK wird die weite Verbreitung bei Unternehmen im deutschsprachigen Raum genannt. Des Weiteren wird sie standardmäßig genutzt für die Beschreibung von Geschäftsprozessen in weit verbreiteten Software-Systemen wie dem Enterprise-Resource-Planning (ERP)-System der SAP AG oder der ARIS Prozessmodellierungssoftware (s. GADATSCH 2017, S. 92ff.). Für die vorliegende Arbeit wird daher die eEPK als Modellierungssprache für die Prozessmodelle verwendet.

4.4.2 Datenmodellierung

Zu den gängigsten Modellierungstechniken für Datenmodelle zählen das Entity-Relationship-Modell (ERM) und die Unified Modeling Language (UML) (s. KRCMAR 2015a, S. 50). Die Auswahl der Modellierungssprache für das Datenmodell richtet sich nach der Art des Datenmodells, das zu entwickeln ist. Soll ein relationales Datenmodell erstellt werden, wird in der Regel das ERM verwendet. Das UML-Diagramm wird genutzt, um objektorientierte Modelle zu beschreiben (s. KRCMAR 2015a, S. 45f.).

In einem relationalen Datenmodell werden Daten zueinander in Relation gesetzt. Die Relationen werden in Form von Tabellen dargestellt (s. HARRINGTON 2016, S. 90). Objektorientierte Datenmodelle basieren auf dem Konzept der Kapselung. Für ein objektorientiertes Datenmodell wird das gesamte Objektsystem in Teilsysteme zerlegt. Die Teilsysteme werden anhand ihres Verhaltens in Form von Methoden beschrieben. Ihre Eigenschaften werden in Form von Attributen dargestellt. Die Subsysteme tauschen Informationen durch definierte Schnittstellen aus. (s. VOM BROCKE 2015, S. 103ff.).

Zur Beschreibung von Datenmodellen ist das ERM die am häufigsten verwendete Modellierungssprache. Dies wird zum einen darauf zurückgeführt, dass das ERM nur zwei Grundelemente benötigt (*Entitäten* und *Beziehungen*). Zum anderen können komplexe Sachverhalte durch eine grafische Beschreibung verständlich abgebildet werden. (s. BECKER ET AL. 2012b, S. 4f.).

Die *Entitäten* stellen einzelne Objekte des realen Objektsystems dar. Ähnliche Entitäten werden dabei zu Entitätstypen zusammengefasst. Mittels der *Beziehungen* wird ihre semantische Relation zueinander beschrieben. Ähnliche Beziehungen werden ebenfalls zu Beziehungstypen aggregiert (s. BECKER ET AL. 2012b, S. 4f.). Das quantitative Verhältnis zwischen Entitäts- und Beziehungstypen wird durch Kardinalitäten ausgedrückt. Für eine Kardinalität wird ein Minimal- und ein Maximalwert definiert. Dies ermöglicht eine Aussage darüber, „wie oft ein Objekt einer Menge mindestens und höchstens mit einem Objekt der anderen Menge eine Beziehung eingehen muss/ kann" (BECKER ET AL. 2012b, S. 6). Diese Definition weicht damit ab von dem ursprünglichen Vorschlag von CHEN (S. SEIDLMEIER 2015, S. 73).

Im ERM werden Eigenschaften von Entitäts- und Beziehungstypen durch Attribute beschrieben. Für jeden Entitätstyp wird dabei ein Attribut definiert, dass dieses eindeutig identifiziert. Dieses Attribut wird als Schlüsselattribut oder Primärschlüssel bezeichnet (s. BECKER ET AL. 2012b, S. 5; KRCMAR 2015a, S. 46f.).

Auf den ursprünglichen Vorschlag von CHEN (vgl. CHEN 1976) sind eine Reihe von Erweiterungen gefolgt. Dabei sind Teile des von BECKER vorgestellten ERM auf solche Erweiterungen zurückzuführen (siehe unten). In anderen Quellen wird vom erweiterten Entity-Relationship-Modell (eERM) gesprochen (vgl. SEIDLMEIER 2015, 23f). Für die vorliegende Arbeit wird das in Tabelle 4-3 beschriebene Modell im Folgenden als eERM bezeichnet.

Tabelle 4-3: Elemente des Entity Relationship Modells (BECKER ET AL. 2012b, S. 6)

Element	Erläuterung	Symbol
Entitätstyp	Ein Entitätstyp repräsentiert eine homogene Gruppe von Entitäten (Objekten).	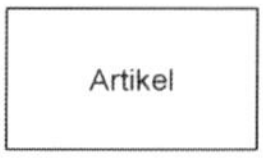
Beziehungstyp	Ein Beziehungstyp repräsentiert eine Beziehung zwischen mindestens zwei Entitätstypen.	
Beziehung mit Kardinalität	Für jeden Entitätstyp existiert pro Beziehungstyp eine Kardinalität. Diese beschreibt wie oft eine Entität des Typs in einen Beziehungstyp eingeht. Dabei wird sowohl ein Mindest- als auch ein Maximalwert festgelegt.	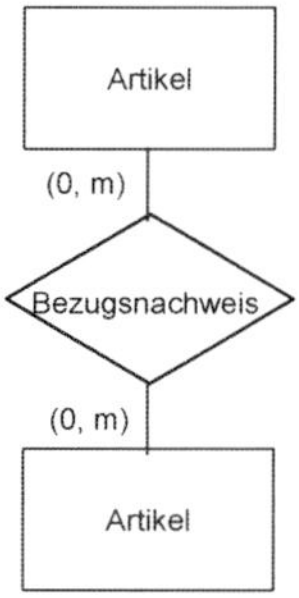
Attribut	Ein Attribut beschreibt die Eigenschaft eines Entitäts- bzw. Beziehungstyps. Schlüsselattribute (unterstrichen) ermöglichen die eindeutige Identifikation einer Entität (Objektinstanz) eines Entitätstypen. Der Wertebereich eines Attributs wird Domäne genannt.	
uminterpretierter Beziehungstyp	Ein uminterpretierter Beziehungstyp, der als Entitätstyp zu interpretieren ist und somit mit anderen Beziehungstypen eine Beziehung eingehen kann.	
Generalisierung bzw. Spezialisierung	Eine Generalisierung fasst zwei Entitätstypen zu einem verallgemeinerten Entitätstypen zusammen. Gemeinsame Attribute der spezifischen Entitätstypen werden dem verallgemeinerten Entitätstypen zugeordnet und spezifische Attribute verbleiben bei den spezifischen Entitätstypen. Eine Spezialisierung repräsentiert den umgekehrten Sachverhalt. Die Eigenschaften einer Generalisierung bzw. Spezialisierung lassen sich nach den Entitätstypen in disjunkte (D) und nicht disjunkte Mengen (N), sowie totale (T) und partielle (P) Mengen aufteilen.	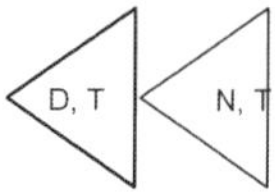 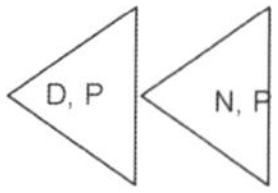

5 Konzeptionierung des Digitalen Schattens

Dem „Vorgehensmodell zur Referenzmodellierung" nach SCHÜTTE folgend, erfolgt in diesem Kapitel die „Konstruktion des Modellrahmens" (s. SCHÜTTE 1998, S. 187). Die Konstruktion des Modellrahmens ist der zweite Schritt in der Vorgehensweise. Der erste Schritt, die „Problemdefinition", wurde bereits bei der Darstellung der Motivation und der Zielstellung der Arbeit vorgenommen und ist in die Anforderungen an den Digitalen Schatten in Kapitel 3.1.1 gemündet. Die zentralen Anforderungen an den Digitalen Schatten bestehen darin, (semi-)automatisiert und in Echtzeit den Betrachtungsbereich umfassend virtuell abzubilden. Zunächst ist daher zu klären, aus welchen Systemelementen das Konzept des Digitalen Schattens bestehen muss und wie diese im Zusammenhang stehen müssen, um diese Anforderungen umzusetzen. Hierzu werden in Kapitel 5.1 die Modellierungsebenen des Digitalen Schattens bestimmt. Weiterhin ist zu untersuchen, welche Elemente des Betrachtungsbereichs der Instandhaltungsdienstleistungen im Maschinen- und Anlagenbau durch den Digitalen Schatten abzubilden sind. Dieser Arbeitsschritt folgt dem Vorschlag von SCHÜTTE, ein Masterreferenzmodell in diversen Ausprägungen zu konzipieren, aus dem im konkreten Anwendungsfall eine Instanz abgeleitet werden kann. Hierzu wird mithilfe einer fallstudien-basierten Untersuchung ein Prozessbaukasten für den Betrachtungsbereich erstellt (s. Kapitel 5.2).

5.1 Modellierungsebenen des Digitalen Schattens von Instandhaltungsdienstleistungen im Maschinen- und Anlagenbau

In diesem Kapitel werden die vorgestellten Systemarchitekturen zugrunde gelegt und auf den Anwendungsfall adaptiert (s. Kapitel 5.1.1). Anschließend werden auf Basis der in Kapitel 0 vorgestellten Vorarbeiten zur Modellierung von industriellen Dienstleistungen die für diese Arbeit zu betrachtenden Modellierungsebene industrieller Dienstleistungen abgeleitet (s. Kapitel 5.1.2). Die Ergebnisse aus beiden Arbeitsschritten fließen in einen konsolidierten Ordnungsrahmen ein, der in Kapitel 5.1.3 vorgestellt wird.

5.1.1 Modellierungsebenen des Systems *Digitaler Schatten*

Bereits in Kapitel 3.3 wurden bestehende Systemarchitekturen für den Digitalen Schatten beschrieben und verglichen. Aufbauend auf diesen Erkenntnissen werden im Folgenden die einzelnen Ebenen der Systemarchitektur, wie sie in der vorliegenden Arbeit verstanden werden sollen, definiert. Hierbei handelt es sich um die Ebenen *Datenerfassung, Zugriff, Digitaler Schatten, Informationen Applikationen* und *Anwender & Geschäftsmodelle* (s. Abbildung 5-1).

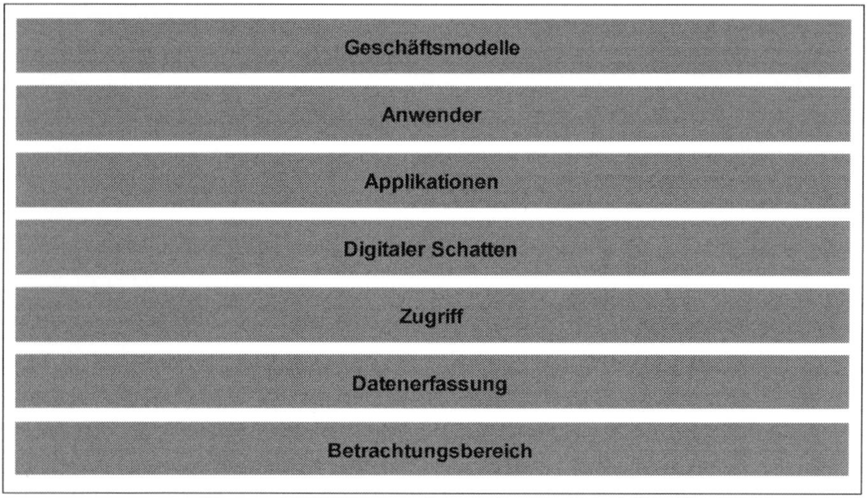

Abbildung 5-1: Systemarchitektur für den Digitalen Schatten

Datenerfassung

Für die vorliegende Arbeit werden zu der Ebene **Datenerfassung** sowohl die betrieblichen Anwendungssysteme als auch anschlussfähige Objekte mit der Fähigkeit zur Datenerfassung gezählt.

Zur Datenerfassung zählen in dem Modell von Porter u. Heppelmann sowohl die Hardware als auch die Software des Produkts. Weiterhin werden externe Datenquellen (z. B. Verkehrs- oder Wetterdaten) und betriebliche Anwendungssysteme (z. B. ERP, PLM) genannt (s. Porter u. Heppelmann 2014, S. 70). Im Modell der acatech wird diese Ebene als „vernetzte physische Plattform" bezeichnet. Sie beinhaltet die sogenannten „Smart Products". Diese zeichneten sich unter anderem dadurch aus, dass sie historische Daten aus ihrer Herstellung und Nutzung mitführten und untereinander vernetzt seien (s. Arbeitskreis Smart Service Welt / acatech (Hrsg.) 2015, S. 71). Aus dem Konzept des Data-Warehouses nach Inmon wird das *„operational level"* der Ebene *Datenerfassung* zugeordnet. Hierzu werden die ursprünglichen Daten aus den Anwendungssystemen gezählt (s. Inmon 2005, S. 16). Schuh et al. sehen ebenfalls die Rohdaten aus den betrieblichen Anwendungen der Fachabteilungen (z. B. PLM, CAD, ERP) als die Datengrundlage des *Internet of Production* (s. Schuh et al. 2017b, S. 16).

Zugriff: Connectivity & Middleware

Die Ebene des **Zugriffs** wird für diese Arbeit als technischer Befähiger für die Extraktion von Daten aus verschiedenen Systemen und intelligenten Objekten verstanden. Sie besteht sowohl aus Hardware (bspw. Netzwerk) als auch aus Software (Middleware).

Die Anbindung zur Ebene der Datenerfassung wird einerseits durch die Funktion „Connectivity", unter der PORTER U. HEPPELMANN die Netzwerkkommunikation sowie die Identität und Security sehen, hergestellt (s. PORTER U. HEPPELMANN 2014, S. 70). Im Schichtenmodell der ACATECH wird die „[t]echnische Infrastruktur" als Basis der Vernetzung intelligenter Objekte gesehen. Weniger der Zugriff auf betriebliche Anwendungen, sondern die überbetrieblichen Rahmenbedingungen für Konnektivität (z. B. garantierte Latenzzeiten durch Netzbetreiber) stehen im Vordergrund (s. ARBEITSKREIS SMART SERVICE WELT / ACATECH (HRSG.) 2015, S. 16).

Andererseits wird der Zugriff auf die Ebene der Datenerfassung durch sogenannte „Middleware" ermöglicht. Hierbei handelt es sich um „Software, die den Austausch von Informationen zwischen den verschiedenen Komponenten eines verteilten Systems unterstützt" (ABTS U. MÜLDER 2017, S. 147). Eine Middleware sei zwischen den Anwendungssystemen und dem Netzwerk verortet und ermögliche so eine Interaktion zwischen Anwendungen, die auf mehrere Rechner verteilt sind (s. KRCMAR 2015b, S. 381). Um im Kontext verteilter Systeme den Zugriff auf Funktionen eines anderen Systems zu ermöglichen, stelle eine Middleware sogenannte APIs *(Application Programming Interfaces)* bereit (ABTS U. MÜLDER 2017, S. 148). Nach SCHUH ET AL. ist eine „Middleware+" einzusetzen. Hiermit wird angedeutet, dass zukünftige Lösungen über die klassischen Funktionalitäten einer Middleware hinausgehen müssen (s. SCHUH ET AL. 2017b, S. 12).

Digitaler Schatten

Die Ebene des **Digitalen Schattens** wird für diese Arbeit als zentraler Datensatz verstanden, der den betrachteten Bereich in hinreichender Genauigkeit und der in Echtzeit abbildet. Der Digitale Schatten dient als Grundlage für beliebige Anwendungen.

Der Ebene des Digitalen Schattens wird die *„Product Database"* aus dem Modell von PORTER U. HEPPELMANN zugeordnet. Diese beinhalte sämtliche Daten des Produkts und diene unter anderem der Aggregation, Normalisierung und dem Management von Echtzeit- und historischen Daten (s. PORTER U. HEPPELMANN 2014, S. 70). Die „softwaredefinierten Plattformen" werden zum Teil der Ebene des Digitalen Schattens zugeordnet. Insbesondere deren Funktion als Integrator für „heterogene physische Systeme und Dienste" soll an dieser Stelle hervorgehoben werden (s. ARBEITSKREIS SMART SERVICE WELT / ACATECH (HRSG.) 2015, S. 17). Dem Konzept von INMON folgend besteht hierin ebenfalls die Aufgabe des *„atomic level"*. Historische Daten verschiedener Anwendungen würden integriert (s. INMON 2005, S. 16). Der *„big data stack"* von DYCHÉ lässt sich beginnend ab der Ebene des Digitalen Schattens in den Rahmen einordnen. Das untere Level in dem Modell beschreibt die Technologien zur Datenhaltung *(„storage")*. Hierauf baut die *„platform infrastructure"* auf. Diese beinhalte die Funktionen, um große Datenmengen verarbeiten zu können (z. B. Hadoop). Mit der Ebene „Data" macht DYCHÉ darauf aufmerksam, dass die Daten ein separates Asset seien. Auf der Ebene *„business view"* lägen die Daten in einem Format vor, das für weitere Anwendungen nutzbar sei (s. DYCHÉ 2014, S. 121). Insbesondere dieser Aspekt des Modells fügt sich gut in den Ansatz des Digitalen Schattens ein, als zentrale Datenquelle für den abgebildeten Betrachtungsbereich zu dienen. Im Modell nach SCHUH ET AL. beinhaltet die Ebene des Digitalen Schattens kopierte und verarbeitete Rohdaten aus den Anwendungssystemen und beschreibt damit das relevante Abbild in Echtzeit (s. SCHUH ET AL. 2017b, S. 12).

Applikationen

Die Ebene der **Applikationen** wird in der vorliegenden Arbeit als Gesamtheit der nutzer-spezifischen Sichten und Anwendungen verstanden, die auf dem Digitalen Schatten oder einer Teilmenge dessen basieren.

Aufbauend auf dem Digitalen Schatten können verschiedene nutzer-spezifische Applikationen angeboten werden. Hierzu ist nach PORTER U. HEPPELMANN eine Umgebung zur Entwicklung dieser Applikationen notwendig. Weiterhin sehen die Autoren Regeln, Geschäftslogiken und Fähigkeiten zur Datenanalyse als Voraussetzung für den Betrieb der Applikationen (s. PORTER U. HEPPELMANN 2014, S. 70). Im Modell der ACATECH werden auf der Ebene der softwaredefinierten Plattformen eine Reihe so genannter „generischer Enabler" vorgeschlagen. Hierbei handele es sich um „Softwarebausteine", die sehr flexibel zu individuellen Diensten kombiniert werden könnten (s. ARBEITSKREIS SMART SERVICE WELT / ACATECH (HRSG.) 2015, S. 71). Nach INMON werden abgeleitet aus den Daten des *„Data Warehouses"* abteilungsspezifische „Data Marts" und individuelle Analysen basierend auf den Anwenderspezifikationen angeboten (s. INMON 2005, S. 16). Aus dem *„big data stack"* werden die Anwendungen *(„applications")* sowie der Anwendungscode *(„application code")* der Ebene der Applikationen zugeordnet. Analog zu den zuvor beschriebenen Ansätzen werde mit dem Anwendungscode ein Rahmenwerk bereitgestellt, das die Entwicklung von Applikationen ermögliche. Die Applikationen beständen bspw. in automatisierten Entscheidungsalgorithmen und Visualisierungen der Daten (s. DYCHÉ 2014, S. 122). Aus der „Internet-of-Production"-Architektur werden zu dieser Ebene Anwendungen zur Entscheidungsunterstützung und Agenten, die selbständig Entscheidungen treffen, gezählt (s. SCHUH ET AL. 2017b, S. 12).

Anwender & Geschäftsmodelle

Die Modelle der ACATECH und von SCHUH ET AL. umfassen zudem die „Smart Talents" bzw. „Smart Experts" als Anwender der zuvor beschriebenen Systeme. Durch die Berücksichtigung der „Smart Talents" bzw. der „Smart Experts" weisen die Autoren darauf hin, dass sämtliche Systeme am Ende der Unterstützung der Mitarbeiter dienen bzw. dass die Einbindung gut qualifizierter Fachkräfte auch zukünftig eine zentrale Bedeutung im Unternehmen haben wird (s. ARBEITSKREIS SMART SERVICE WELT / ACATECH (HRSG.) 2015, S. 17; SCHUH ET AL. 2017b, S. 12). Weiterhin wird im Modell der ACATECH noch eine betriebswirtschaftliche Ebene („Smart Services") ergänzt. Unternehmen, die die vorgeschlagene Systemarchitektur nutzten, seien in der Lage, die generierten Daten zu sogenannten „Smart Services" zu verarbeiten. Diese würden auf digitalen Marktplätzen angeboten. Hierdurch entständen digitale Ökosysteme, in denen die Anbieter unter definierten organisatorischen und rechtlichen Rahmenbedingungen kollaborierten (s. ARBEITSKREIS SMART SERVICE WELT / ACATECH (HRSG.) 2015, S. 17). Folglich wird damit auch das Thema Geschäftsmodelle adressiert.

5.1.2 Modellierungsebenen der Instandhaltungsdienstleistung

Die Vorarbeiten zur Modellierung industrieller Dienstleistungen wurden bereits in Kapitel 0 vorgestellt. Die Inhalte dieser Modelle bieten den Ausgangspunkt für die Ableitung der zu betrachtenden Modellierungsebenen für die vorliegende Arbeit. Weiterhin wurden noch die Modelle von MALERI (1997), CORSTEN (2001) und BRUHN U. MEFFERT (2015) in die Untersuchung aufgenommen (s. MALERI 1997, S. 188; CORSTEN 2001, S. 139; MEFFERT ET AL. 2015, S. 27). Die ersten beiden genannten Modelle sind Vorgänger der in Kapitel 0 im Detail vorgestellten Modelle und wurden daher dort nicht aufgeführt. Das letztgenannte Modell von BRUHN U. MEFFERT ist angelehnt an das Modell von CORSTEN U. GÖSSINGER und wurde demzufolge in Kapitel 0 nicht im Detail dargestellt.

Eine Übersicht der in den einzelnen Modellen enthaltenen Elemente ist den drei Abbildungen am Ende dieses Kapitels zu entnehmen. Wie aus den Abbildungen hervorgeht, lassen sich in den Modellen die drei Ebenen *Ressourcen, Prozess* und *Ergebnis* wiederfinden. Auf diese soll nun im Einzelnen eingegangen werden.

Ressourcen

Zu der Modellierungsebene „Ressourcen" zählen interne Produktionsfaktoren, die Leistungsbereitschaft und externe Faktoren.

Unter dem Begriff **‚Interne Produktionsfaktoren'** fasst KLEINALTENKAMP sowohl Verbrauchsfaktoren als auch Potenzialfaktoren zusammen (s. KLEINALTENKAMP 1997, S. 350). Nach CORSTEN U. GÖSSINGER weisen interne Faktoren folgende Merkmale auf: Entweder sie werden durch das Unternehmen „autonom von den Beschaffungsmärkten bezogen" oder können „selbst erstellt oder disponiert werden" (MALERI U. FRIETZSCHE 2008, S. 95). Nach dieser Definition fallen sämtliche Mitarbeiter eines Unternehmens, aber auch Materialien, Werkzeuge, Fahrzeuge und Dokumente in diese Gruppe.

Die **Leistungsbereitschaft** bezeichnet nach CORSTEN U. GÖSSINGER „das sofort verfügbare Leistungspotential" (CORSTEN U. GÖSSINGER 2007, S. 128). Sie ist das Ergebnis vorbereitender Tätigkeiten, die nicht mit einem konkreten Kundenauftrag verbunden sind (s. KLEINALTENKAMP 1997, S. 350; CORSTEN U. GÖSSINGER 2007, S. 128). Gemäß KLEINALTENKAMP stellt diese „Vorkombination" eine Eingangsgröße für den Prozess der Dienstleistungserbringung dar und wird daher im Rahmen der vorliegenden Arbeit als Ressource verstanden (s. KLEINALTENKAMP 1997, S. 350). Die Leistungsbereitschaft beinhaltet ebenfalls die oben genannten internen Produktionsfaktoren. Ein Beispiel für eine Vorkombination besteht in der Besetzung einer Telefonhotline durch einen Mitarbeiter. Solange kein Kunde anruft und die telefonische Beratung in Anspruch nimmt, wurde noch keine Dienstleistung erbracht durch das Unternehmen. Nichtsdestotrotz befindet sich ein Mitarbeiter an seinem Arbeitsplatz und stellt dem Unternehmen seine Arbeitsleistung zur Verfügung.

Die für Dienstleistungen charakterisierende Ressource ist der **externe Faktor** (s. Kapitel 2.1.2). KLEINALTENKAMP definiert jene „Faktoren eines einzelnen Nachfragers [...], an denen die eigentliche Leistungserstellung vollzogen wird", als externe Faktoren. Als Beispiele werden Personen, Objekte, Rechte, Nominalgüter und Informationen genannt (KLEINALTENKAMP 1997, S. 351). MALERI U. FRIETZSCHE haben drei „Grundtypen" externer Faktoren identifiziert. Sie unterscheiden zwischen Personen, die „aktiv und/oder passiv an der Produktion der Dienstleistung" beteiligt sind, „immaterielle Güter" und „materielle Güter/Tiere", die extern für die Dienstleistung zur Verfügung gestellt werden (MALERI U. FRIETZSCHE 2008, S. 105). Hierunter fallen folglich sowohl die von Kundenseite an der Dienstleistung mitwirkenden Mitarbeiter, Informationen und Dokumente, die durch den Kunden bereitgestellt werden, als auch das Objekt, z. B. die Maschine, an der die Dienstleistung erbracht wird.

Für die vorliegende Arbeit werden in der Modellierungsebene **Ressourcen** alle Elemente zusammengefasst, die als Eingangsgröße für einzelne Prozessschritte dienen. Hierzu zählen interne, das heißt durch den Anbieter bereitgestellte Ressourcen in ursprünglicher und in bereits vorkombinierter Form, und externe, durch den Kunden bereitgestellte Ressourcen.

Prozesse

In den zugrundeliegenden Modellen sind die Leistungserstellung, die Planung, die Beschaffung und Vorkombination der Ebene der Prozesse zuzuordnen.

Die **Leistungserstellung** wird in allen Modellen als die Kombination der internen Faktoren mit den externen Faktoren zu einem Ergebnis gesehen. Damit unterscheidet sich die Leistungserstellung von der **Vorkombination** durch Integration der externen Faktoren. (s. CORSTEN U. GÖSSINGER 2007, S. 129; KLEINALTENKAMP 1997, S. 351). Folglich ist die Leistungserstellung immer einem konkreten Kundenauftrag zuzuordnen. Die **Vorkombination**, als Prozess verstanden, dient der „Herstellung der Leistungsbereitschaft" und kann noch keinem Auftrag zugeordnet werden (MALERI 1997, S. 188).

Die **Planung** ist lediglich Bestandteil des Modells von MALERI. In der Arbeit wird darauf hingewiesen, dass die Planung in vielen Aspekten deutlich fremdbestimmter ist als in der Sachgüterproduktion (s. MALERI 1997, S. 184). Die **Beschaffung** wird in zwei Modellen erwähnt. In beiden Fällen erfolgt eine Unterteilung in eine Beschaffung vor und nach dem Absatz der Dienstleistung. Diese Unterteilung sei notwendig, da viele Faktoren sich erst nach dem Absatz in „Art, Menge, Zeit und Ort" bestimmten lassen (MALERI U. FRIETZSCHE 2008, S. 92). Der **Absatz** der Dienstleistung wird in drei der untersuchten Modelle erwähnt. Die Autoren stellen heraus, dass der Absatz einer Dienstleistung sich in der Hinsicht von dem Absatz eines Produkts unterscheide, dass jener immer vor der Leistungserstellung erfolgen müsse (s. MALERI U. FRIETZSCHE 2008, S. 90; AMBERG ET AL. 2011, S. 91; MALERI 1997, S. 188).

In der vorliegenden Arbeit werden in der Modellierungsebene **Prozesse** alle Elemente aus den zugrundeliegenden Modellen zusammengefasst, die eine Tätigkeit bzw. eine Abfolge von Tätigkeiten darstellen.

Ergebnisse

Die Ebene „Ergebnisse" wird von allen Modellen bestätigt. KLEINALTENKAMP sieht das „Leistungsbündel" als Ergebnis des Dienstleistungsprozesses. Hierunter sei eine Kombination verschiedener „autonom und integrativ erstellter Teilleistungen" zu verstehen (s. KLEINALTENKAMP 1997, S. 351). CORSTEN U. GÖSSINGER sehen den externen Faktor als integralen Bestandteil der Endkombination und erläutern, dass das Ergebnis der Dienstleistung funktional abhängig sei von der Menge des eingesetzten externen Faktors (s. CORSTEN U. GÖSSINGER 2007, S. 129). Ähnlich ist auch die Sichtweise von MALERI U. FRIETZSCHE, die als „Dienstleistungsprodukt" eine Kombination von externen und internen Produktionsfaktoren definieren (s. MALERI U. FRIETZSCHE 2008, S. 60). Abweichend von den Definitionen in der Literatur kann nicht nur die Dienstleistung als Ganzes ein Ergebnis hervorbringen, das eine Kombination aus internen und externen Faktoren darstellt. Auch einzelne Prozessschritte einer Dienstleistung können ein Teilergebnis produzieren. So kann bspw. eine Fehlersuche im Vorfeld einer Reparatur den Fehlercode des Schadens als Ergebnis haben.

Die Ebene **Ergebnisse** wird in dieser Arbeit sowohl als das finale Ergebnis der Dienstleistung als eine Kombination von internen und externen Faktoren verstanden als auch als Teilergebnis einzelner Aktivitäten innerhalb des Dienstleistungsprozesses.

Ansatz	**Elemente**		
Maleri 1997	Planung	Beschaffung	Dienstleistungsabsatz
Kleinaltenkamp 1997			interne Faktoren Verbrauchs-faktoren | Potenzial-faktoren Leistungspotenzial
Corsten 2001			interne Produktionsfaktoren weitere interne Produktionsfaktoren Input
Corsten & Gössinger 2007			| interne Produktions-faktoren
Maleri & Frietzsche 2008		Beschaffung der Produktions-faktoren vor und nach Absatz der Dienstleistung	Input Absatz
Amberg, Bodendorf & Möslein 2011		Beschaffung vor Absatz Beschaffung nach Absatz	interne Faktoren
Bruhn & Meffert 2015			interne Produktionsfaktoren
Konsolidierung	**Planung**	**Beschaffung**	**interne Produktionsfaktoren**
Zuordnung	**Prozess**	**Prozess**	**Ressource**

Abbildung 5-2: Vergleich der Modelle industrieller Dienstleistungen 1/3

Ansatz	Elemente			
Maleri 1997	Herstellung der Leistungsbereitschaft			
Kleinaltenkamp 1997		Vorkombination		
Corsten 2001	Faktorkombination (Vorkombination)	Leistungsbereitschaft		
Corsten & Gössinger 2007	Vorkombination	Leistungsbereitschaft		
Maleri & Frietzsche 2008	Vorkombination mit internen Produktionsfaktoren	Throughput		
Amberg, Bodendorf & Möslein 2011	Produktion Vorkombination	Leistungsbereitschaft	Absatz	Leistungsvereinbarung
Bruhn & Meffert 2015	Faktorkombination	Leistungsbereitschaft		
Konsolidierung	**Vorkombination**	**Leistungsbereitschaft**	**Absatz**	**Leistungsvereinbarung**
Zuordnung	**Prozess**	**Ressource**	**Prozess**	

Abbildung 5-3: Vergleich der Modelle industrieller Dienstleistungen 2/3

Ansatz	Elemente		
Maleri 1997	Externe Faktoren	Endkombination	Dienstleistung
Kleinaltenkamp 1997	Externe Faktoren	Prozess	Leistungs- bündel Ergebnis
Corsten 2001	Externe Produktions- faktoren	Faktorkombination (Endkombination) Throughput	Ergebnis Output
Corsten & Gössinger 2007	Externer Produktions- faktor	Endkombination	(externer Produktions- faktor)'
Maleri & Frietzsche 2008	Endkombination mit externen & internen Produktionsfaktoren		Dienstleistung als immateriales Produkt Output
Amberg, Bodendorf & Möslein 2011	externe Faktoren	Produktion Endkombination	Leistungsergebnis
Bruhn & Meffert 2015	externer Faktor	Faktorkombination	Ergebnis
Konsolidierung	**externer Faktor**	**Leistungs erstellung**	**Ergebnis**
Zuordnung	**Ressource**	**Prozess**	**Ergebnis**

Abbildung 5-4: Vergleich der Modelle industrieller Dienstleistungen 3/3

5.1.3 Konsolidierung des Modellrahmens

Die Erkenntnissen aus den Kapiteln 5.1.1 und 5.1.2 wurden in dem in Abbildung 5-5 dargestellten Modellrahmen konsolidiert. In vertikaler Richtung ist hierin die Weiterverarbeitung der Daten von ihrer Erhebung in dem untersuchten Betrachtungsbereich der Instandhaltungsdienstleistungen über ihre strukturierte Ablage im Digitalen Schatten bis hin zur Verarbeitung in Applikationen, der Nutzung durch den Anwender und der Monetisierung in Geschäftsmodellen dargestellt. Diese kann sowohl in Form neuer Angebote als auch interner Kostenreduzierungen bestehen.

In horizontale Richtung wird der Modellrahmen durch die drei Modellierungsebenen der Instandhaltungsdienstleistung strukturiert. Diese Strukturierung setzt sich in vertikale Richtung nur bis zur Ebene des Digitalen Schattens fort. Sowohl die in der Realität abzubildenden Elemente der Instandhaltungsdienstleistung als auch die datentechnische Erfassung und Übertragung jener können durch die Struktur differenzierter untersucht werden. Für die Ebene des Digitalen Schattens ist eine Fortsetzung der Strukturierung ebenfalls zweckmäßig, um sicherzustellen, dass die Elemente des Betrachtungsbereichs im Datenmodell berücksichtigt werden. In der Ebene der Applikationen ist eine Unterteilung in die drei Bereiche nicht mehr sinnvoll. Einzelne Anwendungen werden in der Regel mehr als einen Bereich betreffen. So wird bspw. eine Anwendung zur Profitabilitätsrechnung von Aufträgen sowohl Aussagen zur Dauer (Ebene Prozess) als auch zum Ressourceneinsatz (Ebene Ressourcen) beinhalten.

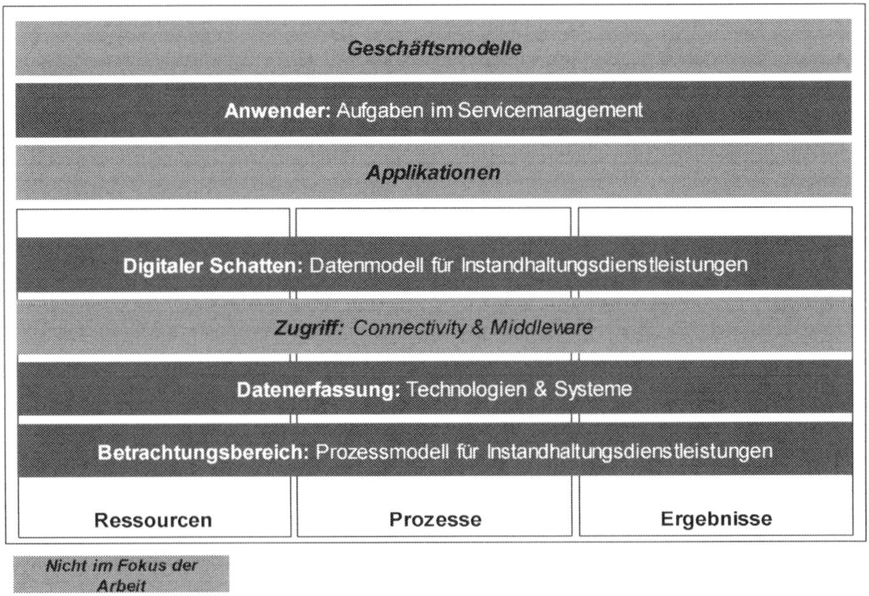

Abbildung 5-5: Modellrahmen für den Digitalen Schatten

Weiterhin geht aus Abbildung 5-5 der Fokus der vorliegenden Arbeit hervor. Es wird zunächst ein Prozessmodell der Instandhaltungsdienstleistung entwickelt. Daraus wird ein Datenmodell abgeleitet. Das Datenmodell wird aus zwei Richtungen validiert. Zum einen wird geprüft, ob es die Informationsbedarfe des Anwenders befriedigt. Zum anderen wird untersucht, ob die Daten (semi-)automatisiert erfasst werden können.

Die Ebene des Zugriffs ist zwar technisch notwendig, wird im Rahmen der Arbeit aber nicht untersucht, sondern als gegeben angenommen. Viele am Markt verfügbare industrielle Internet-of-Things-Plattformen bilden die notwendigen Funktionalitäten ab und werden in der vorliegenden Arbeit als Commodity verstanden (vgl. GOODNESS ET AL. 2018). Die Ebenen der Applikationen und der Geschäftsmodelle werden ebenfalls ausgeklammert. Sie sind nicht notwendig, um den Digitalen Schatten zu entwickeln und bedürfen jeweils einer dedizierten, umfangreicheren Untersuchung, als es hier möglich ist.

5.2 Erhebung der Referenzprozessmodule von Instandhaltungsdienstleistungen im Maschinen- und Anlagenbau

Da sich nicht jeder mögliche Fall der Realität mithilfe einer einzelnen Referenz-Instandhaltungsdienstleistung abbilden lässt, sondern von einer Vielfalt an Varianten auszugehen ist, wird in diesem Kapitel ein „Prozessbaukasten" entwickelt. Dieser beinhaltet die möglichen Module von Instandhaltungsdienstleistungen. Eine Instanziierung eines Modells erfolgt durch individuelle Kombination der Module. Diese Herangehensweise basiert auf dem Vorgehensmodell von SCHÜTTE. In Anlehnung an die von SCHÜTTE vorgeschlagenen „Prozessauswahlmatrizen", „die die für einen Prozeßbereich relevanten Szenarien wiedergeben", werden in der vorliegenden Arbeit die relevanten Aufgaben des Betrachtungsbereichs als Funktionsbaum dargestellt (SCHÜTTE 1998, S. 220).

In Abbildung 5-6 ist eine Übersicht über bestehende Ansätze zur detaillierten Beschreibung von Instandhaltungsdienstleistungen dargestellt. Die einzelnen Ansätze wurden bereiits in Kapitel 3.1.4 vorgestellt. Es wird deutlich, dass keines der Modelle den Prozess sowohl „End-to-End", das heißt, vom Auftragseingang bis zur Abrechnung, als auch in der notwendigen Tiefe abbildet. Die Ansätze von KALLENBERG, BECKER U. NEUMANN UND DAEUBELE ET AL. bilden den Prozess zwar in Gänze ab, gehen aber in der Durchführung der Arbeiten nicht ins Detail. Die Ansätze von HERTZ ET AL. und LEGNANI ET AL. detaillieren die Ausführung der Arbeiten, lassen aber wesentliche Prozessschritte in den administrativen Bereichen außer Acht. Zudem ist auch der Detaillierungsgrad im Bereich der Auftragsausführung nicht hoch genug, um als Grundlage für ein umfassendes Datenmodell dienen zu können, wie es für den Digitalen Schatten notwendig wäre.

Da für die detaillierte Modellierung der Instandhaltungsdienstleistung nicht auf bestehende Ansätze zurückgegriffen werden kann, wird im Folgenden mithilfe einer empirischen Untersuchung ein Modell erhoben, das den Anforderungen des Digitalen Schattens genügt. Dafür wird die bereits vorgestellte Methodik der Case Study Reseach angewendet (s. Kapitel 4.1).

Kallenberg (Kernfunktionen)	Becker & Neumann (Serviceauftrag)	Becker & Neumann (Aktivität/Arbeitsgang)	Daeubele et al.	Hertz et al. (Productive)	Legnani et al.
Zyklische Maßnahme initieren			Initiation		
Anfrage erfassen	Meldungsbearbeitung			Ticket creation	Route request
Problem/Leistung klären	Bedarfsermittlung		Definition of Scope	Technical Support: Clarification (Off-Site)	
Auftrag planen	Angebotsbearbeitung			Job Planning and dispatching	
		Personaldisposition		Job Planning and dispatching	
Auftrag steuern	Auftragssteuerung	Materialdisposition	Plan Work	Service parts delivery administration	
		Bestellabwicklung Fremdleist.		Job Planning and dispatching	Dispose materials (Off-Site)
		Aktivitätenfreigabe		Job Planning and dispatching	
			Prepare Work		
					Identify solution
				Technical Support: Execution (Off-Site)	Propose solution
					Release solution
					Schedule on-site
Auftrag durchführen		Aktivitätenausführung		Transfer of service part, tool	Obtain materials
			Realization		
				Technical Support: Clarification (On-Site)	Repair product (On-Site)
				Technical Support: Execution (On-Site)	
					Repair product (Off-Site)
Auftrag rückmelden		Aktivitätenrückmeldung			
Auftrag fakturieren	Auftragsabschluss		Controlling		

Abbildung 5-6: Übersicht über bestehende Ansätze zur detaillierten Beschreibung von Instandhaltungsdienstleistungen (eigene Darstellung)

Den von EISENHARDT vorgeschlagenen Arbeitsschritten folgend, ist zunächst eine Forschungsfrage zu definieren (s. EISENHARDT 1989, S. 533). Mittels der Untersuchung soll die zweite Unterforschungsfrage dieser Arbeit: „Wie sind Instandhaltungsdienstleistungen im Maschinen- und Anlagenbau als Grundlage für ein Datenmodell zu modellieren?“ beantwortet werden. Die Ergebnisse dieses Teilkapitels wurden vorab veröffentlicht bei SCHUH, JUSSEN U. HARLAND (s. SCHUH ET AL. 2018).

5.2.1 Auswahl der Fallstudien

Als zweiter Schritt in der Vorgehensweise nach EISENHARDT wird die Auswahl von passenden Fallstudien empfohlen. Hierbei wird von einer zufälligen Auswahl von Fallstudien abgeraten. Die Auswahl der Fallstudien solle theoretisch begründet sein. (s. EISENHARDT 1989, S. 533). Für die vorliegende Untersuchung wurden die in Abbildung 5-7 dargestellten Fallstudien ausgewählt.

Nr.	Dienstleistung	Branche	Mitarbeiter in OE*	Mitarbeiter im Unternehmen	Komplexität der Dienstleistung	Tätigkeisbereich
1	Instandsetzung	Bürogeräte	200	<500	gering	national
2	Wartung	Medizintechnik	200	<500	gering	national
3	Inspektion	Anlagenbau	55	> 10.000	hoch	global
4	Instandsetzung	Anlagenbau	55	> 10.000	hoch	global
5	Verbesserung	Anlagenbau	55	> 10.000	hoch	global
6	Instandsetzung	Energie	60	> 100.000	mittel	global
7	Wartung	Energie	60	> 100.000	mittel	global
8	Verbesserung	Energie	60	> 100.000	mittel	global
9	Instandsetzung	Anlagenbau	40	> 100.000	hoch	global
10	Wartung	Anlagenbau	40	> 100.000	hoch	global
11	Wartung	Industriereinigung	20	<100	gering	lokal

*Organisationseinheit

Abbildung 5-7: Übersicht über untersuchte Fallstudien

In der DIN 31051 sind Instandhaltungstätigkeiten entlang der vier Grundmaßnahmen Wartung, Inspektion, Instandsetzung und Verbesserung strukturiert (s. DIN 31051, S. 4). Bei der Auswahl wurde darauf geachtet, dass zu jeder Grundmaßnahme mindestens eine Fallstudie existiert.

Bei der Auswahl der Branche liegt der Fokus auf industriellen Unternehmen mit besonderer Berücksichtigung des Maschinen- und Anlagenbaus, da hierin der Untersuchungsbereich der vorliegenden Arbeit besteht. Die drei Fallstudien aus der Energiebranche sind ebenfalls vergleichbar zu diesen, da es sich um einen Ausrüster von Equipment für Mittelspannungsanlagen von öffentlichen Netzen und produzierenden Betrieben handelt. Um dennoch den Vergleich zu anderen Branchen zu erhalten, wurden weitere Fallstudien von Dienstleistungen für Bürogeräte und die Medizintechnik aufgenommen. Gemäß EISENHARDT U. GRAEBNER ist die Auswahl von speziellen Cases durchaus sinnvoll, wenn angenommen werden kann, dass die gewonnenen Erkenntnisse dabei helfen, das untersuchte Phänomen besser zu beleuchten (s. EISENHARDT U. GRAEBNER 2007, S. 27). Insbesondere die beiden genannten Fälle stellen Dienstleistungen an standardisierten Produkten dar, die auf ähnliche Art und Weise in einer Vielzahl von Fällen erbracht werden. Außerdem handelt es sich um vergleichsweise kurze Serviceeinsätze mit Durchlaufzeiten von wenigen Stunden. Für diese Art von Dienstleistungen wurde ein deutlich höherer Grad an IT-Durchdringung und Automatisierung in der Datenerfassung vermutet, der sich auch bestätigen ließ. Die Betrachtung dieser Fälle hat somit dazu beigetragen, das Phänomen „Digitaler Schatten" besser zu durchdringen.

Weiterhin wird eine gewisse Bandbreite in der Größe der untersuchten Serviceorganisationseinheiten durch die Cases abgebildet. Dabei ist die Größe der Serviceorganisationseinheit unabhängig von der Größe des Gesamtunternehmens zu sehen. Wie die Fälle zeigen, können auch in großen Konzernen einzelne Organisationseinheiten im Service durchaus eine geringere Mitarbeiterzahl aufweisen. Dies liegt zum Beispiel in der Spezialisierung auf bestimmte Produkte begründet.

Ein weiteres zwischen den Fallstudien variiertes Merkmal ist die Größe des Gesamtunternehmens, gemessen an der Mitarbeiterzahl. Dieses wurde mit der Hypothese ausgewählt, dass in den Strukturen eines Großunternehmens ein größerer Grad an Standardisierung in der Erbringung und Administration der Dienstleistung vorliegt als bei kleineren Unternehmen.

Die Komplexität der betrachteten Dienstleistung, beurteilt durch die Vielfalt möglicher Arbeiten und die Dynamik, mit der sich diese Vielfalt verändert, wurde qualitativ in den Klassen gering, mittel und hoch abgeschätzt. In den fünf Fällen, die der Branche *Anlagenbau* zugeordnet sind, konnte die Komplexität als hoch eingestuft werden. Es existiert eine hohe Vielfalt an Produktvarianten, die durch die individuellen Lösungen für jeden Kunden begründet sind. Außerdem weisen die Produkte eine lange Lebensdauer von deutlich mehr als 20 Jahren auf, was ebenfalls zu der Vielfalt an Produkten, mit denen der Service umgehen muss, beiträgt. In den drei Fällen aus der Energiebranche wurde die Komplexität als mittelmäßig bewertet, da die Produkte ebenfalls lange Lebenszyklen haben und sich über die Jahre deutlich verändert haben. Dennoch handelt es sich um ein vergleichsweise einfaches Produkt mit wenigen Komponenten, die ein standardisiertes Vorgehen im Service erlauben. Der Case aus der Industriereinigung wurde mit einer geringen Komplexität bewertet, da es sich bei den Anlagen, die gereinigt werden, zwar immer wieder um andere Varianten handelt, der Prozess der Reinigung aber immer der gleiche ist. Die beiden Fälle aus der Medizintechnik und dem Bürogeräteservice weisen ebenfalls hochstandardisierte und gut dokumentierte Prozesse auf, die in einer hohen Frequenz erbracht werden.

Der Tätigkeitsbereich der betrachteten Fälle variiert von lokal über national bis hin zu weltweit angebotenen Dienstleistungen. Die Hypothese zur Auswahl dieses Kriterium ist, dass weit verstreute Organisationen bereits heute auf größere Standardisierung und den verstärkten Einsatz digitaler Technologien setzten. Diese Vermutung konnte nicht bestätigt werden in den Fallstudien.

Zusammenfassend kann festgehalten werden, dass entlang des Spektrums möglicher Leistungen die volle Bandbreite an Fällen abgedeckt wird und zudem auch eine breite Auswahl an Serviceorganisationen systematisch in die Fallstudienauswahl aufgenommen wurde, um der Anforderung einer theoretisch begründeten Auswahl von Fällen gerecht zu werden.

5.2.2 Aufnahme und Analyse der Fallstudien

Im Rahmen der Fallstudienaufnahme wurde das Prinzip der Triangulation angewendet, um eine vom Beobachter unabhängige Datenaufnahme zu gewährleisten (s. EISENHARDT 1989, S. 534). Zum einen wurden die ausgewählten Instandhaltungsdienstleistungen auf Basis vorhandener Prozessdokumentationen der Unternehmen analysiert. Diese Analyse wurde durch Interviews, in denen die Prozesse gemeinsam modelliert wurden, ergänzt. Die Interviews wurden folglich zum einen durch die zeitliche Abfolge der Arbeitsschritte im Prozess strukturiert und zum anderen entlang der bereits abgeleiteten Ebenen *Prozesse, Ressourcen* und *Ergebnisse*. Als weiteres Instrument der Triangulation wurden die Interviews durch zwei Beobachter durchgeführt und dokumentiert. Ergebnis der Datenaufnahme war pro aufgenommener Fallstudie ein modellierter Prozess. Hierbei wurden die einzelnen Arbeitsschritte der Instandhaltungsdienstleistung aufgenommen und durch die eingesetzten Ressourcen und erzielten Ergebnisse des Prozessschritts ergänzt.

Dem Prinzip des opportunistischen Sammelns von Daten *(„opportunistic data collection“)* folgend wurden die Cases eines Unternehmens jeweils aufgenommen und direkt ausgewertet, bevor ein weiteres Unternehmen besucht wurde (s. EISENHARDT 1989, S. 533). Hiermit wurde erreicht, dass Erkenntnisse, die im Rahmen der Analyse einer Fallstudie gewonnen wurden, bei der nächsten Datenaufnahme berücksichtigt werden konnten. Bspw. wurde in der Auswertung einer Fallstudie erkannt, dass häufig eine Sicherheitsunterweisung durch den Kunden Bestandteil einer Instandhaltungsdienstleistung ist. Erst auf Nachfrage bei einem weiteren Interviewpartner wurde deutlich, dass auch in seinem Unternehmen eine initiale Einweisung durch den Kunden stattfindet.

Die fallstudien-übergreifende Analyse wurde mithilfe eines Vergleichs durchgeführt. Auf Basis der ersten analysierten Fallstudie wurde eine Hypothese über die Prozessmodule des zu erstellenden Prozessbaukastens geformt. Die Prozessmodule wurden analog zu den einzelnen Prozessschritten der Fallstudie abgeleitet. Die Prozessschritte jeder weiteren Fallstudie wurden anschließend den bereits existierenden Prozessmodulen zugeordnet, wenn diese eine hinreichende Ähnlichkeit aufwiesen. War diese Ähnlichkeit nicht gegeben, wurde ein neues Prozessmodul in das Referenzmodell aufgenommen. Die beschriebene Vorgehensweise ist in Abbildung 5-8 dargestellt.

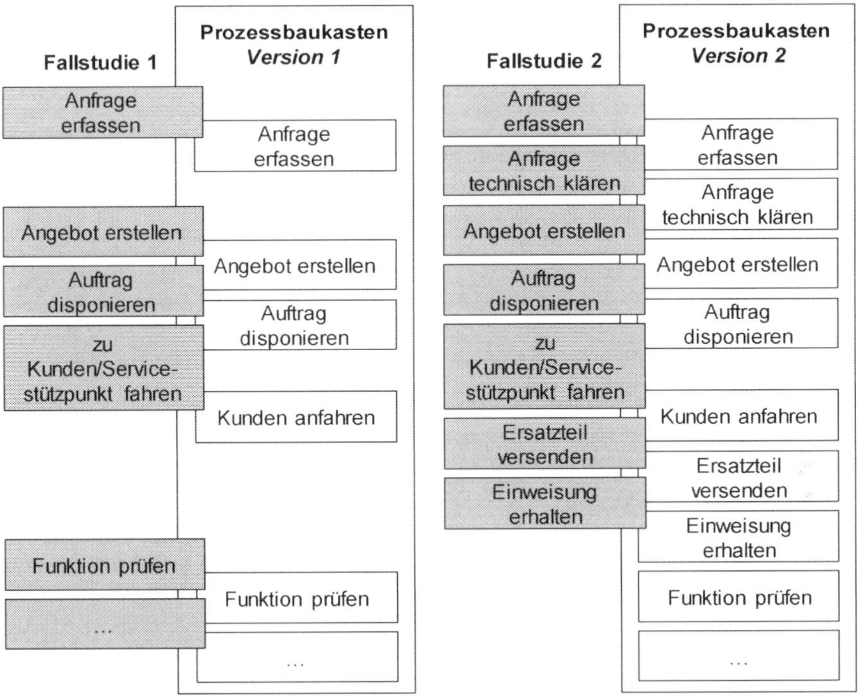

Abbildung 5-8: Ableitung und Weiterentwicklung des Prozessbaukastens auf Basis der Fallstudien (eigene Darstellung)

Das Abbruchkriterium zur Aufnahme weiterer Fallstudien besteht nach EISENHARDT in der Sättigung („Saturation"). Diese sei erreicht, wenn der Erkenntnisgewinn aus jeder weiteren Fallstudien nur noch minimal sei (s. EISENHARDT 1989, S. 545).

In Abbildung 5-9 ist die Anzahl an Referenzprozessmodulen jeweils nach der Analyse einer Fallstudie abgetragen. Nach Analyse der ersten Fallstudie wurden 16 Prozessmodule identifiziert. In den folgenden fünf Fallstudien konnten ebenfalls neue Prozessmodule entdeckt werden, sodass die Anzahl auf 27 stieg. Diese blieb in den folgenden Cases konstant. Erst durch die elfte Fallstudie konnte noch ein weiteres Prozessmodul identifiziert werden, das sich signifikant von den bereits entdeckten unterschied („Equipment rüsten"). Da es bereits jetzt der Analyse fünf weiterer Fallstudien (7 bis 11) bedurfte, nur ein weiteres Prozessmodul zu entdecken, wird von hinreichender Vollständigkeit ausgegangen.

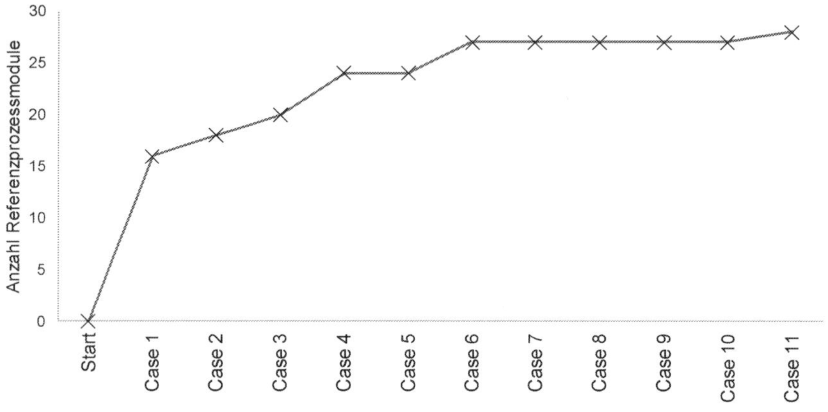

Abbildung 5-9: Befüllung des Prozessbaukastens über die Fallstudien

5.2.3 Referenzprozessmodule des Prozessbaukastens

Ein zentrales Ergebnis der Fallstudienauswertung ist der Prozessbaukasten mit den Referenzprozessmodulen. Die erhobenen Referenzprozessmodule sollen einen möglichst großen Anteil von Instandhaltungsdienstleistungen repräsentieren. Der Prozessbaukasten besteht aus 28 Modulen, die sich den Gruppen „Dienstleistung administrieren", Dienstleistung vor-/nachbereiten" und „Dienstleistung operativ erbringen" zuordnen lassen (s. Abbildung 5-10). Eine Beschreibung der einzelnen Module erfolgt nachfolgend. Es sei darauf hingewiesen, dass die Beschreibung auf den Beobachtungen aus den Fallstudien basiert und nur an ausgewählten Stellen um Erkenntnisse aus der bestehenden Literatur zu den einzelnen Modulen ergänzt wird.

Die Beschreibungen der Prozessmodule werden nachfolgend jeweils um die in den Fallstudien beobachteten Ressourcen, Ergebnisse und Dokumente, die bei dem Prozessmodul genutzt, bzw. erzeugt oder erstellt werden, ergänzt.

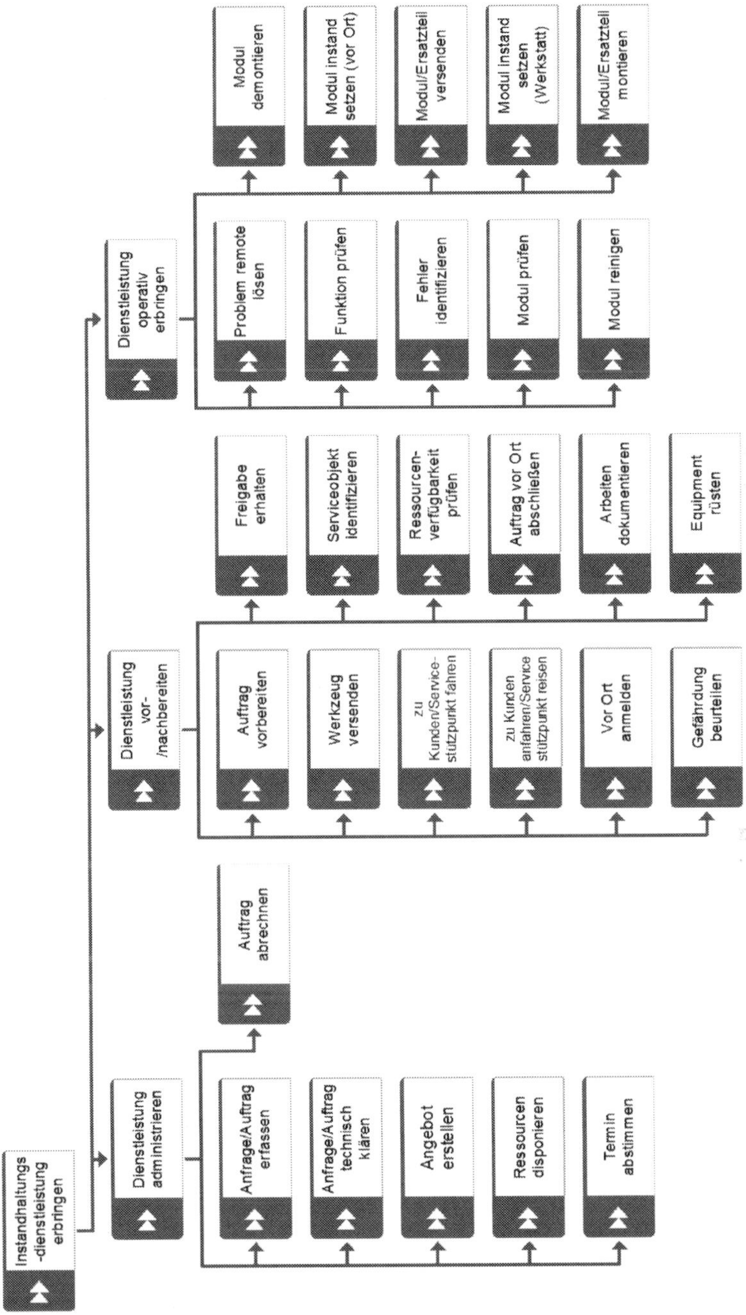

Abbildung 5-10: Übersicht über die Module des Prozessbaukastens

Anfrage/Auftrag erfassen

Das Prozessmodul beinhaltet die Aufnahme der wesentlichen Informationen zu einem Auftrag bzw. zu einer Anfrage, die ggf. später in einen formalen Auftrag überführt wird. Hierzu zählen Daten über den Kunden, das Serviceobjekt und über den Ansprechpartner seitens des Kunden. Die Aufnahme erfolgt in dem jeweils eingesetzten IT-System zur Verwaltung der Aufträge.

Anfrage/Auftrag technisch klären

Das Prozessmodul beinhaltet die Klärung der technischen Details der Anfrage bzw. des Auftrags. Hierzu zählen die Ermittlung des Störungsgrunds im Falle einer Reparatur, die vom Dienstleister zu erbringenden Leistungen, benötigte Mitarbeiter im Hinblick auf ihre Qualifikation und notwendige Ersatzteile und Werkzeuge. Die Erfassung kann ebenfalls in dem für die Auftragsabwicklung eingesetzten IT-System erfolgen. Bei der Bearbeitung des Prozessmoduls können ggf. Checklisten, alte Serviceberichte des Serviceobjekts oder Pläne/CAD-Modelle des Produkts genutzt werden.

Angebot erstellen

Das Prozessmodul beinhaltet die Erstellung eines formalen Angebots für den Kunden auf Basis der zuvor durchgeführten Aufnahme und Klärung der Anfrage. Abhängig von der Art der Abrechnung (z. B. Pauschalangebot oder Abrechnung nach Aufwand) sind Ergebnisse dieses Prozessmoduls die angebotenen Leistungen, Mitarbeiter, Werkzeuge, Ersatzteile einschließlich ihrer Anzahl und des Preises. Weiterhin sind ein Angebotsdokument und eine zugrundeliegende Kalkulation mögliche Ergebnisse dieses Moduls. Angebote können anschließend vom Kunden angenommen oder abgelehnt werden, ggf. mit der Bitte um Überarbeitung.

Ressourcen disponieren

Das Prozessmodul hat zum Ziel, die notwendigen Ressourcen für einen konkreten Auftrag zu disponieren. Hierzu zählen die Mitarbeiter, Fahrzeuge, Werkzeuge und Ersatzteile. Weiterhin ist der geplante Start- und Endzeitpunkt der Arbeiten festzuhalten. Die Disposition erfolgt unter Berücksichtigung der zur Verfügung stehenden Ressourcen. Folglich ist es dafür nicht ausreichend, einen bestimmten Typ einer Ressource zu disponieren, sondern eine konkrete Ressource zu bestimmen und für den entsprechenden Zeitraum zu reservieren. Die Disposition erfolgt idealerweise IT-gestützt durch entsprechende digitale Hilfsmittel. Im Rahmen dieses Prozessmoduls können auch Checklisten eingesetzt werden, die eine Berücksichtigung aller relevanten Aspekte (z. B. notwendige Ersatzteile für eine Wartung) sicherstellen.

Auftrag vorbereiten

Das Prozessmodul beinhaltet die inhaltliche Auseinandersetzung der ausführenden Mitarbeiter mit den Arbeiten eines Auftrags mit dem Ziel, eine effiziente Abwicklung der Arbeiten vor Ort sicherzustellen. Dieses Prozessmodul wurde insbesondere bei größeren Serviceaufträgen beobachtet, die eher einen Projektcharakter besitzen. Für die Vorbereitung können Mitarbeiter Checklisten, Serviceberichte und Pläne/CAD-Modelle nutzen.

Problem remote lösen

Das Prozessmodul beinhaltet die Lösung eines technischen Problems am Serviceobjekt, ohne dorthin zu fahren bzw. persönlich anwesend zu sein. Mögliche Ausprägungen dieses Prozessmoduls sind eine telefonische Lösung durch Anleitung eines Mitarbeiters des Kunden zur Behebung der Störung, eine Lösung des Problems durch Fernzugriff auf das Serviceobjekt oder eine Kombination aus beidem. Als Ergebnis dieses Prozessmoduls kann die Art der Störung festgehalten werden und ob diese behoben werden konnte. Eingesetzt werden Checklisten, alte Serviceberichte und Pläne/CAD-Modelle.

Termin abstimmen

Das Prozessmodul beinhaltet die Koordination eines konkreten Zeitpunktes und Ortes für die Durchführung der Arbeiten. In Abgrenzung zum Prozessmodul „Ressourcen disponieren“ handelt es sich hierbei um eine persönliche Abstimmung zwischen ausführenden Technikern und Ansprechpartnern des Kunden. Das Prozessmodul ist insbesondere Bestandteil von vergleichsweise kurzen Serviceaufträgen, die in hoher Frequenz mehrfach täglich ausgeführt werden. Bei diesen Aufträgen ist häufig der Tag der Leistungserbringung mit dem Kunden längerfristig abgestimmt, die konkrete Uhrzeit wird kurzfristig abgestimmt.

Werkzeug versenden

Das Prozessmodul beinhaltet den Versand eines für den Auftrag notwendigen Werkzeugs zum Kunden oder vom Kunden zurück zur Zentrale. Dieses Prozessmodul findet immer dann statt, wenn Werkzeuge entweder aufgrund längerer Reisen zum Kunden oder aufgrund ihrer Größe nicht direkt durch die Servicetechniker mitgeführt werden können.

Zu Kunden/Servicestützpunkt fahren

Das Prozessmodul beinhaltet sämtliche Fahrten der Mitarbeiter, die in einem Auftrag anfallen und mit Fahrzeugen des Unternehmens durchgeführt werden. Hierzu zählen Fahrten zu einem Standort des Kunden und Fahrten zurück von einem Standort des Kunden. Für die Fahrten werden Fahrzeuge genutzt sowie Werkzeuge und Ersatzteile mitgenommen, die ggf. in dem Auftrag genutzt werden.

Zu Kunden Servicestützpunkt reisen

Das Prozessmodul beinhaltet in Abgrenzung zum vorgenannten Modul sämtliche Anfahrten und Reisen von und zu Kundenstandorten, die nicht mit Fahrzeugen des Unternehmens durchgeführt werden. Hierzu zählen Fahrten, die bspw. unter Nutzung öffentlicher Verkehrsmittel, Mietwagen und Flügen stattfinden. Als Besonderheit sind bei diesem Prozessmodul folglich eine externe Ressource bzw. ein externer Dienstleister (z. B. Autovermietung) zu berücksichtigen.

Vor Ort anmelden

Dieses Prozessmodul beinhaltet den Vorgang der persönlichen Anmeldung am Standort des Kunden. Hierzu zählen die Abwicklung notwendiger Formalitäten (z. B. Ausfüllen von Besucherformularen, Sicherheitsunterweisungen), das Kontaktieren des Ansprechpartners vor Ort und der Transport vom Eingang zum Einsatzort. Dieses Prozessmodul ist insbesondere relevant bei Serviceeinsätzen in größeren Standorten wie bspw. Chemieparks und konsumiert in einigen Fällen durchaus einen erheblichen Anteil der Zeit eines Einsatzes.

Gefährdung beurteilen

Das Prozessmodul beinhaltet die Durchführung einer Gefährdungsbeurteilung. Nach §5 des Arbeitsschutzgesetzes ist „durch eine Beurteilung der für die Beschäftigten mit ihrer Arbeit verbundenen Gefährdung zu ermitteln, welche Maßnahmen des Arbeitsschutzes erforderlich sind". Weiterhin sind nach §6 dieses Gesetzes die Gefährdungsbeurteilung und die definierten Maßnahmen zu dokumentieren. Die Gefährdungsbeurteilung wird ggf. unter Mitwirkung von Mitarbeitern des Kunden erstellt und hat als Ergebnis die oben erwähnte Dokumentation. Die Gefährdungsbeurteilung wurde in den aufgenommenen Fallstudien nicht bei jeder Dienstleistung durchgeführt. Insbesondere bei größeren Projekten im Anlagenbau wurde eine Gefährdungsbeurteilung vorgenommen.

Equipment rüsten

Das Prozessmodul beinhaltet sämtliche Tätigkeiten, die notwendig sind, um ein Equipment für den Einsatz vorzubereiten bzw. es nach dem Einsatz wieder außer Betrieb zu nehmen. Als Equipment sind hier Werkzeuge, Geräte, Vorrichtungen und der gleichen gemeint, die im Rahmen der Dienstleistungserbringung eingesetzt werden, explizit nicht gemeint sind die Serviceobjekte, an denen die Dienstleistung erbracht wird. Weiterhin wurden diesem Prozessmodul im Rahmen der Fallstudienanalyse auch Tätigkeiten zugeordnet, die zwischen der Inbetriebnahme und Außerbetriebnahme des Equipments liegen, aber der Sicherstellung der Funktion des Equipments dienen. Als Beispiel ist hier die mehrfache Entleerung und Reinigung einer Sauganlage, die in einem Reinigungsprozess zum Einsatz kommt, zu nennen.

Freigabe erhalten

Das Prozessmodul beinhaltet sämtliche Abläufe, die notwendig sind, um die Freigabe des Kunden zu erhalten, an der Anlage arbeiten zu dürfen. Bei diesem Prozessmodul stellt das Ergebnis, dass die Freigabe erteilt wurde, den entscheidenden Faktor dar. Weiterhin ist festzuhalten, für welches Serviceobjekt die Freigabe erfolgt ist und wer diese Freigabe erteilt hat. Die Dokumentation der Freigabe in einer Checkliste ist möglich. Mit diesem Prozessmodul können außerdem Daten über Wartezeiten erfasst werden, die bei der Freigabe durch den Kunden anfallen.

Serviceobjekt identifizieren

Das Prozessmodul beinhaltet die Lokalisierung des Serviceobjekts, nachdem der Techniker den Standort des Kunden erreicht hat. Der Prozessschritt endet mit der Identifikation des in dem einzelnen Prozess zu bearbeitenden Serviceobjekts. Dieses Prozessmodul ist relevant, wenn der Servicetechniker nach der Anmeldung im Unternehmen noch gewisse Wege zurückzulegen hat, bspw. in größeren Chemieparks. Aus den Fallstudien ging ebenfalls hervor, dass innerhalb eines Auftrags eine Reihe von Serviceobjekten nacheinander bearbeitet werden. Zwischen jedem Wechsel von einem Serviceobjekt zu dem folgenden ist dieses Prozessmodul ebenfalls relevant.

Fehler identifizieren

Das Prozessmodul beschreibt die Fehlersuche innerhalb der Grundmaßnahme *Instandsetzung* (vgl. DIN 31051). Im Fokus dieses Prozessschritts steht zunächst das gesamte Serviceobjekt, da der Fehler zu Beginn häufig nicht eingrenzbar ist. In der Fehlersuche können neben dem Servicetechniker auch Mitarbeiter des Kunden oder externe Dienstleister involviert sein. Letztere sind bspw. relevant, wenn für ein Problem Spezialisten hinzugezogen werden müssen. Bei der Fehlersuche können Checklisten zur strukturierten Eingrenzung des Fehlers und Pläne der Anlage genutzt werden. Häufig werden Werkzeuge (bspw. Messgeräte) eingesetzt. Als Ergebnis dieses Prozessmoduls wird zunächst das betroffene Modul des Serviceobjekts sowie dessen Störung bestimmt. Weiterhin können als Ergebnis die für die Instandsetzung notwendige Ersatzmodule sowie Werkzeuge und notwendige Leistungen aufgenommen werden. Störungsbeschreibungen werden weiterhin häufig mit Foto- oder Videoaufnahmen ergänzt.

Funktion prüfen

Das Prozessmodul hat zum Ziel, die Funktion des Serviceobjekts zu beurteilen. Dabei steht nicht die Identifikation eines Fehlers im Fokus, sondern die Aufnahme von definierten Maschinenparametern, die der Beurteilung des Zustands des Serviceobjekts dienen. In den aufgenommenen Fallstudien ist eine solche Prüfung häufig Bestandteil einer routinemäßigen Inspektion (vgl. DIN 31051). An diesem Prozessmodul können eigene Mitarbeiter des Dienstleisters, Mitarbeiter des Kunden sowie externe Dienstleister mitwirken. Als weitere Ressourcen können das Serviceobjekt, die eingesetzten Werkzeuge (bspw. Messeinrichtungen) und die genutzten Pläne erfasst werden. Das Ergebnis dieses Prozessmoduls sind die gemessenen Parameter des Serviceobjekts. Der gesamte Prüfauftrag kann mittels Checkliste strukturiert und dokumentiert werden.

Modul prüfen

Das Prozessmodul beinhaltet in Abgrenzung zu dem vorgenannten Prozessmodul die Prüfung einzelner Module des Serviceobjekts (Definition des Begriffs „Modul“ s. 6.1.2). Daher ist nicht nur das Serviceobjekt, sondern in Ergänzung zu den o. g. Objekten auch das untersuchte Modul des Serviceobjekts zu erfassen. Neben den konkret an dem Modul erfassten Parametern wird häufig eine qualitative Beurteilung des Zustands des Moduls aufgenommen. Bspw. wurde in einer der untersuchten Fallstudien auf Basis einer Sichtprüfung bestimmter Komponenten der Verschleiß beurteilt und über den Tausch entschieden.

Ressourcenverfügbarkeit prüfen

Das Prozessmodul beinhaltet sämtliche Aktivitäten zur Feststellung der Verfügbarkeit der für ein Prozessmodul benötigten Ressourcen. Hierzu zählen Mitarbeiter, Fahrzeuge, Werkzeuge und Ersatzteile. Der Prozessschritt wurde in den untersuchten Fallstudien im Rahmen der Erbringung der Dienstleistung durchgeführt, wenn im Anschluss eine Fehleraufnahme geprüft wurde, ob die für die Behebung des Fehlers notwendigen Ressourcen zur Verfügung stehen.

Modul reinigen

Das Prozessmodul beinhaltet sämtliche Tätigkeiten zur Reinigung eines Serviceobjekts oder einzelner Module des Serviceobjekts. Das Prozessmodul kann von eigenen Mitarbeitern, dritten Dienstleistern oder unter Einbeziehung von Mitarbeitern des Kunden durchgeführt werden. Beteiligte Ressourcen sind weiterhin das Serviceobjekt bzw. die zu reinigenden Module, für die Reinigung notwendige Reinigungsgeräte, Pläne des Serviceobjekts sowie Checklisten. Letztere dienen als Arbeitsanweisung und zur Dokumentation der Reinigung.

Modul demontieren

Das Prozessmodul beinhaltet sämtliche Aktivitäten, die für die Demontage eines Moduls aus dem Serviceobjekt notwendig sind. Die eingesetzten Ressourcen sind analog zu den aus dem zuvor beschriebenen Prozessmodul.

Modul instand setzen (vor Ort)

Das Prozessmodul beinhaltet sämtliche Aktivitäten, die zur Instandsetzung eines defekten Moduls vor Ort beim Kunden ausgeführt werden. In den aufgenommenen Fallstudien konnte zwischen Instandsetzungen vor Ort und in einer zentralen Werkstatt unterschieden werden. Die eingesetzten Ressourcen sind analog zu den aus dem zuvor beschriebenen Prozessmodul.

Modul instand setzen (Werkstatt)

Das Prozessmodul beinhaltet sämtliche Aktivitäten im Rahmen der Instandsetzung eines Moduls, die nicht vor Ort, sondern in einer zentralen Werkstatt des Unternehmens stattfinden. Der Prozess in der Werkstatt steht nicht im Fokus dieser Arbeit. Dennoch stellt dieser als geschlossenes Prozessmodul auch einen Bestandteil des Serviceprozesses beim Kunden dar. Der Prozess wird daher als „Blackbox" aufgenommen, bei der lediglich festgehalten wird, welches Modul sich aktuell in welcher Werkstatt befindet.

Modul montieren

Das Prozessmodul beinhaltet sämtliche Aktivitäten, die zur Montage eines Moduls in das Serviceobjekt notwendig sind. Es kann sich hierbei sowohl um ein zuvor instand gesetztes Modul als auch um ein neues Modul handeln. Die aufzunehmenden Ressourcen und Dokumente entsprechen jenen aus dem Prozessmodul „Modul demontieren“. Zusätzlich ist noch der Fall zu berücksichtigen, dass ein neues Modul (bspw. ein neues Ersatzteil aus dem Lager) verbaut wird.

Modul versenden

Das Prozessmodul beinhaltet sämtliche Aktivitäten, die dem Versand eines Moduls dienen. Hierzu zählen der Versand eines neuen Moduls aus dem Lager zum Kunden, der Versand eines instand zu setzenden Moduls vom Kunden zur zentralen Werkstatt und der Versand des instand gesetzten Moduls aus der zentralen Werkstatt zum Kunden. Bei diesem Prozessmodul ist der ausführende Mitarbeiter sowie das zu versendende Modul bzw. Neumodul zu erfassen.

Arbeiten dokumentieren

Das Prozessmodul beinhaltet sämtliche Aktivitäten, die zur Dokumentation der durchgeführten Arbeiten gehören. Bei einer vollständigen Umsetzung des in dieser Arbeit vorgeschlagenen Konzepts des Digitalen Schattens ist zwar von einer umfassenden Automatisierung der Dokumentation auszugehen. Dennoch ist in aktuell zu beobachtenden Dienstleistungsprozessen die manuelle Dokumentation ein integraler Bestandteil. Ungeachtet dessen, ob dieses Prozessmodul automatisiert oder manuell durchgeführt wird, sind die involvierten Entitätstypen identisch: Als Ergebnis werden sämtliche im Prozess eingesetzten Ressourcen der Serviceorganisation (Mitarbeiter, Werkzeuge, Fahrzeuge, Neumodule, externe Dienstleister) sowie das Serviceobjekt und dessen Modulen, an denen der Service erbracht wurde, dokumentiert. Weiterhin ist eine Aufstellung der durchgeführten Leistungen, der aufgenommenen Störungen, Zustände von Modulen und Maschinenparameter Bestandteil der Dokumentation. Als Dokumente werden in diesem Prozessmodul Checklisten und Serviceberichte erzeugt.

Auftrag vor Ort abschließen

Das Prozessmodul beinhaltet die Aktivitäten, die nach dem Abschluss und ggf. der Dokumentation der Arbeiten vor Ort und vor dem Verlassen des Kunden stattfinden. In vielen beobachteten Fällen endet die Dienstleistung mit einer formalen Bestätigung eines Mitarbeiters des Kunden, dass die Arbeiten durchgeführt wurden. Dies erfolgt i. d. R. durch Unterschrift auf dem Servicebericht oder einer ausgefüllten Checkliste.

Auftrag abrechnen

Das Prozessmodul beinhaltet sämtliche Aktivitäten, die im Rahmen der kaufmännischen Abrechnung des Auftrags anfallen. Als Ergebnis dieses Prozessmoduls erfolgt eine Aufstellung der abrechenbaren Arbeitszeit, der Gerätestunden, der Arbeitszeit externer Dienstleister und der verbrauchten Teile. Weiterhin können weitere pauschal berechnete Leistungen Bestandteil der Rechnung sein. Im Rahmen der Erstellung werden Serviceberichte und Checklisten aus der Auftragsdurchführung genutzt. Die Ergebnisse des Prozessmoduls werden in Form einer Rechnung an den Kunden dokumentiert.

In Abbildung 5-11 ist die Anzahl der Zuordnungen je Referenzprozessmodule dargestellt. Die dargestellte Anzahl basiert auf den elf ausgewerteten Fallstudien und gibt an, wie viel Prozessschritte aus den untersuchten Cases sich dem Referenzprozessmodul zuordnen lassen. Jeder Prozessschritt aus den Cases wurde genau einem Referenzprozessmodul zugeordnet. Innerhalb einer Fallstudie kann ein Referenzprozessmodul mehr als einmal vorkommen. Ein Grund dafür ist, dass ein Prozessschritt mehr als einmal Bestandteil des Prozesses ist (z. B. „zu Kunden/Servicestützpunkt fahren“). Weiterhin wurden Prozessschritte in manchen Fällen zu einem Referenzprozessmodul zusammengefasst (z. B. „Anfrage/Auftrag erfassen“). Ein dritter Fall besteht darin, dass Varianten des Prozesses existieren. Wird ein Auftrag bspw. unter bestimmten Umständen vom Vertrieb entgegengenommen und unter anderen Umständen direkt durch den Techniker, werden beide Fälle mitgezählt. Dies erklärt, warum das Referenzprozessmodul „Anfrage/Auftrag erfassen“ 43 Nennungen in nur elf Fällen erhalten hat.

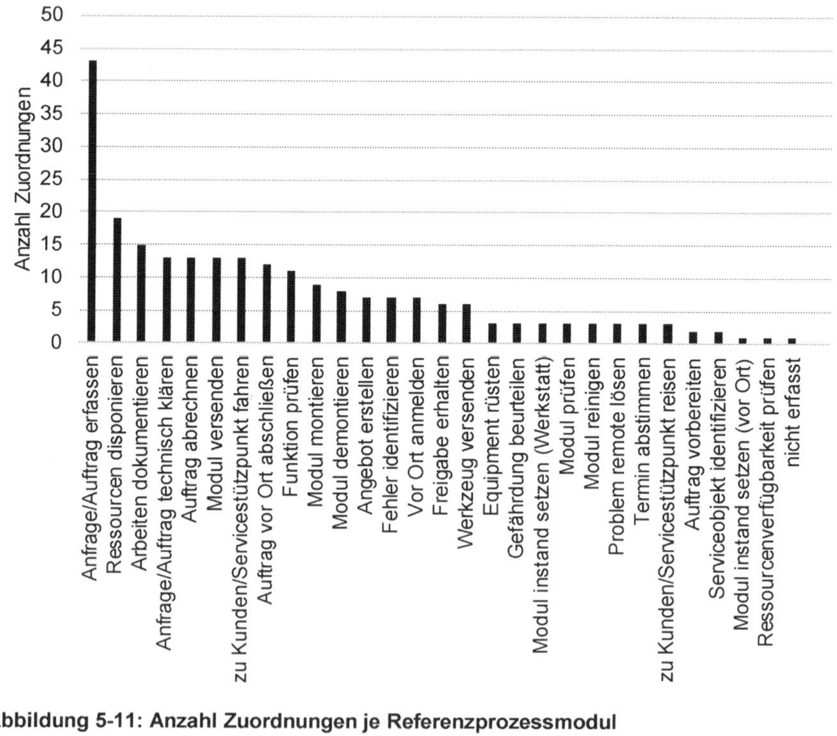

Abbildung 5-11: Anzahl Zuordnungen je Referenzprozessmodul

Nur ein Prozessschritt aus den Fallstudien konnte nicht erfasst werden. Hierbei handelt es sich um den Prozessschritt „Arbeit pausieren“ aus der Fallstudie Elf. Dieser wurde bewusst nicht in den Prozessbaukasten aufgenommen, der Beginn, die Unterbrechung und die Beendigung von Prozessschritten als „Status“ im Datenmodell berücksichtigt wird (Kapitel 6.1.).

An dieser Stelle sei darauf hingewiesen, dass durch die dargestellten Anzahlen keine Aussage über die Validität des Referenzmodells getroffen werden soll. Bspw. wäre die Aussage, dass das Referenzprozessmodul „Modul instand setzen (vor Ort)" nicht valide sei, da es nur eine Nennung hat, nicht korrekt. Die gewählte Methodik der Fallstudienuntersuchung hat den Anspruch, eine Theorie über ein bislang nicht untersuchtes Phänomen aufzustellen, und nicht, dessen Validität zu testen (s. EISENHARDT U. GRAEBNER 2007, S. 27). Die Theorie besteht in diesem Fall in der Erstellung eines Prozessbaukastens für Instandhaltungsdienstleistungen und liefert damit einen Teil der Antwort auf die eingangs formulierte Forschungsfrage „Wie sind Instandhaltungsdienstleistungen im Maschinen- und Anlagenbau als Grundlage für ein Datenmodell zu modellieren?".

In der Vorgehensweise nach EISENHARDT wird abschließend der Vergleich mit bestätigender und widersprechende Literatur vorgeschlagen (s. EISENHARDT 1989, S. 533). Zu diesem Zweck sind in Abbildung 5-12 die Referenzprozessmodule den korrespondierenden Elementen bestehender Ansätze gegenüber gestellt. Es wird deutlich, dass die vorliegende Arbeit die Instandhaltungsdienstleistung zum einen umfassend abbildet, das heißt von der ersten Anfrage über die Erbringung bis hin zur Abrechnung. Zudem ist erkennbar, dass die Referenzprozessmodule die Durchführung eines Auftrags deutlich detaillierter beschreiben als dies in den bestehenden Ansätzen der Fall ist.

Die Prozessmodule stehen im Widerspruch zu den in DIN EN 13306 beschriebenen „Instandhaltungstätigkeiten". Der Unterschied besteht darin, dass in der Norm die Definition beziehungsweise die Erläuterung von Begrifflichkeiten und nicht die umfassende Erfassung der Instandhaltungsdienstleistung als Ziel verfolgt wird. Daher stehen die in der Norm enthaltenen Tätigkeiten nicht alle auf einem Detaillierungslevel und können somit nicht in eine sinnvolle Prozessfolge gebracht werden. Bspw. stellt die „Zustandsüberwachung" eine fortlaufende Aktivität dar während die „Fehlerortung" einmalig am Beginn eines Prozesses stattfindet (s. DIN EN 13306, S. 16).

Abschließend kann eine Erweiterung des Stands der Erkenntnisse hinsichtlich der Modellierung von Instandhaltungsdienstleistungen durch die Fallstudienuntersuchung festgestellt werden.

Nr.	Referenzfunktion	Kallenberg (Kernfunktionen)	Becker & Neumann (Serviceauftrag)	Becker & Neumann (Aktivität/Arbeitsgang)	Daeubele et al.	Hertz et al. (Productive)	Legnani et al.
1	Anfrage/Auftrag erfassen	Zyklische Maßnahme initiieren Anfrage erfassen	Meldungsbearbeitung		Initiation	Ticket creation	Receive Inquiry/Request Route request
2	Anfrage/Auftrag technisch klären	Problem/Leistung klären	Bedarfsermittlung		Definition of Scope	Technical Support: Clarification (Off-Site)	
3	Angebot erstellen	Auftrag planen	Angebotsbearbeitung			Job Planning and dispatching	
4	Ressourcen disponieren	Auftrag steuern	Auftragssteuerung	Personaldisposition Materialdisposition Bestellabwicklung Fremdleist. Aktivitätenfreigabe	Plan Work	Job Planning and dispatching Service parts delivery administration Job Planning and dispatching Job Planning and dispatching	Dispose materials (Off-Site)
5	Auftrag vorbereiten				Prepare Work		
6	Problem remote lösen					Technical Support: Execution (Off-Site)	Identify solution Propose solution Release/Distribute solution
7	Termin abstimmen						Schedule on-site
8	Werkzeug versenden					Transfer of service part, tool	Obtain materials
9	zu Kunden/Servicestützpunkt fahren					Transfer of Service Technician	
10	zu Kunden/Servicestützpunkt reisen					Transfer of Service Technician	
11	Vor Ort anmelden						
12	Gefährdung beurteilen						
13	Equipment rüsten						
14	Serviceobjekt identifizieren						
15	Einweisung erhalten	Auftrag durchführen		Aktivitätenausführung			
16	Funktion prüfen				Realization		
17	Fehler identifizieren					Technical Support: Clarification (On-Site)	
18	Modul prüfen					Technical Support: Execution (On-Site)	Repair product (On-Site)
19	Modul reinigen					Technical Support: Execution (On-Site)	
20	Ressourcenverfügbarkeit prüfen						
21	Modul demontieren					Technical Support: Execution (On-Site)	
22	Modul Instand setzen (vor Ort)					Technical Support: Execution (On-Site)	Repair product (On-Site)
23	Modul/Ersatzteil versenden					Transfer of service part, tool	Obtain materials
24	Modul Instandsetzen (Werkstatt)						Repair product (Off-Site)
25	Modul/Ersatzteil montieren					Technical Support: Execution (On-Site)	Repair product (On-Site)
26	Arbeiten dokumentieren						
27	Auftrag vor Ort abschließen	Auftrag rückmelden		Aktivitätenrückmeldung			Close Request
28	Auftrag abrechnen	Auftrag fakturieren	Auftragsabschluss		Controlling		

Abbildung 5-12: Abgleich der Referenzprozessmodule mit bestehenden Ansätzen (eigene Darstellung)

6 Detaillierung des Referenzmodells für den Digitalen Schatten

In diesem Kapitel erfolgt der Vorgehensweise von SCHÜTTE folgend die „Konstruktion der Referenzmodellstruktur". Ergebnisse dieses Arbeitsschritts sind das Referenzdaten- und -prozessmodell (s. SCHÜTTE 1998, S. 187). Hierzu werden zunächst die zuvor identifizierten Prozessmodule im Detail im Hinblick auf die sie beschreibenden Daten untersucht und die Erkenntnisse in ein übergreifendes Datenmodell integriert. Anschließend durchläuft das Datenmodell zwei Prüfungen: Zum einem wird überprüft, ob es die notwendigen Informationsbedarfe im Management von Dienstleistungen decken kann (Kapitel 6.2). Zum anderen werden die Möglichkeiten zur aufwandsarmen Erfassung der Daten eruiert (Kapitel 6.3). Abschließend werden die Erkenntnisse konsolidiert (Kapitel 6.3.6) und entlang der Grundsätze ordnungsgemäßer Modellierung formal geprüft (Kapitel 6.4).

6.1 Datenmodell des Digitalen Schattens

Das Datenmodell für den Digitalen Schatten gibt die Struktur der Daten vor, die entlang der Instandhaltungsdienstleistung gesammelt werden. Die zu konzipierende Datenbank folgt dabei dem Konzept eines „Logbuchs", in dem im Sinne des *„Internet of Events"* jedes Ereignis fortlaufend erfasst wird (s. VAN DER AALST 2016, S. 3ff.). Ereignisse sind bspw. die Änderung des Status eines Prozessmoduls, die Identifikation eines Serviceobjekts oder eines Werkzeugs während der Durchführung eines Prozessmoduls oder die Erfassung eines Maschinenzustands als Ergebnis eines Prozessmoduls.

Es ist zu beachten, dass im Digitalen Schatten nicht alle verfügbaren Daten erfasst werden müssen. Zum einen besagt das Konzept des Digitalen Schattens, dass der Betrachtungsbereich lediglich in hinreichender Genauigkeit abzubilden ist. Zum anderen sieht die der Arbeit zugrundeliegende Systemarchitektur (s. Kapitel 5.1, *‚Internet of Production'-Infrastruktur)* eine Datenhaltung im Digitalen Schatten sowie in den Datenbanken der betrieblichen Anwendungssysteme vor. Nach SCHUH ET AL. findet zwar eine kontinuierliche Synchronisation zwischen beiden Ebenen statt (s. SCHUH ET AL. 2017b, S. 120f.). Dennoch müssen nicht alle in den betrieblichen Anwendungssystemen gehaltenen Daten im Digitalen Schatten abgelegt werden. Vielmehr ist es Aufgabe des Digitalen Schattens, Ereignisse entlang der Dienstleistung in strukturierter Form und echtzeitnah zu erfassen.

Das Beispiel des Entitätstyps *Serviceobjekt* aufgreifend, kann es durchaus sinnvoll sein, in einem Asset-Management-System deutlich mehr Daten über das Serviceobjekt zu pflegen als es im Digitalen Schatten der Instandhaltungsdienstleistung notwendig ist (s. Abbildung 6-1). Bspw. kann innerhalb dieses Systems an jedes Serviceobjekt eine Stückliste über dessen ausgelieferten Zustand angehängt werden, die nicht bei jedem das Serviceobjekt betreffende Ereignis in der Datenbank des Digitalen Schattens abgelegt werden muss. Wird aber im Rahmen einer Reparatur ein Modul des

Serviceobjekts gegen ein anderes ausgetauscht, wird dieses zunächst durch die entsprechenden Ereignisse im Digitalen Schatten erfasst und kann anschließende mit einer aktualisierten Stückliste im Asset-Management-System synchronisiert werden.

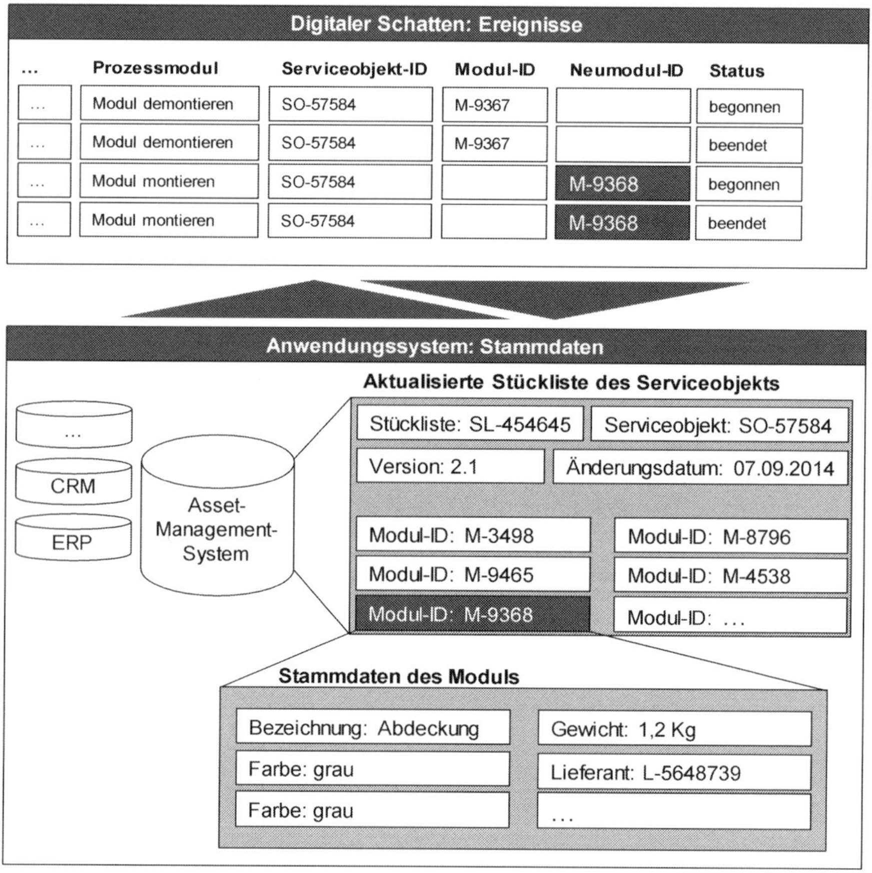

Abbildung 6-1: Zusammenspiel von Digitalem Schatten und Anwendungssystemen am Beispiel des Moduletauschs

Das Datenmodell für den Digitalen Schatten wird als erweitertes Entity-Relationship-Model (eERM) entwickelt (s. Kapitel 4.4.2). Alle Objekte des abzubildenden Bereichs werden in diesem Modell als sogenannte Entitätstypen modelliert. Ein Objekt könnte bspw. das Serviceobjekt sein. Wie in Kapitel 4.4.2 erläutert, werden die Entitätstypen durch Attribute beschrieben. Die Attribute definieren die einzelnen Felder der Datenbank. Für das Beispiel des Serviceobjekts wären dessen Identifikationsnummer, Bezeichnung oder Betriebsstunden mögliche Attribute, die es identifizieren bzw. näher beschreiben könnten. Um alle relevanten Entitätstypen zu erfassen und ihre Beziehungen untereinander zu definieren, wurde anhand der folgenden Vorgehensweise vorgegangen:

Als Ausgangspunkt wurden die zuvor beschriebenen Referenzprozessmodule des Digitalen Schattens zugrunde gelegt, die auf Basis der untersuchten Fallstudien erhoben wurden. In den Daten der Fallstudien wurden neben den Prozessschritten auch Daten zu den eingesetzten Ressourcen, den generierten oder genutzten Dokumenten und den Ergebnissen eines Prozessschritts gesammelt. Aus diesen Daten konnte für jedes Referenzprozessmodul bestimmt werden, welche Entitätstypen diesem zuzuordnen sind (s. Abbildung 6-2).

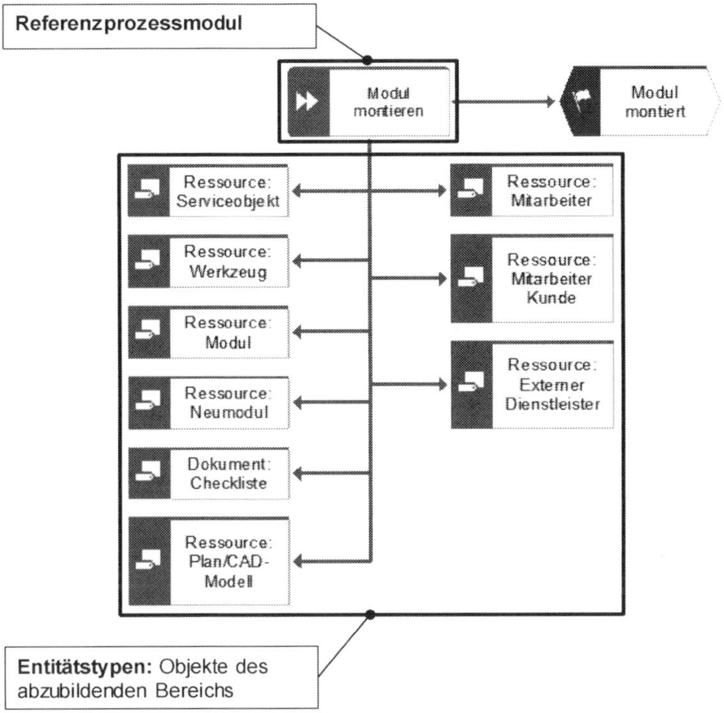

Abbildung 6-2: Zuordnung von Entitätstypen zu Referenzprozessmodulen (Beispiel)

Da die Entitätstypen sich in den Prozessmodulen ähneln bzw. in vielen Fällen identisch sind, wurden diese über sämtliche Prozessmodule konsolidiert. Bspw. ist der Entitätstyp „Ressource: Mitarbeiter", der im ersten untersuchten Prozessmodul identifiziert wurde, nicht nur für dieses Prozessmodul gültig, sondern auch für alle anderen. Ergebnis dieses Vorgehens sind Referenzprozessmodule, denen jeweils die relevanten Entitätstypen zugeordnet sind. Diese sind Anhang 10.1 zu entnehmen.

Anschließend wurden die erhobenen Entitätstypen im eERM abgebildet. Das eERM enthält neben den Entitätstypen zudem noch deren Beziehungen. Diese wurde ebenfalls basierend auf den Fallstudien sowie auf grundlegenden logischen Abhängigkeiten bestimmt. Beispiele für solche Beziehungen sind:

- Ein Prozessschritt hat immer genau einen Status oder
- ein Auftrag kann eine Vielzahl einzelner Prozesse beinhalten.

Mithilfe dieser Vorgehensweise wurden die nachfolgend beschriebenen Entitätstypen entlang der vier Dimensionen Prozesse, Ressourcen, Ergebnisse und Dokumente identifiziert. Das gesamte Datenmodell ist Abbildung 6-4 zu entnehmen. Die Ergebnisse dieses Teilkapitels wurden vorab veröffentlicht bei SCHUH, JUSSEN U. HARLAND (s. SCHUH ET AL. 2018).

6.1.1 Dimension *Prozesse*

Das zentrale Element des Datenmodells ist das *Ereignis*. Jede Veränderung in einem Prozess wird als Ereignis gesehen, zu dem eine Rückmeldung in den Digitalen Schatten erfolgt. Eine Rückmeldung wird analog zu den Ausführungen in Kapitel 3.2 als Übermittlung von Informationen zum aktuellen Zustand an eine andere Instanz gesehen (s. OSTERHAGE 2014, S. 15; BÖGE U. BÖGE 2015, S. T2; SCHÖNSLEBEN 2016, S. 631; KLETTI U. SCHUMACHER 2014, S. 14). Beispiele für ein Ereignis sind die Änderung des Status einer Aktivität auf „begonnen", die Abbuchung eines Ersatzteils aus dem Lager, die Zuordnung einer Ressource zu einer Aktivität oder das Erfassen eines Messwertes bei einer Inspektion.

Die Datenbank des Digitalen Schattens ist damit eine strukturierte, chronologische Dokumentation über alle Ereignisse innerhalb der betrachteten Organisationseinheit. Aus dieser Datenbank können durch die strukturierte Erfassung diverse Informationen abgeleitet werden, bspw. über den Einsatz von Ressourcen oder die Dauer von Prozessen oder einzelnen Prozessschritten. Auf den Informationsgehalt des Digitalen Schattens wird in Kapitel 6.2 noch genauer eingegangen.

Um die angedeuteten Informationen aus dieser Datenbank zu extrahieren, ist es erforderlich, zu jedem Ereignis gewisse weitere Daten mitzuschreiben, die eine eindeutige Zuweisung des Ereignisses ermöglichen. Diese eindeutige Kennung erfolgt über die nachfolgend beschriebenen Entitätstypen, die der Dimension *Prozess* zugeordnet sind:

Jedes Ereignis ist genau einem *Prozessschritt* zugeordnet. Ein Prozessschritt ist eine Aktivität innerhalb eines Prozesses und ist damit auch immer einem Prozess eindeutig zugeordnet. Die möglichen Prozessschritte wurden bereits in Kapitel 5.2 als unter dem Begriff *Prozessmodul* vorgestellt.

Ein Prozessmodul, zu dem ein Ereignis aufgenommen wird, hat immer auch genau einen *Status* zu einem definierten Zeitpunkt. Mögliche Status eines Prozessmoduls können Abbildung 6-3 entnommen werden. Diese enthält das Transaktions-Lebenszyklus-Modell nach VAN DER AALST. Neben dem Status „begonnen" (engl. *start)* und „beendet" (engl. *complete*) finden sich eine Reihe weiterer Möglichkeiten in dem Modell wieder, die dabei helfen, den Status möglichst präzise zu charakterisieren.

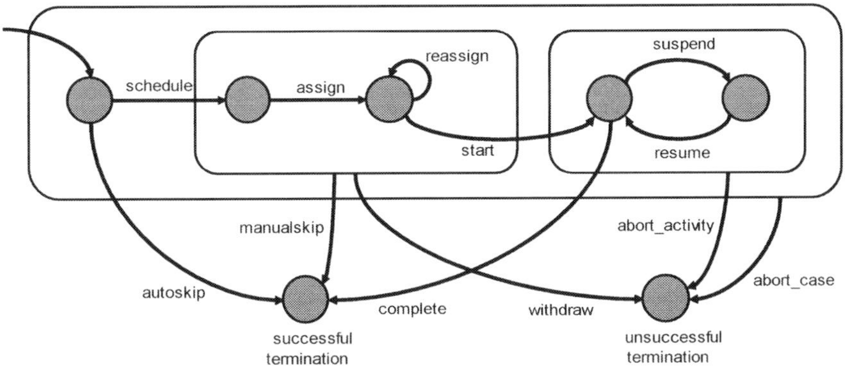

Abbildung 6-3: *Standard transactional life-cycle model* (VAN DER AALST 2016, S. 131)

Der Entitätstyp *Prozess* beschreibt eine zusammenhängende Abfolge von Prozessschritten. Ein Prozess ist immer genau einem *Auftrag* zugeordnet. Ein Auftrag kann einen oder mehrere Prozesse beinhalten. Bspw. kann ein Auftrag darin bestehen, an sämtlichen Produkten des Herstellers, die der Kunde in Betrieb hat, eine turnusmäßige Wartung durchzuführen. In diesem Beispiel würde jede einzelne Maschinenwartung als eigener Prozess erfasst werden. Diese Aufteilung ist notwendig, da mehrere Wartungen des Auftrags gleichzeitig von verschiedenen Mitarbeitern durchgeführt werden können. Bei paralleler Bearbeitung wäre aus den Daten bspw. nicht mehr eindeutig erkennbar, wie lange jede Wartung, separat betrachtet, gedauert hat. Lediglich über Rückschlüsse (z. B. Verfolgung des Mitarbeiters oder des Serviceobjekts in den Daten) wäre die Information rekonstruierbar.

Der *Auftrag* ist der letzte Entitätstyp in der Dimension *Prozess*. Der Auftrag bildet den formalen Rahmen um den oder die Dienstleistungsprozesse bei einem Kunden. Mithilfe dieses Entitätstyps ist eine Zuordnung der Ereignisse zu abrechnungsrelevanten Aktivitäten mit Kunden und Lieferanten bzw. Subunternehmern möglich.

6.1.2 Dimension *Ressourcen*

In der Dimension *Ressourcen* werden sämtliche Entitätstypen erfasst, die am Prozess beteiligte Personen oder Objekte beschreiben. Hierzu zählen die *Mitarbeiter* des eigenen Unternehmens, die an der Ausführung eines Prozessmoduls beteiligt sind. In diesem Entitätstypen sind explizit administrative (z. B. in der Auftragserfassung) und ausführende Mitarbeiter (z. B. Servicetechniker im Feld) enthalten.

Weiterhin gehören zu der Dimension *Ressourcen* die *Mitarbeiter des Kunden*. Wie in Kapitel 2.1.2 erläutert, ist die Integration eines des externen Faktors ein charakteristisches Merkmal einer Dienstleistung. Mitarbeiter des Kunden, die Informationen bereitstellen, Zugang gewähren oder aktiv in die Erbringung der Arbeiten involviert sind, sind Beispiele für die Integration eines externen Faktors. Neben den Mitarbeitern des Kunden können auch Mitarbeiter von *externen Dienstleistern* in die Erbringung der Dienstleistung involviert sein.

Das *Serviceobjekt* ist ebenfalls ein externer Faktor in der Dienstleistungserbringung. Als Serviceobjekt wird das Objekt bezeichnet, an dem die Dienstleistung erbracht wird (bspw. die Maschine, die instand zu setzen ist). Im Anwendungsfall des Maschinen- und Anlagenbaus handelt es sich per Definition um „mehrteilige Erzeugnisse mit komplexer Struktur" (BELZ ET AL. 1997, S. 37). Daher ist nicht nur das Serviceobjekt als Ganzes relevant für die Datenerfassung. Auch die Erfassung des einzelnen Bauteils oder der Baugruppe, die gewartet oder instandgesetzt wird, ist wichtig. Weil der sinnvolle Grad an Granularität für die Identifikation von Bauteilen je nach Anwendungsfall unterschiedlich ist, wird der Entitätstyp *Modul* genannt. In einigen beobachteten Fällen werden nicht einzelne Bauteile einer Maschine getauscht oder geprüft, sondern direkt ganze Funktionsmodule. Ein Modul ist „eine funktional und physisch relativ unabhängige Einheit" (FELDHUSEN ET AL. 2005). Ein Modul kann damit sowohl ein einzelnes Bauteil, aber auch eine Baugruppe sein.

Die Module werden in dem Datenmodell von den *Neumodulen* unterschieden. Während die Module in den Serviceobjekten installierte Objekte sind, handelt es sich bei den *Neumodulen* um bislang nicht installierte Module. Zu diesem Entitätstypen zählen die Ersatzteile. Ersatzteile dienen allerdings nur dem Zweck bereits vorhandene Teile im Serviceobjekt zu ersetzen (s. DIN 24420 Teil 1, S. 1). Um ebenfalls Teile einzuschließen, die eine Erweiterung der Funktionalität bewirken (bspw. im Rahmen einer Verbesserung), wird der allgemeinere Begriff *Neumodul* verwendet. Weiterhin ist zu erwähnen, dass es sich bei diesem Entitätstyp auch um einen Satz von Teilen handeln kann. Sogenannte „Ersatzteil-Kits" sind eine Auswahl kleinerer Ersatzteile, die bei einer bestimmten Wartung regelmäßig getauscht werden und daher direkt unter einer Artikelnummer geführt werden.

Der Entitätstyp *Werkzeug* umfasst sämtliches Equipment, das im Rahmen des Dienstleistungsprozesses eingesetzt werden kann und im Besitz des Dienstleistungsanbieters verbleibt. Hierzu zählen bspw. Messeinrichtungen, Geräte und Werkzeuge. Der Begriff *Equipment* wurde hier bewusst nicht gewählt, da er im Kontext industrieller Dienstleistungen vorgeprägt ist. Mit Equipments werden häufig die Serviceobjekte bezeichnet (bspw. im SAP-Modul *„Plant Maintenance"* (s. LIEBSTÜCKEL 2013, S. 54f.)). Kleinwerkzeuge werden im technischen Service häufig in Werkzeugkisten mitgeführt, die jeweils eine Auswahl einzelner Werkzeuge enthalten. Im Sinne einer angemessenen Granularität in der Datenerfassung kann auch eine Auswahl an Kleinwerkzeugen unter dem Entitätstyp zusammengefasst werden. *Fahrzeuge* stellen im Datenmodell einen eigenen Entitätstypen dar. Sie unterscheiden sich in den Attributen, die sie charakterisieren, deutlich von den anderen Ressourcen, die im Serviceprozess eingesetzt werden.

Einige der untersuchten Serviceprozesse finden nicht nur vor Ort beim Kunden statt, sondern beinhalten gewisse Schritte, die in zentralen Werkstätten erfolgen. Gründe hierfür sind bspw., dass bestimmte Fertigungsverfahren nicht vor Ort durchgeführt werden können. Die Prozesse in der Werkstatt werden im Rahmen dieser Arbeit nicht genauer betrachtet. Dennoch wird die Ressource *Werkstatt* als Entitätstyp modelliert, um im Rahmen des Digitalen Schattens der Instandhaltungsdienstleistung anzeigen zu können, dass sich ein Modul oder Serviceobjekt momentan in einer bestimmten Werkstatt befindet.

Zur Bearbeitung von Aufträgen sind in vielen betrachteten Fällen die Pläne bzw. die CAD-Modelle des Serviceobjekts eine wichtige Ressource. Daher wird der Entitätstyp *Plan/CAD-Modell* ebenfalls in das Datenmodell aufgenommen. Im Unterschied zu den nachfolgend beschriebenen verschiedenen Dokumenten dienen die hier beschriebenen Unterlagen nicht der Dokumentation der Informationen eines Auftrags, sondern stellen lediglich Input für die Bearbeitung dar.

6.1.3 Dimension *Ergebnisse*

In der Dimension *Ergebnisse* werden alle Entitätstypen zusammengefasst, die als Output aus einem Prozess gesehen werden können. Aufgrund der Immaterialität von Dienstleistungen beschränken sich diese Outputs auf bestimmte Erkenntnisse bzw. einen Informationsgewinn, der in einem Prozess erzielt wird.

Im Rahmen dispositiver Prozesse wie bspw. dem Referenzprozessmodul „Ressourcen disponieren" müssen die zuvor in der Dimension *Ressourcen* modellierten Entitätstypen erneut in der Dimension *Ergebnis* modelliert werden. Ein Fahrzeug ist bspw. keine Ressource des Dispositionsprozesses, sondern das Ergebnis des Dispositionsprozesses, in der Form, dass es einem bestimmten Auftrag zu einer bestimmten Zeit zugewiesen wird. Basierend auf dieser Logik werden *Mitarbeiter, Serviceobjekt, Modul, Neumodul, Werkzeug und Fahrzeug* als Entitätstypen in der Dimension *Ergebnis* erfasst. Weitere Erkenntnisse aus dispositiven Prozessen sind der *Start- und Endtermin* eines Auftrags oder eines Prozesses.

Insbesondere im Rahmen der Erfassung und technischen Klärung von Aufträgen können als Ergebnis der *Kunde*, die *Störung* und die auszuführenden *Leistungen* erfasst werden. Bei der Durchführung von Inspektionen und Prüfungen sind *Maschinenparameter* und der *Zustand des Moduls* weitere Entitätstypen, die als Ergebnis aufgenommen werden können. Der Entitätstyp *Verfügbarkeit* stellt das Ergebnis des Referenzprozessmoduls „Ressourcenverfügbarkeit prüfen" dar.

6.1.4 Dimension *Dokumente*

In der Dimension *Dokumente* werden alle Entitätstypen zusammengefasst, die einen Dokumententyp repräsentieren, der im Rahmen der Instandhaltungsdienstleitung erstellt wird. Auch wenn es im Sinne einer Digitalisierung des Prozesses wünschenswert ist, dass die nachfolgend beschriebenen Dokumente in digitaler Form als strukturierter Datensatz vorliegen, wird mit den nachfolgenden Entitätstypen auch der Fall abgedeckt, dass die Dokumente nur als unstrukturierte Daten (bspw. als eingescanntes Bild) abgelegt werden.

Zu der Dimension zählen zum einen Dokumente zur administrativen Abwicklung von Aufträgen (Angebot/Auftragsbestätigung/Rechnung). Diesen ist gemein, dass sie Details zur kaufmännischen Abwicklung der Dienstleistung, wie etwa die Beschreibung, die Anzahl und den Preis einzelner Positionen oder Kundendaten, beinhalten. Auch wenn die Form dieser Dokumente grundsätzlich ähnlich ist, unterschieden sie sich dennoch in ihrer Bedeutung für die administrative Abwicklung der Dienstleistung. Daher ist der Dokumententyp (z. B. Rechnung oder Angebot) ein zentrales Attribut dieses Entitätstypen.

Weiterhin zählen Dokumente zu dieser Dimension, mit deren Hilfe die Dienstleistung dokumentiert wird. Der Servicebericht ist das zentrale Dokument, dass bspw. Details über eingesetzte Ressourcen, Dauern und durchgeführte Arbeiten enthält. Außerdem wird der Servicebericht häufig für die Dokumentation der Kundenfreigabe der durchgeführten Arbeiten mittels Unterschrift genutzt. Eine Checkliste hingegen hat den Charakter eines Formulars, das zum einen die Arbeitsfolge vorgibt. Zum anderen kann diese aber auch zur Dokumentation der einzelnen Arbeitsschritte genutzt werden, indem diese bspw. abgehakt werden oder indem aufgenommene Messwerte oder Parameter in dem Formular erfasst werden.

Im Rahmen des Prozessmoduls „Gefährdung beurteilen" wird eine Gefährdungsbeurteilung erstellt und enthält eine Dokumentation möglicher Gefährdungen und entsprechender Maßnahmen zur Begegnung dieser Gefährdungen (vgl. Arbeitsschutzgesetzt). Weiterhin werden im Rahmen bestimmter Dienstleistungen Arbeitserlaubnisscheine (AE-Scheine) durch den Kunden ausgestellt. Diese Dokumente werden unter dem Entitätstyp *Freigaben* zusammengefasst.

Als weiterer Entitätstyp der Dimension *Dokumente* werden sämtliche multimedialen Aufnahmen erfasst, mit deren Hilfe Ergebnisse von Prozessmodulen dokumentiert werden können. Als Beispiele seien ein Foto, das ein Schadensbild einer Komponente illustriert, oder eine Sprachaufzeichnung, die die durchgeführten Arbeiten dokumentiert, angeführt.

6.1.5 Konsolidierung des Datenmodells

In Abbildung 6-4 ist das konsolidierte Datenmodell als eERM dargestellt. Die einzelnen Entitätstypen wurden bereits in den Kapiteln 6.1.1 bis 6.1.4 beschrieben. Der Entitätstyp *Ereignis* stellt das zentrale Element des Modells dar. Das Datenmodell beinhaltet weiterhin die maximale Auswahl an Entitätstypen, die einem Ereignis zugeordnet werden können. In der Anwendung des Modells wird ein einzelnes Ereignis nie sämtliche Entitätstypen auf sich vereinen. Die Entitätstypen werden vielmehr entlang der Instandhaltungsdienstleistung sukzessive mit einer Vielzahl einzelner Ereignisse erfasst. Dem Ansatz der *Metadaten* folgend, ist dabei sicherzustellen, dass eine bestimmte Auswahl an Entitätstypen mit jedem Ereignis erfasst werden, um eine eindeutige Zuordnung gewährleisten zu können. Hierbei handelt es sich um (vgl. KRCMAR 2015a, S. 29):

- Ereignis
- Auftrag
- Prozess
- Prozessschritt
- Zeitstempel

Der Zeitstempel wird im Datenmodell nicht als Entitätstyp, sondern als Attribut des Entitätstyps *Ereignis* erfasst.

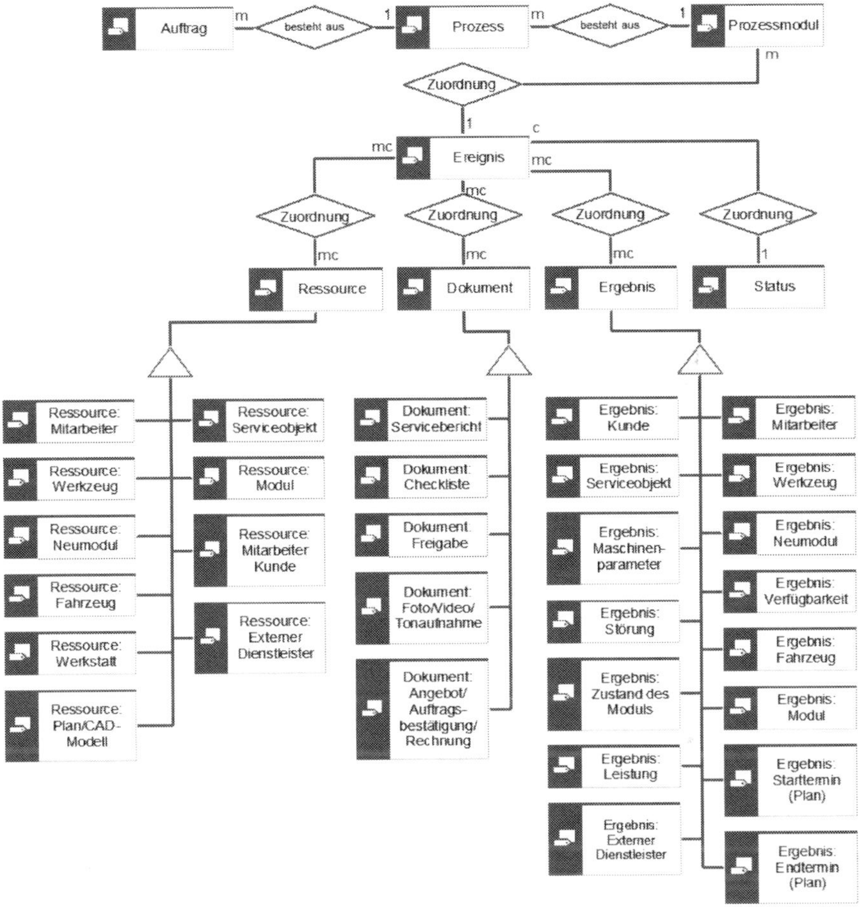

Abbildung 6-4: Datenmodell des Digitalen Schattens als eERM

Bspw. kann im Prozessmodul „Modul demontieren" in aufeinanderfolgenden Ereignissen der ausführende Mitarbeiter, das Serviceobjekt, das eingesetzte Werkzeug und schließlich das demontierte Modul erfasst werden. Durch die Zuordnung der zuvor aufgelisteten Entitätstypen wird erreicht, dass die zunächst voneinander unabhängigen Einträge im Digitalen Schatten eindeutig einem Auftrag, einem Prozess oder einem Prozessschritt zugeordnet werden können. Erst dadurch ist es möglich, einen Zusammenhang zwischen Ereignissen herzustellen und Erkenntnisse aus dem Digitalen Schatten zu gewinnen. Abbildung 6-5 ist das Prinzip zu entnehmen:

Ereignis-ID	Zeitstempel	Auftrags-ID	Prozess-ID	Prozess-modul-ID	Status	Mitarbeiter-ID	Werkzeug-ID
E-45572	2017-08-01 14:11	A-5647	P-6758	PM-67465355	begonnen	MA-4567	
E-45573	2017-08-01 14:13	A-5648	P-6759	PM-67465356	begonnen	MA-1204	
E-45574	2017-08-01 14:14	A-5649	P-6760	PM-67465357	unter-brochen	MA-3002	
E-45575	2017-08-01 14:15	A-5647	P-6758	PM-67465355			WZ-678
E-45576	2017-08-01 14:17	A-5650	P-6761	PM-67465358	beendet		
E-45577	2017-08-01 14:18	A-5649	P-6760	PM-67465357	begonnen		
E-45578	2017-08-01 14:21	A-5647	P-6758	PM-67465355	beendet	MA-4567	

Abbildung 6-5: Auszug aus dem Digitalen Schatten einer Serviceorganisation

Dem eERM sind ebenfalls die Kardinalitäten der einzelnen Beziehungen zu entnehmen:

- Jedes Ereignis ist genau einem Prozessmodul zugeordnet (Kardinalität 1), wobei einem Prozessmodul ein oder mehrere Ereignisse zugeordnet werden können (Kardinalität m).
- Jedes Prozessmodul ist genau einem Prozess zugeordnet (Kardinalität 1), wobei einem Prozess ein oder mehrere Prozessmodule zugeordnet werden können (Kardinalität m).
- Jeder Prozess ist genau einem Auftrag zugeordnet (Kardinalität 1), wobei einem Auftrag ein oder mehrere Prozesse zugeordnet werden können (Kardinalität m).
- Jeder Status gehört zu genau einem Ereignis (Kardinalität 1). Jedes Ereignis hat eine oder keine Rückmeldung zu einem Status (Kardinalität c)
- Weiterhin können keine, eine oder mehrere Ressourcen zu einem Ereignis zugewiesen werden et vice versa (Kardinalität mc). Gleiches gilt für Dokumente und Ergebnisse.

Es sei darauf hingewiesen, dass das Datenmodell nicht den Anspruch auf Vollständigkeit erhebt. Durch die fallstudienbasierte Untersuchung wurde sichergestellt, dass eine hinreichend große Anzahl an unterschiedlichen Dienstleistungen betrachtet wurde, um die relevanten Prozessmodule, Ressourcen und Ergebnisse zu berücksichtigen. Diese werden als sogenannte Entitätstypen im Datenmodell beschrieben und geben die Struktur des Datenmodells vor. Auf der Ebene einzelner Datenfelder, die diese Entitätstypen charakterisieren (sogenannte Attribute), kann im Rahmen dieser Arbeit nur eine Auswahl in das Datenmodell aufgenommen werden, die aus der Betrachtung der Fallstudien hervorgeht. Attribute werden den Entitäten in sogenannten Attributszuordnungsdiagrammen zugeordnet.

In Abbildung 6-6 ist als Beispiel das Serviceobjekt als Entitätstyp des Datenmodells mit den zugewiesenen Attributen dargestellt. Ein Attribut dieses Entitätstyps, das fallübergreifend Gültigkeit besitzt, ist die Objekt-ID des Serviceobjekts. Sie stellt das sog. Schlüsselattribut dar. Andere Attribute des Entitätstyps *Serviceobjekt* sind fallspezifisch. Bei einer Mittelspannungsanlage ist die Anzahl an Schaltvorgängen ein wichtiges Attribut des Serviceobjekts, während bei einer Komponente eines Zementwerks die Betriebsstunden zu erfassen sind. Die Auswahl an Attributen, die auf Basis der Fallstudien abgeleitet werden konnte, ist daher als Vorschlag zu verstehen, der bei der Anwendung des Digitalen Schattens fallspezifisch zu adaptieren bzw. zu ergänzen ist.

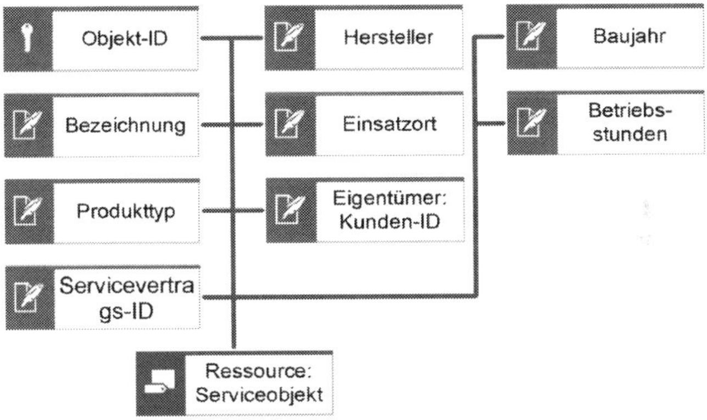

Abbildung 6-6: Attributszuordnungsdiagramm für den Entitätstyp *Serviceobjekt*

Die Attributszuordnungsdigramme für alle weiteren Entitätstypen sind dem Anhang dieser Arbeit zu entnehmen (s. Anhang 10.1).

6.2 Informationsbedarfe in Serviceorganisationen

Eine mehrfach betonte Eigenschaft des Digitalen Schattens besteht darin, dass er nicht alle Daten aus dem betrachteten Bereich des Unternehmens beinhaltet, sondern sich auf die relevanten Daten beschränkt. Dies geht einher mit einem wesentlichen „Grundsatz ordnungsgemäßer Modellierung" nach SCHÜTTE, der Konstruktionsadäquanz (s. SCHÜTTE 1998, S. 119ff.). Diese ergebe sich „aus der von den Modelladressaten verfolgten Zielsetzung" (SCHÜTTE 1998, S. 121). Für die vorliegende Arbeit wurde der Betrachtungsbereich bereits in Kapitel 2 eingegrenzt mit dem Ergebnis, dass Instandhaltungsdienstleistungen im Maschinen- und Anlagenbau untersucht werden. Weiterhin wurde bereits in der Zielstellung für diese Arbeit festgehalten, dass der Nutzerkreis bzw. die Nutzungsszenarien des Digitalen Schattens vielfältig sind und nicht in ihrer Gänze erfasst werden können, dass aber in jedem Fall die Aufgabe des Managements der Dienstleistungen unmittelbar durch den Digitalen Schatten unterstützt werden soll.

Der Aachener Lean-Services-Zyklus dient in Anlehnung als Ordnungsrahmen für die Aufgaben des Managements von Dienstleistungen (s. SCHUH U. STÜER 2013; STÜER

2015). Dieser wurde ursprünglich entwickelt, um die Prinzipien des Lean Managements auf industrielle Dienstleistungen zu übertragen (s. STÜER 2015, S. 12) und wurde mittlerweile in die DIN SPEC 77007 „Leitfaden Lean Services: Professionalisierung des Dienstleistungsgeschäfts" überführt (vgl. DIN SPEC 77007). Wie aus Abbildung 6-7 hervorgeht deckt der Zyklus in seinen fünf Phasen die Aufgabenbereiche *Strategiedefinition, Gestaltung des Leistungsprogramms, Gestaltung der Aufbau- und Ablauforganisation, Auftragsabwicklung/-steuerung* sowie *kontinuierliche Verbesserung der Organisation* ab. Damit deckt er sowohl das operative als auch das strategische Management der Dienstleistungsorganisation ab (vgl. BLEICHER 2011, S. 87ff.). Lediglich das normative Management, das sich bspw. mit der Mission einer Organisation auseinandersetzt, wird nicht betrachtet.

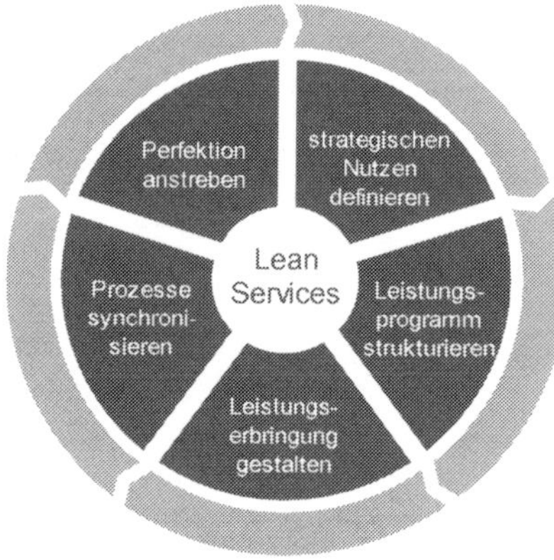

Abbildung 6-7: Aachener Lean-Services-Zyklus (STÜER 2015, S. 120)

Die Aufgaben, die sich aus dem Zyklus ableiten lassen, sind Tabelle 6-1 zu entnehmen. Um sicherzustellen, dass diese Aufgaben wirklich die Anforderungen aus der Praxis widerspiegeln, wurden in Ergänzungen zwei Gruppendiskussionen in Anlehnung an die Methode der Fokusgruppeninterviews durchgeführt. Ein wesentliches Merkmal dieser Methode besteht darin, dass eine Gruppe von Personen, die in sich homogen ist, zu einem bestimmten Thema gemeinsam befragt wird. Weiterhin handelt es sich nicht um ein klassisches Interview der Beteiligten, sondern um eine Diskussion über ein Thema. Als Vorteile dieser Methoden werden unter anderem die effiziente Datensammlung und tiefergehende und wertvollerer Erkenntnisse durch die gruppendynamischen Effekte in der Diskussion genannt (vgl. MORGAN 1997; RABIEE 2004).

Für die vorliegende Arbeit wurden zwei Personengruppen aus dem potenziellen Anwenderkreis des Digitalen Schattens für Instandhaltungsdienstleistungen ausgewählt. Es wurden Führungskräfte aus Dienstleistungsorganisationen aus den beiden vom FIR e. V. an der RWTH Aachen organisierten Arbeitskreisen „Lean Services in der Praxis" und „Instandhaltung in der Euregio" in ca. zweistündigen Gruppendiskussion befragt. Die zentrale Fragestellung für beide Fokusgruppen war:

„Bei welchen Aufgaben kann ein Digitaler Schatten das Servicemanagement unterstützen?“

Die Beiträge der Teilnehmer wurden stichpunktartig gesammelt, gemeinsam diskutiert und ergänzt. Tabelle 6-1 sind die in den Fokusgruppen genannten Aufgaben zu entnehmen. Sie konnten vollständig den bereits vorab identifizierten Aufgaben zugeordnet werden. Hieraus wird geschlussfolgert, dass die Auswahl an Aufgaben des Dienstleistungsmanagements für die nachfolgenden Arbeitsschritte hinreichend genau erfasst wurde.

Tabelle 6-1: Kernaufgaben im Management von Dienstleistungen

Phase	Aufgabe	Nennungen im Arbeitskreis Instandhaltung	Nennungen im Arbeitskreis Lean Services
Strategie	Strategischer Erfolgspositionen bewerten und auswählen		Benchmarking
	Strategische Ziele definieren und nachverfolgen		Qualität und Kosten verfolgen
	Leistungsportfolio definieren		Bewertung des Portfolios
Leistungsprogramm	Leistungsprogramm strukturieren und beschreiben		
	Leistungsprogramm bewerten und weiterentwickeln	Kostenanalyse	Transparenz für Optimierung
	Preise definieren		
Aufbau- und Ablauforganisation	Prozesse definieren und verbessern	Fehlerstatistik	Standardisierung
		Maschinenausfälle analysieren	Durchlaufzeiten auswerten
		Schwachstellenanalyse	
		Einsparungen generieren	
	Kapazitäten dimensionieren	Vorausschauende Planung	Prognose über anstehendes Auftragsvolumen
	Transparenz über Aufwand schaffen	Kostenanalyse	Transparenz für Optimierung
		Balance zwischen Verfügbarkeit und Kosten	
		Kosten senken	
Auftragsabwicklung	Prozesse/ Aufträge steuern	Optimierter / automatisierter Planungsprozess	Auftragsplanung
			Aktueller Auftragsstatus
			Einsatzplanung
	Nachfrage glätten		Transparenz für den Kunden
	Auslastung glätten	Vorausschauende Planung	Zukünftige Ereignisse eines Auftrags vorhersehen
			Prognose über anstehendes Auftragsvolumen
	Aufträge dokumentieren/abrechnen	Rechtssicherheit	
		Dokumentation Prüfungen und Reparaturen	
Kontinuierliche Verbesserung	Performance managen	Kostenanalyse	Benchmarking
		Balance zwischen Verfügbarkeit und Kosten	Qualität und Kosten verfolgen
		Fehlerstatistik	Transparenz für Optimierung
		Schwachstellenanalyse	
	Änderungen umsetzen	Instandhaltungsstrategie anpassen	
	Organisation weiterentwickeln	Kontinuierliche Verbesserung	
		Daten für den Einkauf neuer Maschinen nutzen	

Nachfolgend werden entlang der Phasen des Lean-Services-Zyklus die wesentlichen Aufgaben im Management von Dienstleistungen beschrieben und die hierfür bestehenden Informationsbedarfe abgeleitet (Kapitel 6.2.1-6.2.5). Die Informationsbedarfe werden in Kapitel 6.2.6 beschrieben und mit den Daten des Digitalen Schattens abgeglichen.

6.2.1 Strategie

In der Phase *Strategie* besteht das Ziel darin, die strategische Positionierung der Serviceorganisation zu definieren (s. DIN SPEC 77007, S. 10). Folgende drei Aufgaben wurden aus den zugrunde gelegten Quellen sowie den Fokusgruppeninterviews abgeleitet (s. Abbildung 6-8):

Abbildung 6-8: Aufgaben und Informationsbedarfe im Themenfeld *Strategie*

Strategische Erfolgspositionen bewerten und auswählen

„Fähigkeiten [...], die es [dem Unternehmen] erlauben, längerfristig überdurchschnittliche Ergebnisse zu erzielen“ werden als strategische Erfolgspositionen (SEP) bezeichnet (PÜMPIN U. AMANN 2005). Die Aufgabe für das Servicemanagement besteht darin, mögliche SEP in ihrem Markt zu identifizieren und zu bewerten. Eine Bewertung erfolgt im Hinblick auf relative Leistungsfähigkeit in diesen Fähigkeiten in Relation zur Konkurrenz (SCHUH 2006, S. 35).

Zur Bewertung der relativen Positionierung der Fähigkeiten bestehen zum einen Informationsbedarfe im Hinblick auf die eigene Leistungsfähigkeit in den identifizierten Fähigkeiten (bspw. durchschnittliche Reaktionszeiten im Service). Jene lassen sich in den Dimensionen *Qualität* (z. B. First-Time-Fix-Rate), *Zeit* (z. B. Reaktionszeit) und *Kosten* messen (z. B. Preis der Leistungen). Auf der anderen Seite sind Marktinformationen über die Leistungsfähigkeit der Konkurrenzunternehmen notwendig, um die eigene Bewertung in Relation setzen zu können. Weiterhin unterstützen Daten über die Größe und das Wachstum einzelner Marktsegmente dabei, ein Urteil über die Bedeutung bestimmter strategischer Erfolgspositionen zu fällen.

Strategische Ziele definieren und nachverfolgen

Basierend auf der Definition der strategischen Erfolgspositionen sind konkrete Ziele für die Serviceorganisation zu definieren und kontinuierlich zu verfolgen (s. STICH ET AL. 2015, S. 92f.). Strategische Ziele können in verschiedenen Dimensionen definiert werden und werden häufig in Zielsystemen erfasst (vgl. z. B „Balanced Scorecard" (KAPLAN U. NORTON 2006)).

Die Informationsbedarfe für die Definition und Nachverfolgung strategischer Ziele liegen ähnlich wie bei der zuvor beschriebenen Aufgabe in den Leistungskenngrößen in den Dimensionen *Qualität, Zeit* und *Kosten*. Weiterhin können marktorientierte Ziele definiert werden für die Informationen über den Umsatz ggf. auch in Relation zur Marktgröße notwendig sind. Kennzahlensysteme wie die „Balanced Scorecard" können flexibel angepasst werden; erfordern jedoch ggf. weitere Informationen bspw. über die Qualifikation von Mitarbeitern. Da im Rahmen dieser Arbeit keine vollständige Analyse sämtlicher Kennzahlensysteme für den Service angestrebt wird, wird auch im Sinne des *Grundsatzes der Wirtschaftlichkeit* nur auf die genannten wesentlichen Zielgrößen im Service eingegangen (s. SCHÜTTE 1998, S. 114).

Leistungsportfolio definieren

Die Aufgabe beinhaltet die Definition des jeweiligen Leistungsspektrums, das einem Kunden- oder Marktsegment angeboten wird. Strategische Entscheidungen über die (Weiter-)Entwicklung und das Abkündigen von Leistungen für bestimmte Märkte sind zu treffen (s. STICH ET AL. 2015, S. 93). Der Begriff *Leistung* wird an dieser Stelle nicht verstanden als einzelne Leistung innerhalb eines Auftrags (bspw. Tauschen eines Filters), sondern als Gruppe von gleichartigen Leistungen (bspw. Wartungen oder Modernisierungen von Altanlagen). Weiterhin gehören Entscheidungen über das oder die angebotenen Geschäftsmodelle (bspw. Verfügbarkeitsgarantien) zu dieser Aufgabe.

Die Informationsbedarfe für diese Entscheidungen bestehen zum einen in unternehmensexternen Informationen über Marktgröße und Marktwachstum. Zum anderen werden Informationen benötigt über Umsatz, Kosten und Profitabilität von Leistungen.

6.2.2 Leistungsprogramm

Das Ziel der Phase *Leistungsprogramm* ist es, das Leistungsprogramm zu strukturieren und einzelne Varianten des Programms zu definieren (s. DIN SPEC 77007, S. 11).

Die folgenden drei Aufgaben wurden aus den zugrunde gelegten Quellen sowie den Fokusgruppeninterviews abgeleitet (s. Abbildung 6-9):

Abbildung 6-9: Aufgaben und Informationsbedarfe im Themenfeld *Leistungsprogramm*

Leistungsprogramm strukturieren und beschreiben

Diese Aufgabe umfasst die Abgrenzung von Leistungen und deren anschließende Beschreibung. Weiterhin beinhaltet die Aufgabe die Beschreibung von Abhängigkeiten zwischen den Leistungen (s. STICH ET AL. 2015, S. 95). Hierbei wird *Leistung* entgegen der Verwendung bei der vorgenannten Aufgabe als einzelne Leistung innerhalb eines Auftrags verstanden.

Die Beschreibung von Leistungen und deren Abhängigkeiten basiert einerseits auf sachlogischen Zusammenhängen, die nicht durch Datenerfassung herzuleiten sind. Bspw. ist die Leistung *Fehlerdiagnose* immer notwendig bevor die Leistung *Reparatur* erbracht werden kann. Andererseits können Rückschlüsse über die sinnvolle Zusammenstellung von Leistungen aus historischen Daten aus durchgeführten Aufträgen gewonnen werden. Die Häufigkeiten einzelner Leistungen liefern hierbei die Eingangsgröße, bspw. für Korrelationsanalysen. In Verbindung mit der Kundensegmentierung können Leistungsbündel auf einzelne Kundengruppen zugeschnitten werden.

Leistungsprogramm bewerten und weiterentwickeln

Die Bewertung von einzelnen Leistungen und des Leistungsprogramms kann in verschiedenen Dimensionen erfolgen. STÜER schlägt eine Bewertung und Strukturierung des Leistungsprogramms anhand von Standardisierungspotenzialen vor (s. STÜER 2015, S. 143ff.). Aus den Fokusgruppeninterviews geht hervor, dass eine Bewertung von Leistungen insbesondere im Hinblick auf deren Profitabilität vorgenommen wird. Die Bewertung dient als Basis für Entscheidungen hinsichtlich der Weiterentwicklung des Leistungsprogramms, bspw. durch Bereinigungen oder Erweiterungen.

Die Informationsbedarfe für die Bewertung des Leistungsprogramms bestehen zum einen in den Standardisierungspotenzialen. Diese lassen sich in den Dimensionen

Prozess, Ergebnis und *Potenzial* bestimmen (s. STICH ET AL. 2015, S. 97). Zum anderen werden Informationen über Umsatz, Selbstkosten und Profitabilität jeder einzelnen Leistung benötigt. Weiterhin können die Häufigkeiten der Leistungen in die Beurteilung einfließen. Die Kundensegmentierung gibt zudem Aufschluss darüber, auf welche Kundengruppen sich die Leistungen verteilen.

Preise definieren

Die systematische Preisfindung für einzelne Leistungen und Leistungsbündel wird im Aachener Lean-Services-Zyklus nur am Rande in der Phase „Leistungserbringung gestalten" betrachtet. Da die Definition von Preisen in enger Verbindung zur Definition des Leistungsprogramms steht, wird diese Aufgabe der zweiten Phase zugeordnet. Der Definition des Preises wird sich aus zwei Richtungen genähert. Einerseits bestimmt die Zahlungsbereitschaft der Kunden die Preisobergrenze. Die Untergrenze wird unter Berücksichtigung der Kosten des Unternehmens festgelegt (s. STICH ET AL. 2015, S. 104).

Für die Definition des Preises werden folglich die Selbstkosten des Dienstleisters sowie die Zahlungsbereitschaft der Kunden für jede Leistung als Informationen genutzt. Die Kundensegmentierung kann genutzt werden, um die Preisdefinition in Abhängigkeit der Kundengruppen durchzuführen. Die Häufigkeit der Leistungen fliesst implizit ein in die Preisfindung, da sie Bestandteil der Kalkulation der Selbstkosten ist.

6.2.3 Aufbau- und Ablauforganisation

Das Ziel dieser Phase ist es, eine Serviceorganisation zu gestalten, die das definierte Leistungsprogramm umsetzt (s. DIN SPEC 77007, S. 14). Folgende drei Aufgaben wurden aus den zugrunde gelegten Quellen sowie den Fokusgruppeninterviews abgeleitet (s. Abbildung 6-10):

Abbildung 6-10: Aufgaben und Informationsbedarfe im Themenfeld *Aufbau- und Ablauforganisation*

Prozesse definieren und verbessern

Die Aufgabe umfasst die Definition von effizienten und kundenorientierten Prozessen (s. Stich et al. 2015, S. 100). Dabei gilt es, die Verschwendungen in den Prozessen im Sinne des Lean Thinkings sukzessive zu reduzieren, bspw. durch Standardisierung („repetitive Referenzprozesse") und eine kontinuierliche Weiterentwicklung des Standards (s. Stüer 2015, S. 150ff.). Eine Wertstromanalyse gibt Aufschluss über den Anteil wertschöpfender zu nicht-wertschöpfenden Aktivitäten (s. Womack u. Jones 2004, S. 51).

Für diese Aufgabe sind Informationen über Standardisierungspotenziale notwendig. Hierzu kann z. B. analysiert werden, wo in unterschiedlichen Prozessen mit unterschiedlichen Werkzeugen eine ähnliche Leistung erbracht wird.

Weiterhin sind Soll-/Ist-Abweichungen in den Dimensionen *Qualität, Zeit* und *Kosten* für Prozessschritte ein geeigneter Ausgangspunkt zur Identifikation von Verbesserungspotenzialen. Der Anteil wertschöpfender zu nichtwertschöpfenden Aktivitäten kann genutzt werden, um Verschwendungen (bspw. Fahrtzeiten, Suchzeiten) gezielt zu reduzieren.

Kapazitäten dimensionieren

Die Dimensionierung von Kapazitäten beinhaltet die Beschreibung der Ressourcen und deren Zuordnung zu Prozessen. Die Prozesse bestimmen, wie lange eine Ressource für einen bestimmten Arbeitsschritt gebunden ist. Auf Basis eines Absatzplans kann somit der Ressourcenbedarf bestimmt werden, (s. Stich et al. 2015, S. 102).

Für diese Aufgabe sind Informationen über die Planzeiten je Prozessschritt einer Leistung notwendig, die in Verbindung mit den zugeordneten Ressourcen den Planressourcenbedarf je Leistung definieren. Weiterhin werden Absatzprognosen für jede Leistung benötigt, um den aggregierten Kapazitätsbedarf für den Planungszeitraum zu bestimmen.

Transparenz über Aufwand schaffen

Diese Aufgabe hat zum Ziel, die Kosten für jede einzelne Leistung möglichst präzise zu erfassen. Nach Stich et al. stellt eine „verursachungsgerechte" Verteilung der Gemeinkosten bei Dienstleistungen eine besondere Herausforderung dar, der bspw. mit dem Verfahren des *„time-driven activity-based costings"* begegnet werden kann (s. Stich et al. 2015, S. 104; vgl. Kaplan u. Anderson 2009). Stüer schlägt vor auch Transparenz über den Nutzen der Leistung zu schaffen, die sie beim Kunden generiert (s. Stüer 2015, S. 160ff.). Da aber kein konkreter Ansatz zur Kalkulation des Kundennutzens genannt wird und dieser Aspekt in den Fokusgruppeninterviews nicht thematisiert wurde, wird dieser hier nicht weiter betrachtet.

Der wesentliche Informationsbedarf für die Durchführung dieser Aufgabe besteht in den Selbstkosten für jede Leistung.

6.2.4 Auftragsabwicklung

Das Ziel dieser Phase besteht nach DIN 77007 in der „Definition von Planungs- und Steuerungssystemen für die Leistungserbringung" (DIN SPEC 77007, S. 15). Für die vorliegende Arbeit wird diese Phase als die administrative Abwicklung von Aufträgen verstanden. Folgende vier Aufgaben wurden aus den zugrunde gelegten Quellen sowie den Fokusgruppeninterviews abgeleitet (s. Abbildung 6-11):

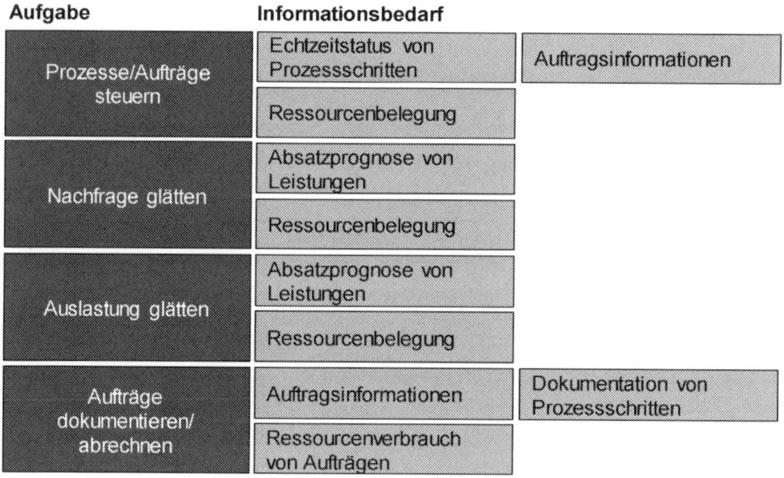

Abbildung 6-11: Aufgaben und Informationsbedarfe im Themenfeld *Auftragsabwicklung*

Prozesse/Aufträge planen und steuern

Diese Aufgabe umfasst das operative Management einzelner Aufträge. Hierzu zählen bspw. die (Fein-)Terminierung, die Reihenfolgeplanung, Routenoptimierung und die Abstimmung zwischen den Prozessschritten eines Auftrags (vgl. SCHUH U. STÜER 2016, S. 287f.)

Für diese Aufgabe ist die Kenntnis des aktuellen Status aller Aufträge notwendig. Eng damit verbunden sind die Informationen über die aktuelle und zukünftige Belegung von Ressourcen. Weiterhin werden Informationen benötigt, die die einzelnen Aufträge charakterisieren.

Nachfrage glätten

Da die Nachfrage nach Dienstleistungen sich in den meisten Fällen unmittelbar auf die Auslastung des Dienstleisters auswirkt, kann eine Einflussnahme auf die Nachfrage einen positiven Effekt auf Auslastungsspitzen und Leerlauf haben (s. DIN SPEC 77007, S. 16). Zu nennen sind hier Verfahren des „Yield-Managements", das die Nachfrage mittels Preisanpassungen zu beeinflussen versucht, sowie die Übernahme von Betreiberverantwortung, um als Dienstleister mehr Einfluss auf die Terminierung von Aufträgen zu haben (s. STICH ET AL. 2015, S. 108).

Zur Erfüllung dieser Aufgabe ist es notwendig, die Absatzprognosen der Leistungen sowie die aktuelle und zukünftige Ressourcenbelegung zu kennen.

Auslastung glätten

Das Servicemanagement hat eine Reihe von Stellhebeln, die eine Anpassung des Kapazitätsangebots bewirken. Zu diesen zählen die intensitätsmäßige Anpassung, die zeitliche Anpassung, die quantitative Anpassung, die qualitative Anpassung und die räumliche Anpassung (s. HÜBBERS 2011, S. 133).

Diese Aufgabe erforderte ebenfalls die Kenntnis der Absatzprognosen sowie die aktuelle und zukünftige Belegung der einzelnen Ressourcen.

Aufträge dokumentieren/abrechnen

Am Abschluss eines Auftrags und ggf. während dessen Durchführung steht die Dokumentation und Abrechnung der Arbeiten (s. SCHUH U. STÜER 2016, S. 288). Hierbei werden sämtliche Leistungen sowie die eingesetzten Ressourcen dokumentiert und entsprechend der Vereinbarung mit dem Kunden abgerechnet.

Da bei dieser Aufgabe der gesamte Dienstleistungsprozess erfasst wird, sind die Informationsbedarfe vielfältig. Es werden Informationen über den Verbrauch jeder einzelnen Ressource (z. B. Mitarbeiter, Materialien, Werkzeuge) gebraucht. Zudem werden in einigen Prozessschritten dokumentationspflichtige Informationen aufgenommen (bspw. Messwerte). Zur Abrechnung sind außerdem Angaben zum Auftrag notwendig, bspw. zu Umfang und Preis der angebotenen Leistung.

6.2.5 Kontinuierliche Verbesserung

Die Phase der kontinuierlichen Verbesserung hat zum Ziel, sämtliche zuvor beschriebenen Aufgaben sowie alle anderen Aspekte einer Serviceorganisation permanent weiterzuentwickeln (s. DIN SPEC 77007, S. 18). Die folgenden beiden Aufgaben wurden aus den zugrunde gelegten Quellen sowie den Fokusgruppeninterviews abgeleitet (s. Abbildung 6-12):

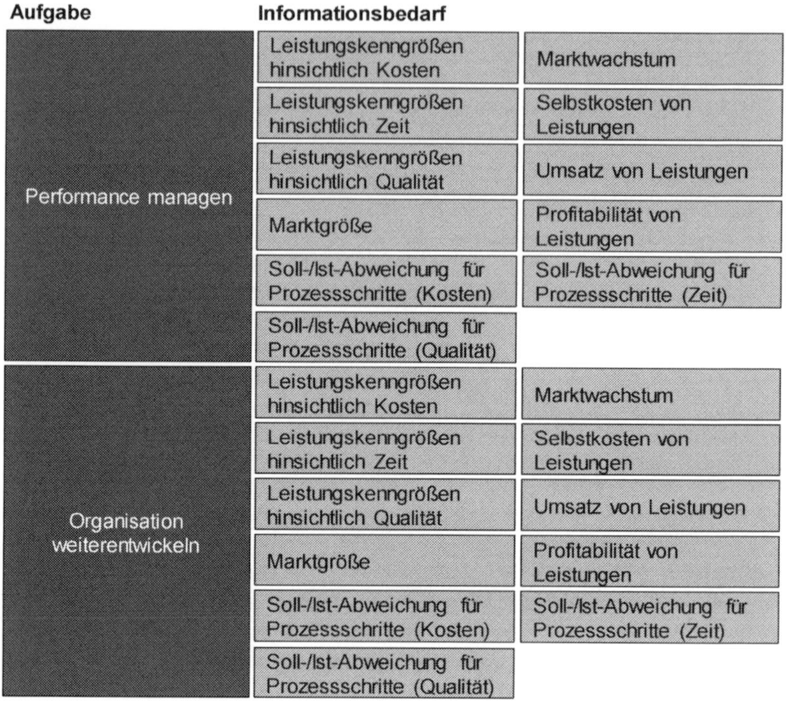

Abbildung 6-12: Aufgaben und Informationsbedarfe im Themenfeld *Kontinuierliche Verbesserung*

Performance managen

Nach HORVÁTH stellt das Performance Management die Kombination von Controlling und Performance-Measurement dar. Das Controlling übernehme die Koordinationsfunktion, während das Performance Measurement die Leistungsmessung und Implementierung beinhalte (s. HORVÁTH 2012, S. 564f.). Das bedeutet, die systematische Umsetzung und Verfolgung von Maßnahmen gehört ebenfalls zur Aufgabe *Performance managen* und wird daher nicht, wie im Lean-Services-Zyklus, als gesonderte Aufgabe gesehen.

Die Informationsbedarfe für diese Aufgabe bestehen in den bereits zuvor beschriebenen Leistungskennzahlen in den Dimensionen *Qualität, Zeit* und *Kosten.* Weiterhin kann die Leistungsmessung entlang der umsatz- bzw. profitabilitätsbezogenen Informationen bewertet werden. Anders als bei den in der ersten Phase definierten strategischen Zielgrößen werden im Rahmen dieser Aufgabe auch die Soll-/Ist-Abweichungen auf der Ebene einzelner Prozessschritte analysiert.

Organisation weiterentwickeln

Die Aufgabe besteht in der systematischen Weiterentwicklung der Organisation. Ein weitverbreiteter Ansatz sind sogenannten Reifegradmodelle. Sie beschreiben in aufeinander aufbauenden Entwicklungsstufen einen systematischen Entwicklungspfad, der eine Organisation dabei unterstützt, seinen Status quo sowie die nächsten Maßnahmen zu bestimmen (vgl. CMMI PRODUCT TEAM (HRSG.) 2010; SCHUH ET AL. 2017a).

Da die Reifegradmodelle i. d. R. mit qualitativen Beschreibungen eines bestimmen Zustands definiert werden, sind für diese Aufgabe keine quantitativen Informationen notwendig. Trotzdem können die selben Informationen genutzt werden, die der Aufgabe zuvor zugeordnet wurden, um die Wirksamkeit der Maßnahmenumsetzung zu verfolgen.

6.2.6 Prüfung der Datenverfügbarkeit

Zielsetzung der Ableitung der Aufgaben im Servicemanagement und der zugehörigen Informationsbedarfe ist es, zu prüfen, ob das entwickelte Datenmodell sämtliche Informationsbedarfe decken kann. Hierzu wurde für jeden Informationsbedarf gegenübergestellt, welche Daten des Digitalen Schattens notwendig sind, um aus diesen die jeweilige Information zu generieren, und ob ggf. weitere Daten notwendig sind. Konkret wurde die Zuordnung auf der Ebene der Attribute durchgeführt, die als einzelne Datenfelder der Datenbank des Digitalen Schattens zu interpretieren sind.

Das Vorgehen ist beispielhaft in Abbildung 6-13 für die Information *Leistungskenngrößen hinsichtlich Kosten* dargestellt. Dieser Informationsbedarf lässt sich aus den dargestellten Daten des Digitalen Schattens decken. Für jedes Ereignis im Digitalen Schatten wird, wie bereits beschrieben, eine Auswahl an Attributen erfasst, die eine eindeutige Zuordnung zulassen. Dadurch ist es in dem dargestellten Beispiel möglich, dass für einen ausgewählten Prozess innerhalb eines Auftrags präzise erfasst werden kann, wann einzelne Prozessschritte begonnen und beendet wurden und welche Ressourcen dabei eingesetzt wurden. Aus den Zeitstempeln kann die Dauer jedes Prozessschritts und des gesamten Prozesses bestimmt werden. Mithilfe des Verrechnungssatzes können Zeitperioden und Anzahlen in Kosten beschrieben werden. Diese können wiederum in verschiedenen kostenbezogenen Leistungskenngrößen verdichtet werden, bspw. den durchschnittlichen Kosten eines bestimmten Auftragstyps oder für Aufträge eines bestimmten Maschinentyps.

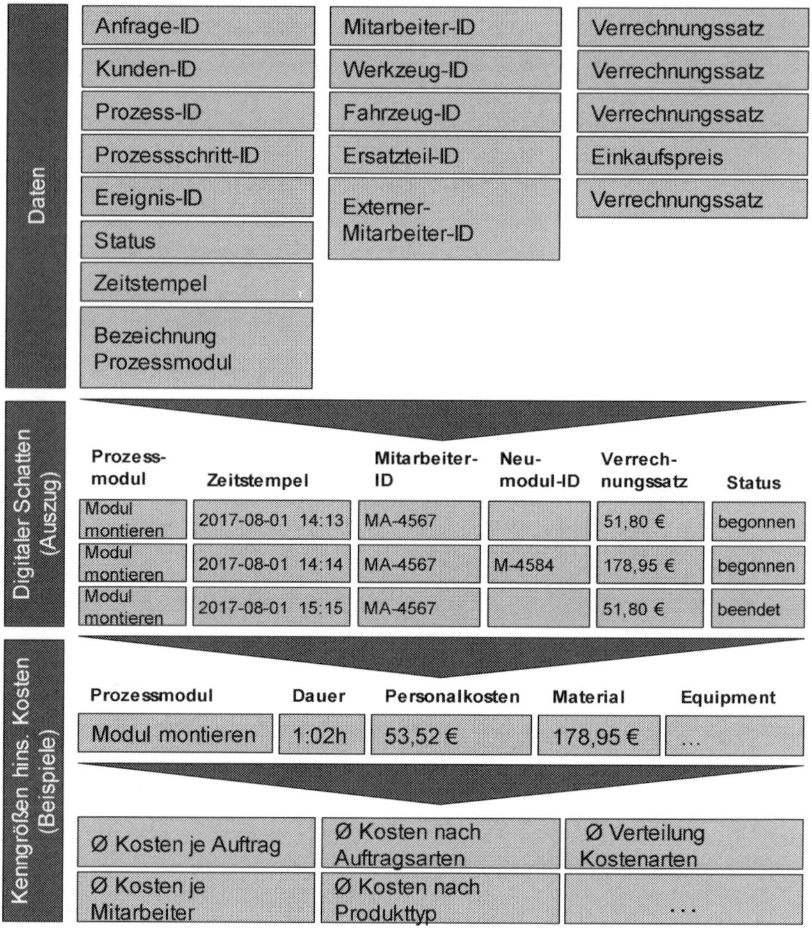

Abbildung 6-13: Daten aus dem Digitalen Schatten zur Bestimmung von Leistungskenngrößen hinsichtlich Kosten (Beispiel)

Der dargestellte Fall ist ein Beispiel für einen vollständig gedeckten Informationsbedarf. Im Rahmen der Untersuchung sind auch Fälle aufgetreten, bei denen ein Informationsbedarf nur teilweise gedeckt werden konnte. Ein Beispiel hierfür ist der Informationsbedarf *Absatzprognosen*. Absatzprognosen können grundsätzlich auf Basis historischer Daten aus dem Digitalen Schatten kalkuliert werden. So kann auf Basis der Häufigkeiten bestimmter Aufträge über den Jahresverlauf eine Saisonalität ermittelt werden, die in die Zukunft fortgeschrieben werden kann. Weiterhin wären aber auch externe Daten über allgemeine Marktentwicklungen notwendig, um die Verlässlichkeit der Prognose zu steigern. Externe Marktdaten sind jedoch per Definition nicht Bestandteil des Digitalen Schattens von Instandhaltungsdienstleistungen.

Ein Beispiel für einen vollständig nicht gedeckten Informationsbedarf sind die Branchenbenchmarks, die bspw. für die relative Bewertung der eigenen Leistungsfähigkeit notwendig sind. Hierbei handelt es sich ebenfalls um unternehmensexterne Daten, die nicht ohne weiteres durch den Digitalen Schatten erfassbar sind.

Die vollständige Zuordnung von Informationsbedarfen und Daten sowie die Beurteilung, inwieweit die Informationsbedarfe gedeckt sind, sind Anhang 10.3 zu entnehmen. Das Ergebnis ist Abbildung 6-14 zu entnehmen. 71 % der abgeleiteten Informationsbedarfe können durch das zuvor entwickelte Datenmodell gedeckt werden. Speziell die nicht oder teilweise gedeckten Informationsbedarfe bieten Ansatzpunkte für weitere Analysen hinsichtlich Optimierungsbedarfen am Datenmodell.

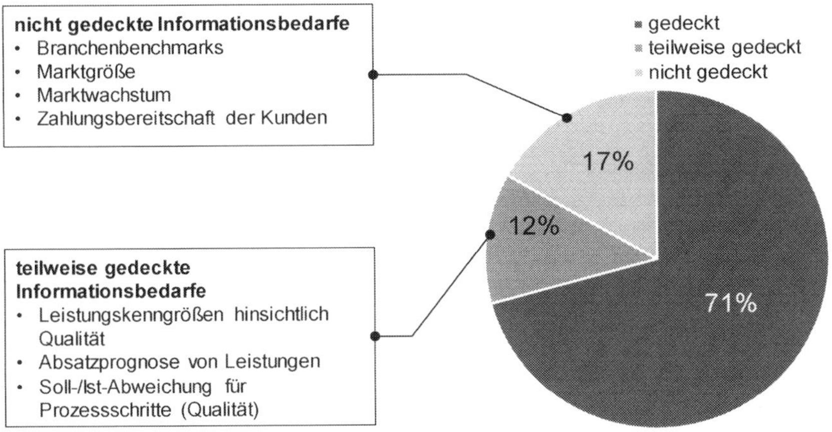

Abbildung 6-14: Anteil des gedeckten Informationsbedarfs im Servicemanagement durch den Digitalen Schatten

Die nicht gedeckten Informationsbedarfe *Branchenbenchmarks, Marktgröße, Marktwachstum* und *Zahlungsbereitschaft der Kunden* bedürfen allesamt externer Daten, die nicht im Einflussbereich des Unternehmens liegen. Daher können hieraus keine Optimierungen des Datenmodells abgeleitet werden.

Die nur teilweise gedeckten Informationsbedarfe bezüglich *Leistungskenngrößen hinsichtlich Qualität, Absatzprognosen von Leistungen* und *Soll-/Ist-Abweichungen von Prozessschritten (Qualität)* können ebenfalls aufgrund mangelnder externer Daten nicht vollständig gedeckt werden. Die Problematik für die Absatzprognosen wurde bereits oben erläutert. Die Dienstleistungsqualität kann anders als in der Produktion physischer Produkte nicht durch einfache Messverfahren bestimmt werden, sondern nur indirekt ermittelt werden (s. DIN SPEC 77007, S. 18). Hierzu können „unternehmensorientierte Messungen" (z. B. *Mean Time to Repair* oder *First-Time-Fix-Rate*) durchgeführt werden (s. MEFFERT ET AL. 2015, S. 214). Diese können aus den Daten des Digitalen Schattens bestimmt werden. Andererseits ist die „kundenorientierte Messung" wichtiger Input für die Qualitätsmessung. Diese kann häufig nur indirekt über das Feedback des Kunden gemessen werden und ist daher nicht mit dem Digitalen Schatten abbildbar.

Abschließend kann festgehalten werden, dass alle nicht gedeckten Informationsbedarfe nicht durch eine Adaption des Datenmodells gedeckt werden könnten. Eine hinreichend umfangreiche Datenerfassung, um die Aufgaben des Servicemanagements umfassend unterstützen zu können, kann festgestellt werden.

6.3 Systeme und Technologien zur Erfassung der Daten des Digitalen Schattens

Ziel dieses Kapitels ist es, zu prüfen, ob die zu erfassenden Daten des Digitalen Schattens im Rahmen der technischen Möglichkeiten und mit vertretbarem Aufwand erfassbar sind. Mögliche Technologien zur Datenerfassung wurden bereits in Kapitel 3.2 vorgestellt und im Hinblick auf ihre Eignung unter bestimmten Voraussetzungen bewertet.

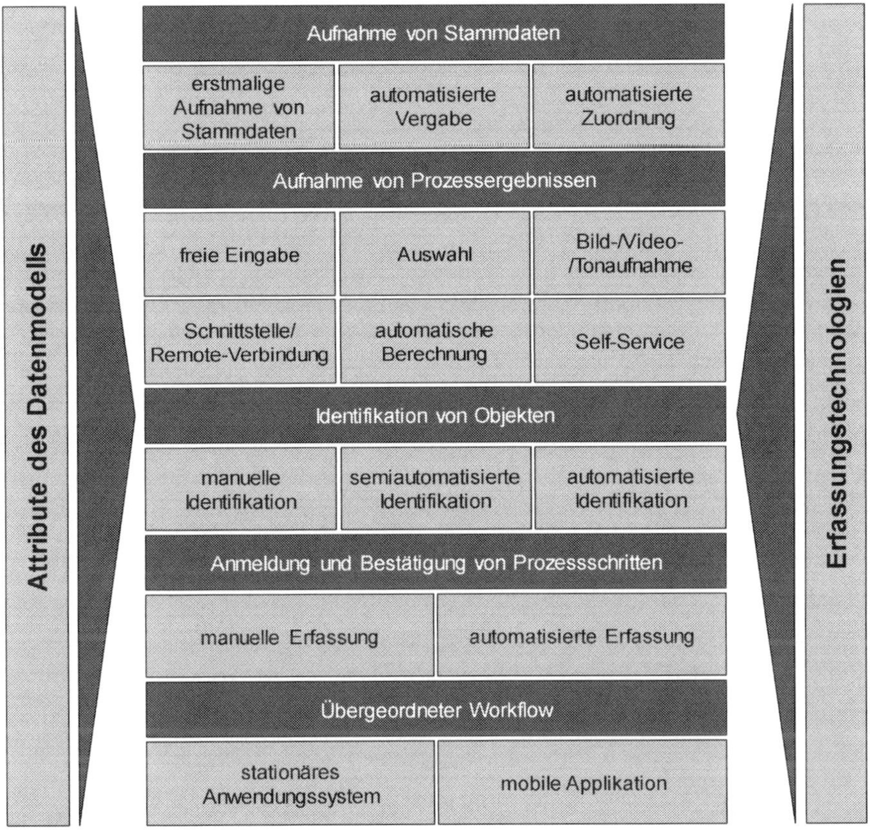

Abbildung 6-15: Übersicht über mögliche Szenarien zur Erfassung der Daten des Digitalen Schattens

Nachfolgend werden die Daten des Digitalen Schattens auf Ebene der Attribute verschiedenen Szenarien zur Erfassung der Daten zugeordnet. Die Szenarien sind jeweils mit möglichen Technologien hinterlegt. Die Zuordnung von Attributen zu den Szenerien ist erfolgt, indem jedes einzelne Attribut des Datenmodells auf seine Erfassbarkeit mit den unter Kapitel 3.2 vorgestellten Technologien untersucht wurde. Eine

Übersicht über alle Attribute des Digitalen Schattens und deren Zuordnung zu möglichen Szenerien ist Anhang 10.3 zu entnehmen. Eine Übersicht der Szenarien ist in Abbildung 6-15 dargestellt. Diese werden nachfolgend im Detail beschrieben:

6.3.1 Szenario 1: Aufnahme von Stammdaten

Stammdaten sind durch ihre geringe Veränderbarkeit charakterisiert. Sie beschreiben demzufolge „nur wenig veränderliche betriebswirtschaftliche Objekte" (Abts u. Mülder 2017, S. 70). In dem Datenmodell dieser Arbeit zählen bspw. Mitarbeiter-ID oder der Name des Mitarbeiters zu den Stammdaten. Sie sind abzugrenzen von Bewegungsdaten. Diese werden in hoher Frequenz neu generiert (s. Abts u. Mülder 2017, S. 70). Hierzu zählt bspw. der Status eines Auftrags.

In dem entwickelten Datenmodell sind bis auf wenige Ausnahmen alle Attribute, die einem Entitätstyp der Gruppe *Ressource* zugeordnet sind, als Stammdaten zu sehen. Zu den Ausnahmen zählen bspw. die Betriebsstunden eines Serviceobjekts. Stammdaten werden nicht in dem entwickelten Datenmodell gepflegt, sondern in den Quellsystemen, aus denen sich der Digitale Schatten speist. Die Pflege der Stammdaten ist folglich nicht als Datenerfassung im Rahmen der Erhebung des Digitalen Schattens zu sehen. Gepflegte Stammdaten sind daher eine essenzielle Voraussetzung für den Digitalen Schatten (vgl. Hippenmeyer u. Moosmann 2016, S. 2).

Während der Erfassung des Digitalen Schattens einer Dienstleistung werden die Stammdaten genutzt, um den entsprechenden Objekten, Prozessschritten oder Ergebnissen der Dienstleistung zugeordnet zu werden. Hierbei muss eine eindeutige Identifikation über das Schlüsselattribut stattfinden (s. Szenario 3„Identifikation von Objekten"). Anschließend können alle weiteren Stammdaten des Objekts automatisiert aus dem Quellsystem extrahiert werden.

Dennoch ist nicht auszuschließen, dass Stammdatenpflege während einiger der aufgeführten Prozessmodule stattfindet. Bspw. werden die Stammdaten eines Kunden im Prozessmodul *Auftrag/Anfrage erfassen* neu angelegt, wenn der Kunde erstmals eine Anfrage bei dem Unternehmen stellt. Anschließend werden die neu angelegten Stammdaten dieses Kunden direkt in den Digitalen Schatten weitergeleitet, um die für das Prozessmodul notwendigen Daten zu erfassen.

Für das Erfassungsszenario *Stammdaten aufnehmen* werden drei Fälle unterschieden:

Szenario 1.1: Erstmalige Aufnahme von Stammdaten

Dieser Fall beinhaltet sämtliche Situationen, in denen Stammdaten erstmals in einem IT-System des Unternehmens erfasst oder manuell aktualisiert werden. Dieser Fall tritt immer dann auf, wenn neue „betriebswirtschaftliche Objekte" zu erfassen sind oder Attribute eines bereits erfassten Objekts sich verändern (s. Abts u. Mülder 2017, S. 70). Der manuelle Aufwand zur initialen Erfassung der Stammdaten kann nicht durch den Digitalen Schatten reduziert werden. Die Einführung des Digitalen Schattens kann jedoch dafür genutzt werden, um zu identifizieren, in welchen Systemen aktuell

Stammdaten zu einem Objekt gepflegt werden. In einem zweiten Schritt können redundante Strukturen aufgelöst werden.

Weiterhin ist sicherzustellen, dass der beschriebene Fall nicht in Prozessschritte integriert ist, die mobil stattfinden. Die Aufnahme der Stammdaten erfolgt idealerweise losgelöst von den Auftragsprozessen. Wenn sie in den Auftragsprozess integriert ist, wie bspw. beim Anlegen eines neuen Kunden, sollte die Erfassung an stationären Arbeitsplätzen stattfinden, um Fehler zu vermeiden.

Diesem Fall konnte keine Erfassungstechnologie zugewiesen werden.

Szenario 1.2: Automatisierte Vergabe

Eine automatisierte Vergabe von Stammdaten kann immer dann erfolgen, wenn das Attribut nach einer bestimmten Logik, bspw. einem Nummernkreis, generiert werden kann (s. ALPAR ET AL. 2016, S. 205).

Die automatisierte Vergabe von (Stamm-)Daten betrifft insbesondere die Generierung von Identifikationsnummern, Zeitstempeln, Datumsangaben und Positionsangaben. Außerdem können Ersteller und Name von Dokumenten automatisiert zu deren Stammdaten hinzugefügt werden.

Für diesen Fall wird keine der vorgestellten Technologien benötigt.

Szenario 1.3: Automatisierte Zuordnung

Dieser Fall betrifft nicht die Generierung von Stammdaten, sondern die Zuweisung von Stammdaten zu Ereignissen im Digitalen Schatten. Sämtliche Ressourcen, Prozessschritte, Ergebnisse und Dokumente, die im Digitalen Schatten erfasst werden, verfügen über eine eindeutige Identifikationsnummer (ID), die das Schlüsselattribut des zugehörigen Entitätstypen darstellt. Das Schlüsselattribut muss für jedes Ereignis, in dem ein Objekt datentechnisch abgebildet werden soll, erfasst werden. Weitere beschreibende Attribute können nach der eindeutigen Identifikation aus den Stammdaten zugeordnet werden und müssen nicht bei jedem Ereignis neu erfasst werden. Die Möglichkeiten zur Identifikation werden in einem separaten Erfassungsszenario beschrieben. In dem hier dargestellten Fall wird sich ausschließlich auf die Attribute bezogen, die als beschreibende Attribute definiert sind.

Die einzige technische Voraussetzung hierfür ist, das bidirektionale Schnittstellen zwischen dem Digitalen Schatten und den Quellsystemen, in denen die Stammdaten gepflegt werden, ausgeprägt sind. Auf diese Art kann mittels der erfassten ID eine Anfrage an das Quellsystem gestellt werden, das dann die weiteren Attribute übergeben kann. Aufgrund dieses Prinzips ist es für das entwickelte Datenmodell wichtig, alle relevanten Entitätstypen abzubilden und einen eindeutigen Schlüssel zuzuweisen. Eine Erweiterung des Datenmodells auf dieser Ebene würde großen Aufwand nach sich ziehen. Es ist hingegen nur mit geringem Aufwand verbunden, ein weiteres beschreibendes Attribut für einen Entitätstypen zu definieren, da dieses lediglich in den Stammdaten erfasst und in die automatisierte Abfrage aufgenommen werden muss.

6.3.2 Szenario 2: Aufnahme von Prozessergebnissen

Als mögliche Prozessergebnisse sind zwei Gruppen von Attributen aufgrund ihrer Häufigkeit im Datenmodell besonders relevant. Zum einen sind Ergebnisse aus planerischen Prozessen zu nennen. Hierbei handelt es sich um Erkenntnisse über zu erbringende Leistungen und dispositive Angaben über den geplanten Einsatz von Ressourcen und deren Verfügbarkeit. Zum anderen sind Ergebnisse aus operativen Prozessen zu erfassen, die einen prüfenden Charakter haben. Hierzu zählen Messwerte, Störungen bzw. Fehlercodes und Zustandsbeurteilungen.

Für das Erfassungsszenario *Aufnahme von Prozessergebnissen* werden sechs Fälle unterschieden:

Szenario 2.1: Freie Eingabe

Der Fall *freie Eingabe* ist dann relevant, wenn Eingaben zu tätigen sind, die nicht bereits vorgedacht werden können. Hierzu zählt die Erfassung von Messwerten (bspw. Betriebsstunden eines Serviceobjekts), die nicht automatisiert übertragen werden können, da die Ressourcen bspw. nicht über die technischen Schnittstellen hierfür verfügen. Außerdem kann es zu freien Eingaben kommen, wenn individuelle Beschreibungen gefordert sind. Im Service tritt dies insbesondere bei der Beschreibung einer Störung auf. Diese sind gerade im Maschinen- und Anlagenbau aufgrund der häufig großen Anzahl an Produktvarianten und vielfältigen Fehlermöglichkeiten ebenfalls sehr vielfältig und können nicht in Form standardisierter Fehlerbeschreibungen vorgedacht werden.

Als Technologien bieten sich insbesondere zwei Alternativen an: Für die Erfassung von Messwerten können optische Verfahren zur Klarschrifterkennung genutzt werden. Diese sind in der Lage, bspw. ein Foto von einem Zählerstand in eine strukturierte Form zu überführen. Die Aufnahme von individuellen Texten kann durch Verfahren der Spracherkennung unterstützt werden. Der Techniker diktiert den Text in das mobile Endgerät. Die Tonaufnahme wird anschließend in einen Text konvertiert und steht damit in semistrukturierter Form zur Verfügung.

Szenario 2.2: Auswahl

Ist im Vorfeld bereits bekannt, welche Alternativen für ein Ergebnis möglich sind, kann dem Bediener bereits eine Auswahl angeboten werden. Bei den planerischen Prozessen betrifft dies die zur Verfügung stehenden Ressourcen. Ist bspw. bekannt, welche Fahrzeuge eines bestimmten Typs im Fuhrpark des Unternehmens vorhanden sind, kann der Mitarbeiter bei der Disposition nur Fahrzeuge aus dieser Auswahl nutzen. In den operativen Prozessschritten kann je nach Serviceobjekt die Auswahl an möglichen Störungen ebenfalls begrenzt sein oder die Störung lässt sich einer Kategorie (bspw. Elektronik oder Mechanik) zuordnen. In diesem Fall kann dem Techniker ebenfalls eine Auswahl bereitgestellt werden, aus der er eine Alternative auswählt.

Bei dieser Art der Datenerfassung werden zum einen Fehler vermieden. Zum anderen können die Daten deutlich leichter ausgewertet werden, da sie in einer einheitlichen Form vorliegen (s. SCHMIDTKE U. JASTRZEBSKA-FRACZEK 2013, S. 166).

Szenario 2.3: Bild-/Video-/Tonaufnahme

Zur Dokumentation von Störungen, aktuellen Zuständen von Serviceobjekten und durchgeführten Arbeiten können Bild-, Video- und Tonaufnahmen genutzt werden. Diese liegen in unstrukturierter Form vor (s. KRCMAR 2015b, S. 179). Ziel ist nicht die Analyse und Strukturierung dieser Daten, sondern lediglich deren strukturierte Ablage. Wenn die Dokumentation durch multimediale Inhalte unterstützt wird, muss das mobile Endgerät, mit dem die Aufnahme aufgezeichnet wird, die Dateien mit den entsprechenden Metadaten markieren. Dies kann bspw. durch Integration in den Workflow eines Auftrags automatisiert erfolgen (s. Kapitel 6.3.5).

Szenario 2.4: Schnittstelle/Remote-Verbindung

Dieser Fall beschreibt die Extraktion von Daten über eine Schnittstelle. Dabei kann die Verbindung lokal hergestellt werden, bspw. durch eine Funkverbindung bzw. eine physische Schnittstelle oder durch eine Remote-Verbindung. In beiden Varianten besteht das Ziel darin, Daten zu erfassen, die bereits in digitaler Form auf einem Gerät vorliegen. Hierbei kann es sich bspw. um das Serviceobjekt oder ein Messinstrument handeln. Der Fall tritt in dem entwickelten Modell zum einen bei prüfenden Prozessschritten ein (bspw. der Fehlersuche) oder bei der Erfassung der Daten über die eigenen Ressourcen des Unternehmens (bspw. Kilometerleistung eines Fahrzeugs). Genau wie in dem zuvor beschriebenen Fall ist sicherzustellen, dass die extrahierten Daten mit den entsprechenden Metadaten versehen werden.

Szenario 2.5: Automatische Berechnung

In bestimmten Fällen können einige Attribute, die in der vorliegenden Arbeit als „Ergebnisse" klassifiziert sind durch IT-Systeme automatisiert berechnet werden. Hierzu zählen insbesondere die Ergebnisse von administrativen Prozessschritten. Konkret sind damit bspw. Aufgaben in der Planung und Steuerung gemeint, deren Ergebnisse der Start- und Endtermin eines Auftrags sowie eine Zuordnung von Ressourcen zu Aufträgen ist. Wenn die genannten Daten durch ein IT-System generiert werden, liegen diese bereits digital vor und müssen nicht mehr erfasst werden.

Szenario 2.6: Self-Service

Der Einsatz von Technologien im Kontakt mit dem Kunden ermöglicht eine stärkere Einbindung des Kunden in den Serviceprozess und eine Übertragung von Aufgaben an diesen. Hierbei können nicht nur Effizienzsteigerungen im Service, sondern auch positive Effekte auf die Kundenzufriedenheit festgestellt werden (vgl. MEUTER ET AL. 2000; SHAHID IQBAL ET AL. 2018). Für die Erfassung von Daten des Digitalen Schattens bedeutet dies, dass bestimmte Prozessschritte der Dienstleistung durch den Kunden übernommen werden und dieser die Daten bspw. in einem Online-Portal, einer Applikation oder per Spracherkennung am Telefon selber erfasst.

6.3.3 Szenario 3: Identifikation von Objekten

Diesem Erfassungsszenario kommt bei der Datenerfassung für den Digitalen Schatten eine entscheidende Bedeutung zu, da die Identifikation von Objekten die Basis für eine korrekte Zuordnung von Attributen in einigen bereits zuvor beschriebenen Fälle ermöglicht. Grundsätzlich muss jeder Entitätstyp identifiziert werden, um im Rahmen eines Ereignisses im Digitalen Schatten erfasst zu werden. Hierfür muss das definierte Schlüsselattribut erfasst werden. Für die untersuchten Prozesse können drei Fälle der Identifikation unterschieden werden:

Szenario 3.1: Manuelle Identifikation

Die manuelle Identifikation beschreibt den aufwendigsten Fall der Identifikation. Das Schlüsselattribut muss durch manuelle Eingabe oder Auswahl erfasst werden. Damit wird der Begriff der manuellen Identifikation anders gebraucht als bspw. bei HIPPENMEYER U. MOOSMANN (s. HIPPENMEYER U. MOOSMANN 2016, S. 33). Grundsätzlich kann jedes Schlüsselattribut des Datenmodells auf diese Weise erfasst werden, es gibt jedoch nur einige wenige Schlüsselattribute, bei denen keine andere Möglichkeit als eine manuelle Erfassung existiert.

Die in Kapitel 3.2 vorgestellten Identifikationstechnologien haben die Gemeinsamkeit, dass auf dem zu identifizierenden Objekt eine Identifikationsmöglichkeit angebracht sein muss. Das heißt, das zu identifizierende Objekt muss im Einflussbereich des Unternehmens liegen. Dies trifft insbesondere nicht auf externe Mitarbeiter des Kunden oder des Lieferanten zu. Außerdem ist fraglich, ob bspw. alle Serviceobjekte, die bereits bei Kunden installiert sind, über eine Identifikationsmöglichkeit verfügen. Speziell im Maschinen- und Anlagenbau sind die Serviceobjekte teilweise Jahrzehnte alt und wurden bei ihrer Auslieferung nicht mit Identifikationsmerkmalen versehen bzw. die Merkmale sind im Laufe der Zeit zerstört worden.

Szenario 3.2: Semiautomatisierte Identifikation

Die semi-automatisierte Identifikation wird in der vorliegenden Arbeit in der Form interpretiert, dass der Identifikationsvorgang durch eine Person durchgeführt wird, diese dabei jedoch automatisierte Identifikationstechnologien nutzt. Hierfür kann je nach Prozess entweder ein handgeführtes mobiles Lesegerät genutzt werden oder ein mobiles Objekt an einem stationären Lesegerät identifiziert werden.

Zu den semi-automatisiert identifizierbaren Objekten zählen sämtliche Ressourcen und Dokumente, die im Einflussbereich des Unternehmens liegen, da diese mit den entsprechenden Merkmalen ausgestattet werden können. Die Entscheidung, ob ein optisches (z. B. Matrixcode) oder ein elektronisches Prinzip (z. B. RFID) genutzt werden soll, hängt vom Einzelfall ab. Wenn ein Serviceobjekt bspw. unter rauen Bedingungen im Freien im Einsatz ist, ist ein aufgeklebter Matrixcode nicht die richtige Lösung. Nutzt ein Unternehmen bspw. bereits Matrixcodes in seiner Ersatzteillogistik, sollte das bestehende System direkt genutzt werden zur Identifikation der Neumodule. Eine Übersicht über die zu beurteilenden Kriterien ist Tabelle 3-15 zu entnehmen.

Auch bei den Identifikationstechnologien ist sicherzustellen, dass die Lesegeräte in der Art in den Prozess eingebunden sind, dass sie den erfassten Daten automatisiert die entsprechenden Metadaten zuordnen. Für den Fall der semi-automatisierten Erfassung bieten sich daher mobile Endgeräte an, die verschiedene Technologien auf sich vereinen. Das heißt, sie verfügen sowohl über die Möglichkeit, optische und elektronische Merkmale zu identifizieren als auch über manuelle Eingabemöglichkeiten und die Integration in den Auftragsprozess (s. PAWELLEK 2016, S. 127; BLAUHUT 2016, S. 40; SCHUH ET AL. 2016b, S. 288).

Szenario 3.3: Automatisierte Identifikation

Die vollständig automatisierte Identifikation von Objekten wird in dieser Arbeit interpretiert als ein Identifikationsvorgang, der ohne aktive Beteiligung einer Person ausgeführt wird. Für sämtliche Ressourcen des eigenen Unternehmens ist eine automatisierte Identifikation in bestimmten Prozessschritten denkbar, da diese in einem durch das Unternehmen kontrollierten Umfeld stattfinden. Insbesondere sind Ersatzteil- und Werkzeugausgabe, der Transportraum des Fahrzeugs, stationäre Arbeitsplätze in Werkstätten und Büroarbeitsplätze zu nennen. Die Räumlichkeiten der Kunden sind hingegen nicht geeignet, da dort in der Regel keine stationären Lesegeräte installiert werden können.

Für die automatisierte Erfassung können einerseits optische Verfahren genutzt werden. Hierbei ist jedoch prozessual sicherzustellen, dass das zu identifizierende Objekt automatisch korrekt ausgerichtet wird, sodass eine Erkennung des Identifikationsmerkmals möglich ist (s. MARTIN 2016, S. 525). Für die betrachteten Prozessschritte und Objekte ist eine solche automatisierte Prozesskette mit einer optischen Identifikation bei Aus- und Einlagerungsprozessen von Ersatzteilen und Werkzeugen möglich.

Andererseits können elektronische Verfahren angewandt werden. Diese sind flexibler in die Prozesse zu integrieren, da die zu identifizierenden Objekte nicht exakt zum Lesegerät ausgerichtet sein müssen, kein Sichtkontakt bestehen muss und mehrere Objekte gleichzeitig identifiziert werden können (s. MARTIN 2016, S. 530). Aus diesem Grund eignen sich diese Verfahren für die Identifikation von Werkzeugen und Neumodulen bei der Entnahme aus dem Fahrzeug. Genauso können Mitarbeiter identifiziert werden, wenn sie sich an stationären Arbeitsplätzen oder im Fahrzeug aufhalten.

6.3.4 Szenario 4: Anmeldung und Bestätigung von Prozessschritten

Dieses Erfassungsszenario hat zum Ziel, den Status eines Prozessschritts echtzeitnah zu aktualisieren (vgl. VAN DER AALST 2016, S. 131). Die wesentliche Information besteht dabei darin, ob ein Prozessschritt gestartet, pausiert oder beendet ist. Ggf. können noch weitere Status definiert werden (bspw. *wartend* oder *unterbrochen*). Bei der Erfassung können die folgenden beiden Fälle unterschieden werden:

Szenario 4.1: Manuelle Erfassung

In diesem Fall wird der Status eines Prozessschritts manuell gesetzt. Die manuelle Eingabe des Prozessstatus ist immer dann notwendig, wenn aus der Erfassung aller anderen Ereignisse nicht deutlich wird, dass eine Statusänderung stattgefunden hat. Hierzu zählen insbesondere Prozessschritte, die entweder optional erfolgen oder bei denen Reihenfolge und Anzahl der Wiederholungen nicht definiert ist.

In diesem Fall ist es notwendig, dass ein Mitarbeiter eine Rückmeldung in einem Endgerät erfasst. Diese kann, ähnlich wie bei der Aufnahme von Prozessergebnissen, durch eine Auswahl möglicher Rückmeldungen unterstützt werden. Die Auswahl beinhaltet mögliche folgende Prozessschritte sowie mögliche Status. Bei der Gestaltung ist darauf zu achten, dass die Auswahl möglichst klein gehalten wird und sich ggf. dynamisch an die Situation anpasst. Ist ein Prozessschritt bspw. bereits gestartet, sollte dem Anwender lediglich die Auswahl zwischen den nun möglichen Statusänderungen gegeben werden und nicht eine Liste aller möglichen weiteren Prozessschritte.

Szenario 4.2: Automatisierte Erfassung

Die automatisierte Erfassung des Status kann immer dann erfolgen, wenn aus automatisiert erfassbaren Ereignissen eines Prozessschritts zweifelsfrei eine Änderung im Status abgeleitet werden kann. Dies ist zum einen der Fall bei den An- und Abreisen. Aus dem Abgleich der Geoposition des Technikers bzw. des Fahrzeugs und den Koordinaten des Servicestützpunkts bzw. des Kundenstandorts können Beginn und Ende der Fahrten bestimmt werden.

Weiterhin kann die Änderung des Status bei Prozessschritten, die ein erfassendes Ergebnis generieren, automatisiert erfasst werden. Hierzu zählen dispositive Vorgänge, an deren Ende bspw. Plandaten stehen. Weiterhin wird in operativen Prozessen, die prüfenden Charakter haben, am Ende ein Prüfergebnis erfasst. Dieses kann ebenfalls das Ende eines Prozessschritts markieren.

Als dritte Möglichkeit kann aus dem Ablagezeitpunkt von Dokumenten geschlussfolgert werden, dass ein Prozessschritt beendet ist. Aus der Unterschrift des Kunden auf dem Servicebericht wird deutlich, dass der Auftrag vor Ort beendet ist. Aus der Ablage der Gefährdungsbeurteilung kann erkannt werden, dass die Erstellung beendet ist. Aus der Ablage von Angeboten und Rechnungen kann gefolgert werden, dass deren Erstellung beendet ist. Die Dokumentation eines Arbeitsschritts mittels Ton-, Bild- oder Videoaufnahmen kann ebenfalls als Hinweis für den Abschluss eines Prozessschritts gewertet werden.

6.3.5 Szenario 5: Workflow

Nach Gadatsch sind Workflows „digital ausgeführte und von einem Softwaresystem anhand von Regeln gesteuerte Geschäftsprozesse" (Gadatsch 2017, S. 11). Becker u. Neumann wenden das Konzept des Workflowmanagements auf den Bereich der industriellen Dienstleistungen an und identifizieren eine Reihe von Besonderheiten, die für diesen Bereich gelten (s. Becker u. Neumann 2006, S. 626). Diese sind in Tabelle 6-2 dargestellt. Für die Datenerfassung des Digitalen Schattens sind insbesondere die nachfolgend beschriebenen Merkmale relevant.

Tabelle 6-2: Workflow-Unterstützung von Dienstleistungsprozessen (Becker u. Neumann 2006, S. 626)

Aktivitätskoordination	Aktorenkoordination	Datenkoordination	Monitoring u. Controlling
• Steuerung der Aktivitäten auf Basis eines Prozessmodells • Konfigurierbarkeit von Prozessen auf Basis von Leistungsmerkmalen • Konsistenz von Vertragsmerkmalen und Aktivitätendefinition • Erzeugung von auftragsspezifischen Prozessvarianten • Veränderbarkeit der Prozessdefinition zur Laufzeit	• Ermittlung und Beauftragung geeigneter Akteure für Aktivitäten • differenzierte Berücksichtigung technischer Qualifikationen • Berücksichtigung der räumlichen Verteilung und der Wegezeiten bei der Rollenauflösung • Unterstützung von Abstimmungsvorgängen zwischen Kunden und Lieferanten	• Prozessorientierte Steuerung von Datenflüssen zwischen heterogenen Anwendungssystemen • Zwischenbetrieblicher Austausch von Objekt und Leistungsstammdaten • Konsistenz von Workflow- und Objektstrukturen	• automatisierte Überwachung der korrekten und termingerechten Aktivitätenbearbeitung • Unterstützung der Eskalation bei Leistungsstörungen gem. Service-Level-Agreements • Rücksetzbarkeit von Prozessen, auch betriebsübergreifend • (eingeschränkte) Transparenz des Auftragsfortschritts auch für Kunden • Prozesse als einheitliches Bezugsobjekt des Controllings

Die „Erzeugung von auftragsspezifischen Prozessvarianten" ist bei den operativen Prozessmodulen des Dienstleistungsprozesses wichtig. Während ein Auftrag auf administrativer Ebene immer dem gleichen Prozess folgen sollte, ist die Auswahl und Reihenfolge der Prozessmodule in der Erbringung der Dienstleistung hochindividuell. Die definierten Workflows sollten daher die Flexibilität aufweisen, dass bspw. mittels Auswahl im mobilen Endgerät der nächste Prozessschritt ad hoc definiert werden kann (s. Gadatsch 2017, S. 14). Dies geht einher mit dem Merkmal der „Veränderbarkeit der Prozessdefinition zur Laufzeit".

Ein prozessschrittübergreifender Workflow ist bei der Erfassung des Digitalen Schattens von großer Bedeutung, da er die aufgenommenen Daten in den Kontext setzt (s. Kategorie *„Datenkoordination"*). Zu Beginn des Workflows wird in den administrativen Prozessschritten festgelegt, um welchen Auftrag es sich handelt und welche Prozesse innerhalb dieses Auftrags durchzuführen sind. Aus dem Workflow können bei jedem weiteren Prozessschritt diese „Metadaten" wieder abgerufen werden.

Da innerhalb des Dienstleistungsprozesses mit diversen Anwendungen gearbeitet wird, ist zu unterscheiden zwischen „Workflowmanagementsystem" und den „eingebundenen Applikationen". Betriebliche Anwendungssysteme (bspw. ERP) können heute die integrative Funktion des Workflowmanagements übernehmen (Becker u. Neumann 2006, S. 626). Die Ebene der Applikationen kann eine Vielzahl möglicher Anwendungen beinhalten. Insbesondere sind hier die mobilen Applikationen für Servicetechniker zu nennen, die im Rahmen von Auftragsdisposition und -rückmeldung sowie der Dokumentation eingesetzt werden. Wie bereits in Kapitel 3.2.2 beschrieben, ist es heute Stand der Technik, dass mobile Endgeräte verschiedene Identifikationstechnologien in einem Gerät vereinen und gleichzeitig in übergeordnete Workflows eingebunden sein können.

6.3.6 Konsolidierung

Die vorgestellten Erfassungsszenarien lassen sich in einem integrierten Konzept darstellen, das aus Abbildung 6-16 hervorgeht. Wesentliche Messpunkte des Digitalen Schattens werden über die Identifikation von Objekten, der Anmeldung und Bestätigung von Prozessschritten sowie der Aufnahme von Prozessergebnissen erfasst. Hierbei können verschiedene Applikationen und Systeme zum Einsatz kommen. Entscheidend ist dabei, dass diese in einen Workflow eingebunden sind, der ihnen für jeden aufgenommen Datenpunkt die zugehörige Anfrage-ID, Prozess-ID und Prozessschritt-ID zur Verfügung stellt sowie eine eindeutige Ereignis-ID vergibt. Weiterhin wird der Status in den übergeordneten Workflow zurückgemeldet, sodass dort immer bekannt ist, welches Prozessmodul aktuell in Ausführung ist.

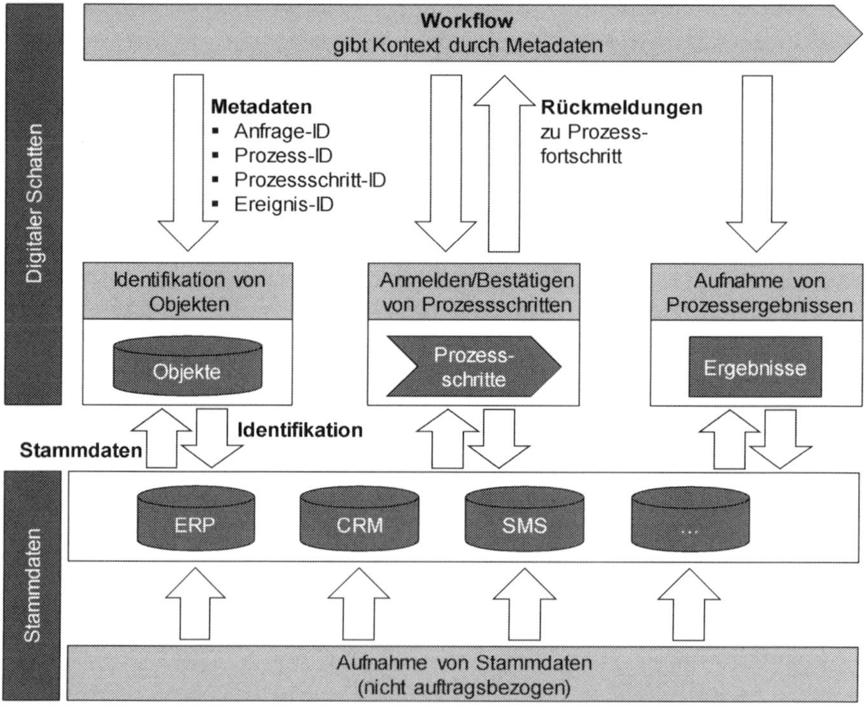

Abbildung 6-16: Datenerfassungskonzept für den Digitalen Schatten

Es findet nach wie vor Stammdatenhaltung und –pflege in den betrieblichen Anwendungssystemen statt. Jene ist grundsätzlich losgelöst von einzelnen Aufträgen. Aus diesen Systemen werden alle beschreibenden Attribute von Objekten, Prozessschritten und Ergebnissen automatisiert extrahiert. Hierfür ist es notwendig, dass eindeutige

Identifikationsnummern genutzt werden, mit denen die Daten abgerufen werden können.

In Abbildung 6-17 ist dargestellt, auf welche Szenarien sich die Erfassung der Attribute verteilt. Die Auswertung basiert auf einer Liste mit allen 191 Attributen des Datenmodells und deren Zuordnung zu den Erfassungsszenarien und Attributen (s. Anhang 10.3). Es wird deutlich, dass ein großer Teil (69,6 %) der Attribute automatisiert aus den Stammdaten extrahiert wird und damit gar keinen Erfassungsaufwand verursacht. Für die Extraktion muss eine Identifikation der Schlüsselattribute stattfinden. Diese betrifft 9,9 % der Attribute. 5,8 % der Attribute werden aus dem Workflow als Metadaten bereitgestellt. Bei einem halben Prozent wird ein Prozessschritt angemeldet bzw. bestätigt. 14,1 % der Attribute betreffen die Aufnahme von Prozessergebnissen. Bei 18 der 27 zugeordneten Attributen dieser Kategorie besteht das Potenzial, dass diese automatisiert berechnet werden können. Weitere acht der 27 Attribute können per Self-Service durch den Kunden angegeben werden.

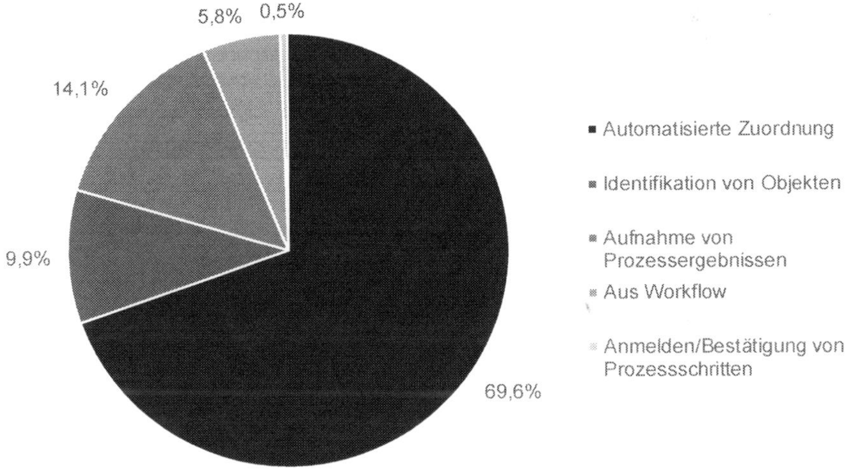

Abbildung 6-17: Verteilung der Szenerien zur Datenerfassung[1]

[1] Mehrfachzuordnungen wurden nur in einer Kategorie gezählt.

6.4 Formale Prüfung des Modells anhand der Grundsätze ordnungsgemäßer Modellierung

Ziel dieses Kapitels ist es, das entwickelte Referenzmodell einer formalen Prüfung zu unterziehen. Diese wird auf Basis der in Kapitel 4.3 vorgestellten Grundsätze ordnungsmäßiger Modellierung vorgenommen.

Als das wichtigste Kriterium zur Beurteilung des Modells wird der **Grundsatz der Konstruktionsadäquanz** gesehen (SCHÜTTE 1998, S. 119). Dieser besagt, dass ausschließlich relevante Informationsobjekte in das Modell aufzunehmen sind. Das Kriterium der Relevanz bemisst sich dabei an dem Anwendungszusammenhang (SCHÜTTE 1998, S. 121). Eine zentrale Anforderung an den Digitalen Schatten ist die Fokussierung relevanter Prozessdaten. Folglich dürfen bei der Beschreibung der Prozesse nur solche Funktionen und Ereignisse dargestellt werden, die durch Daten erfassbar sind. Weiterhin muss ein Nutzen aus den Daten bei den nachfolgenden Anwendungen absehbar sein. Diesem Kriterium wurde insbesondere durch zwei Arbeitsschritte Rechnung getragen. Zum einen wurde durch die fallstudienbasierte Forschungsmethodik sichergestellt, dass sämtliche Erkenntnisse über die zu modellierenden Datenobjekte unmittelbar aus realen Anwendungsfällen abgeleitet wurden. Zum anderen wurde über den Abgleich mit den Informationsbedarfen im Servicemanagement die Relevanz der Informationen für deren spätere Nutzung geprüft.

Der **Grundsatz der Sprachadäquanz** wird in den beiden Teilbereichen *Spracheignung* und *Sprachrichtigkeit* gemessen. Die Spracheignung gliedert sich die drei Kriterien *Semantische Mächtigkeit, Formalisierungsgrad* und *Sprachverständlichkeit*. Wie in Kapitel 4.4 beschrieben, ist die Auswahl der Modellierungssprache durch die Sicht auf das Objektsystem definiert. So wurde festgestellt, dass zur holistischen Modellierung von Geschäftsprozessen die eEPK und BPMN infrage kommen; für die Datenmodellierung wurde das eERM ausgewählt.

Der erforderliche Formalisierungsgrad wird durch die Anforderung aus der Nutzung des Modells bestimmt. Insbesondere bei der Modellierung von Informationen seien die Anforderungen an den Formalisierungsgrad geringer als bspw. bei der Simulation als Modellzweck (SCHÜTTE 1998, S. 125). Das eERM zur Modellierung des Datenmodells dient, wie in Kapitel 4.4.2 beschrieben als Schnittstelle zwischen der Domänensicht und der technischen Sicht. Da die gewählte Modellierungssprache als etablierte Methode für diesen Arbeitsschritt gilt, kann von einem ausreichenden Formalisierungsgrad ausgegangen werden. Mit derselben Begründung kann auch das Kriterium der Sprachverständlichkeit als erfüllt bewertet werden, da diese die Kenntnisse der Modellierungstechnik möglicher Adressaten des Modells in Betracht ziehe (s. SCHÜTTE 1998, S. 125).

Die Sprachrichtigkeit fordere die semantisch korrekte Anwendung der Modellierungssprache im Modellsystem (s. SCHÜTTE 1998, S. 126). Diesem Grundsatz wurde dahingehend Rechnung getragen, dass die Modellierung durch das professionelle Modellierungswerkzeug „ARIS“ erfolgt ist, das die Einhaltung formaler Regeln unterstützt.

Aus dem **Grundsatz der Wirtschaftlichkeit** ergebe sich die Bedingung, dass die Kosten der Anwendung eines Referenzmodells betragsmäßig kleiner als die Kostenreduktion durch dessen Anwendung sein müssten. Hieraus entstamme direkt die Forderung nach Flexibilität des Referenzmodells, um dieses aufwandsarm an sich wandelnde Rahmenbedingungen anpassen zu können (s. SCHÜTTE 1998, S. 127ff.). Es kann davon ausgegangen werden, dass das erstellte Referenzmodell für seine Anwender zu einer deutlichen Reduktion von Aufwänden führt, da viele der im Rahmen dieser Arbeit durchgeführten Arbeitsschritte nicht mehr von den Anwendern durchlaufen werden müssen. Um eine Nutzbarkeit in einer Vielzahl von Fällen zu ermöglichen, wurde das Prozessmodell als Modulbaukasten aufgesetzt.

Um dem Grundsatz des **systematischen Aufbaus** gerecht zu werden, müsse das Modell unterschiedliche Sichten auf das Informationssystem beinhalten. Zudem müsse der Modellierungsansatz die Konsistenz der einzelnen Sichten garantieren (s. SCHÜTTE 1998, S. 130f.). Hierzu wurden zunächst die für den Anwendungsfall relevanten Sichten auf das Informationssystem identifiziert. Bei diesen handelt es sich um die Funktions- bzw. Prozesssicht sowie die Datensicht. Jeder Funktion bzw. jedem Prozessmodul wurden jeweils die relevanten Entitätstypen des Datenmodells zugeordnet. Den Entitätstypen wurden in Attributszuordnungsdiagrammen Attribute zugewiesen. Durch die softwarebasierte Unterstützung der Modellierung kann sichergestellt werden, dass sämtliche Abhängigkeiten konsistent abgebildet sind.

Der **Grundsatz der Klarheit** fordert die „Verständlichkeit und Eindeutigkeit von Modellsystemen" (SCHÜTTE 1998, S. 131). Diesem Grundsatz wird durch eine eindeutige Hierarchisierung des Prozessbaukastens und des Datenmodells entsprochen. Der Prozessbaukasten gliedert die einzelnen Module in drei Hauptgruppen. Das Datenmodell wird durch Generalisierungen deutlich strukturiert.

Aus dem **Grundsatz der Vergleichbarkeit** folgen insbesondere Anforderungen an die Auswahl der Modellierungssprache. Die Vergleichbarkeit eines Modells sei dann besonders hoch, wenn es nach derselben Semantik wie bestehende Modelle im Anwendungsfall konstruiert sei. (s. SCHÜTTE 1998, S. 133f.). Für die Bewertung dieses Grundsatzes sei drauf hingewiesen, dass mit der eEPK und dem eERM zwei sehr weitverbreitete Modellierungssprachen genutzt wurden. Weiterhin existieren Transformationsregeln, die eine automatisierte Überführung der eEPK in die BPMN als weitere verbreitetet Modellierungssprache ermöglichen (s. SEIDLMEIER 2015, S. 178).

7 Einführung des Digitalen Schattens

Das in dieser Arbeit entwickelte Referenzmodell soll die Einführung eines Digitalen Schattens in der Form unterstützen, dass in der Modellierung eines Prozess- und Datenmodells auf einen existierenden Standard zurückgegriffen werden kann. Damit wird die aufwendige unternehmensspezifische Modellierung durch eine Konfiguration aus bereits bestehenden Modulen ersetzt. In diesem Kapitel wird eine Vorgehensweise vorgestellt, die den Prozess der unternehmensspezifischen Konfiguration beschreibt. Zunächst wird das Konzept der Vorgehensweise in Kapitel 7.1 skizziert. Anschließend werden die einzelnen Schritte im Detail beschrieben und begleitend durch deren Anwendung in einem Unternehmen illustriert (Kapitel 7.2). Durch die Anwendung in dem Fallbeispiel soll die Vorgehensweise zudem validiert werden.

7.1 Konzeptionierung der Vorgehensweise

Die Grundlage für die zu entwickelnde Vorgehensweise bildet der Ansatz des Business-(Re-)Engineerings nach ÖSTERLE (s. Abbildung 7-1). Der Ausgangspunkt für das Business-(Re-)Engineering ist der Situation bei der Einführung eines Digitalen Schattens ähnlich. Im Business (Re-)Engineering wird von einer Transformation der „Industriegesellschaft in die Informationsgesellschaft" ausgegangen (ÖSTERLE 1995, S. 14). Weiterhin wird die Triebfeder dieser Entwicklung in der Weiterentwicklung der informationstechnischen Möglichkeiten gesehen (s. ÖSTERLE 1995, S. 9). Lediglich die Informationstechnologien, die genannt werden, sind heute andere. Während vor 20 Jahren Beispiele wie „Mobiles Computing", „Standardsoftware" und „Multimedia" als neue Technologien genannt wurden, sind es heute Technologien, die sich u. a. unter den Schlagworten „Cyber-physische Systeme" und „Big Data" zusammenfassen lassen (s. ÖSTERLE 1995, S. 12; SCHUH ET AL. 2017a, S. 12).

Weiterhin beinhaltet die Vorgehensweise von ÖSTERLE den Ansatz einer evolutionären, iterativen Weiterentwicklung eines eingeführten Konzepts. Diese Idee ist ebenfalls nach wie vor aktuell. Dies zeigt sich in Ansätzen des agilen Projektmanagements wie „SCRUM" oder dem Konzept des *„Minimum Viable Products"* (vgl. SCHWABER 2007; RIES 2011).

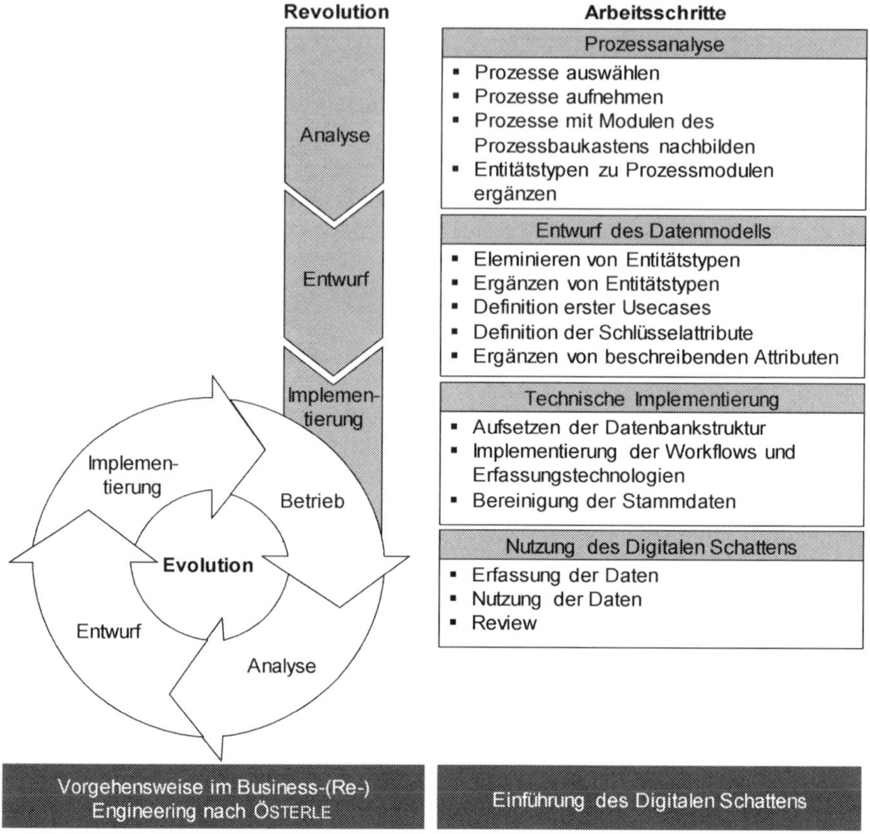

Abbildung 7-1: Vorgehensweise im Business Engineering (ÖSTERLE 1995, S. 23) und Arbeitsschritte zur Einführung des Digitalen Schattens

Den Phasen *Analyse, Entwurf* und *Implementierung* folgend wird für die Einführung des Digitalen Schattens die in Abbildung 7-1 dargestellte Vorgehensweise vorgeschlagen. Die dargestellten Arbeitsschritte haben zum Ziel, im Sinne der „Revolution“ zunächst die Strukturen für den Digitalen Schatten zu etablieren und erste Usecases mit einer „Version 0“ des Digitalen Schattens umzusetzen. Die „Version 0“ kann dann im Sinne der „Evolution“ iterativ weiterentwickelt werden.

Die **Analyse** besteht aus einer Aufnahme bestehender Dienstleistungsprozesse. Hierzu sollten dem Pareto-Prinzip folgend nicht sämtliche möglichen Prozesse aufgenommen werden, sondern lediglich eine Auswahl an repräsentativen Prozessen modelliert werden. Weiterhin werden die aufgenommenen Prozesse im Rahmen der Analyse mit den Referenzmodulen des entwickelten Prozessbaukastens abgeglichen. Da die vordefinierten Prozessmodule aus dem Prozessbaukasten genutzt werden, können auch die vorgeschlagenen Entitätstypen, die den Prozessmodulen zugeordnet sind, in eine Maximalliste möglicher Entitätstypen des Datenmodells überführt werden.

In der Phase des **Entwurfs** wird die Maximalliste möglicher Entitätstypen wieder aufgegriffen und an die aufgenommenen Prozesse angepasst. Die Adaption erfolgt durch Eliminierung von Entitätstypen, die in den Prozessen nicht relevant sind, oder Ergänzung von Entitätstypen, die nicht durch das Referenzmodell erfasst sind. Ergebnis dieses Arbeitsschritts ist das erweiterte Entity-Relationship-Modell. Dieses Vorgehen wird analog im folgenden Arbeitsschritt auf Ebene der Attribute durchgeführt. Die im Referenzmodell vorgeschlagenen Schlüsselattribute der Entitätstypen sollten zwar konsequent genutzt werden. Für alle weiteren Attribute bestehen jedoch hohe Freiheitsgrade. Daher kann die Auswahl der Attribute für die erste Version des Digitalen Schattens durch die Orientierung an einigen wenigen Usecases erfolgen, die mit dem Digitalen Schatten realisiert werden sollen.

Die Phase der **Implementierung** beinhaltet das Aufsetzen der entsprechenden technischen Infrastruktur einschließlich der zuvor definierten Datenstruktur. Weiterhin sind die IT-Systeme sowie Erfassungstechnologien für jeden Prozessschritt und die darin zu erfassenden Attribute zu definieren. Hierbei ist darauf zu achten, dass für jedes Attribut nur eine Quelle definiert wird. Damit erfolgt gleichzeitig auch eine Bereinigung der Stammdaten in den Quellsystemen des Digitalen Schattens. Für die Dienstleistungsprozesse sind systemübergreifende Workflows zu implementieren, die so starr wie möglich und so flexibel wie nötig zu definieren sind. Das heißt, wo notwendig, sollen Ad-hoc-Workflows, die während des Prozesses konfiguriert werden, möglich sein. An allen Stellen, an den Standardprozeduren zweckmäßig sind, sollen die Workflows starr sein. Abschließend sind die Schnittstellen zwischen den Quellsystemen und der Datenbank des Digitalen Schattens technisch umzusetzen.

Während des **Betriebs** der „Version 0“ des Digitalen Schattens werden die Daten in den zuvor definierten Usecases genutzt. Begleitend werden aktuell nicht gedeckte Informationsbedarfe systematisch erfasst und für die Auswahl der Attribute in den folgenden Versionen des Digitalen Schattens vorgemerkt. Weitere Usecases können sukzessive definiert und umgesetzt werden.

Diesem Vorgehen folgend, kann der Digitale Schatten zu keinem Zeitpunkt als vollständig oder fertig betrachtet werden. Es wurden lediglich Strukturen geschaffen, innerhalb derer eine systematische Weiterentwicklung der Datenerfassung aufwandsarm umgesetzt werden kann.

7.2 Anwendung und Validierung der Vorgehensweise

Die zuvor konzeptionierte Vorgehensweise wird im Folgenden im Detail dargestellt. Zur Veranschaulichung und Validierung der einzelnen Arbeitsschritte wird jeweils die konkrete Ausführung des Arbeitsschritts in einem Unternehmen dargestellt.

Usecase InfraServ GmbH & Co. Knapsack KG

Bei dem betrachteten Unternehmen handelt es sich um den Industriedienstleister InfraServ GmbH & Co. Knapsack KG (kurz: InfraServ Knapsack). Das Unternehmen betreibt einen Chemiepark, in dem wiederum zahlreiche chemische Anlagen von so genannten „Standortkunden" betrieben werden. Die betrachtete Sparte der InfraServ Knapsack bietet Instandhaltungsdienstleistungen für die Standortkunden sowie weitere Kunden außerhalb des Chemieparks an. Die InfraServ Knapsack beschäftigt ca. 1100 Mitarbeiter von denen ca. die Hälfte in der betrachteten Sparte tätig ist.

Aktuelle Herausforderungen des Unternehmens, die mit der Einführung eines Digitalen Schattens behoben werden können, bestehen in der Rationalisierung des Dokumentations- und Abrechnungsprozesses für die erbrachten Dienstleistungen. Weiterhin stellt die Nutzung von Automatismen zur Auftragssteuerung und Kapazitätsdimensionierung, basierend auf echtzeitnahen Rückmeldungen der Servicetechniker, eine Herausforderung dar.

Der Status quo der betrachteten Sparte lässt sich wie folgt beschreiben: Die Sparte besteht aus einer Vielzahl spezialisierter Segmente. Dies hat zu einer hochgradig fragmentierten Systemlandschaft geführt, die aus einer Vielzahl individueller Teillösungen besteht. Es existiert zwar ein übergeordnetes ERP-System, in dem über alle Sparten hinweg kaufmännisch relevante Daten konsolidiert werden. Das System speist sich jedoch aus vielen manuellen Eingaben, die auf Basis nichtdigitaler Unterlagen und Berichte oder nicht angebundener Vorsysteme vorgenommen werden. Momentan wird der Einsatz mobiler Endgeräte für Servicetechniker pilotiert. Auto-ID-Systeme sind aktuell in Form von Barcodes für Lagerware implementiert.

7.2.1 Schritt 1: Prozessanalyse

Ziel dieses Arbeitsschritts ist es, die digital abzubildenden Prozesse der Dienstleistungsorganisation zu erfassen und in Verbindung mit dem Referenzmodell zu bringen.

Prozesse auswählen

Bereits aus der Analyse der Fallstudien ist hervorgegangen, dass die Dienstleistungsprozesse auf der administrativen Ebene innerhalb eines Unternehmens sehr ähnlich verlaufen. Auf der operativen Ebene herrscht jedoch eine große Vielfalt vor. Je detaillierter die Prozesse modelliert werden, desto individueller wird das jeweilige Prozessmodell. Aus diesem Grund kann nicht jeder mögliche Dienstleistungsprozess erfasst und analysiert werden. Vielmehr gilt es, einen Großteil möglicher Prozessschritte bei der Prozessanalyse zu erfassen. Denn die Prozesse unterscheiden sich nicht in der konkreten Ausprägung der Prozessschritte, sondern häufig lediglich in deren Abfolge.

In der Prozessanalyse werden daher Prozesse in den Fokus genommen, die eine Vielzahl unterschiedlicher Prozessschritte und prozessualer Eventualitäten (bspw. die Einbindung eines externen Dienstleisters) beinhalten.

Prozesse aufnehmen

Die ausgewählten Prozesse sind zunächst lediglich als Abfolge der einzelnen Prozessschritte zu modellieren. Hierbei ist nicht zwangsweise eine visuelle Modellierungsmethode zu nutzen. An dieser Stelle ist eine Liste der Prozessschritte ausreichend (s. Abbildung 7-2). Die Aufnahme sollte unter Beteiligung der Prozessbeteiligten in Form von Interviews durchgeführt werden. Für die konkrete Durchführung sei auf die einschlägige Literatur verwiesen (vgl. z. B. Schuh 2006, S. 43ff.)

Nr.	Prozessschritt im Case
1	Kundenanfrage aufnehmen
2	Kundenanfrage technisch vorklären
3	Anfahrt zum Kunden
4	Vor-Ort-Begehung
5	Rückfahrt
6	Dienstleister anfragen
7	Auftrag kalkulieren
8	Angebot erstellen
9	Freigaben einholen
10	Mit Kunden abstimmen
11	Auftrag disponieren
12	Anfahrt zum Kunden
13	Anmeldung beim Kunden
14	Baustelle finden
15	Gerüstbau vorbereiten
16	Gerüst abnehmen
17	Arbeiten bestätigen lassen
18	Rückfahrt
19	Anfahrt zum Kunde
20	Vor Ort anmeld

Abbildung 7-2: Liste der Prozessschritte bei der InfraServ Knapsack (Auszug)

Im Falle der InfraServ Knapsack wurde der Prozess der Rohrmontage ausgewählt. Dieser beinhaltet die standardmäßig durchgeführten administrativen Prozessschritte eines Auftrags. Außerdem deckt er eine Vielzahl verschiedener operativer Tätigkeiten ab, da Komponenten geprüft, demontiert und erneut montiert werden. Die Einbindung eines externen Dienstleisters für den Gerüstbau ist ebenfalls in dem Prozess eingeschlossen. Der aufgenommene Prozess setzt sich insgesamt aus 44 Prozessschritten zusammen.

Prozesse mit Modulen des Prozessbaukastens nachbilden

Nach der Aufnahme der Prozesse sind diese mit den Prozessmodulen aus dem Prozessbaukasten abzugleichen. Hierzu werden die Prozessmodule den aufgenommenen Prozessschritten zugeordnet (s. Abbildung 7-3). Hierbei kann es vorkommen, dass die Prozessaufnahme detaillierter ist als die Prozessmodule aus dem Referenzmodell.

In dem Prozess der InfraServ Knapsack wurde bspw. die Erstellung des Angebots detaillierter aufgenommen, als es das Referenzmodell vorsieht. Aus diesem Grund wurden bei der InfraServ Knapsack die 44 Prozessschritte mit 36 Prozessmodulen aus dem Referenzmodell nachgebildet. Die Aggregation der Prozessschritte ist grundsätzlich als unproblematisch zu beurteilen. Im weiteren Verlauf ist jedoch zu berücksichtigen, dass die Anforderungen hinsichtlich der aufzunehmenden Daten aus den zusammengefassten Prozessschritten sich in dem aggregierten Prozessmodul wiederfinden sollten. Zudem wird die Aufnahme der Zeiten unschärfer, da diese lediglich auf dem Level des übergeordneten Prozessmoduls erfolgen kann. Im Usecase konnten die Prozesse vollständig mit den Prozessmodulen nachgebildet werden.

Nr.	Prozessschritt im Case	Prozessmodul im Modell
1	Kundenanfrage aufnehmen	Anfrage/Auftrag erfassen
2	Kundenanfrage technisch vorklären	Anfrage/Auftrag technisch klären
3	Anfahrt zum Kunden	zu Kunden/Servicestützpunkt fahren
4	Vor-Ort-Begehung	Anfrage/Auftrag technisch klären
5	Rückfahrt	zu Kunden/Servicestützpunkt fahren
6	Dienstleister anfragen	
7	Auftrag kalkulieren	Angebot erstellen
8	Angebot erstellen	
9	Freigaben einholen	
10	Mit Kunden abstimmen	Termin abstimmen
11	Auftrag disponieren	Auftrag disponieren
12	Anfahrt zum Kunden	zu Kunden/Servicestützpunkt fahren
13	Anmeldung beim Kunden	Vor Ort anmelden
14	Baustelle finden	Serviceobjekt identifizieren
15	Gerüstbau vorbereiten	Equipment rüsten
16	Gerüst abnehmen	Auftrag vor Ort ab
17	Arbeiten bestätigen lassen	
18	Rückfahrt	
[illegible]	Anfahrt zum Kunden	

Abbildung 7-3: Abgleich der Prozessschritte mit den Prozessmodulen des Referenzmodells (Auszug)

Entitätstypen zu Prozessmodulen ergänzen

Ziel dieser Zuordnung ist es, den individuellen Prozess des Unternehmens in die Systematik des Referenzmodells zu überführen. Nach der Zuordnung kann folglich eine umfangreichere Modellierung des Prozesses erfolgen, indem die Prozessmodule aus dem Referenzmodell in der aufgenommenen Reihenfolge als erweiterte ereignisgesteuerte Prozesskette (eEPK) zusammengesetzt werden (s. Abbildung 7-4). Hieraus geht eine Maximalliste möglicher Entitätstypen hervor.

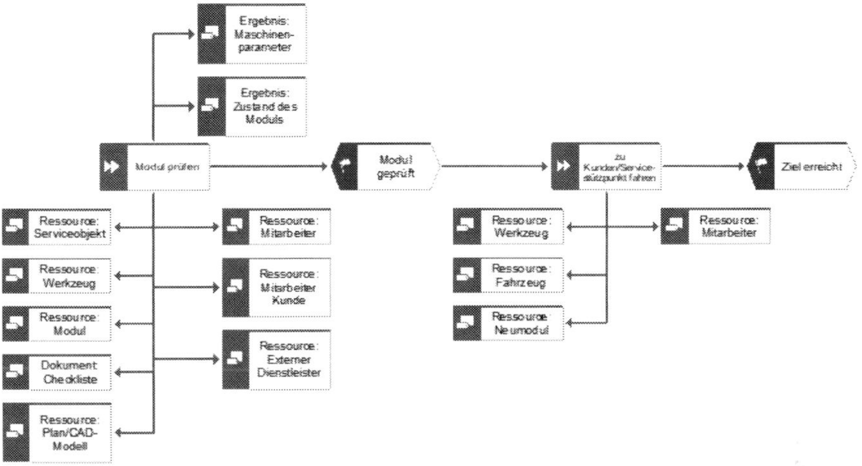

Abbildung 7-4: Auszug aus dem Prozess der InfraServ Knapsack

Validierung | Schritt 1: Prozessanalyse

- Im Anwendungsfall hat sich die Fokussierung ausgewählter Prozesse als praktikable Vorgehensweise erwiesen.
- Die aufgenommenen Prozesse konnten vollständig mit den Prozessmodulen des Referenzmodells nachgebildet werden

7.2.2 Schritt 2: Entwurf des Datenmodells

Das Ziel des zweiten Arbeitsschritts ist es, das Referenzdatenmodell auf den Anwendungsfall anzupassen. Eingangsgrößen hierfür sind das Prozessmodell und die Maximalliste möglicher Entitätstypen aus Schritt 1 dieser Vorgehensweise.

Eleminieren/Ergänzen von Entitätstypen

Die Anpassung findet zunächst auf der Ebene der Entitätstypen statt. Der aufgenommene Prozess wird hierfür in Form der eEPK zugrunde gelegt und erneut unter Mitwirkung der Prozessbeteiligten analysiert (s. Abbildung 7-4). Im Fokus dieser Iteration steht es, die Entitätstypen in den Kategorien *Ressourcen, Dokumente* und *Ergebnis* für jedes Prozessmodul zu definieren. Die Referenzmodule liefern hierfür bereits eine Maximalliste, aus der die relevanten Entitätstypen ausgewählt werden. Des Weiteren ist auch zu prüfen, ob alle relevanten Entitätstypen enthalten sind. Die Ergänzung eines Entitätstypen zu einem Prozessmodul sollte jedoch einen Sonderfall darstellen. Das Ergebnis dieses Vorgehens ist ein fallspezifisches Entity-Relationship-Modell.

Im Falle der InfraServ Knapsack wurden folgenden fünf Entitätstypen des Referenzdatenmodells nicht benötigt:

- Dokument: Foto/Video/Tonaufnahme
- Dokument: Gefährdungsbeurteilung
- Ergebnis: Maschinenparameter
- Ergebnis: Modul
- Ressource: Werkstatt

Prozessmodul	Entitätstypen	Relevanz
Anfrage/Auftrag erfassen	Ergebnis: Kunde;	x
	Ergebnis: Serviceobjekt;	x
	Ressource: Mitarbeiter;	x
	Ressource: Mitarbeiter Kunde	x
Anfrage/Auftrag technisch klären	Dokument: Checkliste;	
	Dokument: Servicebericht;	
	Ergebnis: Ersatzteil;	x
	Ergebnis: Leistung;	x
	Ergebnis: Mitarbeiter;	
	Ergebnis: Störung;	x
	Ergebnis: Werkzeug;	
	Ressource: Mitarbeiter;	
	Ressource: Mit	
	Res	

Abbildung 7-5: Eleminieren und Ergänzen von Entitätstypen (Auszug)

Für diese in dem aufgenommenen Prozess nicht benötigten Entitätstypen wurde innerhalb des Kreises der interviewten Prozessbeteiligten kritisch hinterfragt, ob die Entitätstypen auch in anderen ihnen bekannten Prozessen ausgeschlossen werden können. Das Ergebnis dieser Diskussion war, dass dieses nicht ausgeschlossen werden kann und das alle nicht genannten Entitätstypen Relevanz besitzen können.

Als grundsätzlich für jede Instanz des Referenzmodells notwendige Entitätstypen gelten *Auftrag, Prozess, Prozessmodul* und *Ereignis.* Diese werden auf der Ebene der Attribute standardmäßig um den *Zeitstempel* ergänzt.

Hieraus kann geschlussfolgert werden, dass das Datenmodell als eERM in seiner Struktur i. d. R. nicht verändert werden muss. Selbst wenn Entitätstypen in einzelnen Prozessmodulen gestrichen werden, werden sie nach wie vor in anderen Prozessmodulen benötigt. Trotzdem ist es im weiteren Vorgehen wichtig, zu wissen, welche Entitätstypen den einzelnen Prozessmodulen des betrachteten Prozesses zugeordnet sind, da im Arbeitsschritt der Implementierung für jedes Prozessmodul die Erfassung der jeweiligen Entitätstypen gestaltet werden muss.

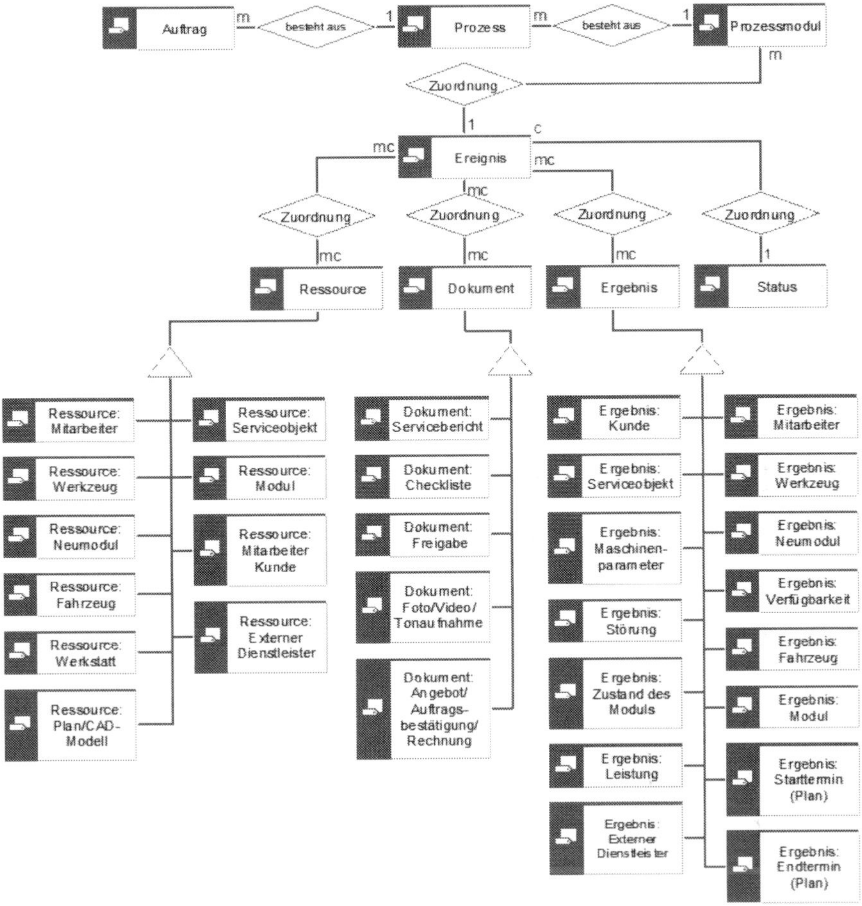

Abbildung 7-6: Datenmodell der InfraServ Knapsack

Definition erster Usecases

Während bei der Auswahl der Entitätstypen nur der aufgenommene Prozess als Grundlage genommen werden kann, sind bei der Auswahl der Attribute auch die umzusetzenden Usecases zu betrachten. Dies liegt in der großen Vielfalt möglicher Attribute für die Entitätstypen begründet.

Weiterhin ist die Definition von Usecases aus der Perspektive des Changemanagements wichtig. Indem ein konkreter Anwendungsfall mit einem unmittelbaren Nutzen für das Unternehmen bzw. für die an der Einführung des Digitalen Schattens beteiligten Mitarbeiter definiert wird, steigt die Akzeptanz für das Vorhaben und für die ggf. neu einzusetzenden Systeme (vgl. z. B. STOLZENBERG U. HEBERLE. 2009; LAUER 2014).

Die Fokussierung einiger weniger Funktionen sowie deren vergleichsweise schnelle Umsetzung folg dem Prinzip des *„Minimum Viable Products“*. Als wesentlicher Vorteil dieses Vorgehens wird gesehen, dass Anforderungen der Nutzer zielgerichteter und effizienter umgesetzt werden können, da immer wieder Feedback der Nutzer eigebunden werden kann (vgl. RIES 2011).

Als Ausgangspunkt für die Definition von Usecase kann die Übersicht über die Aufgaben im Servicemanagement genutzt werden. Jene deckt, wie in Kapitel 6.2 beschrieben, die wesentlichen Aufgaben ab, die mit dem Digitalen Schatten unterstützt werden sollen (s. Abbildung 7-7).

Phase	Aufgabe
Strategie	Strategischer Erfolgspositionen bewerten und auswählen
	Strategische Ziele definieren und nachverfolgen
	Leistungsportfolio definieren
Leistungsprogramm	Leistungsprogramm strukturieren und beschreiben
	Leistungsprogramm bewerten und weiterentwickeln
	Preise definieren
Aufbau- und Ablauforganisation	Prozesse definieren und verbessern
	Dimensionierung von Kapazitäten
	Transparenz über Aufwand schaffen
Auftragsabwicklung	**Prozesse/Aufträge steuern**
	Nachfrage glätten
	Auslastung glätten
	Aufträge dokumentieren/abrechnen
Kontinuierliche Verbesserung	Performance managen
	Organisation weiteren

Informationsbedarfe

- Echtzeitstatus von Prozessschritten
- Ressourcenbelegung
- Auftragsinformationen
- Ressourcenverbrauch von Aufträgen
- Dokumentation von Prozessschritten

Abbildung 7-7: Usecases und Informationsbedarfe für die InfraServ Knapsack

Für die InfraServ Knapsack bestehen zentrale Usecases in der Nutzung des Digitalen Schattens in der Auftragsdokumentation und der Abrechnung sowie der Steuerung von Aufträgen bzw. dem Ressourcenmanagement. Die hierfür notwenigen Informationsbedarfe können aus den Ausführungen in Kapitel 6.2 sowie Abbildung 7-7 entnommen werden.

Definition der Schlüsselattribute & ergänzen von beschreibenden Attributen

Zunächst können auf Basis der ausgewählten Entitätstypen des Datenmodells die Schlüsselattribute definiert werden. Hierbei kann auf das Referenzmodell zurückgegriffen werden. Für jeden Entitätstyp wurde ein Schlüsselattribut vorgeschlagen (s. Abbildung 7-8). Für den Fall der InfraServ Knapsack wurde diesem Vorschlag gefolgt.

Insbesondere bei der Benennung der Schlüsselattribute können an dieser Stelle Anpassungen vorgenommen werden, um mit im Unternehmen existierenden Begrifflichkeiten abgestimmt zu sein. Wenn ein Unternehmen eine Anfrage bspw. nicht mit einer „Anfrage-ID" versieht, sondern in ihrem aktuellen IT-System eine „Anfragenummer" vergibt, sollte den existierenden Bezeichnungen gefolgt werden.

Entitätstyp	Schlüsselattribut
Auftrag	Anfrage-ID
Dokument: Angebot/ Auftrags-bestätigung/ Rechnung	Dokuments-ID
Dokument: Checkliste	Checklisten-ID
Dokument: Servicebericht	Berichts-ID
Ereignis	Ereignis-ID
Ergebnis: Endtermin (Plan)	Endtermin-ID
Ergebnis: Externer Dienstleister	Dienstleistertyp
Ergebnis: Fahrzeug	Fahrzeugtyp
Ergebnis: Kunde	Kunden-ID
Ergebnis: Leistung	Leistungs-ID
Ergebnis: Mitarbeiter	Mitarbeitertyp
Ergebnis: Neumodul	Modultyp
Ergebnis: Serviceobjekt	Objekt-ID
Ergebnis: Starttermin (Plan)	Starttermin-ID
Ergebnis: Störung	Störungs-ID
Ergebnis: Verfügbarkeit	verfügbar/ ni
Ergebnis: Werkzeug	
Ergebnis: Zustand des Moduls	

Abbildung 7-8: Definition der Schlüsselattribute (Auszug)

Die Entitätstypen sind anschließend um weitere beschreibende Attribute zu ergänzen. Hierbei kann das Referenzmodell als Ausgangspunkt genommen werden. In Kapitel 6.2 wurden die Informationsbedarfe mit den Attributen des Digitalen Schattens in Verbindung gesetzt. Diese Übersicht kann genutzt werden, um notwendige beschreibende Attribute zu definieren (s. Abbildung 7-9). Die aus dieser Zuordnung hervorgehenden beschreibenden Attribute sind zwingend notwendig, um die eingangs definierten Usecases mit den notwendigen Informationen zu versorgen. Um die Auswahl an beschreibenden Attributen weiter zu ergänzen, können die Attributszuordnungsdiagramme des Referenzmodells herangezogen werden. Diese beinhalten weitere Vorschläge für beschreibende Attribute.

Für die InfraServ Knapsack sind als Ergebnis u. a. folgende Attribute zu den Schlüsselattributen zu ergänzen:

- **geplanter Start/geplantes Ende:** notwendig, um die Ressourcenbelegung in den kommenden Planungsperioden beurteilen zu können
- **Status und Zeitstempel:** notwendig, um den Status eines Prozessschritts oder Auftrags beurteilen zu können und um den tatsächlichen Start- und Endzeitpunkt zu dokumentieren
- **Verrechnungssatz/Einkaufspreis:** notwendig, um die angefallenen Kosten eines Auftrags kalkulieren zu können
- **Verkaufspreis:** notwendig für Rechnungsstellung

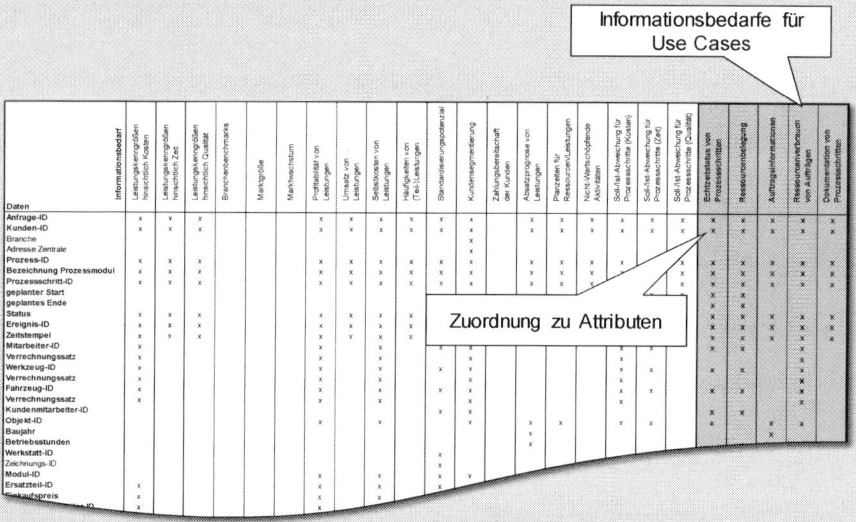

Abbildung 7-9: Zuordnung von Informationsbedarfen zu Attributen

Aus dieser Auswahl sind insbesondere noch Name und Qualifikation des Mitarbeiters zu ergänzen, da diese auf der Abrechnung geführt werden.

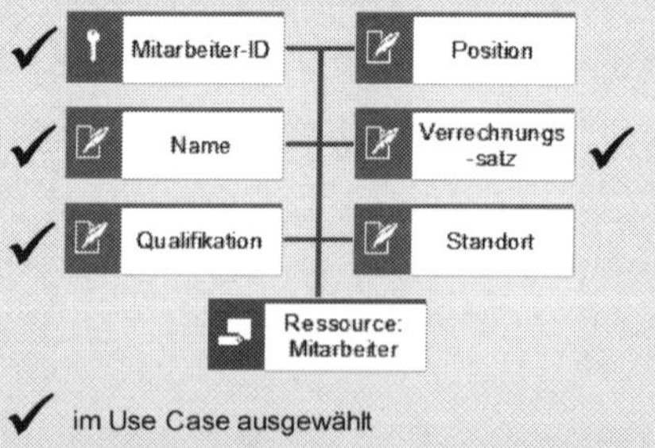

Abbildung 7-10: Attributszuordnungsdiagramm aus dem Referenzmodell für den Entitätstyp *Ressource: Mitarbeiter*

Zusammenfassend soll die mithilfe des Referenzmodells erarbeitete Struktur insbesondere den folgenden Anforderungen dienen:

- Die aktuelle und geplante zukünftige Belegung von Ressourcen ist digital abgebildet.
- Es ist echtzeitnah bekannt, welchen Fortschritt einzelne Prozesse haben.
- Es ist detailliert bekannt, welche Ressourcen für welchen Zeitraum durch einen Auftrag oder Prozess konsumiert wurden.
- Es ist detailliert bekannt, welche Kosten für die Ressourcen angefallen sind.
- Dokumente, die im Rahmen von Aufträgen erstellt werden, liegen digital vor und sind eindeutig sowie automatisiert den einzelnen Prozessen zuzuordnen.

Der Arbeitsschritt 2 mündet in ein fallspezifisches eERM sowie in fallspezifische Attributszuordnungsdiagramme.

Validierung | Schritt 2: Entwurf des Datenmodells

- Das eERM bildet die relevanten Entitätstypen in dem betrachteten Dienstleistungsprozess ab.
- Die zugrunde gelegten Aufgaben des Servicemanagements sowie die abgeleiteten Informationsbedarfe spiegeln die Problemstellungen der betrieblichen Praxis wider.
- Die im Referenzmodell vorgeschlagenen Attribute beschleunigen und vereinfachen die Definition von adäquaten Attributen und spiegeln die betriebliche Realität wider.

7.2.3 Schritt 3: Technische Implementierung

Ziel des dritten Arbeitsschritts ist es, das entworfene Konzept informationstechnisch zu implementieren.

Aufsetzen der Datenbankstruktur

Die Systemarchitektur des *Internet of Production* gibt diesem Arbeitsschritt den Rahmen (s. Abbildung 5-5). Mittels einer geeigneten Middleware werden Daten aus den Anwendungssystemen extrahiert und in der Datenbank des Digitalen Schattens abgelegt. Da diese Art von Systemen nicht im Fokus dieser Arbeit steht, sei an dieser Stelle lediglich auf die Notwendigkeit hingewiesen, eine entsprechende Systemarchitektur aufzustellen ohne auf die Details einzugehen.

Die Überführung des eERMs in ein sogenanntes relationales Datenbankschema hat nach Meier zum Ziel, Tabellen mit den zugehörigen Schlüsselattributen und beschreibenden Attributen zu definieren (s. Meier 2007, S. 28). Dabei folgt die Überführung fest definierten, logischen Regeln. Zu diesen Regeln zählt, dass für jeden Entitätstyp eine eigene Tabelle anzulegen sei (Regel 1, Entitätsmengen). Weiterhin könne jede Beziehungsmenge ebenfalls als Tabelle definiert werden (Regel 2, Beziehungsmengen). Es existieren fünf weitere Regeln für die Überführung in das relationale Datenbankschema, die insbesondere die Kardinalitäten der Beziehungen sowie den Umgang mit Generalisierungen und Spezialisierungen vorgeben (s. MEIER 2007, S. 28ff.). Das Resultat dieses Arbeitsschritts ist eine Vielzahl einzelner Tabellen, die in der Datenbank des Digitalen Schattens implementiert sind. Die Vorarbeiten bei der Gestaltung des Datenmodells, insbesondere die Definition der Beziehungen und der Schlüsselattribute, stellen sicher, dass der Zusammenhang zwischen den verschiedenen Tabellen hergestellt werden kann. Somit können durch standardisierte Abfragen (bspw. mittels SQL) Informationen aus den verschiedenen Tabellen des Digitalen Schattens gewonnen werden (vgl. MEIER 2007, S. 7ff.).

Für den Fall der InfraServ Knapsack kann ab diesem Arbeitsschritt lediglich von der konzeptuellen Bearbeitung dieses Arbeitsschritts berichtet werden, da eine technische Implementierung noch nicht stattgefunden hat. Das Unternehmen hat momentan zwar keine übergreifende Plattformlösung im Einsatz, in der die Datenbank des Digitalen Schattens abgebildet werden kann. Dennoch hat das ERP-System des Unternehmens einen systemübergreifenden Charakter und bietet individuelle Schnittstellen zu angrenzenden Systemen an. So hat das Unternehmen bereits erste Erfahrungen damit sammeln können, unabhängige mobile Applikationen über Webservices mit dem ERP kommunizieren zu lassen. Für eine übergreifende und strukturierte Dokumentenablage setzt das Unternehmen ein Dokumentenmanagementsystem (DMS) ein. Eine mögliche Systemarchitektur kann Abbildung 7-11entnommen werden. Jene muss mittelfristig neben dem Zugriff auf bereits genannte Systeme auch Schnittstellen bspw. zu Sensordaten von den Serviceobjekten bereitstellen, wenn das Konzept des Digitalen Schattens weiter ausgebaut werden soll.

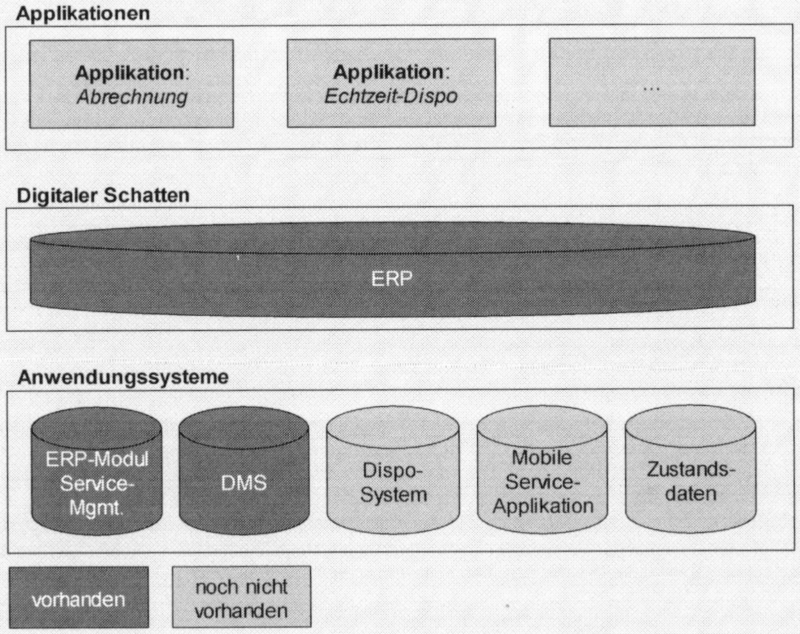

Abbildung 7-11: Mögliche Systemarchitektur der InfraServ Knapsack

Implementierung der Workflows und Technologien

In Kapitel 6.3 wurden die Systeme und Technologien zur Erfassung des Digitalen Schattens in Verbindung mit den aufzunehmenden Daten gesetzt. Hierfür sind zunächst Workflows zu definieren, die den aufgenommenen Daten eines Auftrags den Kontext zur Verfügung stellen. Konkret bedeutet dies, dass bspw. die Daten eines RFID-Readers, mit dessen Hilfe ein Ersatzteil identifiziert wird, unmittelbar mit den Metadaten zu dem Auftrag gekoppelt werden müssen, um eine eindeutige Zuordnung zu gewährleisten. Hierzu müssen Workflows definiert werden, die zunächst eine vollständige Aufnahme der relevanten Metadaten sicherstellen und anschließend eine Weitergabe entsprechend des Auftragsfortschritts gewährleisten.

Workflows sind daher in den administrativen Prozessen, wie dem Anlegen des Auftrags, starr zu gestalten. Mitarbeiter, die in einem System die Aufträge erfassen und ggf. eine technische Klärung vornehmen, müssen durch einen standardisierten Prozess geleitet werden, der sicherstellt, dass die in den nachfolgenden Prozessschritten notwendigen Daten korrekt und vollständig angelegt sind. Für das entwickelte Modell ist insbesondere wichtig, dass der Auftrag mit den ggf. parallel oder sequentiell ablaufenden Prozessen zu Beginn korrekt initialisiert wird.

Sobald die Ausführung des Auftrags beginnt, ist zunächst eine Zuordnung des Auftrags zu einem Mitarbeiter erforderlich, der den Workflow übernimmt. Das bedeutet, es muss prozessual sichergestellt sein, dass der oder die Servicetechniker auf den

Auftrag angemeldet werden. Dies kann bspw. durch eine Zuweisung des Auftrags zu einem Techniker im Dispositionssystem mit einer anschließenden Bestätigung durch den Techniker oder durch ein selbständiges Auswählen des Auftrags aus einer Liste freigegebener Aufträge erfolgen.

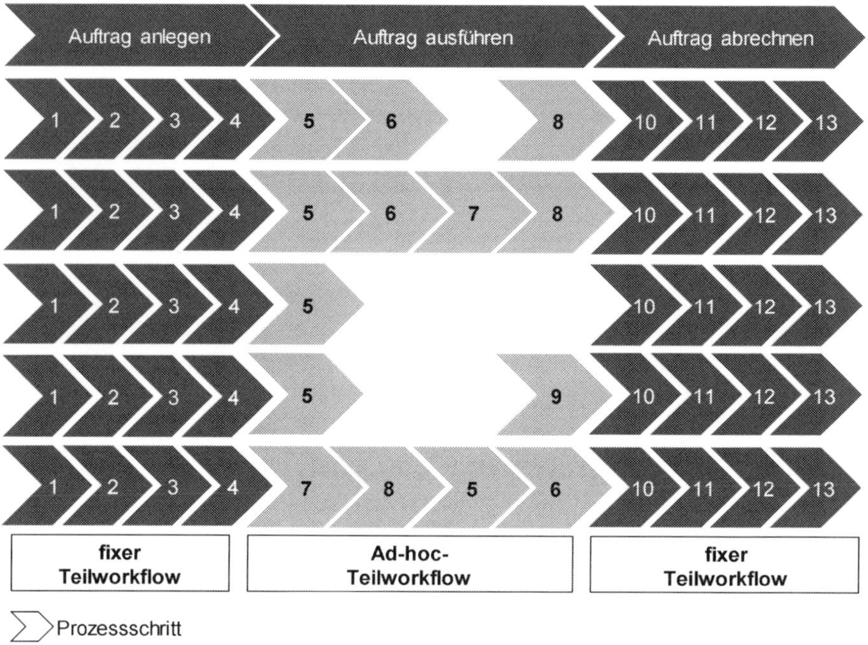

Abbildung 7-12: Fixe Workflows und Ad-hoc Workflows

Während der Ausführung sollte der Workflow Freiheitsgrade für die ad-hoc-Definition des folgenden Arbeitsschritts zulassen. Dies kann sowohl durch manuelle Auswahl des folgenden Arbeitsschritts durch den Techniker auf einem mobilen Endgerät als auch durch bestimmte automatisch erfassbare Ereignisse ausgelöst werden. An dieser Stelle wird deutlich, warum in der Analysephase nicht alle Prozesse aufgenommen werden müssen, sondern nur alle relevanten Prozessmodule in den analysierten Prozessen enthalten sein müssen. Diese sind innerhalb des ad-hoc-Workflows frei konfigurierbar.

Zur Auswahl der passenden Erfassungstechnologie für die einzelnen ausgewählten Attribute sei auf die Ausführungen in Kapitel 6.3. verwiesen.

Bei der InfraServ Knapsack gilt es, den Auftragsprozess auf der administrativen Ebene in den verschiedenen Segmenten der betrachteten Organisationseinheit zu vereinheitlichen. Ziel dessen ist ein SAP-Workflow, der sicherstellt, dass unabhängig von der ausführenden Person oder des Segments die gleichen Eingaben bei der Aufnahme eines Auftrags gemacht werden.

Aktuell verfügt das Unternehmen noch nicht über ein digitales Dispositionssystem zur Steuerung der Techniker. Das heißt, der Informationsfluss von der Administration zum Techniker erfolgt momentan papierbasiert. An dieser Schnittstelle gilt es, digitale Durchgängigkeit herzustellen, um den Technikern die relevanten Daten zum Auftrag auf einem mobilen Endgerät bereitzustellen.

Der Einsatz mobiler Endgeräte wird in dem Unternehmen momentan pilotiert. Mobile Endgeräte, die die Servicetechniker permanent mitführen, stellen ein zentrales Element der technischen Umsetzung des Digitalen Schattens dar. Da die Techniker häufig in Explosionsschutzbereichen tätig sind, ist die Auswahl entsprechender Hardware zu berücksichtigen.

Die mobilen Endgeräte können in dem betrachteten Unternehmen mehrere Funktionen erfüllen. Zum einen bieten sie eine manuelle Rückmeldemöglichkeit für das Starten und Beenden von Prozessschritten. Dies ist insbesondere vor dem Hintergrund der ad hoc konfigurierbaren Workflows wichtig. Zum anderen können sie als Scanner zur Erfassung optischer Identifikationsmerkmale genutzt werden. Dadurch ist auch die korrekte Zuordnung von Auftragsdaten sowie die Identifikation des ausführenden Mitarbeiters gewährleistet. Weiterhin besteht die Möglichkeit, das GPS-Signal zu nutzen, um Fahrtzeiten automatisiert zu erfassen.

Die Erfassung der Ressourcen des Unternehmens mittels optischer Identifikation erfordert, dass die entsprechenden Merkmale auf den Ressourcen angebracht werden. Für Lagerware kann der bereits vorhandene Barcode genutzt werden. Fahrzeuge können ebenfalls mit Bar- oder Matrixcodes versehen werden. Die Serviceobjekte können nur eingeschränkt mit ID-Technologien ausgestattet werden, da sie sich in den meisten Fällen im Eigentum des Kunden befinden und häufig nicht durch die InfraServ Knapsack geliefert wurden.

Bereinigung der Stammdaten

Eine zentrale Voraussetzung für die Einführung des Digitalen Schattens sind verlässliche Stammdaten in den Quellsystemen. Zum einen sind in den Stammdaten der Entitätstypen die Schlüsselattribute zur eindeutigen Identifikation einzelner Instanzen enthalten. Zum anderen werden in den Stammdaten weitere beschreibende Attribute gepflegt, die nur einer seltenen Änderung unterliegen und damit nicht in Echtzeit erfasst werden müssen (s. Attributszuordnungsdiagramme in Anhang 10.1).

Bei der Systematisierung des Stammdatenmanagements wird in der einschlägigen Literatur empfohlen, Stammdaten zu identifizieren, zu konsolidieren, zu harmonisieren und zu integrieren (s. KRCMAR 2015b, S. 180). Das Vorgehen ist dem in dieser Arbeit angewendeten sehr ähnlich. Nach LOSHIN werden zunächst die relevanten Datenobjekte in einem Geschäftsprozess bestimmt, um ihnen anschließend Datenelemente zuzuordnen (s. LOSHIN 2010, S. 129). Diese werden in einem Datenmodell strukturiert (s. LOSHIN 2010, S. 143ff.).

Für den Zugriff und die Ablage von Stammdaten existieren verschiedene Architekturansätze. Zum einen können Stammdaten in einem sogenannten *„Transaction Hub“*

gehalten werden. Auf diesen greifen alle anderen Anwendungen zu. Zum anderen können Stammdaten lediglich „virtuell" zusammengeführt werden, indem eine „Registry" genutzt wird. Hierbei werden nur die für eine Identifikation notwendigen Daten in ein Verzeichnis geschrieben. Von dort aus wird auf alle anderen zugehörigen Attribute des Objekts „gezeigt". Die eigentliche Pflege der Stammdaten erfolgt in den jeweiligen Anwendungssystemen (s. LOSHIN 2010, S. 166ff.). Dieser Ansatz steht ebenfalls im Einklang mit dem in dieser Arbeit vorgeschlagenen Konzept. Für die zu beschreibenden Entitätstypen wurde ein Schlüsselattribut zur eindeutigen Identifikation definiert. Dieses wird in Echtzeit im Prozess im Digitalen Schatten erfasst. Mittels dieses Schlüssels können weitere zugehörige beschreibende Attribute aus den Anwendungssystemen extrahiert werden.

Somit ist für sämtliche Attribute der Entitätstypen, die in Kapitel 6.3 als Stammdaten identifiziert wurden, sowie für alle Schlüsselattribute eine eindeutige Quelle in einem Anwendungssystem zu definieren. Sobald bspw. ein Objekt mit der Identifikationsnummer identifiziert wird, kann anhand dieser Nummer auf alle zugehörigen Stammdaten zu diesem Objekt „gezeigt" werden, um diese anschließend aus den Quellsystemen zu extrahieren und im Digitalen Schatten abzulegen.

Im Falle der InfraServ Knappsack kann das zuvor entwickelte Datenmodell zugrunde gelegt werden. Die größte Herausforderung besteht in der Systematisierung der fragmentierten Systemlandschaft. Es bestehen verschiedene Vorsysteme, in denen bestimmte Assets gepflegt werden. Bei diesen Systemen handelt es sich in der Regel um Access-Datenbanken, für die teilweise Schnittstellen zu anderen Systemen individuell gestaltet wurden. Andere Entitätstypen, wie bspw. Mitarbeiter-, Kunden- und Materialstammdaten werden im ERP-System verwaltet.

Um innerhalb dieser Systemlandschaft den Digitalen Schatten einzuführen, ist zunächst eine Entscheidung über das führende System für jeden Entitätstyp zu treffen. Das führende System vergibt das Schlüsselattribut, das eine Instanz eindeutig kennzeichnet. Da einige der betrachteten Vorsysteme maßgeschneidert auf konkrete Anwendungsfälle adaptiert wurden und eine hohe Nutzerakzeptanz genießen, sollten diese mit entsprechenden Modifikationen weiter genutzt werden. Bspw. können die verschiedenen Datenbanken zur Pflege bestimmter Attribute der Assets weiter genutzt werden. Die Voraussetzung hierfür ist, dass das Schlüsselattribut zuvor aus einer zentralen Datenbank (bspw. im ERP) vergeben und genutzt wird. Weiterhin ist der Zugriff auf die Datenbanken sicherzustellen. Die zentrale Vergabe des Schlüsselattributs ist insbesondere dann notwendig, wenn Teilmengen eines Entitätstyps in verschiedenen Systemen gepflegt werden. Im Fall der InfraServ Knapsack werden bspw. die Daten zu elektrischen Equipments und zu Rohrleitungen in unterschiedlichen Systemen verwaltet. Um beide Systeme weiterhin parallel betreiben zu können, müssen die Serviceobjekte auch im ERP-System angelegt sein, um übergreifend eindeutige Identifikationsnummern vergeben zu können.

Validierung | Schritt 3: Technische Implementierung

- Die für die Arbeit gewählte Systemarchitektur des *Internet of Production* schafft einen praktikablen Ordnungsrahmen, um die bestehende und zukünftige Systemlandschaft eines Unternehmens zu strukturieren.
- Das Konzept eines modularen Baukastens in Kombination mit ad-hoc definierbaren Workflows schafft die notwendigen Freiräume, um individuelle Dienstleistungsprozesse mit dem Digitalen Schatten abbilden zu können.
- Der Schritt der Bereinigung der Stammdaten ist zwingend notwendige Voraussetzung zur Einführung eines Digitalen Schattens. Das Fallbeispiel zeigt, dass dieser Schritt in Abhängigkeit von den vorhandenen Strukturen sehr aufwendig sein kann.

7.2.4 Schritt 4: Nutzung des Digitalen Schattens

Das Ziel des vierten Arbeitsschritts ist es, einen Nutzen aus dem Betrieb des Digitalen Schattens zu generieren sowie diesen kontinuierlich weiterzuentwickeln und auf weitere Use-Cases auszuweiten. Da die Nutzungsphase des Digitalen Schattens in dem betrachteten Fallbeispiel noch nicht erreicht ist, können für diesen Arbeitsschritt noch keine umgesetzten Beispiele präsentiert werden.

Erfassung und Nutzung der Daten des Digitalen Schattens

Hierbei steht die Umsetzung der eingangs definierten Usecases im Fokus. Der *acatech Industrie 4.0 Maturity Index* legt nahe, dass neben den IT-Systemen und Ressourcen auch die Organisationsstruktur und die Kultur bei der Weiterentwicklung des digitalen Reifegrads berücksichtigt werden müssen (s. SCHUH ET AL. 2017a, S. 21). Bislang wurden jedoch lediglich Informationssysteme und die technischen Ressourcen betrachtet.

Aus der Perspektive der **Ressourcen** sind neben der Fähigkeit „Rückmeldedaten automatisiert erzeugen“, die bereits angesprochen wurde, insbesondere die Kompetenzen der Mitarbeiter erfolgskritisch (s. SCHUH ET AL. 2017a, S. 22). Mitarbeiter müssen auf der einen Seite die IT-Kompetenz mitbringen, die Systeme, in denen sie arbeiten, korrekt bedienen zu können. Denn auch wenn ein großer Teil der Daten des Digitalen Schattens automatisiert erfasst werden soll, sind nach wie vor einige klassische Anwendungssysteme zu nutzen, die als Quelle für den Digitalen Schatten dienen. Weiterhin muss ein Verständnis für die interdisziplinäre Relevanz der erfassten Daten geschaffen werden. Die Mitarbeiter sollten ein Verständnis für die gesamte Auftragsabwicklung mitbringen und wissen, welcher Nutzen an anderer Stelle aus den von ihnen erfassten Daten generiert wird (vgl. SCHUH ET AL. 2017a, S. 22; HILDEBRAND ET AL. 2015, S. 84).

Aus **organisatorischer** Sicht ist zum einen die Ablauforganisation zu betrachten. Wie die Datenerfassung in die operativen Abläufe des Unternehmens integriert werden kann, wurde bereits ausführlich beschrieben. Darüber hinaus ist festzulegen, wie die Nutzung der einzelnen Applikationen, die auf dem Digitalen Schatten basieren, in die betrieblichen Abläufe zu integrieren sind. So können Visualisierungen bspw. über die Kapazitätsauslastung, den Fahrtzeitenanteil oder die First-Time-Fix-Rate in regelmäßige Abstimmungsrunden (vgl. Shopfloor-Meetings in der Produktion) eingebunden werden. Aufbauorganisatorisch sind Aufgaben und Verantwortlichkeiten zu definieren, die im Bezug zur Nutzung des Digitalen Schattens stehen. Hier ist insbesondere an ein fortlaufendes Management der Datenqualität zu denken (s. HILDEBRAND ET AL. 2015, S. 84f.). Im Datenqualitätsmanagement wird bspw. neben einem unternehmensübergreifend agierenden Datenqualitätsbeauftragen auch ein Datenverwalter je Fachbereich benannt, der tiefgehendes Wissen über die Daten seines Fachbereichs und deren Qualität aufbaut, indem er täglich operativ mit ihnen arbeitet (s. HILDEBRAND ET AL. 2015, S. 73f.).

Aus der Perspektive der **Unternehmenskultur** ist zum einen die „Bereitschaft zu Veränderungen" ein zentraler Stellhebel. Hierbei hat es sich als förderlich erwiesen, die Betroffenen einer Veränderung zu Beteiligten zu machen (vgl. STOLZENBERG U. HEBERLE. 2009, S. 111ff.; VOEHL 2016, S. 180). Aus diesem Grund ist es bei der Einführung des Digitalen Schattens sinnvoll, Anwender der Systeme und Applikationen zur Erfassung und Nutzung des Digitalen Schattens in die Gestaltung der Systemoberflächen einzubinden und Verantwortung übernehmen zu lassen. Ein weiterer kultureller Aspekt besteht in der Fehlertoleranz (vgl. SCHUH ET AL. 2017a, S. 34) . Da der Digitale Schatten nie als vollständig betrachtet werden kann und kontinuierlich weiterzuentwickeln ist, werden permanent auch Unzulänglichkeiten der aktuell implementierten Version des Digitalen Schattens und der Applikationen entdeckt werden. Ein konstruktiver Umgang hiermit ist unabdingbar für eine kontinuierliche Weiterentwicklung.

Im Falle der InfraServ Knapsack lassen sich die folgenden Handlungsempfehlungen in den drei Perspektiven *Ressourcen, Organisationsstruktur* und *Kultur* ableiten: Zum einen ist festzustellen, dass nicht alle Mitarbeiter die ausreichende Qualifikation besitzen, die wesentlichen Anwendungssysteme in dem notwendigen Umfang zu nutzen. Dies trifft insbesondere auf das ERP-System zu. Demnach besteht eine Handlungsempfehlung in Systemschulungen. Weiterhin ist ein Verständnis bei den Mitarbeitern aus den operativen Prozessschritten darüber zu schaffen, welche Implikationen gute bzw. schlechte Datenqualität hat. Hierfür wird ein Austausch dieser Mitarbeiter mit den Mitarbeitern aus dem „Auftragsservice" empfohlen, da diese aktuell für die manuelle Bereinigung der Daten und das Zusammenführen von Dokumenten aus diversen Quellen verantwortlich sind.

Aus organisatorischer Sicht ist bei der InfraServ Knapsack der „Auftragsprozess" neu zu gestalten. Dies ist insbesondere wichtig für den ersten umzusetzenden Usecase „Aufträge dokumentieren/abrechnen". Hierbei ist die aktuelle Vielfalt an individuellen Vorgehensweisen zur Dokumentation und Abrechnung zu vereinheitlichen. Dabei ist zu berücksichtigen, dass durch die Einführung des oben beschriebenen Datenerfassungskonzepts viele Arbeiten bereits obsolet werden. Weiterhin sollte aus den verschiedenen Organisationseinheiten (Segmenten) jeweils eine Person benannt werden, die für die relevanten Stammdaten des Segments verantwortlich ist. Kulturell sollte bei der InfraServ Knapsack beachtet werden, dass Mitarbeiter aus den operativen Prozessschritten bei Gestaltung der Systemoberflächen eingebunden werden. Dies betrifft speziell die Oberflächen der mobilen Endgeräte, die durch die Techniker im Feld bedient werden müssen.

Review

Zur Nutzung des Digitalen Schattens gehört die regelmäßige Überprüfung des Erreichten. Hierzu sind die in Abbildung 7-13 dargestellten Aspekte je implementiertem Usecase regelmäßig zu evaluieren.

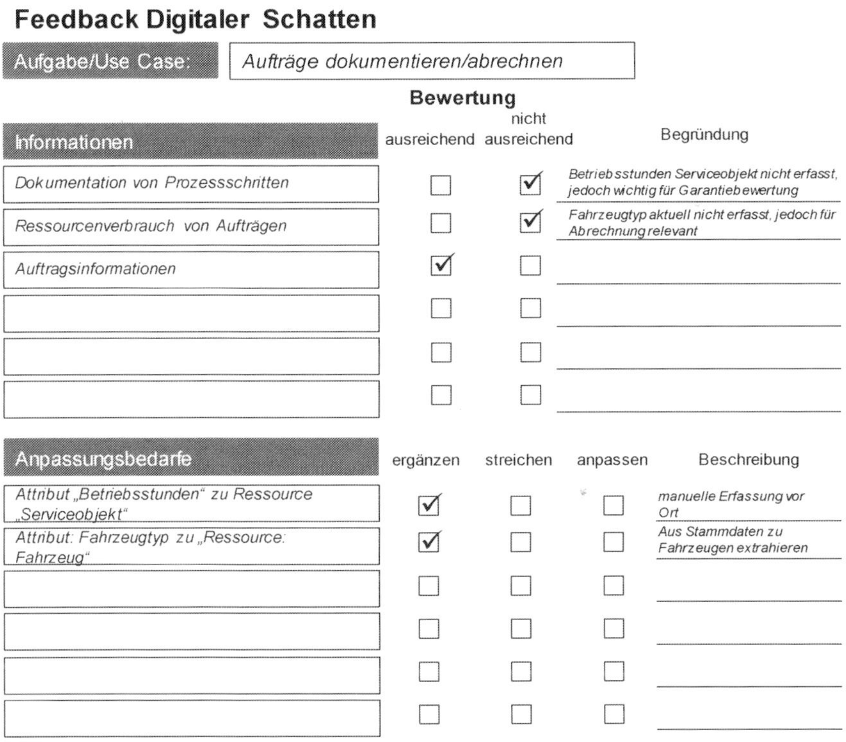

Abbildung 7-13: Review-Formblatt mit beispielhaften Inhalten

Gemäß der in Kapitel 6 genutzten Logik, von Aufgaben ausgehend Informationsbedarfe festzustellen und schließlich auf dafür benötigte Attribute zu schließen, kann auch die Beurteilung des implementierten Usecase erfolgen. Es ist zu überprüfen, ob die bereitgestellten Informationen in ausreichendem Maße zur Verfügung gestellt werden und ob ggf. weitere Informationen notwendig sind. Basierend auf dieser Bewertung können Anpassungsbedarfe auf Ebene der Attribute festgestellt werden, die sich in den Kategorien „ergänzen“, „streichen“ und „anpassen“ wiederfinden. Für neu zu definierende Usecases kann das gleiche Formblatt genutzt werden.

8 Zusammenfassung und Ausblick

Im letzten Kapitel dieser Arbeit werden die Ergebnisse zusammengefasst und kritisch gewürdigt sowie ein Ausblick auf nachfolgende Forschungs- und Entwicklungsbedarfe gegeben.

8.1 Zusammenfassung und kritische Reflexion der Ergebnisse

Das Ziel der vorliegenden Arbeit besteht darin, den Digitalen Schatten für Instandhaltungsdienstleistungen im Maschinen- und Anlagenbau zu gestalten. Es wurden die folgenden Ergebnisse erzielt:

Konzept Digitaler Schatten für Instandhaltungsdienstleistungen im Maschinen- und Anlagenbau

Die Konzeptionierung des Digitalen Schattens für den in dieser Arbeit betrachteten Anwendungsfall erfolgte durch die Gestaltung eines Ordnungsrahmens. Dieser beinhaltet sowohl eine technische Perspektive (s. Kapitel 5.1.1) als auch eine domänenspezifische Perspektive (s. Kapitel 5.1.2). Der Ordnungsrahmen wurde systematisch hergeleitet auf Basis bestehender Literatur aus den beiden betrachteten Themenfeldern *Modellierung industrieller Dienstleistungen* und *Systemarchitekturen*. Er hat sich im weiteren Verlauf als praktikabel erwiesen, da er zum einen eine Strukturierung der weiteren Ausdetaillierung des Digitalen Schattens ermöglicht hat und zum anderen sichergestellt hat, dass keine wesentlichen Elemente übersehen werden. Letzterer Punkt wurde insbesondere daran deutlich, dass weder in der Analyse der Fallstudien (s. Kapitel 5.2) noch in der praktischen Anwendung der Ergebnisse (Kapitel 7.2) Inhalte identifiziert wurden, die nicht in den Rahmen eingeordnet werden konnten.

Referenzmodell für Instandhaltungsdienstleistungen im Maschinen- und Anlagenbau

Das Referenzmodell für Instandhaltungsdienstleistungen wurde auf Basis einer fallstudienbasierten Untersuchung gemäß dem Vorgehen von EISENHARDT entwickelt (vgl. EISENHARDT 1989; EISENHARDT U. GRAEBNER 2007). Die Vorgehensweise hat den Vorteil, dass die Ergebnisse unmittelbar auf in der Praxis beobachteten Fällen basieren. Anders als bei zunächst theoretisch erarbeiteten Ergebnissen muss also nicht nachträglich mit der Praxis validiert werden. Hierfür ist allerdings entscheidend, dass die Auswahl der Fallstudien einer gewissen Systematik entspricht (s. EISENHARDT 1989, S. 536f.). In der vorliegenden Arbeit wurde systematisch entlang der Merkmale *Dienstleistung, Branche, Größe der Organisationseinheit, Größe des gesamten Unternehmens, Komplexität* und *Tätigkeitsbereich* variiert. In Summe wurden elf Fallstudien untersucht. Weiterhin wurde begleitend zur Fallstudienanalyse die inhaltliche „Sättigung“ verfolgt. Erst als keine neuen Erkenntnisse aus der Analyse weiterer Fallstudien zu erwarten waren, wurde die Analyse eingestellt.

Nichtsdestotrotz hat die gewählte Vorgehensweise gewisse Grenzen in ihrem Aussagegehalt. Bspw. kann nicht mit statistischer Validität konstatiert werden, dass genau die herausgearbeiteten Referenzprozessmodule die einzig richtigen sind. Die Fallstudienuntersuchung wurde bewusst als Methode zur *„theory-building“* und nicht zum statistischen Test *(„theory-testing“)* einer bestehenden Theorie gewählt (vgl. EISENHARDT u. GRAEBNER 2007, S. 26). Die Validierung im Anwendungszusammenhang im Rahmen der Prüfung der Vorgehensweise hat jedoch gezeigt, dass der Referenzprozessbaukasten geeignet ist, um den untersuchten Prozess darzustellen.

Datenmodell für Instandhaltungsdienstleistungen im Maschinen- und Anlagenbau

Bei der Entwicklung des Datenmodells wurde auf die bewährte Modellierungsmethode des Entity-Relationship-Models zurückgegriffen (s. CHEN 1976). Die in den Fallstudien identifizierten, für den Digitalen Schatten relevanten Entitätstypen wurden in dem Modell in Bezug zueinander gesetzt. Das Modell verfolgt dabei den Ansatz, Daten aus verschiedenen Quellen in einen gemeinsamen Kontext zu setzten. Hierbei wurde zum einen der Ansatz umgesetzt, dass jeder „Messpunkt“ des Digitalen Schattens ein Ereignis darstellt. Jedes Ereignis muss eindeutig einem Auftrag, einem Prozess, einem Prozessmodul zuordenbar sein sowie mit einem Zeitstempel zu versehen sein. Weitere Daten, die einem Ereignis zugeordnet werden können, sind vielfältig und lassen sich in den Kategorien *Ressourcen, Dokumente* und *Prozess* strukturieren.

Die Entitätstypen wurde jeweils im Detail ausgestaltet, indem ihnen Schlüsselattribute und beschreibende Attribute zugeordnet wurden. Über das Schlüsselattribut muss eine Instanz eines Entitätstyps eindeutig identifizierbar sein. Die beschreibenden Attribute enthalten weitere Daten, die für den Digitalen Schatten relevant sind. Aufgrund dessen besteht auf Ebene der Schlüsselattribute nur geringe Flexibilität zur Anpassung des Referenzmodells. Auf Ebene der beschreibenden Attribute ist das Modell weitestgehend adaptierbar.

Für das Datenmodell wurden zwei Prüfungen durchgeführt. Zunächst wurde geprüft, ob die enthaltenen Daten die Informationsbedarfe im Service decken. Hierfür wurden typische Aufgaben des Servicemanagements aus dem Aachener Lean-Services-Zyklus abgeleitet und mittels ergänzender durchgeführter Fokusgruppeninterviews validiert (s. Kapitel 6.2). Nachfolgend wurde geprüft, ob die Informationsbedarfe zur Erfüllung dieser Aufgaben gedeckt werden können. Das Ergebnis dieser ersten Prüfung war, dass einige Größen nicht enthalten sind. Bei den nicht enthaltenen Größen handelte es sich ausschließlich um unternehmensexterne Daten, die nicht im Digitalen Schatten der Dienstleistung enthalten sein können.

Die zweite Prüfung bezog sich auf die Erfassung der Daten (s. Kapitel 6.3). Auf Basis der zur Verfügung stehenden Technologien (s. Kapitel 3.2) sowie der Referenzprozessmodule wurden mögliche Szenarien für den Technologieeinsatz abgeleitet. Diesen Szenarien wurden die zu erfassenden Daten (Attribute) des Digitalen Schattens zugeordnet. Ergebnis dieser Untersuchung ist ein Konzept, wie die Daten erfasst werden können. Insbesondere die Ergebnisse dieses Arbeitsschritts sollten im Zuge einer Anwendung des Digitalen Schattens aufgrund des schnellen technologischen Fortschritts kritisch geprüft werden.

Vorgehensweise zur Erstellung des Digitalen Schattens

Abschließend wurde eine Vorgehensweise entwickelt, die Unternehmen bei der Einführung des Digitalen Schattens unterstützt (s. Kapitel 7). Hierbei wurde sich an die Vorgehensweise im Business (Re-)Engineering nach *Österle* angelehnt (s. ÖSTERLE 1995). Die Vorgehensweise folgt den Phasen *Analyse, Entwurf* und *Implementierung* und bindet in den jeweiligen Phasen die zuvor beschriebenen Ergebnisse ein.

Der Digitale Schatten kann nie als *vollständig* oder *fertig* betrachtet werden, da aus jeder neuen Applikation, die dessen Daten nutzt, potenziell neue, bislang nicht berücksichtige Bedarfe zur Datenerfassung entstehen können. Diesem Umstand wird in der Vorgehensweise Rechnung getragen, indem nach der initialen „Revolution" eine fortlaufende „Evolution" vorgesehen ist.

Die Vorgehensweise wurde validiert, indem sie gemeinsam mit einem Industriedienstleister pilotiert wurde. Die ersten Phasen der Vorgehensweise (Analyse und Entwurf) haben sich in der Anwendung bereits als praktikabel erwiesen. Über die *technische Implementierung* sowie die *Nutzung des Digitalen Schattens* konnte in die vorliegende Arbeit keine Rückmeldung mehr einfließen.

8.2 Ausblick auf weitere Forschungs- und Entwicklungsbedarfe

Ausgehend von den in dieser Arbeit erzielten Ergebnissen ergeben sich eine Reihe an weiteren Forschungs- und Entwicklungsbedarfen. Diese lassen sich anhand des zu Beginn vorgestellten *acatech Industrie 4.0 Maturity Index* ordnen (s. Kapitel 1.2).

Weitere Forschungsbedarfe auf der Reifegradstufe „Sichtbarkeit"

In Anknüpfung an die zuvor getätigte Feststellung, dass der Digitalen Schatten nie vollständig ist und sich vielmehr in einer kontinuierlichen Weiterentwicklung befindet, besteht ein Bedarf darin, die Erkenntnisse aus der Anwendung zurück in das Referenzmodell zu führen. Dies folgt im Übrigen dem „Vorgehensmodell zur Erstellung und Anwendung von Referenzmodellen" von SCHÜTTE (s. SCHÜTTE 1998, S. 177, 318f.).

Weiterhin kann die grundsätzliche Vorgehensweise, die in dieser Arbeit auf den Bereich der Instandhaltungsdienstleistungen im Maschinen- und Anlagenbau angewendet wurde, auf weitere Domänen ausgeweitet werden. Hierbei können sowohl andere Unternehmensprozesse wie Fertigung, Montage oder Logistik fokussiert werden, aber auch das Produkt des Unternehmens. Vor dem Hintergrund industrieller Dienstleistungen wäre bspw. der Digitale Schatten der im Feld befindlichen Serviceobjekte für eine Reihe von Anwendungsfällen hilfreich. Das Serviceobjekt wurde in der vorliegenden Arbeit lediglich als Ressource innerhalb des Dienstleistungsprozesse betrachtet. In einer dedizierten Untersuchung des Serviceobjekts wäre es denkbar, bspw. Zustandsdaten, Betriebsparameter oder Umgebungsgrößen in das Datenmodell einfließen zu lassen.

Neben der technischen Implementierung gilt es, die Nutzung des Digitalen Schattens aus einer organisatorischen und unternehmenskulturellen Perspektive zu beleuchten.

Mögliche Fragestellungen könnten die systematische Einbindung der erhobenen Daten in alltägliche Arbeitsroutinen und Verbesserungsprozesse eines Unternehmens betreffen.

Ein weiterer Ansatzpunkt für Entwicklungen besteht in den in Kapitel 6.2 beschriebenen Aufgaben im Servicemanagement. Gemäß den Ausführungen dieser Arbeit werden die Daten des Digitalen Schattens in rollen- bzw. aufgabenspezifischen Applikationen genutzt. Die beschriebenen Aufgaben bieten daher zahlreiche Ansatzpunkte, konkrete „Apps" für den Service auszugestalten.

Weitere Forschungsbedarfe jenseits der Reifegradstufe „Sichtbarkeit"

Jenseits der Reifegradstufe „Sichtbarkeit" gilt es, die Daten des Digitalen Schattens automatisiert zu analysieren, Szenarien zu bilden und Entscheidungen zu treffen. Hierbei erscheinen insbesondere Anwendungen nutzenstiftend, in denen kurzfristig eine Vielzahl an Entscheidungen zu treffen ist, die nicht mehr mit den kognitiven Fähigkeiten eines Individuums beherrscht werden können. Konkret besteht daher weiterer Bedarf im Bereich der Steuerung einzelner Serviceaufträge. Durch die echtzeitnahen Rückmeldungen zum aktuellen Status der Aufträge können Automatismen kurzfristig in die Feinplanung eingreifen und diese im Sinne einer Regelung optimieren.

Ein weiterer Fall besteht in der Optimierung des Ersatzeilmanagements. Basierend auf vergangenen Servicefällen können Ersatzteilbestände im Lager optimiert werden. Weiterhin kann auf Basis dieser Daten die Bestückung von Servicefahrzeugen mit individuell angepassten Ersatzteilkits veranlasst werden, was die Wahrscheinlichkeit einer Ad-hoc-Lösung des Servicefalls erhöht.

Zieht man die Grenzen etwas weiter, ermöglicht der Digitale Schatten der Serviceprozesse die Orchestrierung ganzer Servicenetzwerke. Techniker können unternehmensübergreifend nach bestimmten Rahmenbedingungen Aufträgen zugeordnet werden, die auf Marktplätzen angeboten werden. Voraussetzung ist die zentrale Aggregation des Digitalen Schattens aller beteiligten Organisationen und Individuen.

9 Literaturverzeichnis

ABTS, D.; MÜLDER, W.: Grundkurs Wirtschaftsinformatik. Eine kompakte und praxisorientierte Einführung. Springer Vieweg, Wiesbaden 2017.

ALPAR, P.; ALT, R.; BENSBERG, F.; GROB, H. L.; WEIMANN, P.; WINTER, R.: Anwendungsorientierte Wirtschaftsinformatik. Strategische Planung, Entwicklung und Nutzung von Informationssystemen. 8., überarb. Auflage. Springer Vieweg, Wiesbaden 2016.

AMBERG, M.; BODENDORF, F.; MÖSLEIN, K. M.: Wertschöpfungsorientierte Wirtschaftsinformatik. Springer, Berlin [u. a.] 2011.

ARBEITSKREIS SMART SERVICE WELT / ACATECH (HRSG.): [Abschlussbericht] Smart Service Welt. Umsetzungsempfehlungen für das Zukunftsprojekt Internetbasierte Dienste für die Wirtschaft, Berlin März 2015. https://www.acatech.de/wp-content/uploads/2015/03/BerichtSmartService2015_mitUmschlag_bf.pdf (letzter Zugriff: 10.09.2018).

BAUERNHANSL, T.; KRÜGER, J.; REINHART, G.; SCHUH, G.: [Positionspapier] WGP-Standpunkt Industrie 4.0. Wissenschaftliche Gesellschaft für Produktionstechnik WGP e. V., Darmstadt 2017. https://www.ipa.fraunhofer.de/content/dam/ipa/de/documents/Presse/Presseinformationen/2016/Juni/WGP_Standpunkt_Industrie_40.pdf (letzter Zugriff: 10.09.2018).

BECKER, J.; KUGELER, M.; ROSEMANN, M. (Hrsg.): Prozessmanagement. Ein Leitfaden zur prozessorientierten Organisationsgestaltung. 7., korr. u. erw. Auflage. Springer Gabler, Wiesbaden 2012a.

BECKER, J.; NEUMANN, S.: Referenzmodelle für Workflow-Applikationen in technischen Dienstleistungen. In: Service Engineering. Entwicklung und Gestaltung innovativer Dienstleistungen: mit 24 Tabellen. Hrsg.: H.-J. Bullinger; A.-W. Scheer; K. Schneider. 2., vollst. überarb. und erw. Auflage. Springer, Berlin [u. a.] 2006, S. 623 – 647.

BECKER, J.; PROBANDT, W.; VERING, O.: Grundsätze ordnungsmäßiger Modellierung. Konzeption und Praxisbeispiel für ein effizientes Prozessmanagement. Springer Gabler, Wiesbaden 2012b.

BECKER, J.; ROSEMANN, M.; SCHÜTTE, R.: Grundsätze ordnungsmäßiger Modellierung. In: Wirtschaftsinformatik 37 (1995) 5, S. 435 – 445.

BELZ, C.; SCHUH, G.; GROOS, S. A.; REINECKE, S.: Industrie als Dienstleister. Thexis, St. Gallen 1997.

BEREKOVEN, L. (Hrsg.): Der Dienstleistungsbetrieb. Gabler, Wiesbaden 1974.

BERKAU, C.: Instrumente der Datenverarbeitung für das effiziente Prozesscontrolling. In: Kostenrechnungspraxis (1998) Sonderheft 2, S. 27 – 32.

BEYERER, J.; PUENTE LEÓN, F.; FRESE, C.: Automatische Sichtprüfung. Grundlagen, Methoden und Praxis der Bildgewinnung und Bildauswertung. 2., erw. und verb. Auflage. Springer Vieweg, Wiesbaden 2016.

BIENZEISLER, B.; SCHLETZ, A.; GAHLE, A.-K.: [Ergebnisse einer Kurzbefragung] Industrie 4.0 Ready Services. Technologietrends 2020. Fraunhofer IAO, Stuttgart 2014. https://wiki.iao.fraunhofer.de/images/studien/industrie-4-0-ready-service.pdf (letzter Zugriff: 10.09.2018).

BLAUHUT, D.: Handheld devices for use within integrated operations in the petroleum industry, Trondheim Tech. Univ., Diss. 2016.

BLEICHER, K.: Das Konzept Integriertes Management. Visionen - Missionen - Programme. 8., überarb. Auflage. Campus, Frankfurt am Main 2011.

BÖGE, A.; BÖGE, W. (Hrsg.): Handbuch Maschinenbau. Grundlagen und Anwendungen der Maschinenbau-Technik ; mit 424 Tabellen. 22., überarb. u. erw. Auflage. Springer Vieweg, Wiesbaden 2015.

CHEN, P. P.-S.: The Entity-Relationship Model - Toward a Unified View of Data. In: ACM Transactions on Database Systems 1 (1976) 1, S. 9 – 36.

CIRESAN, D.; MEIER, U.; SCHMIDHUBER, J.: Multi-column Deep Neural Networks for Image Classification. 16 - 21 June 2012, Providence, RI, USA. In: PROCEEDINGS OF THE 25TH IEEE CONFERENCE ON COMPUTER VISION AND PATTERN RECOGNITION (CVPR 2012) (2012) n.n., S. 3642 – 3649. http://ieeexplore.ieee.org/servlet/opac?punumber=6235193.

CMMI PRODUCT TEAM (HRSG.): [Report] CMMI® for Services, Version 1.3 CMMI-SVC, V1.3. Hrsg.: Software Engineering Institute, Pittsburgh 2010. https://resources.sei.cmu.edu/asset_files/TechnicalReport/2010_005_001_15290.pdf (letzter Zugriff: 10.09.2018).

CORSTEN, H.: Dienstleistungsmanagement. 4., bearb. u. erw. Auflage. R. Oldenbourg Verlag, München [u. a.] 2001.

CORSTEN, H.; GÖSSINGER, R.: Dienstleistungsmanagement. 5., vollst. überarb. und wes. erw. Auflage. Oldenbourg, München [u. a.] 2007.

DAEUBLE, G.; OEZCAN, D.; NIEMOELLER, C.; FELLMANN, M.; NUETTGENS, M.; THOMAS, O.: Information Needs of the Mobile Technical Customer Service -- A Case Study in the Field of Machinery and Plant Engineering. In: 48th Hawaii International Conference on System Sciences (HICSS), 2015. 5 - 8 Jan. 2015, Kauai, Hawaii. Hrsg.: T. X. Bui; R. H. Sprague. IEEE, Piscataway, (NJ) 2015, S. 1018 – 1027.

DAVENPORT, T. H.; DYCHÉ, J.: [Whitepaper] Big Data in Big Companies. International Institute for Analytics Mai 2013. https://docs.media.bitpipe.com/io_10x/io_102267/item_725049/Big-Data-in-Big-Companies.pdf (letzter Zugriff: 10.09.2018).

DIN 24420 Teil 1: Ersatzteillisten. DIN DEUTSCHES INSTITUT FÜR NORMUNG E. V. Beuth, Berlin, September 1976.

ISO IEC 2382: Informationstechnik Begriffe. DIN DEUTSCHES INSTITUT FÜR NORMUNG E. V. Beuth, Berlin, Oktober 1997.

DIN EN 15341: Instandhaltung – Wesentliche Leistungskennzahlen für die Instandhaltung. DIN DEUTSCHES INSTITUT FÜR NORMUNG E. V. Beuth, Berlin, März 2007.

DIN EN 13460: Instandhaltung – Dokumente für die Instandhaltung. DIN DEUTSCHES INSTITUT FÜR NORMUNG E. V. Beuth, Berlin, August 2009.

DIN 31051: Grundlagen der Instandhaltung. DIN DEUTSCHES INSTITUT FÜR NORMUNG E. V. Beuth, Berlin, September 2012.

DIN EN 15628: Instandhaltung – Qualifikation des Instandhaltungspersonals. DIN DEUTSCHES INSTITUT FÜR NORMUNG E. V. Beuth, Berlin, Oktober 2014.

DIN EN 16646: Instandhaltung – Instandhaltung im Rahmen des Assetmanagements. DIN DEUTSCHES INSTITUT FÜR NORMUNG E. V. Beuth, Berlin, März 2015.

DIN EN 13306: Instandhaltung - Begriffe der Instandhaltung. DIN DEUTSCHES INSTITUT FÜR NORMUNG E. V. Beuth, Berlin, September 2015.

DIN SPEC 77007: Leitfaden Lean Services - Professionalisierung des Dienstleistungsgeschäfts. DIN DEUTSCHES INSTITUT FÜR NORMUNG E. V. Beuth, Berlin, Mai 2018.

DONABEDIAN, A.: The Definition of Quality and Approaches to its Assessment. Health Administration Press, Ann Arbor (MI) 1980.

DÖRN, S.: Programmieren für Ingenieure und Naturwissenschaftler. Springer, Berlin [u. a.] 2017.

DROSSEL, W.-G.; IHLENFELDT, S.; PENTER, L.; ZORN, W.; HELLMICH, A.; GRÜNING, T.: The Press Shop on the Way to the Cyber-Physical Age. In: ZWF Zeitschrift für wirtschaftlichen Fabrikbetrieb 111 (2016) 7-8, S. 460 – 465.

DU, M.; JING, C.; DU, M.: Tag location method integrating GNSS and RFID technology. In: The Journal of Global Positioning Systems 14 (2016) 1, S. 1778.

DYCHÉ, J.: Technology for Big Data. In: Big data @ work. Dispelling the myths, uncovering the opportunities. Hrsg.: T. H. Davenport. Harvard Business Review Press, Boston, (MA) 2014, S. 113 – 134.

EISENHARDT, K. M.: Building Theories from Case Study Research. In: Academy of Management Review 14 (1989) 4, S. 532 – 550.

EISENHARDT, K. M.; GRAEBNER, M. E.: Theory Building from Cases: Opportunities and Challenges. In: Academy of Management Journal 50 (2007) 1, S. 25 – 32.

ENGELHARDT, W. H.; RECKENFELDERBÄUMER, M.: Industrielles Service-Management. In: Markt- und Produktmanagement. Die Instrumente des Business-to-Business-Marketing. Hrsg.: M. Kleinaltenkamp. 2., überarb. u. erw. Auflage. Gabler, Wiesbaden 2006, S. 209 – 318.

FELDHUSEN, J.; GROTE, K.-H.; GÖPFERT, J.; TRETOW, G.: Technische Systeme. In: Konstruktionslehre. Grundlagen erfolgreicher Produktentwicklung Methoden und Anwendung. Hrsg.: G. Pahl; W. Beitz; J. Feldhusen; K.-H. Grote. 6. Auflage. Springer-Lehrbuch. Springer, Berlin [u. a.] 2005, S. 237 – 279.

FETTKE, P.; VOM BROCKE, J.: [Definition] Referenzmodell. In: Enzyklopädie der Wirtschaftsinformatik. Online-Lexikon. Hrsg.: N. Gronau; J. Becker; J. M. Leimeister; E. Sinz; L. Suhl. 9. Auflage. GITO, Berlin 2016, o. S.

FINKENZELLER, K.: RFID Handbook. Fundamentals and Applications in Contactless Smart Cards, Radio Frequency Identification and Near-Field Communication. Third Edition. Wiley, Chichester 2010.

FIR E. V. AN DER RWTH AACHEN (HRSG.): Forschungsrahmenplan 2018-2023, Aachen 2017. https://www.fir.rwth-aachen.de/sites/default/files/textinklre/fir-forschungsrahmenplan_20171128.pdf (letzter Zugriff: 10.09.2018).

FRUTH, A.; XIANG WANG, K.: [Leitfaden] Technikleitfaden für RFID-Projekte. Hrsg.: W. A. Günthner, RFID-Anwenderzentrum München, München 2011. http://www.fml.mw.tum.de/rfid2/images/Dowloadportal/RFID-AZM_Technikleitfaden.pdf (letzter Zugriff: 12.06.2018).

FUCHS, D.; MARTENS, R.: [Patentschrift] Systems and methods for graphically developing rules for transforming models between description notations. 02.08.2016 US 9,405,513 B2.

GABRYELCZYK, R.; JURCZUK, A.: The diagnosis of information potential of selected business process modelling notations. In: Information Systems in Management 4 (2015) 1, S. 26 – 38.

GADATSCH, A.: Grundkurs Geschäftsprozess-Management. Analyse, Modellierung, Optimierung und Controlling von Prozessen. 8., vollst. überarb. Auflage. Springer Vieweg, Wiesbaden 2017.

GAJEWSKI, T.: Referenzmodell zur Beschreibung der Geschäftsprozesse von After-Sales-Dienstleistungen unter besonderer Berücksichtigung des Mobile Business, Paderborn Univ., Diss. 2004.

GIRSHICK, R.; DONAHUE, J.; DARRELL, T.; MALIK, J.: Rich Feature Hierarchies for Accurate Object Detection and Semantic Segmentation. In: 2014 IEEE Conference on Computer Vision and Pattern Recognition. Hrsg.: IEEE. IEEE Computer Society Conference Publishing Services 2014, S. 580 – 587.

GLASER, B. G.; STRAUSS, A. L.: The discovery of grounded theory. Strategies for qualitative research. Taylor & Francis, London 2009.

GOODNESS, E.; FRIEDMAN, T.; HAVART-SIMKIN, P.; BERTHELSEN, E.; VELOSA, A.; ALAYBEYI, S. B.; LHEUREUX, B. J.: [Studie] Magic Quadrant for Industrial IoT Platforms. Gartner, Stamford 2018. https://www.gartner.com/doc/3874883/magic-quadrant-industrial-iot-platforms (letzter Zugriff: 19.08.208).

GROTE, K.-H.; FELDHUSEN, J. (Hrsg.): Dubbel. Taschenbuch für den Maschinenbau. 24. Auflage. Springer, Berlin [u. a.] 2014.

HALLER, S.: Dienstleistungsmanagement. Grundlagen - Konzepte - Instrumente. 6., vollst. überarb. u. erw. Auflage. Springer Gabler, Wiesbaden 2015.

HAMMER, M.; CHAMPY, J.: Reengineering the corporation. A manifesto for business revolution. HarperCollins, New York, (NY) 2002.

HARRINGTON, J. L.: Relational database design and implementation. 4th. Morgan Kaufmann, Cambridge, (MA) 2016.

HASSAN, M.: Selection Process of Auto-ID Technology in Warehouse Management - A Delphi Study, London Brunel Business School Mai 2014.

HERTERICH, M.; UEBERNICKEL, F.; BRENNER, W.: Nutzenpotentiale cyber-physischer Systeme für industrielle Dienstleistungen 4.0. In: HMD Praxis der Wirtschaftsinformatik 52 (2015) 5, S. 665 – 680.

HERTZ, P.; FINKE, G.; VERHASSELT, S.: A Process Reference Model for Service Delivery in After-Sales Field Service Networks. In: Advances in Production Management Systems. Value Networks: Innovation, Technologies, and Management. IFIP WG 5.7 International Conference, APMS 2011, Stavanger, Norway, September 26-28, 2011, Revised Selected Papers. Hrsg.: J. Frick; B. T. Laugen. IFIP Advances in Information and Communication Technology; 384. Springer, Berlin [u. a.] 2012, o. S.

HESSE, S.; SCHNELL, G. (Hrsg.): Sensoren für die Prozess- und Fabrikautomation. Funktion - Ausführung - Anwendung. 6., korr. u. verb. Auflage. Springer Vieweg, Wiesbaden 2014.

HILDEBRAND, K.; GEBAUER, M.; HINRICHS, H.; MIELKE, M. (Hrsg.): Daten- und Informationsqualität. Auf dem Weg zur Information Excellence. 3., erw. Auflage. Springer Vieweg, Wiesbaden 2015.

HIPPENMEYER, H.; MOOSMANN, T. (Hrsg.): Automatische Identifikation für Industrie 4.0. Springer, Berlin [u. a.] 2016.

HOMBURG, C.; GARBE, B.: Industrielle Dienstleistungen. Bestandsaufnahme und Entwicklungsrichtungen. In: ZfB - Zeitschrift für Betriebswirtschaft 66 (1996) 3, S. 253 – 285.

HORVÁTH, P.: Controlling. 12., vollst. überarb. Auflage. Vahlen, München 2012.

HÜBBERS, M.: Modell zur Kapazitätsplanung von Dienstleistungsressourcen in Leistungssystemen. Schriftenreihe Rationalisierung Bd. 111. Hrsg.: G. Schuh. Apprimus, Aachen 2011. – Zugl.: Aachen, Techn. Hochsch., Diss., 2011.

HUBER, N.; MICHAEL, K.; MCCATHIE, L.: Barriers to RFID Adoption in the Supply Chain. In: RFID Eurasia 2017. Hrsg.: IEEE. IEEE 2017, S. 1 – 6.

IEC (HRSG.): [Leitfaden] IEC System for Certification to Standards relating to Equipment for use in Explosive Atmospheres. An Informative Guide comparing various elements of both IECEx and ATEX. 2. Auflage. Hrsg.: IEC, Genf 2014. https://www.iecex.com/dmsdocument/464 (letzter Zugriff: 10.09.2018).

IEC (HRSG.): [Leitfaden] IEC System for Certification to Standards relating to Equipment for use in Explosive Atmospheres (IECEx System). Rules of Procedure. 6. Auflage. Hrsg.: IEC, Genf 2017. https://www.iecex.com/dmsdocument/464 (letzter Zugriff: 19.08.2017).

INMON, W. H.: Building the data warehouse. 4. Auflage. Wiley, Indianapolis, IN 2005.

ISO/IEC 19510:2013(E): Information technology — Object Management Group Business Process Model and Notation. ISO/IEC 19510:2013. ISO, Genf, 01.07.2013.

JUSSEN, P.: Betriebskennlinien für industrielle Dienstleistungen. Schriftenreihe Rationalisierung Bd. 145. Hrsg.: G. Schuh. Apprimus, Aachen 2016. – Zugl.: Aachen, Techn. Hochsch., Diss., 2016.

KALLENBERG, R.: Ein Referenzmodell für den Service in Unternehmen des Maschinenbaus. Schriftenreihe Rationalisierung und Humanisierung Bd. 44. Hrsg.: H. Luczak; W. Eversheim. Shaker, Aachen 2002. – Zugl.: Aachen, Techn. Hochsch., Diss., 2002.

KAPLAN, R. S.; ANDERSON, S. R.: Time-driven activity-based costing. A simpler and more powerful path to higher profits. 3. Auflage. Harvard Business School Press, Boston (MA) 2009.

KAPLAN, R. S.; NORTON, D. P.: The balanced scorecard. Translating strategy into action. Harvard Business School Press, Boston (MA) 2006.

KARRENBERG, U.: Signale - Prozesse - Systeme. Eine multimediale und interaktive Einführung in die Signalverarbeitung. 7., neu bearb. u. erw. Auflage. Springer Vieweg, Wiesbaden 2017.

KIRCHGEORG, M.: [Definition] Gabler Wirtschaftslexikon, Stichwort: Investitionsgüter. http://wirtschaftslexikon.gabler.de/Archiv/2624/investitionsgueter-v7.html (letzter Zugriff: 23.06.2018).

KIRCHGEORG, M.; PIEPENBROCK, D.: [Definition] Gabler Wirtschaftslexikon, Stichwort: Konsumgüter. http://wirtschaftslexikon.gabler.de/Archiv/8523/konsumgueter-v8.html (letzter Zugriff: 23.06.2018).

KLEINALTENKAMP, M.: Kundenintegration. In: Wirtschaftswissenschaftliches Studium 26 (1997) 7, S. 350 – 354.

KLETTI, J.; SCHUMACHER, J. (Hrsg.): Die perfekte Produktion. Manufacturing Excellence durch Short Interval Technology (SIT). 2. Auflage. Springer Vieweg, Wiesbaden 2014.

KNOLL, M. (Hrsg.): Mobile Computing. Grundlagen - Prozesse und Plattformen - Branchen und Anwendungsszenarien. Springer Vieweg, Wiesbaden 2016.

KNUCHEL, T.; KUNTNER, T.; PATAKI, E. C.; BACK, A.: 2D-Codes. In: Business & Information Systems Engineering 3 (2011) 1, S. 45 – 48.

KO, C.-H.: Accessibility of Radio Frequency Identification Technology in Facilities Maintenance. In: Journal of Engineering, Project, and Production Management 7 (2017) 1, S. 45 – 53.

KRCMAR, H.: Einführung in das Informationsmanagement. 2., überarb. Auflage. Springer Gabler, Wiesbaden 2015a.

KRCMAR, H.: Informationsmanagement. 6., überarb. Auflage. Springer Gabler, Wiesbaden 2015b.

KUHN, T.: Digitaler Zwilling. In: Informatik-Spektrum 40 (2017) 5, S. 440 – 444.

LAUER, T.: Change Management. Grundlagen und Erfolgsfaktoren. 2. Auflage. Springer Gabler, Wiesbaden 2014.

LEGNANI, E.; IERACE, S.; CAVALIERI, S.: Towards a Reference Model for After-Sales Service Processes. In: IFIP International Federation for Information Processing (2007) 246, S. 289 – 296.

LEIDINGER, B.: Wertorientierte Instandhaltung. Kosten senken, Verfügbarkeit erhalten. Springer Gabler, Wiesbaden 2014.

LEIMEISTER, J. M.: Einführung in die Wirtschaftsinformatik. 12., vollst. neu überarb. u. ak. Auflage. Springer Gabler, Wiesbaden 2015.

LI, S.; ROMDHANI, I.; XU, L. D.: Securing the internet of things. Syngress, Cambridge (MA) 2017.

LI, S.; VISICH, J. K.; KHUMAWALA, B. M.; ZHANG, C.: Radio frequency identification technology: applications, technical challenges and strategies. In: Sensor Review 26 (2006) 3, S. 193 – 202.

LI, Z.; LIU, G.; LIU, L.; LAI, X.; XU, G.: IoT-based tracking and tracing platform for prepackaged food supply chain. In: Industrial Management & Data Systems 117 (2017) 9, S. 1906 – 1916.

LIEBSTÜCKEL, K.: Praxishandbuch Instandhaltung mit SAP. 3., akt. u. erw. Auflage. Galileo Press, Bonn 2013.

LOSHIN, D.: Master data management. [Nachdr.]. Elsevier Morgan Kaufmann, Amsterdam [u. a.] 2010.

MALERI, R.: Grundlagen der Dienstleistungsproduktion. 4., vollst. überarb. u. erw. Auflage. Springer, Berlin [u. a.] 1997.

MALERI, R.; FRIETZSCHE, U.: Grundlagen der Dienstleistungsproduktion. 5., vollst. überarb. Auflage. Springer, Berlin [u. a.] 2008.

MARTIN, H. (Hrsg.): Transport- und Lagerlogistik. Systematik, Planung, Einsatz und Wirtschaftlichkeit. 10. Auflage. Springer Vieweg, Wiesbaden 2016.

MEFFERT, H.; BRUHN, M.; HADWICH, K.: Dienstleistungsmarketing. Grundlagen - Konzepte - Methoden. 8., vollst. überarb. u. erw. Auflage. Springer Gabler, Wiesbaden 2015.

MEIER, A.: Relationale und postrelationale Datenbanken. 6. überarb. u. erw. Auflage. Springer, Berlin [u. a.] 2007.

MEUTER, M. L.; OSTROM, A. L.; ROUNDTREE, R. I.; BITNER, M. J.: Self-Service Technologies: Understanding Customer Satisfaction with Technology-Based Service Encounters. In: Journal of Marketing 64 (2000) 3, S. 50 – 64.

MORGAN, D. L.: Focus groups as qualitative research. 2. Auflage. SAGE, Thousand Oaks (CA) [u. a.] 1997.

MUSTAFA, M. K.; ALLEN, T.; APPIAH, K.: A comparative review of dynamic neural networks and hidden Markov model methods for mobile on-device speech recognition. In: Neural Computing and Applications 48 (2017) 9, S. 1 – 9.

OMNI-ID (HRSG.): Beat the heat! Omni-ID® Power 400/415. https://www.omni-id.com/pdfs/Omni-ID_High-Temp-Two-page-Sellsheet_DESKTOP_1.pdf (letzter Zugriff: 19.08.2018).

OMNI-ID (HRSG.): Omni-ID® IQ 100. https://www.omni-id.com/pdfs/Omni-ID_IQ_100_datasheet.pdf (letzter Zugriff: 19.08.2018).

OMNI-ID (HRSG.): Omni-ID® Power 400/415. https://www.omni-id.com/pdfs/Omni-ID_Power_400_415_datasheet.pdf (letzter Zugriff: 19.08.2018).

ORDENES, F. V.; THEODOULIDIS, B.; BURTON, J.; GRUBER, T.; ZAKI, M.: Analyzing Customer Experience Feedback Using Text Mining. In: Journal of Service Research 17 (2014) 3, S. 278 – 295.

OSTERHAGE, W. W. (Hrsg.): ERP-Kompendium. Eine Evaluierung von Enterprise Resource Planning Systemen. Xpert.press. Springer Vieweg, Wiesbaden 2014.

ÖSTERLE, H.: Business Engineering Prozeß- und Systementwicklung. Bd. 1: Entwurfstechniken. Springer, Berlin [u. a.] 1995.

OVERMEYER, L.: Automatisierung in der Materialflusstechnik. In: Dubbel. Taschenbuch für den Maschinenbau. Hrsg.: K.-H. Grote; J. Feldhusen. 24. Auflage. Springer, Berlin [u. a.] 2014, S. 1719 – 1725.

PAWELLEK, G.: Integrierte Instandhaltung und Ersatzteillogistik. Vorgehensweisen, Methoden, Tools. 2. Auflage. Springer Vieweg, Wiesbaden 2016.

PORTER, M. E.; HEPPELMANN, J. E.: How Smart Connected Products Are Transforming Competition. In: Harvard Business Review 92 (2014) 11, S. 64 – 88.

PÜMPIN, C.; AMANN, W.: SEP. Strategische Erfolgspositionen. Kernkompetenzen aufbauen und umsetzen. Haupt, Bern [u. a.] 2005.

RABIEE, F.: Focus-group interview and data analysis. In: Proceedings of the Nutrition Society 63 (2004) 04, S. 655 – 660.

RHEINGOLD, H.: Virtuelle Gemeinschaft. Soziale Beziehungen im Zeitalter des Computers. Addison-Wesley, Bonn 1994.

RIES, E.: The lean startup. How today's entrepreneurs use continuous innovation to create radically successful businesses. Crown Business, New York, (NY) 2011.

ROHWEDER, J. P.; KASTEN, G.; MALZAHN, D.; PIRO, A.; SCHMID, J.: Informationsqualität – Definitionen, Dimensionen und Begriffe. In: Daten- und Informationsqualität. Auf dem Weg zur Information Excellence. Hrsg.: K. Hildebrand; M. Gebauer; H. Hinrichs; M. Mielke. 3., erw. Auflage. Springer Vieweg, Wiesbaden 2015, S. 25 – 46.

RÜEGG-STÜRM, J.: Das neue St. Galler Management-Modell. Grundkategorien einer integrierten Managementlehre. der HSG-Ansatz. 8. Nachdr. d. 2. durchges. u. korr. Auflage. Haupt, Bern [u. a.] 2005.

RÜEGG-STÜRM, J.; GRAND, S.: Das St. Galler Management-Modell. 4. Generation: Einführung. Haupt, Bern [u. a.] 2014.

RYLL, F.; FREUND, C.: Grundlagen der Instandhaltung. In: Instandhaltung technischer Systeme. Methoden und Werkzeuge zur Gewährleistung eines sicheren und wirtschaftlichen Anlagenbetriebs. Hrsg.: M. Schenk. Springer, Berlin [u. a.] 2010, S. 23 – 101.

SCHEER, A.-W.: ARIS - Vom Geschäftsprozess zum Anwendungssystem. Vierte, durchges. Auflage. Springer, Berlin [u. a.] 2002.

SCHMIDTKE, H.; JASTRZEBSKA-FRACZEK, I.: Ergonomie. Daten zur Systemgestaltung und Begriffsbestimmungen. Hanser, München [u. a.] 2013.

SCHOLZ, P.; KOHLHUBER, T.: Biometrische Authentifizierung bei mobilen Anwendungen. In: Mobile Anwendungen in Unternehmen. Konzepte und betriebliche Einsatzszenarien. Hrsg.: T. Barton; C. Müller; C. Seel. Springer Vieweg, Wiesbaden 2016, S. 179 – 189.

SCHÖNSLEBEN, P.: Integrales Logistikmanagement. Operations und Supply Chain Management innerhalb des Unternehmens und unternehmensübergreifend. 7., bearb. u. erw. Auflage. Springer, Berlin [u. a.] 2016.

SCHUH, G.: Change Management - Prozesse strategiekonform gestalten. Springer, Berlin [u. a.] 2006.

SCHUH, G.; ANDERL, R.; GAUSEMEIER, J.; TEN HOMPEL, M.; WAHLSTER, W. (Hrsg.): [Studie] Industrie 4.0 Maturity Index. Die digitale Transformation von Unternehmen gestalten. Utz, München 2017a.

SCHUH, G.; BASSE, F.; FRANZKOCH, B.; HARZENETTER, F.; LUCKERT, M.; PROTE, J.-P.; RESCHKE, J.; SCHMITZ, S.; STICH, V.; TÜCKS, G.; WEIẞKOPF, J.: Change Request im Produktionsbetrieb. In: AWK Aachener Werkzeugmaschinen-Kolloquium 2017 Internet of Production für agile Unternehmen. Hrsg.: G. Schuh; C. Brecher; F. Klocke; R. Schmitt. Apprimus, Aachen 2017, S. 109 – 131.

SCHUH, G.; BLUM, M.; RESCHKE, J.; BIRKMEIER, M.: Der Digitale Schatten in der Auftragsabwicklung. In: ZWF Zeitschrift für wirtschaftlichen Fabrikbetrieb 111 (2016a) 1, S. 48 – 51.

SCHUH, G.; GUDERGAN, G.: Einführung und Grundlagen des Managements industrieller Dienstleistungen. In: Management industrieller Dienstleistungen. Reihe Handbuch Produktion und Management Bd. 8. Hrsg.: G. Schuh; G. Gudergan; A. Kampker. Springer, Berlin [u. a.] 2016b, S. 1 – 19.

SCHUH, G.; GUDERGAN, G.; KAMPKER, A. (Hrsg.): Management industrieller Dienstleistungen. Reihe Handbuch Produktion und Management Bd. 8. Springer, Berlin [u. a.] 2016b.

SCHUH, G.; JUSSEN, P.; HARLAND, T.: The Digital Shadow of Services: A Reference Model for Comprehensive Data Collection in MRO Services of Machine Manufacturers. In: Procedia CIRP (2018) 73, S. 271 – 277. https://www.sciencedirect.com/science/article/pii/S2212827118304992 (letzter Zugriff: 10.09.2018).

SCHUH, G.; KAMPKER, A.; STICH, V.; KUHLMANN, K.: Prozessmanagement. In: Strategie und Management produzierender Unternehmen. Reihe Handbuch Produktion und Management Bd. 1. Hrsg.: G. Schuh; A. Kampker. Springer, Berlin [u. a.] 2011, S. 327 – 382.

SCHUH, G.; STÜER, P.: Framework for Lean Management in Industrial Services. In: Advances in Production Management Systems. Competitive Manufacturing for Innovative Products and Services. Hrsg.: C. Emmanouilidis; M. Taisch; D. Kiritsis. IFIP Advances in Information and Communication Technology. Springer, Berlin [u. a.] 2013, S. 392 – 398.

SCHUH, G.; STÜER, P.: IT-Systeme für das Management industrieller Dienstleistungen. In: Management industrieller Dienstleistungen. Reihe Handbuch Produktion und Management Bd. 8. Hrsg.: G. Schuh; G. Gudergan; A. Kampker. Springer, Berlin [u. a.] 2016b, S. 281 – 321.

SCHÜTTE, R.: Grundsätze ordnungsmäßiger Referenzmodellierung. Konstruktion konfigurations- und anpassungsorientierter Modelle. Gabler, Wiesbaden 1998.

SCHWABER, K.: The enterprise and Scrum. Microsoft Press, Redmond (WA) 2007.

SEIDLMEIER, H.: Prozessmodellierung mit ARIS®. Eine beispielorientierte Einführung für Studium und Praxis in ARIS 9. 4., akt. Auflage. Springer Vieweg, Wiesbaden 2015.

SHAHID IQBAL, M.; UL HASSAN, M.; HABIBAH, U.: Impact of self-service technology (SST) service quality on customer loyalty and behavioral intention: The mediating role of customer satisfaction. In: Cogent Business & Management 5 (2018) 1, S. 179.

SIEW, J. X.; NG, C. H.; FOO, X. C.; CHEONG, L. E.; LEE, J. J.: ECO QR Car Park System. In: International Journal of Scientific Engineering and Technology 6 (2016) 5, S. 176.

SINEGLAZOV, V.; SHILDSKYI, S. (Hrsg.): Navigation systems based on GSM. IEEE, Piscataway, NJ 2014.

STATISTISCHES BUNDESAMT: [Studie] Deutscher Maschinenbau - Umsatz nach Beschäftigtengrößenklassen 2017 Juni 2017. https://de.statista.com/statistik/daten/studie/236306/umfrage/umsatz-im-deutschen-maschinenbau-nach-beschaeftigtengroessenklassen/ (letzter Zugriff: 10.09.2018).

STICH, V.; GUDERGAN, G.; FABRY, C.; HONNÉ, M.; JUSSEN, P.; STÜER, P.: Effizienz im Service strategisch verbessern. In: Nachhaltige Effizienzsteigerung im Service. Verschwendungen vermeiden; Prozesse optimieren. Hrsg.: V. Stich; G. Gudergan. Beuth, Berlin 2015, S. 85 – 119.

STOLZENBERG, K.; HEBERLE., K.: Change Management. Veränderungsprozesse erfolgreich gestalten, Mitarbeiter mobilisieren. 2. Auflage. Springer, Berlin [u. a.] 2009.

STRUNZ, M.: Instandhaltung. Grundlagen - Strategien - Werkstätten. Springer Vieweg, Wiesbaden 2012.

STÜER, P.: Gestaltung industrieller Dienstleistungen nach Lean-Prinzipien. Schriftenreihe Rationalisierung Bd. 132. Hrsg.: G. Schuh. Apprimus, Aachen 2015. – Zugl.: Aachen, Techn. Hochsch., Diss., 2015.

SURESH, P.; DANIEL, J. V.; PARTHASARATHY, V.; ASWATHY, R. H.: A state of the art review on the Internet of Things (IoT) history, technology and fields of deployment. In: 2014 International Conference on Science Engineering and Management Research (ICSEMR). 27 - 29 Nov. 2014, Chennai. Hrsg.: IEEE. IEEE, Piscataway (NJ) 2014, S. 1 – 8.

SÜßE, H.; RODNER, E.: Bildverarbeitung und Objekterkennung. Computer Vision in Industrie und Medizin. Springer Vieweg, Wiesbaden 2014.

THE ECONOMIST (HRSG.): [Studie] Big data evolution: Forging new corporate capabilities for the long term. The Economist Intelligence Unit Limited, London 2015. https://www.sas.com/content/dam/SAS/en_us/doc/research2/eiu-big-data-evolution-107806.pdf (letzter Zugriff: 10.09.2018).

THOMAS, O.: [Report] Das Referenzmodellverständnis in der Wirtschaftsinformatik: Historie, Literaturanalyse und Begriffsexplikation. Hrsg.: P. Loos Institut für Wirtschaftsinformatik im Deutschen Forschungszentrum für künstliche Intelligenz,

Saarbrücken 2006. https://publikationen.sulb.uni-saarland.de/bitstream/20.500.11880/23828/1/IWi-Heft_187.pdf (letzter Zugriff: 10.09.2018).

ULRICH, H.; DYLLICK, T.; PROBST, G. J. B. (Hrsg.): Management. Schriftenreihe Unternehmung und Unternehmungsführung 13. Haupt, Bern 1984.

ULRICH, P.; HILL, W.: Wissenschaftstheoretische Grundlagen der Betriebswirtschaftslehre (Teil I). In: WiSt Wirtschaftswissenschaftliches Studium 5 (1976) 7, S. 304 – 309.

VAN DER AALST, W.: Process mining. Data science in action. 2. Auflage. Springer, Berlin [u. a.] 2016.

VDMA: [Report] VDMA Maschinenbau in Zahl und Bild 2017. VDMA, Frankfurt am Main März 2017. http://www.vdma.org/documents/105628/6558376/VDMA+Maschinenbau+in+Zahl+und+Bild+2017/d847ce66-eea9-4781-986a-7dced781a331 (letzter Zugriff: 10.09.2018).

VDI-Richtlinie 2885: Einheitliche Daten für die Instandhaltungsplanung und Ermittlung von Instandhaltungskosten. VEREIN DEUTSCHER INGENIEURE E.V. Beuth, Berlin, Dezember 2003.

VDI-Richtlinie 2895: Organisation der Instandhaltung. VEREIN DEUTSCHER INGENIEURE E.V. Beuth, Berlin, 2012.

VDI-Richtlinie 2895: Organisation der Instandhaltung. VEREIN DEUTSCHER INGENIEURE E.V. Beuth, Berlin, Dezember 2012.

VDI-Richtlinie 2890: Planmäßige Instandhaltung. Anleitung zur Erstellung von Arbeits-, Wartungs- und Inspektionsplänen. VEREIN DEUTSCHER INGENIEURE E.V. Beuth, Berlin, März 2017.

VINCZE, M.; ZILLICH, M.; PRANKL, J.: Roboter lernen mit Gegenständen umzugehen. Neue Entwicklungen und Chancen. In: e & i Elektrotechnik und Informationstechnik 134 (2017) 6, S. 304 – 311.

VOEHL, F.: Change Management. Manage the Change or It Will Manage You. CRC Press, Portland (OR) 2016.

VOM BROCKE, J.: Referenzmodellierung. 2., unver. Auflage. Logos, Berlin 2015.

WEIGEL, N.: Datenqualitätsmanagement – Steigerungder Datenqualität mit Methode. In: Daten- und Informationsqualität. Auf dem Weg zur Information Excellence. Hrsg.: K. Hildebrand; M. Gebauer; H. Hinrichs; M. Mielke. 3., erw. Auflage. Springer Vieweg, Wiesbaden 2015, S. 69 – 86.

WITTMANN, W.: Unternehmung und Unvollkommene Information. Unternehmerische Voraussicht - Ungewißheit und Planung. VS Verlag für Sozialwissenschaften, Wiesbaden 1959.

WOJCIECHOWSKA, A.; CHORAŚ, M.; KOZIK, R.: The overview of trends and challenges in mobile biometrics. In: Journal of Applied Mathematics and Computational Mechanics 16 (2017) 2, S. 173 – 185.

WOMACK, J. P.; JONES, D. T.: Lean thinking. Ballast abwerfen, Unternehmensgewinne steigern. Erw. u. akt. Neuausgabe. Campus, Frankfurt [u. a.] 2004.

XIONG, W.; WU, L.; ALLEVA, F.; DROPPO, J.; HUANG, X.; STOLCKE, A.: [Report] The Microsoft 2017 Conversational Speech Recognition System. Microsoft AI and Research Technical Report MSR-TR-2017-39 August 2017. http://arxiv.org/pdf/1708.06073v2 (letzter Zugriff: 10.09.2018).

ZEIDLER, F.; BAYHAN, H.; RAMACHANDRAN VENKATAPATHY, A. K.; TEN HOMPEL, M.: Referenzfeld zur Erforschung und Entwicklung neuartiger hybrider Formen der Zusammenarbeit von Menschen und Maschinen in der Logistik. In: Logistics Journal: Proceedings (2017) 10, S. 1 – 8. https://www.logistics-journal.de/proceedings/2017/4593/zeidler_2017.pdf (letzter Zugriff: 10.09.2018).

ZHANG, Y.; CHAN, W.; JAITLY, N.: [Report] Very Deep Convolutional Networks for End-to-End Speech Recognition. MIT, Cambridge (MA) 2016. http://arxiv.org/pdf/1610.03022v1 (letzter Zugriff: 10.09.2018).

ZOGG, J.-M.: GPS und GNSS: Grundlagen der Ortung und Navigation mit Satelliten 2011.

10 Anhang

10.1 Dokumentation des Referenzmodells

Prozessbaukasten

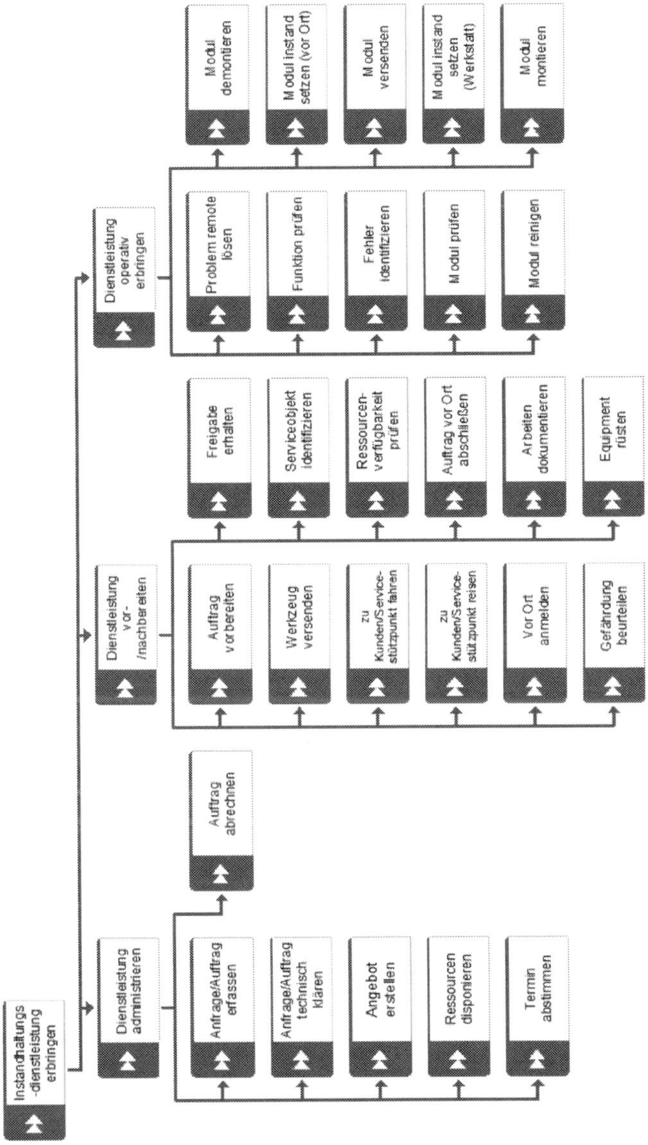

Abbildung 10-1: Prozessbaukasten des Referenzmodells

Prozessmodule

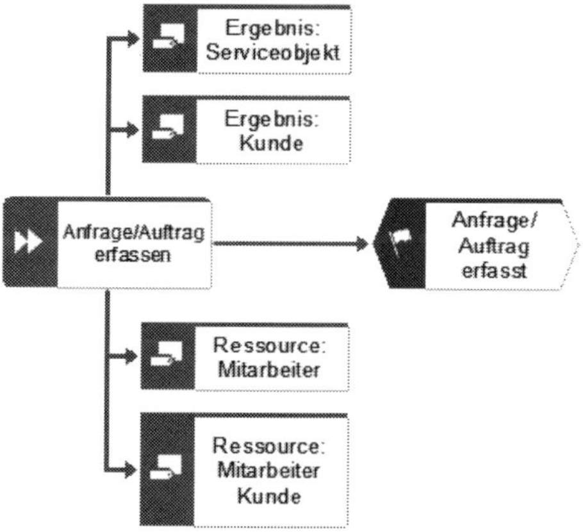

Abbildung 10-2: Prozessmodul Anfrage/Auftrag erfassen

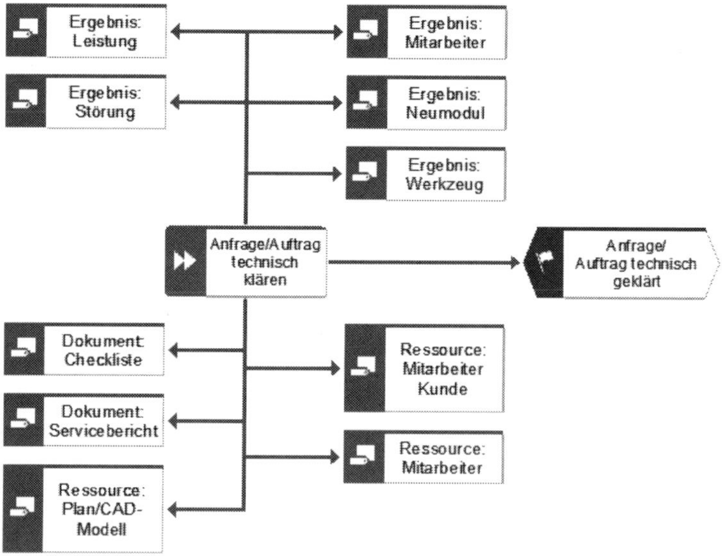

Abbildung 10-3: Prozessmodul *Anfrage/Auftrag technisch klären*

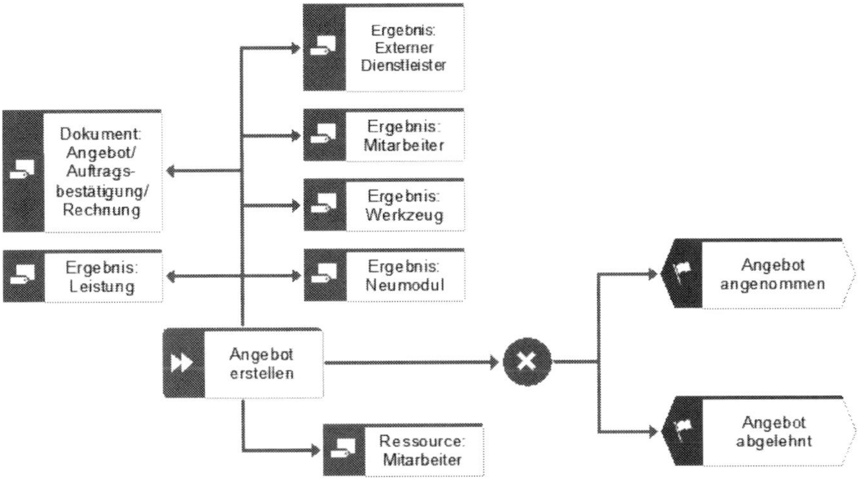

Abbildung 10-4: Prozessmodul *Angebot erstellen*

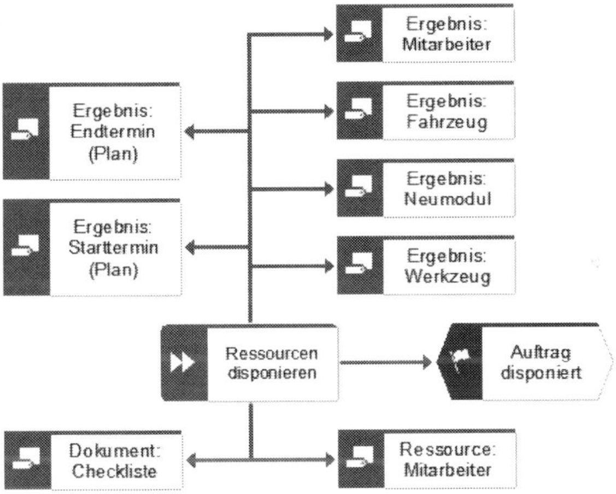

Abbildung 10-5: Prozessmodul *Ressourcen disponieren*

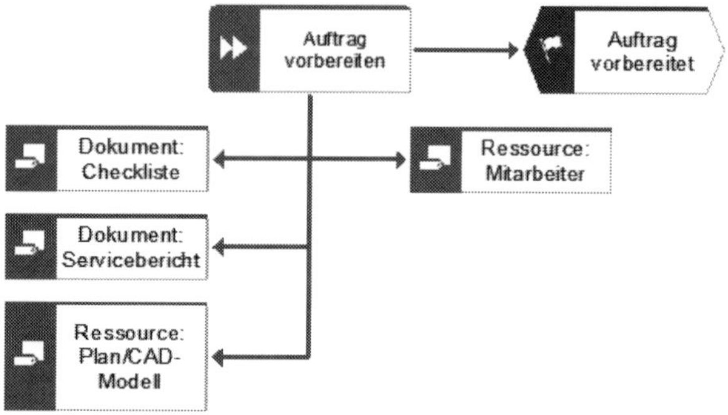

Abbildung 10-6: Prozessmodul *Auftrag vorbereiten*

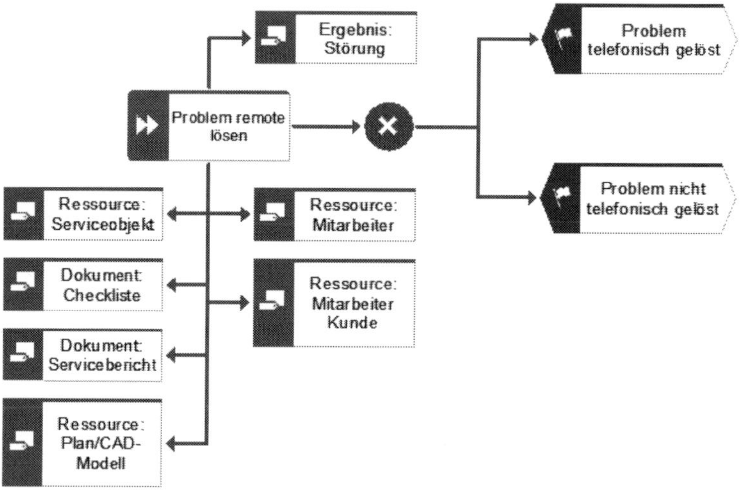

Abbildung 10-7: Prozessmodul *Problem remote lösen*

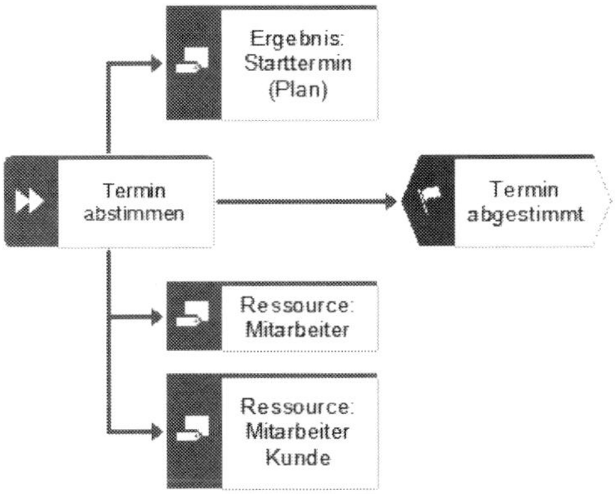

Abbildung 10-8: Prozessmodul *Termin abstimmen*

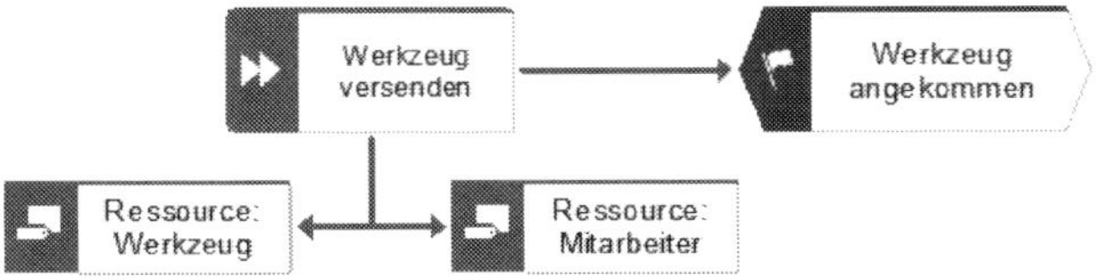

Abbildung 10-9: Prozessmodul *Werkzeug versenden*

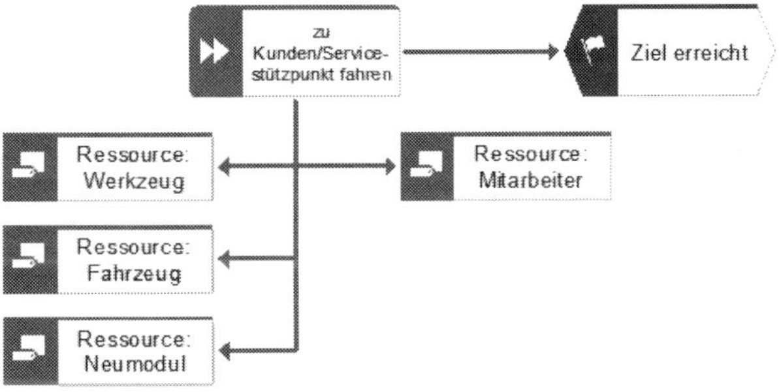

Abbildung 10-10: Prozessmodul *Zu Kunden/Servicestützpunkt fahren*

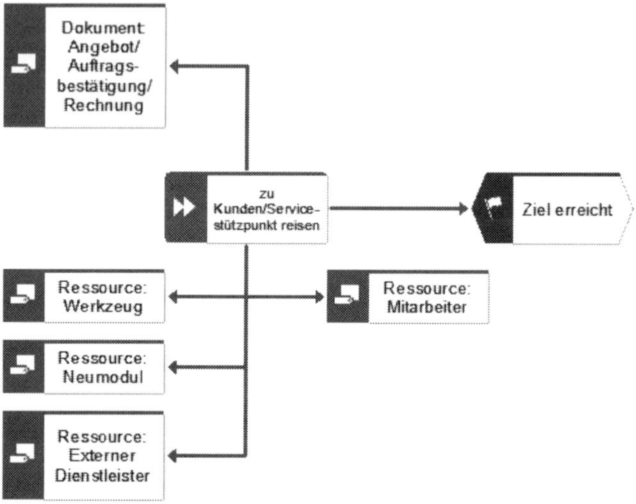

Abbildung 10-11: Prozessmodul *Zu Kunden/Servicestützpunkt reisen*

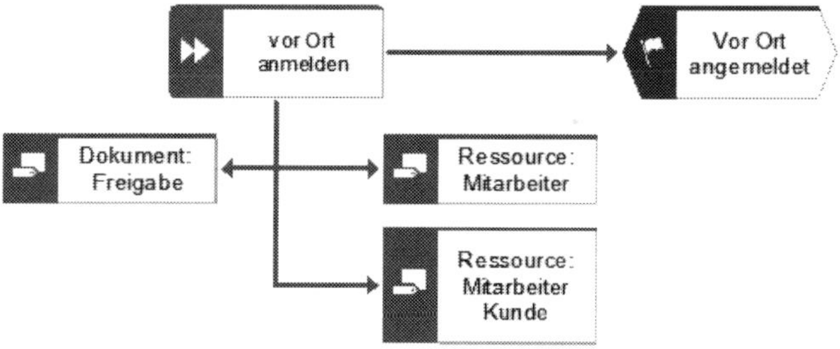

Abbildung 10-12: Prozessmodul *Vor Ort anmelden*

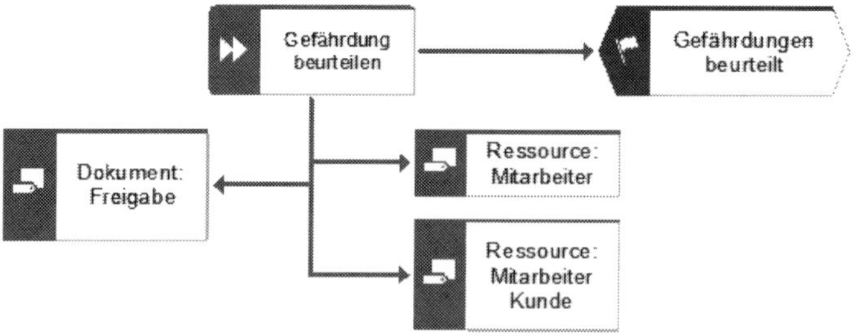

Abbildung 10-13: Prozessmodul *Gefährdung beurteilen*

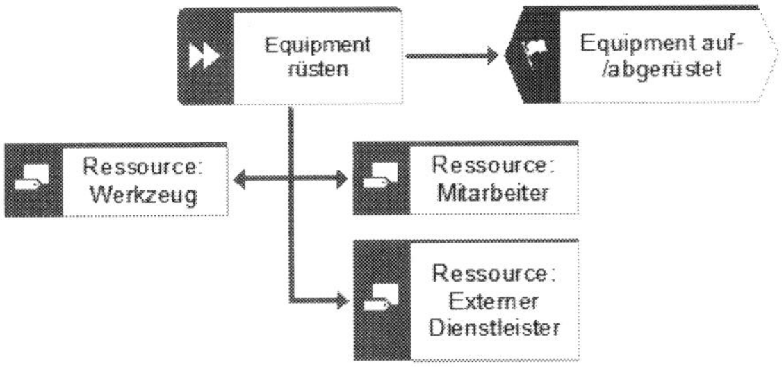

Abbildung 10-14: Prozessmodul *Equipment rüsten*

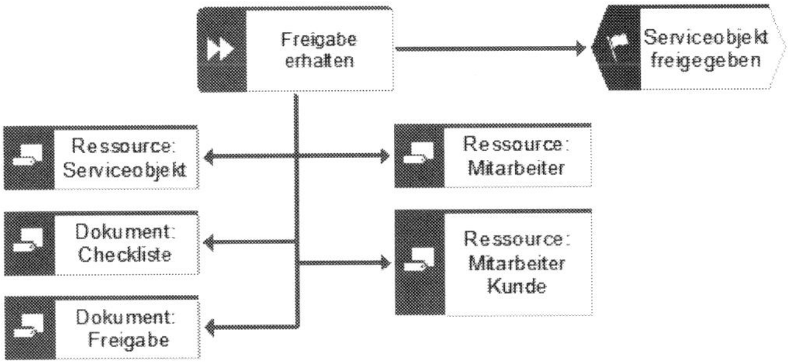

Abbildung 10-15: Prozessmodul *Freigabe erhalten*

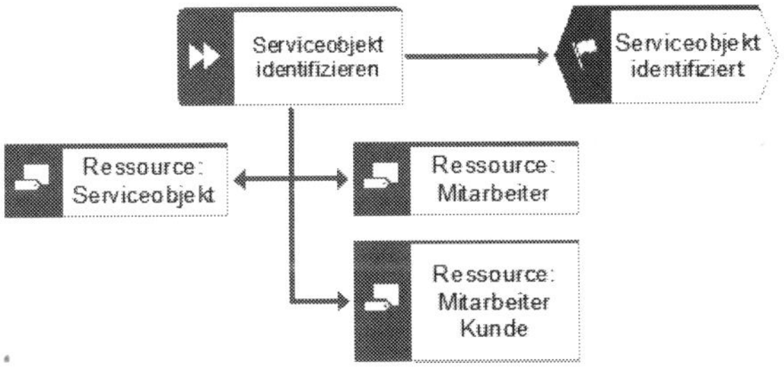

Abbildung 10-16: Prozessmodul *Serviceobjekt identifizieren*

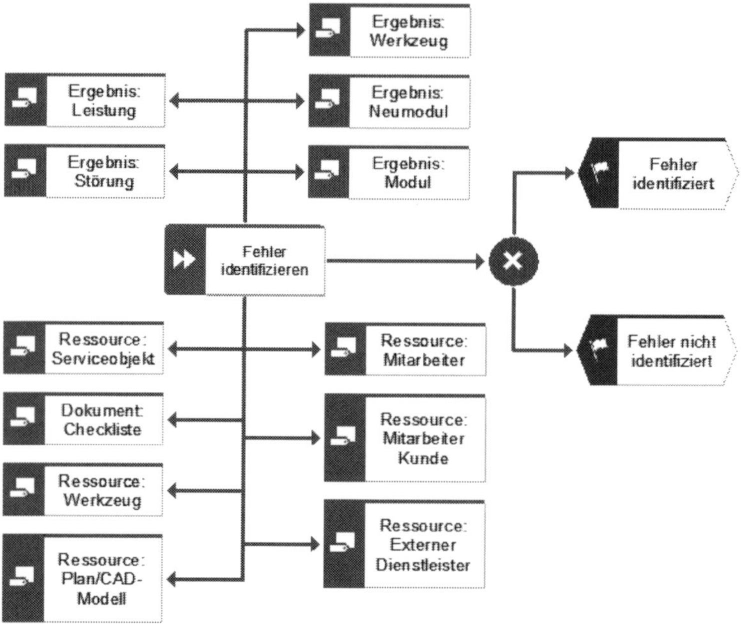

Abbildung 10-17: Prozessmodul *Fehler identifizieren*

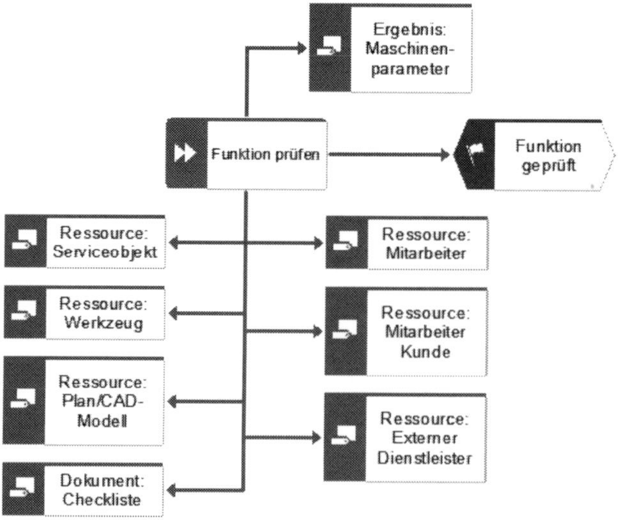

Abbildung 10-18: Prozessmodul *Funktion prüfen*

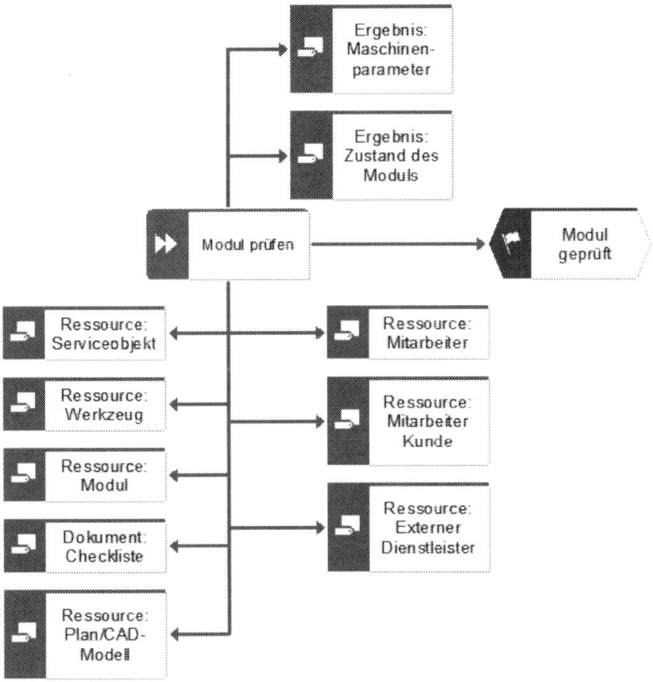

Abbildung 10-19: Prozessmodul *Modul prüfen*

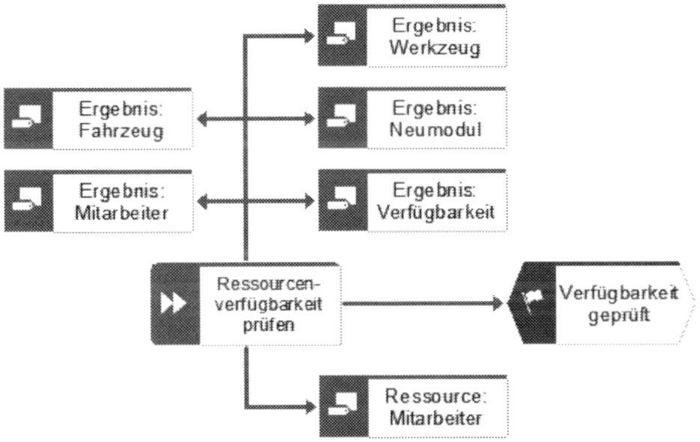

Abbildung 10-20: Prozessmodul *Ressourcenverfügbarkeit prüfen*

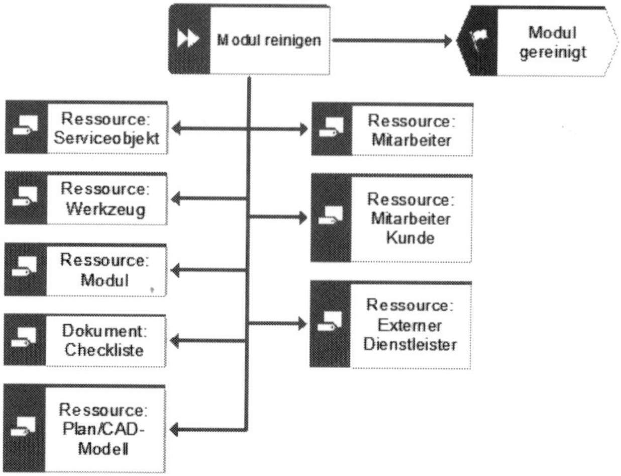

Abbildung 10-21: Prozessmodul *Modul reinigen*

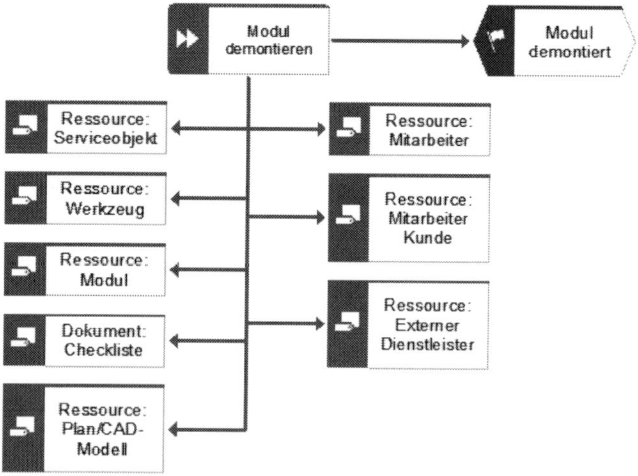

Abbildung 10-22: Prozessmodul *Modul demontieren*

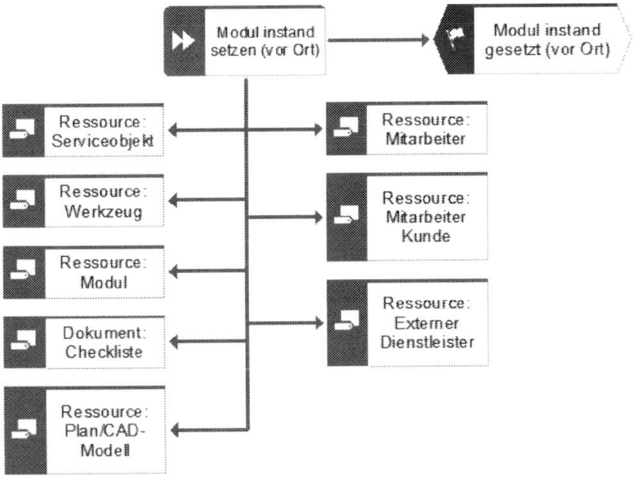

Abbildung 10-23: Prozessmodul *Modul instand setzen (vor Ort)*

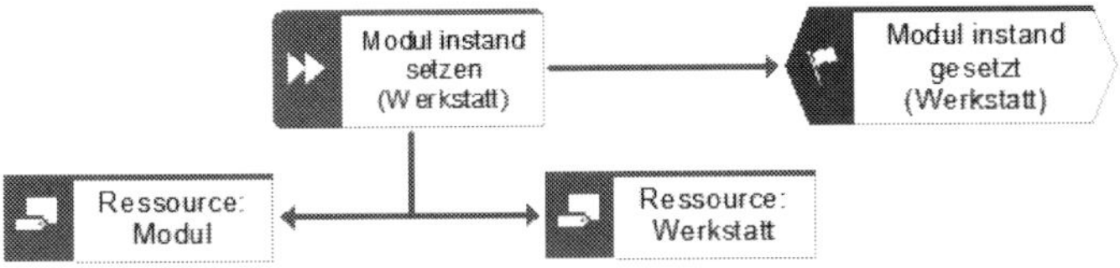

Abbildung 10-24: Prozessmodul *Modul instand setzen (Werkstatt)*

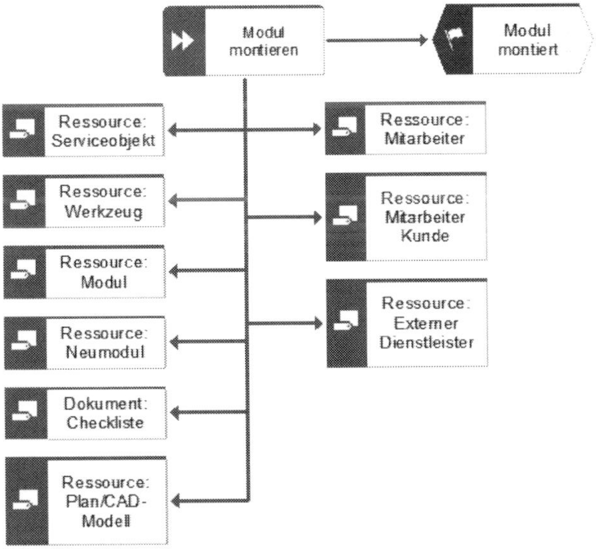

Abbildung 10-25: Prozessmodul *Modul montieren*

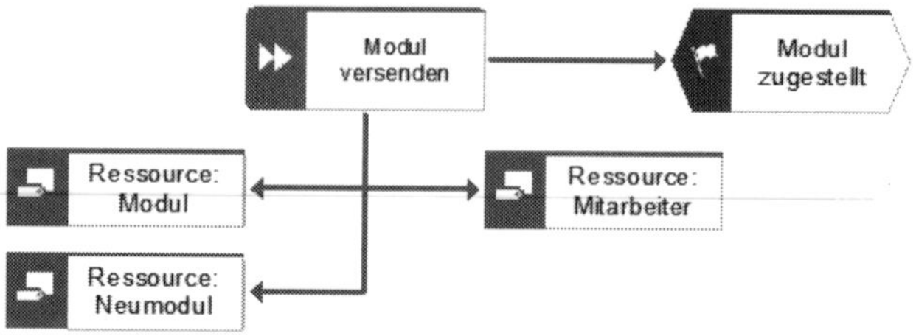

Abbildung 10-26: Prozessmodul *Modul versenden*

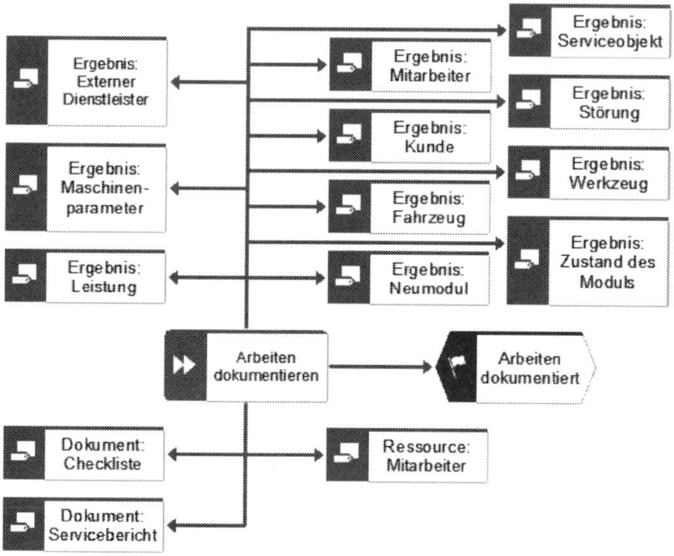

Abbildung 10-27: Prozessmodul *Arbeiten dokumentieren*

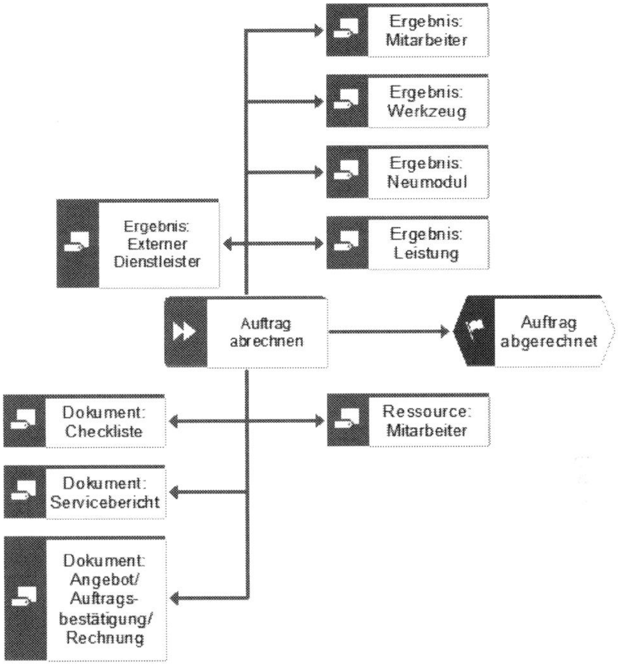

Abbildung 10-28: Prozessmodul *Auftrag abrechnen*

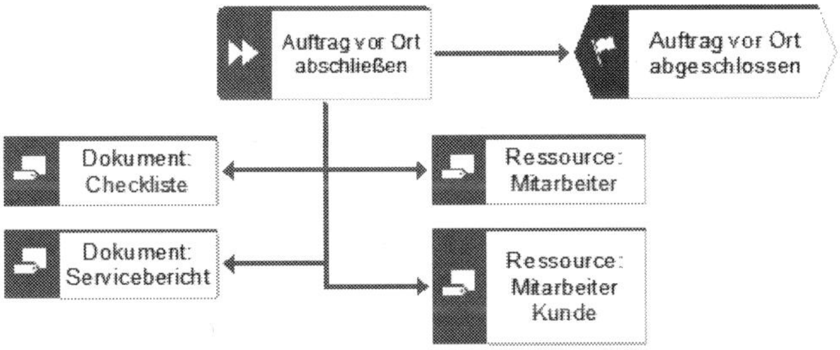

Abbildung 10-29: Prozessmodul *Auftrag vor Ort abschließen*

Datenmodell (Entity-Relationship-Model)

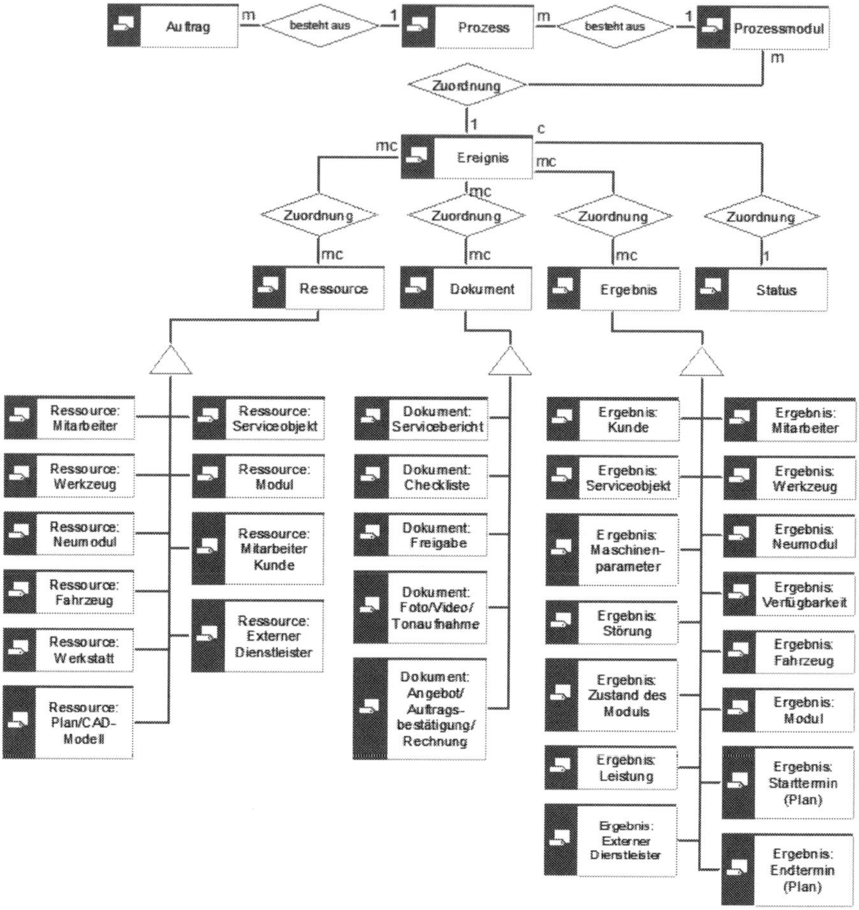

Abbildung 10-30: Datenmodell des Digitalen Schattens für Instandhaltungsdienstleistungen

Attributszuordnungsdiagramme (Dimension Prozess)

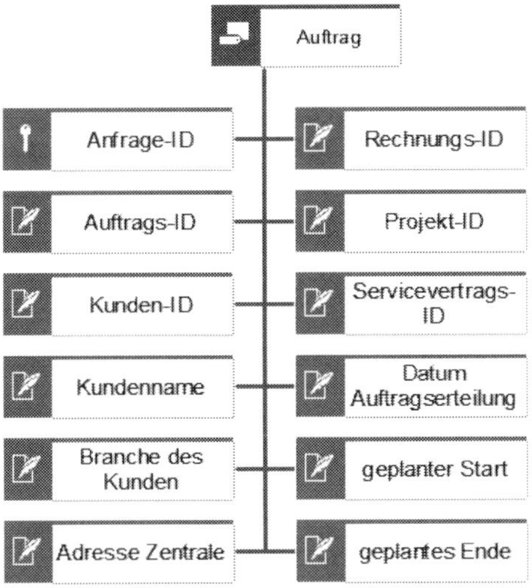

Abbildung 10-31: Attributszuordnungsdiagramm *Entitätstyp Auftrag*

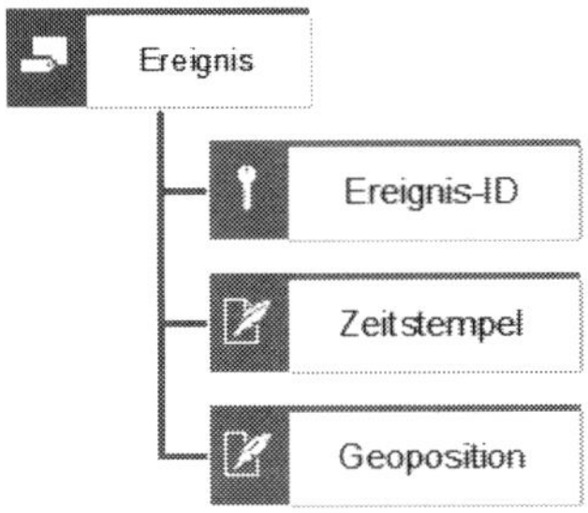

Abbildung 10-32: Attributszuordnungsdiagramm *Entitätstyp Ereignis*

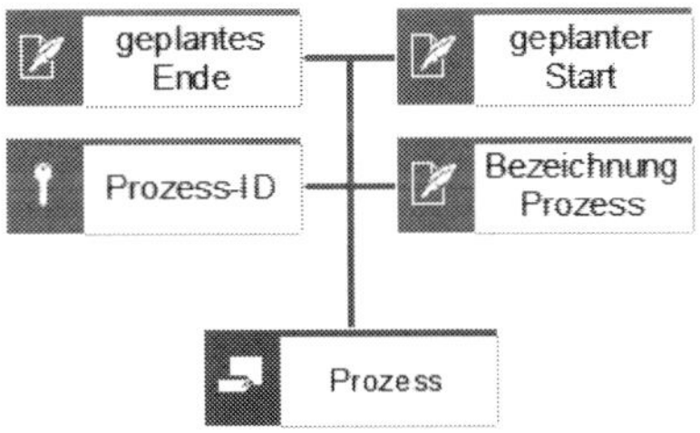

Abbildung 10-33: Attributszuordnungsdiagramm *Entitätstyp Prozess*

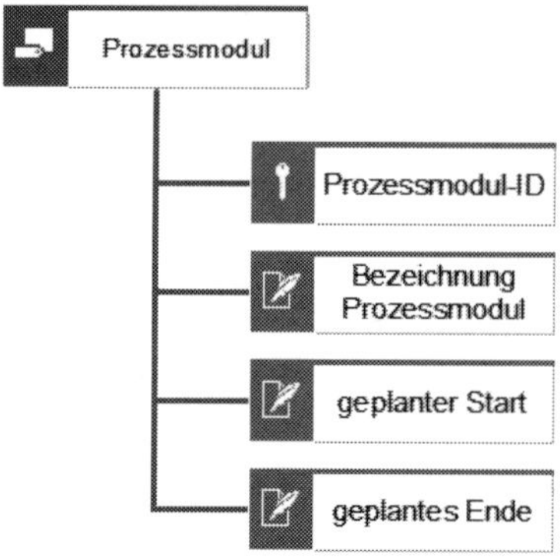

Abbildung 10-34: Attributszuordnungsdiagramm *Entitätstyp Prozessmodul*

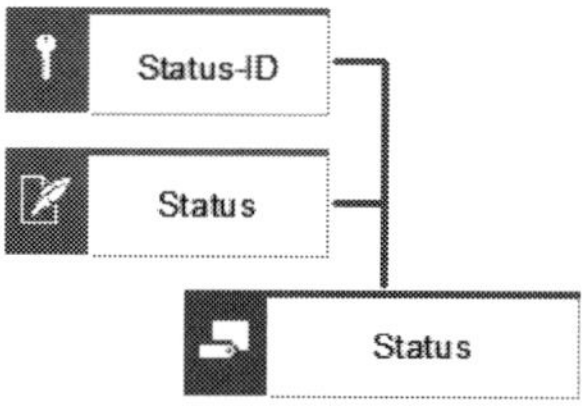

Abbildung 10-35: Attributszuordnungsdiagramm *Entitätstyp Status*

Attributszuordnungsdiagramme (Dimension Ressourcen)

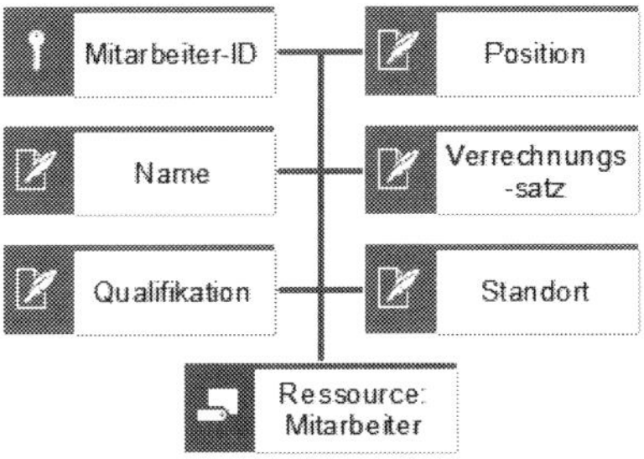

Abbildung 10-36: Attributszuordnungsdiagramm *Entitätstyp Ressource: Mitarbeiter*

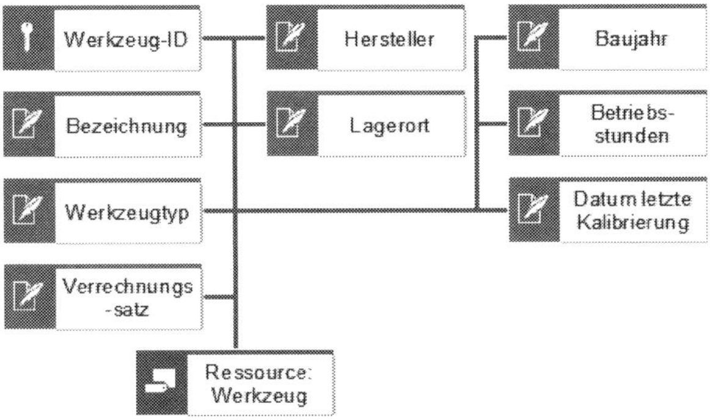

Abbildung 10-37: Attributszuordnungsdiagramm *Entitätstyp Ressource: Werkzeug*

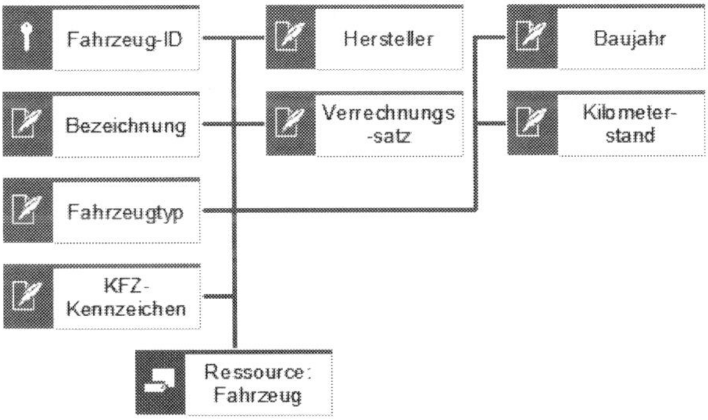

Abbildung 10-38: Attributszuordnungsdiagramm *Entitätstyp Ressource: Fahrzeug*

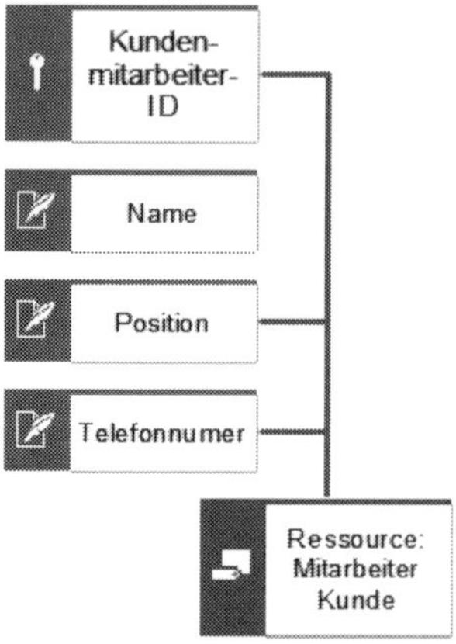

Abbildung 10-39: Attributszuordnungsdiagramm *Entitätstyp Ressource: Mitarbeiter* Kunde

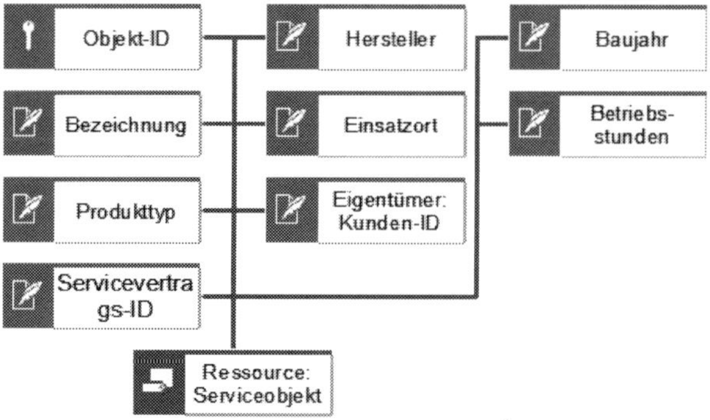

Abbildung 10-40: Attributszuordnungsdiagramm *Entitätstyp Ressource: Serviceobjekt*

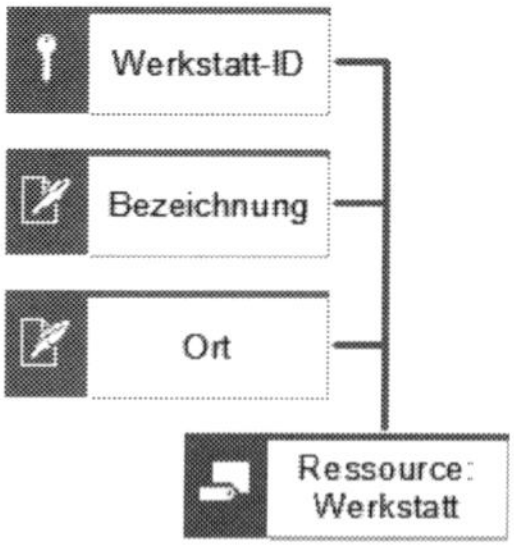

Abbildung 10-41: Attributszuordnungsdiagramm *Entitätstyp Ressource: Werkstatt*

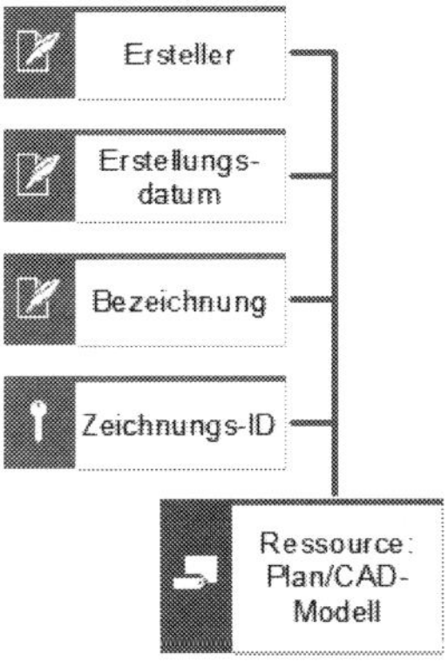

Abbildung 10-42: Attributszuordnungsdiagramm *Entitätstyp Ressource: Plan/CAD-Modell*

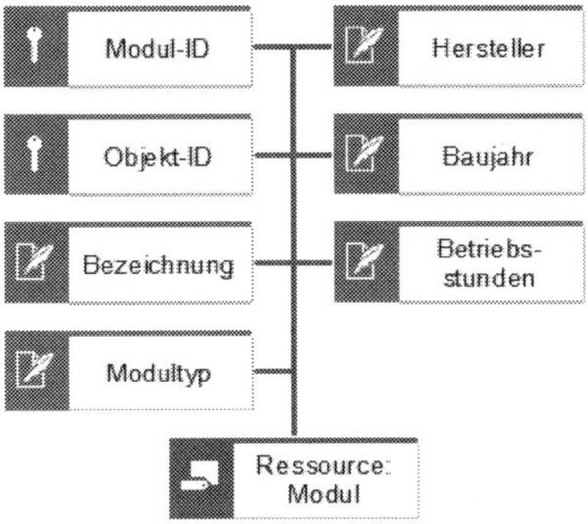

Abbildung 10-43: Attributszuordnungsdiagramm *Entitätstyp Ressource: Modul*

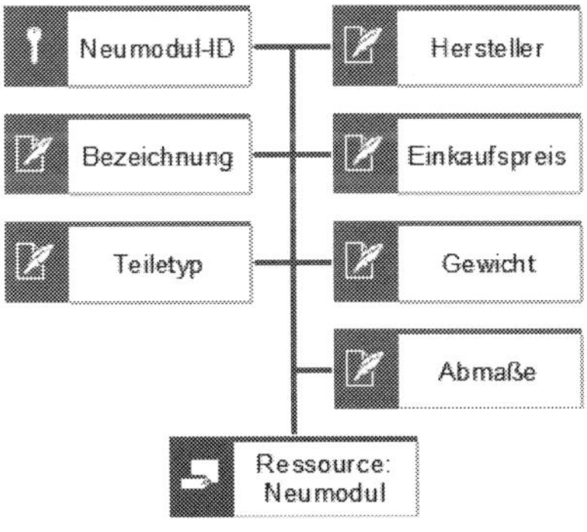

Abbildung 10-44: Attributszuordnungsdiagramm *Entitätstyp Ressource: Neumodul*

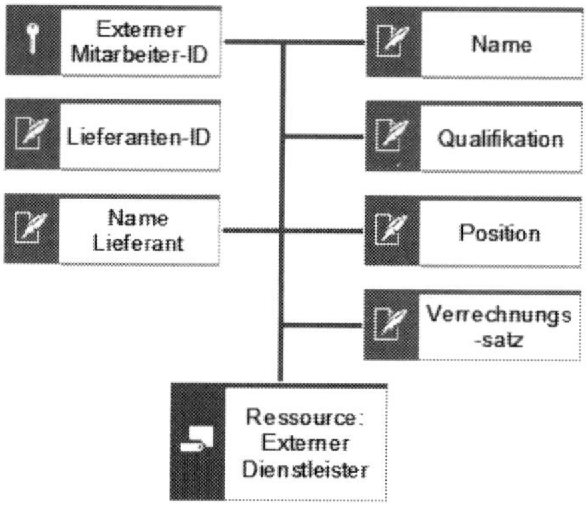

Abbildung 10-45: Attributszuordnungsdiagramm *Entitätstyp Ressource: Externer Dienstleister*

Attributszuordnungsdiagramme (Dimension Ergebnisse)

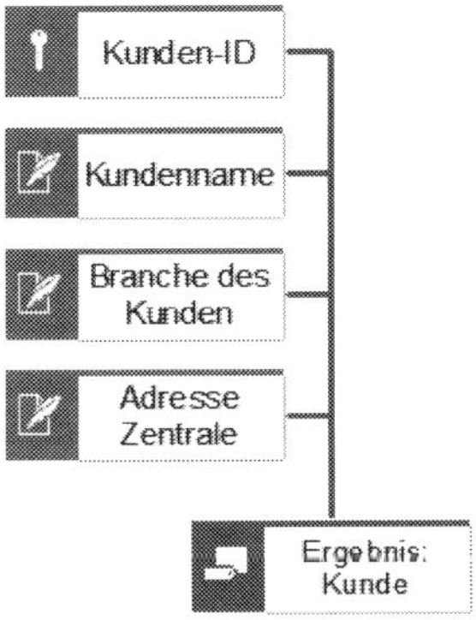

Abbildung 10-46: Attributszuordnungsdiagramm *Entitätstyp Ergebnis: Kunde*

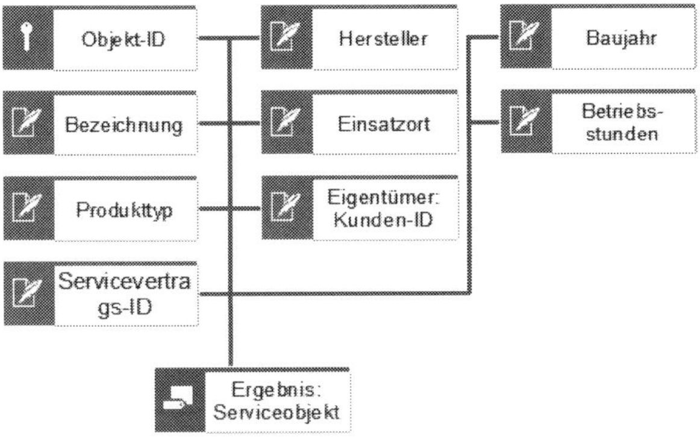

Abbildung 10-47: Attributszuordnungsdiagramm *Entitätstyp Ergebnis: Serviceobjekt*

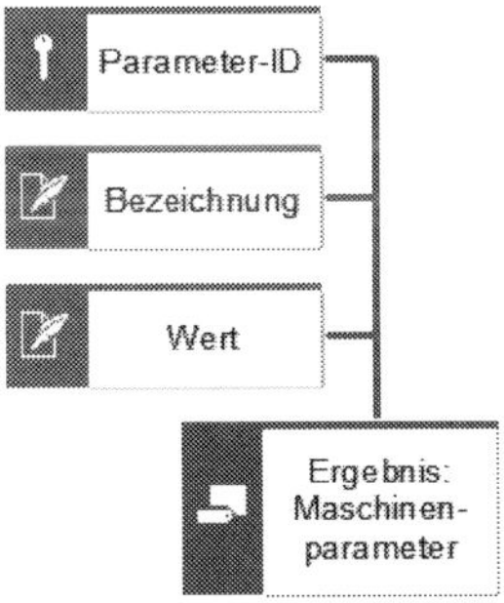

Abbildung 10-48: Attributszuordnungsdiagramm *Entitätstyp Ergebnis: Maschinenparameter*

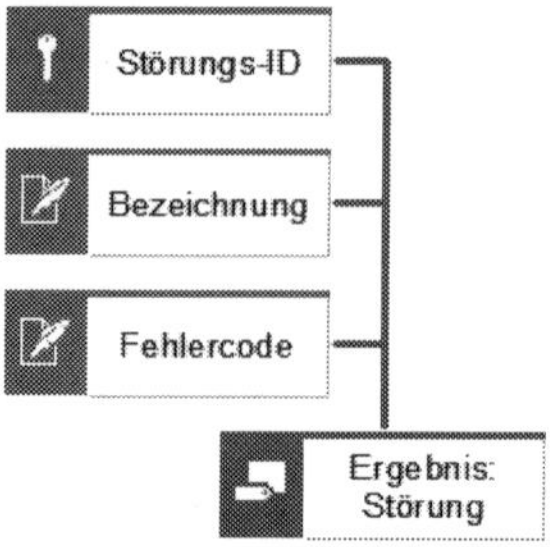

Abbildung 10-49: Attributszuordnungsdiagramm *Entitätstyp Ergebnis: Störung*

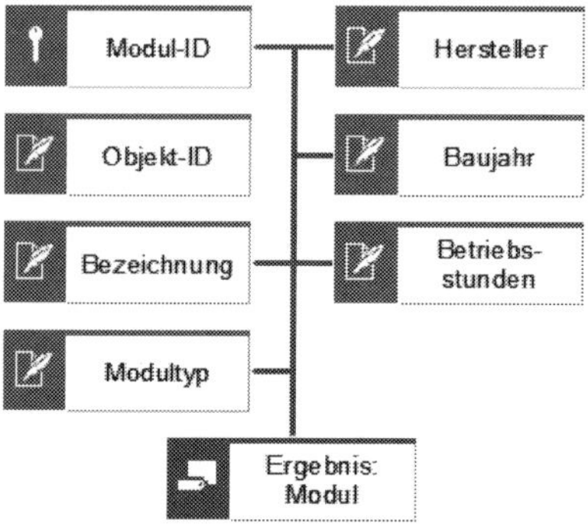

Abbildung 10-50: Attributszuordnungsdiagramm *Entitätstyp Ergebnis: Modul*

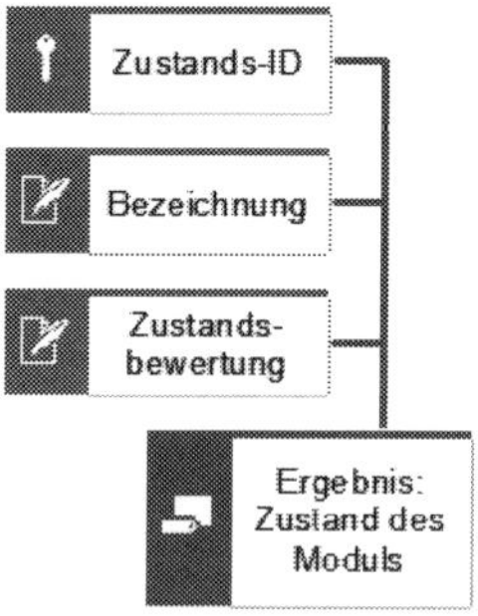

Abbildung 10-51: Attributszuordnungsdiagramm *Entitätstyp Ergebnis: Zustand des Moduls*

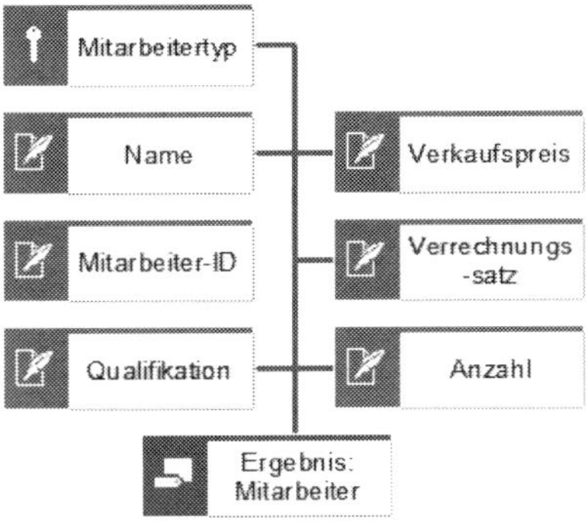

Abbildung 10-52: Attributszuordnungsdiagramm *Entitätstyp Ergebnis: Mitarbeiter*

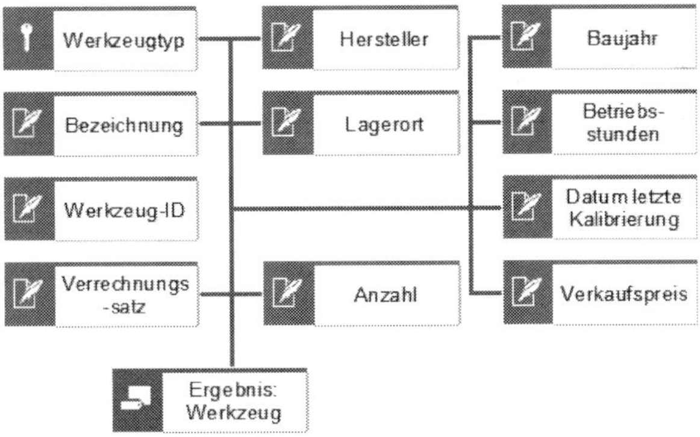

Abbildung 10-53: Attributszuordnungsdiagramm *Entitätstyp Ergebnis: Werkzeug*

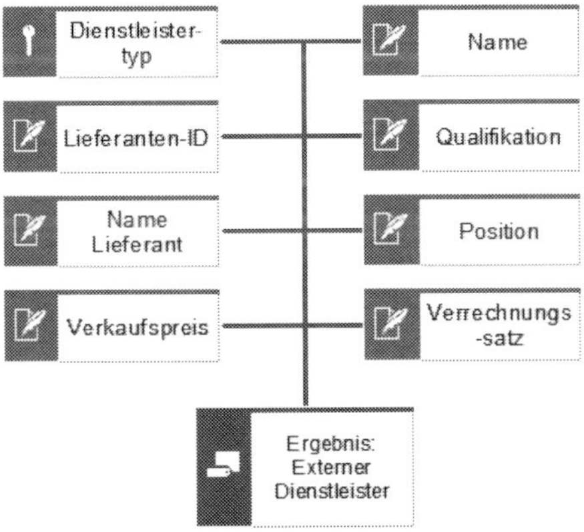

Abbildung 10-54: Attributszuordnungsdiagramm *Entitätstyp Ergebnis: Externer Dienstleister*

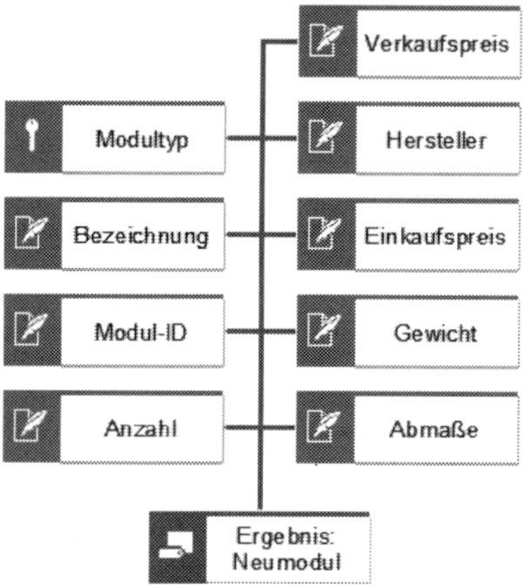

Abbildung 10-55: Attributszuordnungsdiagramm *Entitätstyp Ergebnis: Neumodul*

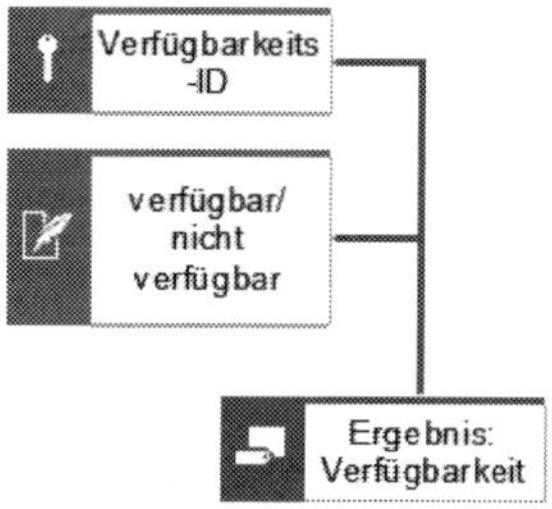

Abbildung 10-56: Attributszuordnungsdiagramm *Entitätstyp Ergebnis: Verfügbarkeit*

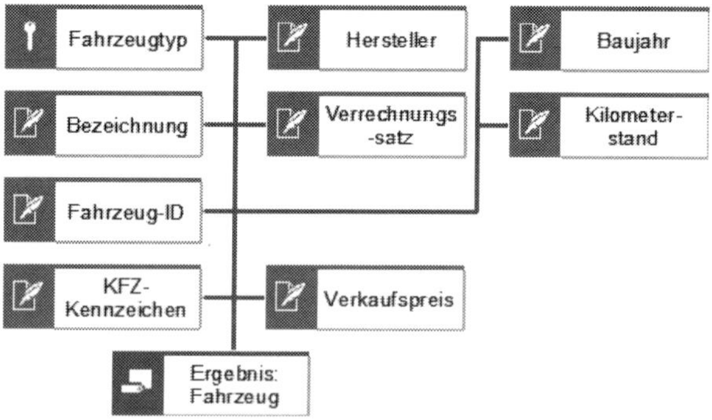

Abbildung 10-57: Attributszuordnungsdiagramm *Entitätstyp Ergebnis: Fahrzeug*

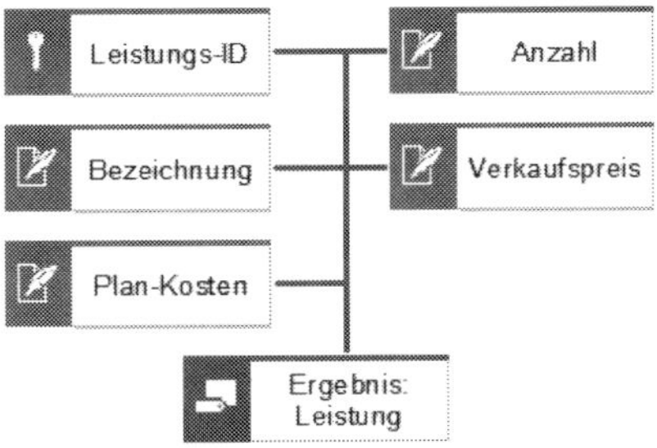

Abbildung 10-58: Attributszuordnungsdiagramm *Entitätstyp Ergebnis: Leistung*

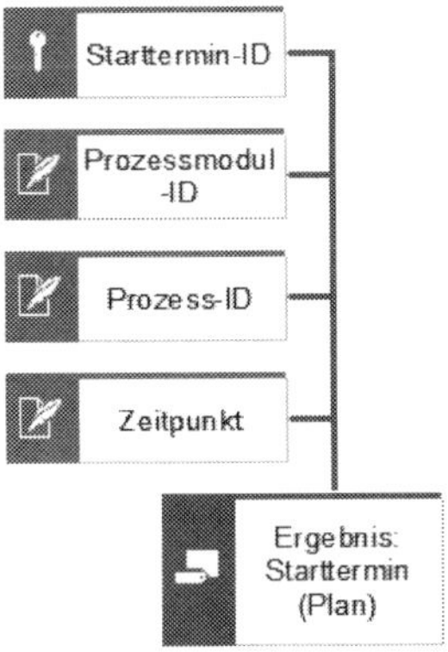

Abbildung 10-59: Attributszuordnungsdiagramm *Entitätstyp Ergebnis: Starttermin (Plan)*

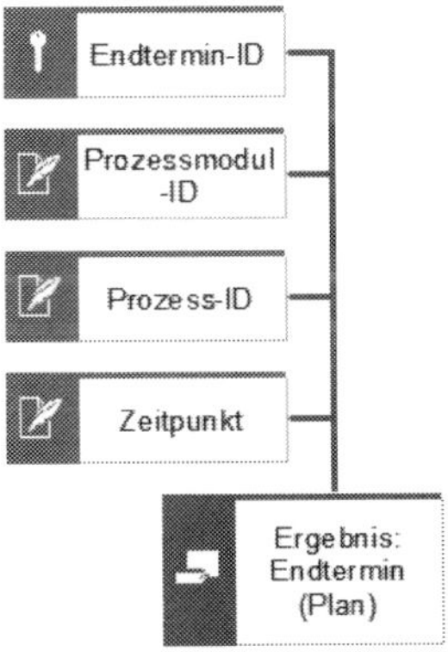

Abbildung 10-60: Attributszuordnungsdiagramm *Entitätstyp Ergebnis: Endtermin (Plan)*

Attributszuordnungsdiagramme (Dimension Dokumente)

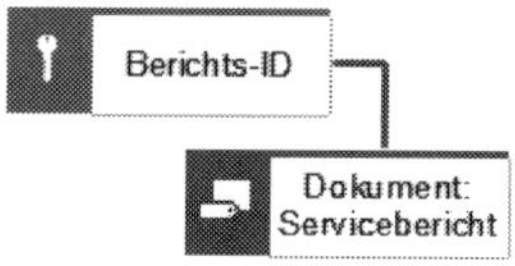

Abbildung 10-61: Attributszuordnungsdiagramm *Entitätstyp Dokument: Servicebericht*

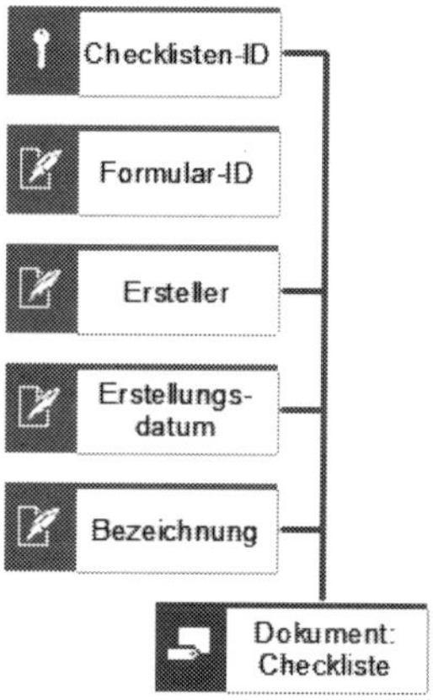

Abbildung 10-62: Attributszuordnungsdiagramm *Entitätstyp Dokument: Checkliste*

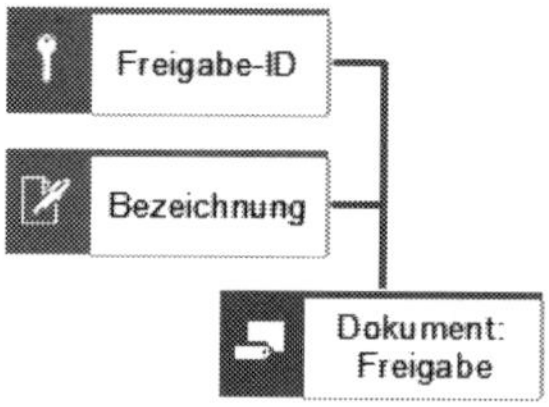

Abbildung 10-63: Attributszuordnungsdiagramm *Entitätstyp Dokument: Freigabe*

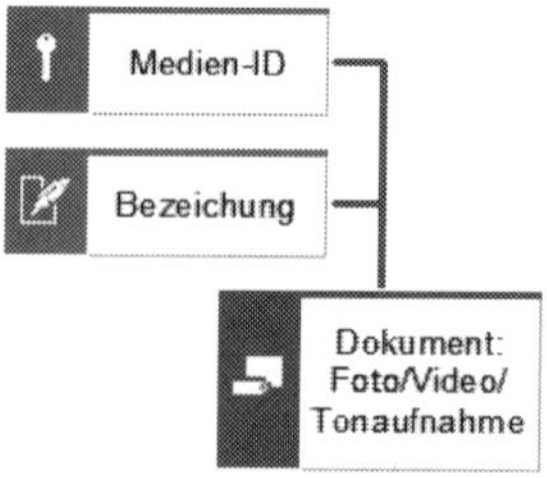

Abbildung 10-64: Attributszuordnungsdiagramm *Entitätstyp Dokument: Foto/Video/Tonaufnahme*

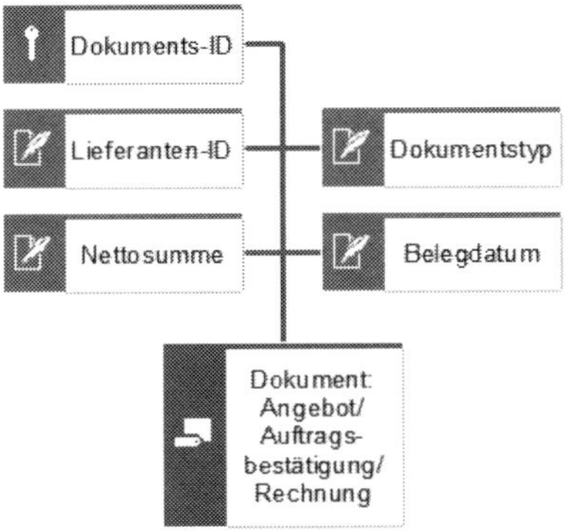

Abbildung 10-65: Attributszuordnungsdiagramm *Entitätstyp Dokument: Angebot/Auftragsbestätigung/Rechnung*

10.2 Aufnahme und Analyse der Fallstudien

Tabelle 10-1: Konsolidierte Daten der Fallstudien Teil 1

Fallstudie	Int. Nr.	Funktion	Stelle 1	Stelle 2	Stelle 3	Ressource 1	Ressource 2
UN1_MOD	1	Anfrage entgegennehmen (a)	Vertrieb	Kunde			
UN1_MOD	1	Anfrage entgegennehmen (b)	Projektleiter	Kunde			
UN1_MOD	2	Anfrage klären	Projektleiter	Kunde		Serviceberichte	Pläne/CAD
UN1_MOD	2	Einzelheiten klären (vor Ort)	Techniker	Kunde		Serviceobjekt	Pläne/CAD
UN1_MOD	3	Angebot erstellen	Projektleiter				
UN1_MOD	4	Termin vereinbaren	Projektleiter	Kunde			
UN1_MOD	5	Zum Kunden fliegen	Techniker				
UN1_MOD	5	Kunden anfahren	Techniker			Fahrzeug	Werkzeug
UN1_MOD	6	Werkzeuge versenden	Disposition			Werkzeug	
UN1_MOD	7	Ersatzteile versenden	Disposition			Ersatzteil	
UN1_MOD	8	Anmeldung durchführen	Techniker	Ansprechpartner (Kunde)			
UN1_MOD	9	Fehler identifizieren	Techniker			Serviceobjekt	
UN1_MOD	10	Altteil demontieren	Techniker			Serviceobjekt	
UN1_MOD	11	Ersatzteil montieren	Techniker			Serviceobjekt	
UN1_MOD	12	Funktionsprüfung durchführen	Techniker			Serviceobjekt	Checkliste
UN1_MOD	13	Bericht anfertigen	Techniker				
UN1_MOD	14	Dokumente übergeben	Techniker	Ansprechpartner (Kunde)		Servicebericht	Checkliste
UN1_MOD	15	Servicestützpunkt anfahren	Techniker			Fahrzeug	Werkzeug
UN1_MOD	16	Werkzeuge versenden	Disposition			Werkzeug	
UN1_MOD	17	Ersatzteile versenden	Disposition			Ersatzteil	
UN1_REP	1	Anfrage entgegennehmen (a)	Vertrieb	Kunde			
UN1_REP	1	Anfrage entgegennehmen (b)	Projektleiter	Kunde			
UN1_REP	2	Anfrage klären	Projektleiter	Kunde		Serviceberichte	Pläne/CAD
UN1_REP	2	Einzelheiten klären (vor Ort)	Techniker	Kunde		Serviceobjekt	Pläne/CAD
UN1_REP	3	Angebot erstellen	Projektleiter				

Fallstudie	Int. Nr.	Funktion	Stelle 1	Stelle 2	Stelle 3	Ressource 1	Ressource 2
UN1_REP	4	Termin vereinbaren	Projektleiter	Kunde			
UN1_REP	5	Zum Kunden fliegen	Techniker				
UN1_REP	5	Kunden anfahren	Techniker			Fahrzeug	Werkzeug
UN1_REP	6	Werkzeuge versenden	Disposition			Werkzeug	
UN1_REP	7	Ersatzteile versenden	Disposition			Ersatzteil	
UN1_REP	8	Anmeldung durchführen	Techniker	Ansprechpartner (Kunde)			
UN1_REP	9	Fehler identifizieren	Techniker			Serviceobjekt	
UN1_REP	10	Altteil demontieren	Techniker			Serviceobjekt	
UN1_REP	11	Ersatzteil montieren	Techniker			Serviceobjekt	
UN1_REP	12	Funktionsprüfung durchführen	Techniker			Serviceobjekt	Checkliste
UN1_REP	13	Bericht anfertigen	Techniker				
UN1_REP	14	Dokumente übergeben	Techniker	Ansprechpartner (Kunde)		Servicebericht	Checkliste
UN1_REP	15	Servicestützpunkt anfahren	Techniker			Fahrzeug	Werkzeug
UN1_REP	16	Werzeuge versenden	Disposition			Werkzeug	
UN1_REP	17	Ersatzteile versenden	Disposition			Ersatzteil	
UN1_WAR	1	Anfrage entgegennehmen (a)	Vertrieb	Kunde			
UN1_WAR	1	Anfrage entgegennehmen (b)	Projektleiter	Kunde			
UN1_WAR	2	Anfrage klären	Projektleiter	Kunde			
UN1_WAR	3	Angebot erstellen	Projektleiter				
UN1_WAR	4	Termin vereinbaren	Projektleiter	Kunde			
UN1_WAR	5	Zum Kunden fliegen	Techniker				
UN1_WAR	5	Kunden anfahren	Techniker			Fahrzeug	Werkzeug
UN1_WAR	6	Werkzeuge versenden	Disposition			Werkzeug	
UN1_WAR	7	Ersatzteile versenden	Disposition			Ersatzteil	
UN1_WAR	8	Anmeldung durchführen	Techniker	Ansprechpartner (Kunde)			
UN1_WAR	9	Komponenten prüfen	Techniker			Serviceobjekt	Checkliste
UN1_WAR	10	Altteil demontieren	Techniker			Serviceobjekt	
UN1_WAR	11	Ersatzteil montieren	Techniker			Serviceobjekt	
UN1_WAR	12	Funktionsprüfung durchführen	Techniker			Serviceobjekt	Checkliste
UN1_WAR	13	Bericht anfertigen	Techniker				

Fallstudie	Int. Nr.	Funktion	Stelle 1	Stelle 2	Stelle 3	Ressource 1	Ressource 2
UN1_WAR	14	Dokumente übergeben	Techniker	Ansprechpartner (Kunde)		Servicebericht	Checkliste
UN1_WAR	15	Servicestützpunkt anfahren	Techniker			Fahrzeug	Werkzeug
UN1_WAR	16	Werkzeuge versenden	Disposition			Werkzeug	
UN1_WAR	17	Ersatzteile versenden	Disposition			Ersatzteil	
UN2_WAR	1	Anfrage aufnehmen	Koordinator				
UN2_WAR	2	Auftrag intern klären	Koordinator	Admin			
UN2_WAR	3	Geräte disponieren	Admin				
UN2_WAR	4	Auftragsdetails klären	Admin				
UN2_WAR	5	Mitarbeiter disponieren	Koordinator				
UN2_WAR	6	Geräte aufbauen	Facharbeiter			Reinigungsgerät	
UN2_WAR	7	Freigabe einholen	Facharbeiter				
UN2_WAR	8	Anlagenbereich reinigen	Facharbeiter			Reinigungsgerät	Anlage
UN2_WAR	9	Arbeit pausieren	Facharbeiter				
UN2_WAR	10	Gerät entleeren	Facharbeiter			Reinigungsgerät	
UN2_WAR	11	Abnahme der Arbeiten	Koordinator	Kundenkoordinator		Anlage	Anlagenbereich (Klappe)
UN2_WAR	12	Gerät reinigen	Facharbeiter			Reinigungsgerät	
UN2_WAR	13	Arbeitszeit dokumentieren	Koordinator			Stundenzettel	
UN2_WAR	14	Auftrag abrechnen	Admin			Stundenzettel	
UN3_REP	1	Störung aufnehmen und weiterleiten	Call-Center				
UN3_REP	2	Auftrag mit Fehlerbeschreibung erfassen	Auftraggeber-Center				
UN3_REP	3	Vorliegen eines Garantievertrags prüfen	Auftraggeber-Center				
UN3_REP	4	Kostenvoranschlag erstellen	Auftraggeber-Center				
UN3_REP	5	Daten übermitteln	Auftraggeber-Center				
UN3_REP	6	Auftrag vorqualifizieren	Auftraggeber RSS Team				
UN3_REP	7	Ersatzteile vorqualifizieren	Auftraggeber RSS Team				
UN3_REP	7	Problem telefonisch lösen	Auftraggeber RSS Team	Kunde		Serviceobjekt	
UN3_REP	8	Auftrag freigeben	Auftraggeber-Center				
UN3_REP	9	Techniker disponieren	Disposition				
UN3_REP	10	Telefonische Behebbarkeit prüfen	Techniker	Kunde			
UN3_REP	11	Kunden instruieren	Techniker	Kunde			

Fallstudie	Int. Nr.	Funktion	Stelle 1	Stelle 2	Stelle 3	Ressource 1	Ressource 2
UN3_REP	12	Fehlerbild konkretisieren	Techniker	Kunde			
UN3_REP	13	Kundenwunsch für Termin prüfen	Techniker	Kunde			
UN3_REP	14	Termin festlegen	Techniker	Kunde			
UN3_REP	15	Kunden anfahren	Techniker			Fahrzeug	
UN3_REP	16	Gerät identifizieren	Techniker			Serviceobjekt	
UN3_REP	18	Optische Prüfung durchführen	Techniker			Serviceobjekt	
UN3_REP	19	Softwareprüfung durchführen	Techniker			Serviceobjekt	Laptop
UN3_REP	20	Kalibrierung durchführen	Techniker			Serviceobjekt	Werkzeug
UN3_REP	21	Reinigung durchführen	Techniker			Serviceobjekt	Werkzeug
UN3_REP	22	Papierstau entfernen	Techniker			Serviceobjekt	Werkzeug
UN3_REP	23	Teileverfügbarkeit prüfen	Techniker			Serviceobjekt	Altteil
UN3_REP	24	Altteil demontieren	Techniker			Serviceobjekt	Altteil
UN3_REP	25	Ersatzteil montieren	Techniker			Serviceobjekt	Ersatzteil
UN3_REP	26	Funktion prüfen	Techniker			Serviceobjekt	
UN3_REP	27	Auftrag dokumentieren	Techniker				
UN3_REP	28	Auftrag abrechnen	Controlling				
UN3_WAR	1	Wartungsauftrag erfassen	Kundenservice				
UN3_WAR	2	Wartungsaufträge entsprechendem Gebiet zuordnen	Kundenservice				
UN3_WAR	3	Techniker disponieren	Disposition				
UN3_WAR	4	Termin mit Kunden vereinbaren	Techniker	Kunde			
UN3_WAR	5	Kunden anfahren	Techniker			Fahrzeug	
UN3_WAR	6	Gerät identifizieren	Techniker	Ansprechpartner (Kunde)		Serviceobjekt	
UN3_WAR	7	Funktionalität prüfen	Techniker			Serviceobjekt	
UN3_WAR	8	Verschleißteil prüfen	Techniker			Serviceobjekt	Verschleißteil
UN3_WAR	9	Verschleißteile wechseln	Techniker			Serviceobjekt	Verschleißteil
UN3_WAR	10	Wartungsbericht erstellen	Techniker				
UN3_WAR	11	Wartungsbericht unterschreiben	Techniker	Kunde			
UN3_WAR	12	Auftrag im Webtool abschließen	Techniker				
UN3_WAR	13	Wartung anhand des Wartungsberichts prüfen	Kundenservice				
UN3_WAR	14	Rückfragen klären	Kundenservice	Techniker			

Fallstudie	Int. Nr.	Funktion	Stelle 1	Stelle 2	Stelle 3	Ressource 1	Ressource 2
UN3_WAR	15	Auftrag dokumentieren	Kundenservice				
UN3_WAR	16	Wartungsbericht archivieren	Kundenservice				
UN3_WAR	17	Wartungsbelege vesenden	Kundenservice				
UN3_WAR	18	Auftrag abrechnen	Controlling				
UN4_INS	1	Anfrage entgegennehmen (a)	Disponent				
UN4_INS	1	Anfrage entgegennehmen (b)	Vertrieb				
UN4_INS	2	Angebot erstellen	Disponent				
UN4_INS	3	Auftrag anlegen	Disponent				
UN4_INS	4	Benötigtes Werkzeug ermitteln	Disponent				
UN4_INS	4	Mitarbeiter disponieren	Disponent				
UN4_INS	4	Spezialwerkzeug disponieren	Disponent				
UN4_INS	4	PKW disponieren	Disponent				
UN4_INS	4	Werkzeug disponieren	Disponent				
UN4_INS	5	Kunden anfahren	Techniker			Fahrzeug	Werkzeug
UN4_INS	6	Unterweisung erhalten	Techniker	Ansprechpartner (Kunde)		Serviceobjekt	
UN4_INS	7	Gefährdungen beurteilen	Techniker	Ansprechpartner (Kunde)			
UN4_INS	8	Inspektionsmaßnahme durchführen	Techniker	Ansprechpartner (Kunde)		Serviceobjekt	Checkliste
UN4_INS	9	Ergebnisse abstimmen	Techniker	Ansprechpartner (Kunde)			Checkliste
UN4_INS	10	Beim Kunden abmelden	Techniker	Ansprechpartner (Kunde)			
UN4_INS	11	Bericht schreiben	Techniker				Checkliste
UN4_INS	12	Belege auswerten	Rechnungsstelle			Stundenzettel	
UN4_MOD	1	Anfrage entgegennehmen (a)	Disponent				
UN4_MOD	1	Anfrage entgegennehmen (b)	Vertrieb				
UN4_MOD	2	Angebot erstellen	Disponent				
UN4_MOD	3	Auftrag anlegen	Disponent				
UN4_MOD	4	Benötigtes Werkzeug ermitteln	Disponent				
UN4_MOD	4	Spezialwerkzeug disponieren	Disponent				
UN4_MOD	4	PKW disponieren	Disponent				
UN4_MOD	4	Werkzeug disponieren	Disponent				
UN4_MOD	4	Auftrag vorbereiten	Techniker			Stückliste	Zeichnungen

Fallstudie	Int. Nr.	Funktion	Stelle 1	Stelle 2	Stelle 3	Ressource 1	Ressource 2
UN4_MOD	5	Kunden anfahren	Techniker			Fahrzeug	Werkzeug
UN4_MOD	6	Unterweisung erhalten	Techniker	Ansprechpartner (Kunde)		Serviceobjekt	
UN4_MOD	7	Gefährdungen beurteilen	Techniker	Ansprechpartner (Kunde)			
UN4_MOD	8	Altteil demontieren	Techniker	Ansprechpartner (Kunde)		Werkzeug	Serviceobjekt
UN4_MOD	9	Altteil zurückschicken	Techniker			Altteil	
UN4_MOD	10	Altteil in der Werkstatt instand setzen	Werkstatt			Altteil	
UN4_MOD	11	Altteil zur Anlage schicken	Werkstatt			Altteil	
UN4_MOD	12	Ersatzteil montieren	Techniker	Ansprechpartner (Kunde)		Altteil	Ersatzteil
UN4_MOD	13	Beim Kunden abmelden	Techniker	Ansprechpartner (Kunde)			
UN4_MOD	14	Bericht schreiben	Techniker				Checkliste
UN4_MOD	15	Belege auswerten	Rechnungsstelle			Stundenzettel	
UN4_REP	1	Anfrage entgegennehmen (a)	Disponent				
UN4_REP	1	Anfrage entgegennehmen (b)	Vertrieb				
UN4_REP	2	Angebot erstellen	Disponent				
UN4_REP	3	Auftrag anlegen	Disponent				
UN4_REP	4	Benötigtes Werkzeug ermitteln	Disponent				
UN4_REP	4	Spezialwerkzeug disponieren	Disponent				
UN4_REP	4	PKW disponieren	Disponent				
UN4_REP	4	Werkzeug disponieren	Disponent				
UN4_REP	4	Auftrag vorbereiten	Techniker			Stückliste	Zeichnungen
UN4_REP	5	Kunden anfahren	Techniker			Fahrzeug	Werkzeug
UN4_REP	6	Unterweisung erhalten	Techniker	Ansprechpartner (Kunde)		Serviceobjekt	
UN4_REP	7	Gefährdungen beurteilen	Techniker	Ansprechpartner (Kunde)			
UN4_REP	8	Fehler identifizieren	Techniker	Ansprechpartner (Kunde)		Serviceobjekt	
UN4_REP	9	Altteil demontieren	Techniker	Ansprechpartner (Kunde)		Werkzeug	Serviceobjekt
UN4_REP	10	Altteil zurückschicken	Techniker			Altteil	
UN4_REP	11	Altteil in der Werkstatt instand setzen	Werkstatt			Altteil	
UN4_REP	12	Altteil zur Anlage schicken	Werkstatt			Altteil	
UN4_REP	13	Ersatzteil montieren	Techniker	Ansprechpartner (Kunde)		Altteil	Ersatzteil
UN4_REP	14	Beim Kunden abmelden	Techniker	Ansprechpartner (Kunde)			

Fallstudie	Int. Nr.	Funktion	Stelle 1	Stelle 2	Stelle 3	Ressource 1	Ressource 2
UN4_REP	15	Bericht schreiben	Techniker				Checkliste
UN4_REP	16	Belege auswerten	Rechnungsstelle			Stundenzettel	
UN5_REP	1	Anfrage entgegennehmen	Unternehmens-Ableger				
UN5_REP	1	Anfrage entgegennehmen	Regionaler Vertrieb				
UN5_REP	1	Anfrage entgegennehmen	Service-Techniker				
UN5_REP	1	Anfrage entgegennehmen	Produktverantwortliche				
UN5_REP	1	Anfrage entgegennehmen	Auslandsgesellschaft				
UN5_REP	2	Servicemeldung anlegen	Unternehmens-Ableger				
UN5_REP	2	Servicemeldung anlegen	Regionaler Vertrieb				
UN5_REP	2	Servicemeldung anlegen	Service-Techniker				
UN5_REP	2	Servicemeldung anlegen	Produktverantwortliche				
UN5_REP	2	Servicemeldung anlegen	Auslandsgesellschaft				
UN5_REP	3	Telefonische Schadensaufnahme prüfen	Techniker	Kunde		Checkliste	
UN5_REP	4	Schadensaufnahme telefonisch durchführen	Techniker	Kunde		Checkliste	
UN5_REP	5	Kunden anfahren	Techniker			Werkzeug	Ersatzteil
UN5_REP	6	Kunden bei Fahrtbeginn anrufen	Techniker	Kunde			
UN5_REP	7	Bei Ansprechpartner melden	Techniker	Ansprechpartner (Kunde)			
UN5_REP	8	Sicherheitsunterweisung erhalten	Techniker	Ansprechpartner (Kunde)			
UN5_REP	9	Testlauf durchführen	Techniker			Serviceobjekt	
UN5_REP	10	Testbericht anfertigen	Techniker				
UN5_REP	11	Problem identifizieren	Techniker			Serviceobjekt	
UN5_REP	12	Arbeiten planen	Techniker				
UN5_REP	12	Befundung durchführen	Techniker				
UN5_REP	13	Ersatzteile liefern	Disposition			Ersatzteil	
UN5_REP	14	Altteil demontieren	Techniker			Serviceobjekt	Werkzeug
UN5_REP	15	Altteil zurückschicken	Techniker			Altteil	
UN5_REP	16	Altteil reparieren	Werkstatt			Altteil	
UN5_REP	17	Altteil zur Anlage schicken	Werkstatt			Ersatzteil	
UN5_REP	18	Ersatzteil montieren	Techniker			Serviceobjekt	Werkzeug
UN5_REP	19	Montagebericht anfertigen	Techniker				

Fallstudie	Int. Nr.	Funktion	Stelle 1	Stelle 2	Stelle 3	Ressource 1	Ressource 2
UN5_REP	20	Funktionsprüfung durchführen	Techniker			Serviceobjekt	Checkliste
UN5_REP	21	Stundenzettel erstellen	Techniker			Stundenzettel	Montagebericht
UN5_REP	22	Auftrag abschließen (vor Ort)	Techniker	Ansprechpartner (Kunde)			
UN5_REP	23	Auftrag abrechnen	Administration			Stundenzettel	Montagebericht
UN5_WAR	1	Anfrage entgegennehmen	Unternehmens-Ableger				
UN5_WAR	1	Anfrage entgegennehmen	Regionaler Vertrieb				
UN5_WAR	1	Anfrage entgegennehmen	Service-Techniker				
UN5_WAR	1	Anfrage entgegennehmen	Produktverantwortliche				
UN5_WAR	1	Anfrage entgegennehmen	Auslandsgesellschaft				
UN5_WAR	2	Servicemeldung anlegen	Unternehmens-Ableger				
UN5_WAR	2	Servicemeldung anlegen	Regionaler Vertrieb				
UN5_WAR	2	Servicemeldung anlegen	Service-Techniker				
UN5_WAR	2	Servicemeldung anlegen	Produktverantwortliche				
UN5_WAR	2	Servicemeldung anlegen	Auslandsgesellschaft				
UN5_WAR	3	Kunden anfahren	Techniker			Werkzeug	Ersatzteil
UN5_WAR	4	Kunden bei Fahrtbeginn anrufen	Techniker	Kunde			
UN5_WAR	5	Bei Ansprechpartner melden	Techniker	Ansprechpartner (Kunde)			
UN5_WAR	6	Sicherheitsunterweisung erhalten	Techniker	Ansprechpartner (Kunde)			
UN5_WAR	7	Testlauf durchführen	Techniker			Serviceobjekt	
UN5_WAR	8	Testbericht anfertigen	Techniker				
UN5_WAR	9	Arbeiten planen	Techniker			Checkliste	
UN5_WAR	10	Verschleißteil demontieren	Techniker			Werkzeug	Serviceobjekt
UN5_WAR	11	Ersatzteil montieren	Techniker			Werkzeug	Serviceobjekt
UN5_WAR	12	Montagebericht anfertigen	Techniker				
UN5_WAR	13	Funktionsprüfung durchführen	Techniker			Serviceobjekt	Checkliste
UN5_WAR	14	Stundenzettel erstellen	Techniker			Stundenzettel	Montagebericht
UN5_WAR	15	Auftrag abschließen (vor Ort)	Techniker	Ansprechpartner (Kunde)			
UN5_WAR	16	Auftrag abrechnen	Administration			Stundenzettel	Montagebericht

Tabelle 10-2: Konsolidierte Daten der Fallstudien Teil 2

Fallstudie	Int. Nr.	Funktion	Ressource 3	Ressource 4	Ressource 5	Ergebnis 1
UN1_MOD	1	Anfrage entgegennehmen (a)				Abgeschlossen
UN1_MOD	1	Anfrage entgegennehmen (b)				Abgeschlossen
UN1_MOD	2	Anfrage klären				Abgeschlossen
UN1_MOD	2	Einzelheiten klären (vor Ort)	Serviceberichte			Abgeschlossen
UN1_MOD	3	Angebot erstellen				Abgeschlossen
UN1_MOD	4	Termin vereinbaren				Abgeschlossen
UN1_MOD	5	Zum Kunden fliegen				Abgeschlossen
UN1_MOD	5	Kunden anfahren	Ersatzteil			XX% der Strecke absolviert
UN1_MOD	6	Werkzeuge versenden				Teil angekommen
UN1_MOD	7	Ersatzteile versenden				Werkzeug angekommen
UN1_MOD	8	Anmeldung durchführen				Abgeschlossen
UN1_MOD	9	Fehler identifizieren	Werkzeug	Komponente		Abgeschlossen
UN1_MOD	10	Altteil demontieren	Werkzeug	Komponente		Abgeschlossen
UN1_MOD	11	Ersatzteil montieren	Werkzeug	Ersatzteil		Abgeschlossen
UN1_MOD	12	Funktionsprüfung durchführen	Werkzeug			Abgeschlossen
UN1_MOD	13	Bericht anfertigen				Abgeschlossen
UN1_MOD	14	Dokumente übergeben				Abgeschlossen
UN1_MOD	15	Servicestützpunkt anfahren	Ersatzteil			XX% der Strecke absolviert
UN1_MOD	16	Werkzeuge versenden				Teil angekommen
UN1_MOD	17	Ersatzteile versenden				Werkzeug angekommen
UN1_REP	1	Anfrage entgegennehmen (a)				Abgeschlossen
UN1_REP	1	Anfrage entgegennehmen (b)				Abgeschlossen
UN1_REP	2	Anfrage klären				Abgeschlossen
UN1_REP	2	Einzelheiten klären (vor Ort)	Serviceberichte			Abgeschlossen
UN1_REP	3	Angebot erstellen				Abgeschlossen
UN1_REP	4	Termin vereinbaren				Abgeschlossen
UN1_REP	5	Zum Kunden fliegen				Abgeschlossen

Fallstudie	Int. Nr.	Funktion	Ressource 3	Ressource 4	Ressource 5	Ergebnis 1
UN1_REP	5	Kunden anfahren	Ersatzteil			XX% der Strecke absolviert
UN1_REP	6	Werkzeuge versenden				Teil angekommen
UN1_REP	7	Ersatzteile versenden				Werkzeug angekommen
UN1_REP	8	Anmeldung durchführen				Abgeschlossen
UN1_REP	9	Fehler identifizieren	Werkzeug	Komponente		Abgeschlossen
UN1_REP	10	Altteil demontieren	Werkzeug	Komponente		Abgeschlossen
UN1_REP	11	Ersatzteil montieren	Werkzeug	Ersatzteil		Abgeschlossen
UN1_REP	12	Funktionsprüfung durchführen	Werkzeug			Abgeschlossen
UN1_REP	13	Bericht anfertigen				Abgeschlossen
UN1_REP	14	Dokumente übergeben				Abgeschlossen
UN1_REP	15	Servicestützpunkt anfahren	Ersatzteil			XX% der Strecke absolviert
UN1_REP	16	Werkzeuge versenden				Teil angekommen
UN1_REP	17	Ersatzteile versenden				Werkzeug angekommen
UN1_WAR	1	Anfrage entgegennehmen (a)				Abgeschlossen
UN1_WAR	1	Anfrage entgegennehmen (b)				Abgeschlossen
UN1_WAR	2	Anfrage klären				Abgeschlossen
UN1_WAR	3	Angebot erstellen				Abgeschlossen
UN1_WAR	4	Termin vereinbaren				Abgeschlossen
UN1_WAR	5	Zum Kunden fliegen				Abgeschlossen
UN1_WAR	5	Kunden anfahren	Ersatzteil			XX% der Strecke absolviert
UN1_WAR	6	Werkzeuge versenden				Teil angekommen
UN1_WAR	7	Ersatzteile versenden				Werkzeug angekommen
UN1_WAR	8	Anmeldung durchführen				Abgeschlossen
UN1_WAR	9	Komponenten prüfen	Werkzeug	Komponente		Abgeschlossen
UN1_WAR	10	Altteil demontieren	Werkzeug	Komponente		Abgeschlossen
UN1_WAR	11	Ersatzteil montieren	Werkzeug	Ersatzteil		Abgeschlossen
UN1_WAR	12	Funktionsprüfung durchführen	Werkzeug			Abgeschlossen
UN1_WAR	13	Bericht anfertigen				Abgeschlossen
UN1_WAR	14	Dokumente übergeben				Abgeschlossen

Fallstudie	Int. Nr.	Funktion	Ressource 3	Ressource 4	Ressource 5	Ergebnis 1
UN1_WAR	15	Servicestützpunkt anfahren	Ersatzteil			XX% der Strecke absolviert
UN1_WAR	16	Werkzeuge versenden				Teil angekommen
UN1_WAR	17	Ersatzteile versenden				Werkzeug angekommen
UN2_WAR	1	Anfrage aufnehmen				Abgeschlossen
UN2_WAR	2	Auftrag intern klären				Abgeschlossen
UN2_WAR	3	Geräte disponieren				Abgeschlossen
UN2_WAR	4	Auftragsdetails klären				Abgeschlossen
UN2_WAR	5	Mitarbeiter disponieren				Abgeschlossen
UN2_WAR	6	Geräte aufbauen				Abgeschlossen
UN2_WAR	7	Freigabe einholen				Abgeschlossen
UN2_WAR	8	Anlagenbereich reinigen	Anlagenbereich (Klappe)			Abgeschlossen
UN2_WAR	9	Arbeit pausieren				Abgeschlossen
UN2_WAR	10	Gerät entleeren				Abgeschlossen
UN2_WAR	11	Abnahme der Arbeiten				Abgeschlossen
UN2_WAR	12	Gerät reinigen				Abgeschlossen
UN2_WAR	13	Arbeitszeit dokumentieren				Abgeschlossen
UN2_WAR	14	Auftrag abrechnen				Abgeschlossen
UN3_REP	1	Störung aufnehmen und weiterleiten				Abgeschlossen
UN3_REP	2	Auftrag mit Fehlerbeschreibung erfassen				Abgeschlossen
UN3_REP	3	Vorliegen eines Garantievertrags prüfen				Abgeschlossen
UN3_REP	4	Kostenvoranschlag erstellen				Abgeschlossen
UN3_REP	5	Daten übermitteln				Abgeschlossen
UN3_REP	6	Auftrag vorqualifizieren				Abgeschlossen
UN3_REP	7	Ersatzteile vorqualifizieren				Abgeschlossen
UN3_REP	7	Problem telefonisch lösen				Abgeschlossen
UN3_REP	8	Auftrag freigeben				Abgeschlossen
UN3_REP	9	Techniker disponieren				Abgeschlossen
UN3_REP	10	Telefonische Behebbarkeit prüfen				Abgeschlossen
UN3_REP	11	Kunden instruieren				Abgeschlossen

Fallstudie	Int. Nr.	Funktion	Ressource 3	Ressource 4	Ressource 5	Ergebnis 1
UN3_REP	12	Fehlerbild konkretisieren				Abgeschlossen
UN3_REP	13	Kundenwunsch für Termin prüfen				Abgeschlossen
UN3_REP	14	Termin festlegen				Abgeschlossen
UN3_REP	15	Kunden anfahren				XX% der Strecke absolviert
UN3_REP	16	Gerät identifizieren				Abgeschlossen
UN3_REP	18	Optische Prüfung durchführen				Abgeschlossen
UN3_REP	19	Softwareprüfung durchführen				Abgeschlossen
UN3_REP	20	Kalibrierung durchführen				Abgeschlossen
UN3_REP	21	Reinigung durchführen				Abgeschlossen
UN3_REP	22	Papierstau entfernen				Abgeschlossen
UN3_REP	23	Teileverfügbarkeit prüfen				Abgeschlossen
UN3_REP	24	Altteil demontieren	Werkzeug			Abgeschlossen
UN3_REP	25	Ersatzteil montieren	Werkzeug			Abgeschlossen
UN3_REP	26	Funktion prüfen				Abgeschlossen
UN3_REP	27	Auftrag dokumentieren				Abgeschlossen
UN3_REP	28	Auftrag abrechnen				Abgeschlossen
UN3_WAR	1	Wartungsauftrag erfassen				Abgeschlossen
UN3_WAR	2	Wartungsaufträge entsprechendem Gebiet zuordnen				Abgeschlossen
UN3_WAR	3	Techniker disponieren				Abgeschlossen
UN3_WAR	4	Termin mit Kunden vereinbaren				Abgeschlossen
UN3_WAR	5	Kunden anfahren				XX% der Strecke absolviert
UN3_WAR	6	Gerät identifizieren				Abgeschlossen
UN3_WAR	7	Funktionalität prüfen				Abgeschlossen
UN3_WAR	8	Verschleißteil prüfen				Abgeschlossen
UN3_WAR	9	Verschleißteile wechseln	Ersatzteil			Abgeschlossen
UN3_WAR	10	Wartungsbericht erstellen				Abgeschlossen
UN3_WAR	11	Wartungsbericht unterschreiben				Abgeschlossen
UN3_WAR	12	Auftrag im Webtool abschließen				Abgeschlossen
UN3_WAR	13	Wartung anhand des Wartungsberichts prüfen				Abgeschlossen

Fallstudie	Int. Nr.	Funktion	Ressource 3	Ressource 4	Ressource 5	Ergebnis 1
UN3_WAR	14	Rückfragen klären				Abgeschlossen
UN3_WAR	15	Auftrag dokumentieren				Abgeschlossen
UN3_WAR	16	Wartungsbericht archivieren				Abgeschlossen
UN3_WAR	17	Wartungsbelege versenden				Abgeschlossen
UN3_WAR	18	Auftrag abrechnen				Abgeschlossen
UN4_INS	1	Anfrage entgegennehmen (a)				Abgeschlossen
UN4_INS	1	Anfrage entgegennehmen (b)				Abgeschlossen
UN4_INS	2	Angebot erstellen				Abgeschlossen
UN4_INS	3	Auftrag anlegen				Abgeschlossen
UN4_INS	4	Benötigtes Werkzeug ermitteln				Abgeschlossen
UN4_INS	4	Mitarbeiter disponieren				Abgeschlossen
UN4_INS	4	Spezialwerkzeug disponieren				Abgeschlossen
UN4_INS	4	PKW disponieren				Abgeschlossen
UN4_INS	4	Werkzeug disponieren				Abgeschlossen
UN4_INS	5	Kunden anfahren	Ersatzteil	Spezialwerkzeug		XX% der Strecke absolviert
UN4_INS	6	Unterweisung erhalten				Abgeschlossen
UN4_INS	7	Gefährdungen beurteilen				Abgeschlossen
UN4_INS	8	Inspektionsmaßnahme durchführen	Werkzeug	Spezialwerkzeug	Komponente	Abgeschlossen
UN4_INS	9	Ergebnisse abstimmen				Abgeschlossen
UN4_INS	10	Beim Kunden abmelden				Abgeschlossen
UN4_INS	11	Bericht schreiben				Abgeschlossen
UN4_INS	12	Belege auswerten				Abgeschlossen
UN4_MOD	1	Anfrage entgegennehmen (a)				Abgeschlossen
UN4_MOD	1	Anfrage entgegennehmen (b)				Abgeschlossen
UN4_MOD	2	Angebot erstellen				Abgeschlossen
UN4_MOD	3	Auftrag anlegen				Abgeschlossen
UN4_MOD	4	Benötigtes Werkzeug ermitteln				Abgeschlossen
UN4_MOD	4	Spezialwerkzeug disponieren				Abgeschlossen
UN4_MOD	4	PKW disponieren				Abgeschlossen

Fallstudie	Int. Nr.	Funktion	Ressource 3	Ressource 4	Ressource 5	Ergebnis 1
UN4_MOD	4	Werkzeug disponieren				Abgeschlossen
UN4_MOD	4	Auftrag vorbereiten				Abgeschlossen
UN4_MOD	5	Kunden anfahren	Ersatzteil	Spezialwerkzeug		XX% der Strecke absolviert
UN4_MOD	6	Unterweisung erhalten				Abgeschlossen
UN4_MOD	7	Gefährdungen beurteilen				Abgeschlossen
UN4_MOD	8	Altteil demontieren	Altteil	Spezialwerkzeug		Abgeschlossen
UN4_MOD	9	Altteil zurückschicken				Abgeschlossen
UN4_MOD	10	Altteil in der Werkstatt instand setzen				Abgeschlossen
UN4_MOD	11	Altteil zur Anlage schicken				Abgeschlossen
UN4_MOD	12	Ersatzteil montieren	Werkzeug			Abgeschlossen
UN4_MOD	13	Beim Kunden abmelden				Abgeschlossen
UN4_MOD	14	Bericht schreiben				Abgeschlossen
UN4_MOD	15	Belege auswerten				Abgeschlossen
UN4_REP	1	Anfrage entgegennehmen (a)				Abgeschlossen
UN4_REP	1	Anfrage entgegennehmen (b)				Abgeschlossen
UN4_REP	2	Angebot erstellen				Abgeschlossen
UN4_REP	3	Auftrag anlegen				Abgeschlossen
UN4_REP	4	Benötigtes Werkzeug ermitteln				Abgeschlossen
UN4_REP	4	Spezialwerkzeug disponieren				Abgeschlossen
UN4_REP	4	PKW disponieren				Abgeschlossen
UN4_REP	4	Werkzeug disponieren				Abgeschlossen
UN4_REP	4	Auftrag vorbereiten				Abgeschlossen
UN4_REP	5	Kunden anfahren	Ersatzteil	Spezialwerkzeug		XX% der Strecke absolviert
UN4_REP	6	Unterweisung erhalten				Abgeschlossen
UN4_REP	7	Gefährdungen beurteilen				Abgeschlossen
UN4_REP	8	Fehler identifizieren	Werkzeug		Komponente	Abgeschlossen
UN4_REP	9	Altteil demontieren	Altteil	Spezialwerkzeug		Abgeschlossen
UN4_REP	10	Altteil zurückschicken				Abgeschlossen
UN4_REP	11	Altteil in der Werkstatt instand setzen				Abgeschlossen

Fallstudie	Int. Nr.	Funktion	Ressource 3	Ressource 4	Ressource 5	Ergebnis 1
UN4_REP	12	Altteil zur Anlage schicken				Abgeschlossen
UN4_REP	13	Ersatzteil montieren	Werkzeug			Abgeschlossen
UN4_REP	14	Beim Kunden abmelden				Abgeschlossen
UN4_REP	15	Bericht schreiben				Abgeschlossen
UN4_REP	16	Belege auswerten				Abgeschlossen
UN5_REP	1	Anfrage entgegennehmen				Abgeschlossen
UN5_REP	1	Anfrage entgegennehmen				Abgeschlossen
UN5_REP	1	Anfrage entgegennehmen				Abgeschlossen
UN5_REP	1	Anfrage entgegennehmen				Abgeschlossen
UN5_REP	1	Anfrage entgegennehmen				Abgeschlossen
UN5_REP	2	Servicemeldung anlegen				Abgeschlossen
UN5_REP	2	Servicemeldung anlegen				Abgeschlossen
UN5_REP	2	Servicemeldung anlegen				Abgeschlossen
UN5_REP	2	Servicemeldung anlegen				Abgeschlossen
UN5_REP	2	Servicemeldung anlegen				Abgeschlossen
UN5_REP	3	Telefonische Schadensaufnahme prüfen				Abgeschlossen
UN5_REP	4	Schadensaufnahme telefonisch durchführen				Abgeschlossen
UN5_REP	5	Kunden anfahren	Fahrzeug			XX% der Strecke absolviert
UN5_REP	6	Kunden bei Fahrtbeginn anrufen				Abgeschlossen
UN5_REP	7	Bei Ansprechpartner melden				Abgeschlossen
UN5_REP	8	Sicherheitsunterweisung erhalten				Abgeschlossen
UN5_REP	9	Testlauf durchführen				Abgeschlossen
UN5_REP	10	Testbericht anfertigen				Abgeschlossen
UN5_REP	11	Problem identifizieren				Abgeschlossen
UN5_REP	12	Arbeiten planen				Abgeschlossen
UN5_REP	12	Befundung durchführen				Abgeschlossen
UN5_REP	13	Ersatzteile liefern				Abgeschlossen
UN5_REP	14	Altteil demontieren	Altteil			Abgeschlossen
UN5_REP	15	Altteil zurückschicken				Abgeschlossen

Fallstudie	Int. Nr.	Funktion	Ressource 3	Ressource 4	Ressource 5	Ergebnis 1
UN5_REP	16	Alteil reparieren				Abgeschlossen
UN5_REP	17	Altteil zur Anlage schicken				Abgeschlossen
UN5_REP	18	Ersatzteil montieren	Ersatzteil			Abgeschlossen
UN5_REP	19	Montagebericht anfertigen				Abgeschlossen
UN5_REP	20	Funktionsprüfung durchführen				Abgeschlossen
UN5_REP	21	Stundenzettel erstellen				Abgeschlossen
UN5_REP	22	Auftrag abschließen (vor Ort)				Abgeschlossen
UN5_REP	23	Auftrag abrechnen				Abgeschlossen
UN5_WAR	1	Anfrage entgegennehmen				Abgeschlossen
UN5_WAR	1	Anfrage entgegennehmen				Abgeschlossen
UN5_WAR	1	Anfrage entgegennehmen				Abgeschlossen
UN5_WAR	1	Anfrage entgegennehmen				Abgeschlossen
UN5_WAR	1	Anfrage entgegennehmen				Abgeschlossen
UN5_WAR	2	Servicemeldung anlegen				Abgeschlossen
UN5_WAR	2	Servicemeldung anlegen				Abgeschlossen
UN5_WAR	2	Servicemeldung anlegen				Abgeschlossen
UN5_WAR	2	Servicemeldung anlegen				Abgeschlossen
UN5_WAR	2	Servicemeldung anlegen				Abgeschlossen
UN5_WAR	3	Kunden anfahren	Fahrzeug			XX% der Strecke absolviert
UN5_WAR	4	Kunden bei Fahrtbeginn anrufen				Abgeschlossen
UN5_WAR	5	Bei Ansprechpartner melden				Abgeschlossen
UN5_WAR	6	Sicherheitsunterweisung erhalten				Abgeschlossen
UN5_WAR	7	Testlauf durchführen				Abgeschlossen
UN5_WAR	8	Testbericht anfertigen				Abgeschlossen
UN5_WAR	9	Arbeiten planen				Abgeschlossen
UN5_WAR	10	Verschleißteil demontieren	Verschleißteil			Abgeschlossen
UN5_WAR	11	Ersatzteil montieren	Ersatzteil			Abgeschlossen
UN5_WAR	12	Montagebericht anfertigen				Abgeschlossen
UN5_WAR	13	Funktionsprüfung durchführen				Abgeschlossen

Fallstudie	Int. Nr.	Funktion	Ressource 3	Ressource 4	Ressource 5	Ergebnis 1
UN5_WAR	14	Stundenzettel erstellen				Abgeschlossen
UN5_WAR	15	Auftrag abschließen (vor Ort)				Abgeschlossen
UN5_WAR	16	Auftrag abrechnen				Abgeschlossen

Tabelle 10-3: Konsolidierte Daten der Fallstudien Teil 3

Fallstudie	Int. Nr.	Funktion	Ergebnis 2	Ergebnis 3	Ergebnis 4	Anwendungssystem 1
UN1_MOD	1	Anfrage entgegennehmen (a)	Kundendaten			
UN1_MOD	1	Anfrage entgegennehmen (b)	Kundendaten			
UN1_MOD	2	Anfrage klären	Störungsgrund			
UN1_MOD	2	Einzelheiten klären (vor Ort)	Störungsgrund			
UN1_MOD	3	Angebot erstellen	Angebotspositionen			
UN1_MOD	4	Termin vereinbaren	Festgelegter Termin			
UN1_MOD	5	Zum Kunden fliegen				
UN1_MOD	5	Kunden anfahren				
UN1_MOD	6	Werkzeuge versenden				
UN1_MOD	7	Ersatzteile versenden				
UN1_MOD	8	Anmeldung durchführen				
UN1_MOD	9	Fehler identifizieren	Störungsgrund	Folgearbeiten		
UN1_MOD	10	Altteil demontieren				
UN1_MOD	11	Ersatzteil montieren				
UN1_MOD	12	Funktionsprüfung durchführen	Funktionsfähigkeit	Fehlersuche notwendig		
UN1_MOD	13	Bericht anfertigen	Durchgeführte Arbeiten			
UN1_MOD	14	Dokumente übergeben				
UN1_MOD	15	Servicestützpunkt anfahren				
UN1_MOD	16	Werkzeuge versenden				
UN1_MOD	17	Ersatzteile versenden				
UN1_REP	1	Anfrage entgegennehmen (a)	Kundendaten			
UN1_REP	1	Anfrage entgegennehmen (b)	Kundendaten			

Fallstudie	Int. Nr.	Funktion	Ergebnis 2	Ergebnis 3	Ergebnis 4	Anwendungssystem 1
UN1_REP	2	Anfrage klären	Störungsgrund			
UN1_REP	2	Einzelheiten klären (vor Ort)	Störungsgrund			
UN1_REP	3	Angebot erstellen	Angebotspositionen			
UN1_REP	4	Termin vereinbaren	Festgelegter Termin			
UN1_REP	5	Zum Kunden fliegen				
UN1_REP	5	Kunden anfahren				
UN1_REP	6	Werkzeuge versenden				
UN1_REP	7	Ersatzteile versenden				
UN1_REP	8	Anmeldung durchführen				
UN1_REP	9	Fehler identifizieren	Störungsgrund	Folgearbeiten		
UN1_REP	10	Altteil demontieren				
UN1_REP	11	Ersatzteil montieren				
UN1_REP	12	Funktionsprüfung durchführen	Funktionsfähigkeit	Fehlersuche notwendig		
UN1_REP	13	Bericht anfertigen	Durchgeführte Arbeiten			
UN1_REP	14	Dokumente übergeben				
UN1_REP	15	Servicestützpunkt anfahren				
UN1_REP	16	Werkzeuge versenden				
UN1_REP	17	Ersatzteile versenden				
UN1_WAR	1	Anfrage entgegennehmen (a)	Kundendaten			
UN1_WAR	1	Anfrage entgegennehmen (b)	Kundendaten			
UN1_WAR	2	Anfrage klären	Auszuführende Arbeiten			
UN1_WAR	3	Angebot erstellen	Angebotspositionen			
UN1_WAR	4	Termin vereinbaren	Festgelegter Termin			
UN1_WAR	5	Zum Kunden fliegen				
UN1_WAR	5	Kunden anfahren				
UN1_WAR	6	Werkzeuge versenden				
UN1_WAR	7	Ersatzteile versenden				
UN1_WAR	8	Anmeldung durchführen				
UN1_WAR	9	Komponenten prüfen	Zustand der Modul	Folgearbeiten		

Fallstudie	Int. Nr.	Funktion	Ergebnis 2	Ergebnis 3	Ergebnis 4	Anwendungssystem 1
UN1_WAR	10	Altteil demontieren				
UN1_WAR	11	Ersatzteil montieren				
UN1_WAR	12	Funktionsprüfung durchführen	Funktionsfähigkeit	Fehlersuche notwendig		
UN1_WAR	13	Bericht anfertigen	Durchgeführte Arbeiten			
UN1_WAR	14	Dokumente übergeben				
UN1_WAR	15	Servicestützpunkt anfahren				
UN1_WAR	16	Werkzeuge versenden				
UN1_WAR	17	Ersatzteile versenden				
UN2_WAR	1	Anfrage aufnehmen	Anlage	Kunde		
UN2_WAR	2	Auftrag intern klären	zu erledigende Arbeiten			
UN2_WAR	3	Geräte disponieren	Gerät	Start der Arbeiten		
UN2_WAR	4	Auftragsdetails klären	Auftragsdetails			
UN2_WAR	5	Mitarbeiter disponieren	Mitarbeiter			
UN2_WAR	6	Geräte aufbauen				
UN2_WAR	7	Freigabe einholen				
UN2_WAR	8	Anlagenbereich reinigen				
UN2_WAR	9	Arbeit pausieren				
UN2_WAR	10	Gerät entleeren				
UN2_WAR	11	Abnahme der Arbeiten	Weitere Reinigungen			
UN2_WAR	12	Gerät reinigen				
UN2_WAR	13	Arbeitszeit dokumentieren				
UN2_WAR	14	Auftrag abrechnen	abgerechnete Positionen			
UN3_REP	1	Störung aufnehmen und weiterleiten	Störungsgrund			
UN3_REP	2	Auftrag mit Fehlerbeschreibung erfassen	Fehlerbeschreibung			ESAP
UN3_REP	3	Vorliegen eines Garantievertrags prüfen	Garantieprüfung			
UN3_REP	4	Kostenvoranschlag erstellen	Kostenvoranschlag			
UN3_REP	5	Daten übermitteln				Click
UN3_REP	6	Auftrag vorqualifizieren	Telefonische Lösbarkeit			
UN3_REP	7	Ersatzteile vorqualifizieren	Ersatzteile			

Fallstudie	Int. Nr.	Funktion	Ergebnis 2	Ergebnis 3	Ergebnis 4	Anwendungssystem 1
UN3_REP	7	Problem telefonisch lösen	Problemlösung			
UN3_REP	8	Auftrag freigeben				Click
UN3_REP	9	Techniker disponieren	Zugeteilter Techniker	Termin		Click
UN3_REP	10	Telefonische Behebbarkeit prüfen	Einsatz notwendig			
UN3_REP	11	Kunden instruieren	Problemlösung			
UN3_REP	12	Fehlerbild konkretisieren	Fehler			
UN3_REP	13	Kundenwunsch für Termin prüfen	Terminwunsch			
UN3_REP	14	Termin festlegen	Termin			
UN3_REP	15	Kunden anfahren				Click
UN3_REP	16	Gerät identifizieren				
UN3_REP	18	Optische Prüfung durchführen	Fehler			
UN3_REP	19	Softwareprüfung durchführen	Fehler			
UN3_REP	20	Kalibrierung durchführen				
UN3_REP	21	Reinigung durchführen				
UN3_REP	22	Papierstau entfernen				
UN3_REP	23	Teileverfügbarkeit prüfen	Verfügbarkeit			Field-Service-App
UN3_REP	24	Altteil demontieren				
UN3_REP	25	Ersatzteil montieren				
UN3_REP	26	Funktion prüfen	Fehlersuche notwendig			
UN3_REP	27	Auftrag dokumentieren	Durchgeführte Arbeiten			Click
UN3_REP	28	Auftrag abrechnen	Abgerechnete Arbeiten			ESAP
UN3_WAR	1	Wartungsauftrag erfassen	Geplante Wartungsaufträge			Helpline
UN3_WAR	2	Wartungsaufträge entsprechendem Gebiet zuordnen	Gebietszuordnung			Webtool
UN3_WAR	3	Techniker disponieren	Disponierter Techniker			Webtool
UN3_WAR	4	Termin mit Kunden vereinbaren	Vereinbarter Wartungstermin			Webtool
UN3_WAR	5	Kunden anfahren				Webtool
UN3_WAR	6	Gerät identifizieren				Webtool
UN3_WAR	7	Funktionalität prüfen	Fehlersuche notwendig			
UN3_WAR	8	Verschleißteil prüfen	Zustand der Modul	Zu tauschenden Teile		

Fallstudie	Int. Nr.	Funktion	Ergebnis 2	Ergebnis 3	Ergebnis 4	Anwendungssystem 1
UN3_WAR	9	Verschleißteile wechseln				
UN3_WAR	10	Wartungsbericht erstellen	Durchgeführte Arbeiten			Word
UN3_WAR	11	Wartungsbericht unterschreiben				Word
UN3_WAR	12	Auftrag im Webtool abschließen				Webtool
UN3_WAR	13	Wartung anhand des Wartungsberichts prüfen	Plausibilität			
UN3_WAR	14	Rückfragen klären	Plausibilität			
UN3_WAR	15	Auftrag dokumentieren				Helpline
UN3_WAR	16	Wartungsbericht archivieren				
UN3_WAR	17	Wartungsbelege versenden				
UN3_WAR	18	Auftrag abrechnen				SAP
UN4_INS	1	Anfrage entgegennehmen (a)	Maschinendaten			
UN4_INS	1	Anfrage entgegennehmen (b)	Maschinendaten			
UN4_INS	2	Angebot erstellen	Angebotspositionen			
UN4_INS	3	Auftrag anlegen				ERP (SAP)
UN4_INS	4	Benötigtes Werkzeug ermitteln	Benötigtest Werkzeug			
UN4_INS	4	Mitarbeiter disponieren	Disponierter Mitarbeiter			ERP (SAP)
UN4_INS	4	Spezialwerkzeug disponieren	Disponiertes Werkzeug			
UN4_INS	4	PKW disponieren	Disponierter PKW			
UN4_INS	4	Werkzeug disponieren	Disponiertes Werkzeug			
UN4_INS	5	Kunden anfahren				
UN4_INS	6	Unterweisung erhalten				
UN4_INS	7	Gefährdungen beurteilen	Gefährdungsbeurteilung			
UN4_INS	8	Inspektionsmaßnahme durchführen	Zustand der Modul	Weitere Arbeiten notwendig		
UN4_INS	9	Ergebnisse abstimmen	Handlungsempfehlungen			
UN4_INS	10	Beim Kunden abmelden				
UN4_INS	11	Bericht schreiben	Erledigte Arbeiten			
UN4_INS	12	Belege auswerten				ERP (SAP)
UN4_MOD	1	Anfrage entgegennehmen (a)	Maschinendaten			
UN4_MOD	1	Anfrage entgegennehmen (b)	Maschinendaten			

Fallstudie	Int. Nr.	Funktion	Ergebnis 2	Ergebnis 3	Ergebnis 4	Anwendungssystem 1
UN4_MOD	2	Angebot erstellen	Angebotspositionen			
UN4_MOD	3	Auftrag anlegen				ERP (SAP)
UN4_MOD	4	Benötigtes Werkzeug ermitteln	Benötigtest Werkzeug			
UN4_MOD	4	Spezialwerkzeug disponieren	Disponiertes Werkzeug			
UN4_MOD	4	PKW disponieren	Disponierter PKW			
UN4_MOD	4	Werkzeug disponieren	Disponiertes Werkzeug			
UN4_MOD	4	Auftrag vorbereiten				ERP (SAP)
UN4_MOD	5	Kunden anfahren				
UN4_MOD	6	Unterweisung erhalten				
UN4_MOD	7	Gefährdungen beurteilen	Gefährdungsbeurteilung			
UN4_MOD	8	Altteil demontieren				Word
UN4_MOD	9	Altteil zurückschicken				
UN4_MOD	10	Altteil in der Werkstatt instand setzen				
UN4_MOD	11	Altteil zur Anlage schicken				
UN4_MOD	12	Ersatzteil montieren				
UN4_MOD	13	Beim Kunden abmelden				
UN4_MOD	14	Bericht schreiben	Erledigte Arbeiten			
UN4_MOD	15	Belege auswerten				ERP (SAP)
UN4_REP	1	Anfrage entgegennehmen (a)	Maschinendaten			
UN4_REP	1	Anfrage entgegennehmen (b)	Maschinendaten			
UN4_REP	2	Angebot erstellen	Angebotspositionen			
UN4_REP	3	Auftrag anlegen				ERP (SAP)
UN4_REP	4	Benötigtes Werkzeug ermitteln	Benötigtest Werkzeug			
UN4_REP	4	Spezialwerkzeug disponieren	Disponiertes Werkzeug			
UN4_REP	4	PKW disponieren	Disponierter PKW			
UN4_REP	4	Werkzeug disponieren	Disponiertes Werkzeug			
UN4_REP	4	Auftrag vorbereiten				ERP (SAP)
UN4_REP	5	Kunden anfahren				
UN4_REP	6	Unterweisung erhalten				

Fallstudie	Int. Nr.	Funktion	Ergebnis 2	Ergebnis 3	Ergebnis 4	Anwendungssystem 1
UN4_REP	7	Gefährdungen beurteilen	Gefährdungsbeurteilung			
UN4_REP	8	Fehler identifizieren	Fehler	Auszuführenden Arbeiten		
UN4_REP	9	Altteil demontieren				Word
UN4_REP	10	Altteil zurückschicken				
UN4_REP	11	Altteil in der Werkstatt instand setzen				
UN4_REP	12	Altteil zur Anlage schicken				
UN4_REP	13	Ersatzteil montieren				
UN4_REP	14	Beim Kunden abmelden				
UN4_REP	15	Bericht schreiben	Erledigte Arbeiten			
UN4_REP	16	Belege auswerten				ERP (SAP)
UN5_REP	1	Anfrage entgegennehmen				
UN5_REP	1	Anfrage entgegennehmen				
UN5_REP	1	Anfrage entgegennehmen				
UN5_REP	1	Anfrage entgegennehmen				
UN5_REP	1	Anfrage entgegennehmen				
UN5_REP	2	Servicemeldung anlegen	Auftragsdaten			SAP
UN5_REP	2	Servicemeldung anlegen	Auftragsdaten			SAP
UN5_REP	2	Servicemeldung anlegen	Auftragsdaten			SAP
UN5_REP	2	Servicemeldung anlegen	Auftragsdaten			SAP
UN5_REP	2	Servicemeldung anlegen	Auftragsdaten			SAP
UN5_REP	3	Telefonische Schadensaufnahme prüfen	Telefonische Schadensaufnahme möglich			
UN5_REP	4	Schadensaufnahme telefonisch durchführen	Aufgenommene Schäden			
UN5_REP	5	Kunden anfahren				
UN5_REP	6	Kunden bei Fahrtbeginn anrufen	Kunden erreicht			
UN5_REP	7	Bei Ansprechpartner melden	Ansprechpartner erreicht			
UN5_REP	8	Sicherheitsunterweisung erhalten				
UN5_REP	9	Testlauf durchführen	Maschinenparameter			
UN5_REP	10	Testbericht anfertigen	Testergebnisse			Word
UN5_REP	11	Problem identifizieren	Störungsgrund			

Fallstudie	Int. Nr.	Funktion	Ergebnis 2	Ergebnis 3	Ergebnis 4	Anwendungssystem 1
UN5_REP	12	Arbeiten planen	Arbeitsplan	Ersatzteilplan	Werkzeugplan	
UN5_REP	12	Befundung durchführen	Punch list			
UN5_REP	13	Ersatzteile liefern				
UN5_REP	14	Altteil demontieren				
UN5_REP	15	Altteil zurückschicken				
UN5_REP	16	Alteil reparieren				
UN5_REP	17	Altteil zur Anlage schicken				
UN5_REP	18	Ersatzteil montieren				
UN5_REP	19	Montagebericht anfertigen	Durchgeführte Arbeiten			Word
UN5_REP	20	Funktionsprüfung durchführen	Fehlerdiagnose notwendig			
UN5_REP	21	Stundenzettel erstellen	Durchgeführte Arbeiten			Word
UN5_REP	22	Auftrag abschließen (vor Ort)				
UN5_REP	23	Auftrag abrechnen	Abgerechnete Arbeiten			SAP
UN5_WAR	1	Anfrage entgegennehmen				
UN5_WAR	1	Anfrage entgegennehmen				
UN5_WAR	1	Anfrage entgegennehmen				
UN5_WAR	1	Anfrage entgegennehmen				
UN5_WAR	1	Anfrage entgegennehmen				
UN5_WAR	2	Servicemeldung anlegen	Auftragsdaten			SAP
UN5_WAR	2	Servicemeldung anlegen	Auftragsdaten			SAP
UN5_WAR	2	Servicemeldung anlegen	Auftragsdaten			SAP
UN5_WAR	2	Servicemeldung anlegen	Auftragsdaten			SAP
UN5_WAR	2	Servicemeldung anlegen	Auftragsdaten			SAP
UN5_WAR	3	Kunden anfahren				
UN5_WAR	4	Kunden bei Fahrtbeginn anrufen	Kunden erreicht			
UN5_WAR	5	Bei Ansprechpartner melden	Ansprechpartner erreicht			
UN5_WAR	6	Sicherheitsunterweisung erhalten				
UN5_WAR	7	Testlauf durchführen	Maschinenparameter			
UN5_WAR	8	Testbericht anfertigen	Testergebnisse			Word

Fallstudie	Int. Nr.	Funktion	Ergebnis 2	Ergebnis 3	Ergebnis 4	Anwendungssystem 1
UN5_WAR	9	Arbeiten planen	Arbeitsplan	Ersatzteilplan	Werkzeugplan	
UN5_WAR	10	Verschleißteil demontieren				
UN5_WAR	11	Ersatzteil montieren				
UN5_WAR	12	Montagebericht anfertigen	Durchgeführte Arbeiten			Word
UN5_WAR	13	Funktionsprüfung durchführen	Fehlerdiagnose notwendig			
UN5_WAR	14	Stundenzettel erstellen	Durchgeführte Arbeiten			Word
UN5_WAR	15	Auftrag abschließen (vor Ort)				
UN5_WAR	16	Auftrag abrechnen	Abgerechnete Arbeiten			SAP

Tabelle 10-4: Konsolidierte Daten der Fallstudien Teil 4

Fallstudie	Int. Nr.	Funktion	Anwendungssystem 2	Anwendungssystem 3	Anwendungssystem 4
UN1_MOD	1	Anfrage entgegennehmen (a)			
UN1_MOD	1	Anfrage entgegennehmen (b)			
UN1_MOD	2	Anfrage klären			
UN1_MOD	2	Einzelheiten klären (vor Ort)			
UN1_MOD	3	Angebot erstellen			
UN1_MOD	4	Termin vereinbaren			
UN1_MOD	5	Zum Kunden fliegen			
UN1_MOD	5	Kunden anfahren			
UN1_MOD	6	Werkzeuge versenden			
UN1_MOD	7	Ersatzteile versenden			
UN1_MOD	8	Anmeldung durchführen			
UN1_MOD	9	Fehler identifizieren			
UN1_MOD	10	Altteil demontieren			
UN1_MOD	11	Ersatzteil montieren			
UN1_MOD	12	Funktionsprüfung durchführen			
UN1_MOD	13	Bericht anfertigen			
UN1_MOD	14	Dokumente übergeben			

Fallstudie	Int. Nr.	Funktion	Anwendungssystem 2	Anwendungssystem 3	Anwendungssystem 4
UN1_MOD	15	Servicestützpunkt anfahren			
UN1_MOD	16	Werkzeuge versenden			
UN1_MOD	17	Ersatzteile versenden			
UN1_REP	1	Anfrage entgegennehmen (a)			
UN1_REP	1	Anfrage entgegennehmen (b)			
UN1_REP	2	Anfrage klären			
UN1_REP	2	Einzelheiten klären (vor Ort)			
UN1_REP	3	Angebot erstellen			
UN1_REP	4	Termin vereinbaren			
UN1_REP	5	Zum Kunden fliegen			
UN1_REP	5	Kunden anfahren			
UN1_REP	6	Werkzeuge versenden			
UN1_REP	7	Ersatzteile versenden			
UN1_REP	8	Anmeldung durchführen			
UN1_REP	9	Fehler identifizieren			
UN1_REP	10	Altteil demontieren			
UN1_REP	11	Ersatzteil montieren			
UN1_REP	12	Funktionsprüfung durchführen			
UN1_REP	13	Bericht anfertigen			
UN1_REP	14	Dokumente übergeben			
UN1_REP	15	Servicestützpunkt anfahren			
UN1_REP	16	Werkzeuge versenden			
UN1_REP	17	Ersatzteile versenden			
UN1_WAR	1	Anfrage entgegennehmen (a)			
UN1_WAR	1	Anfrage entgegennehmen (b)			
UN1_WAR	2	Anfrage klären			
UN1_WAR	3	Angebot erstellen			
UN1_WAR	4	Termin vereinbaren			
UN1_WAR	5	Zum Kunden fliegen			

Fallstudie	Int. Nr.	Funktion	Anwendungssystem 2	Anwendungssystem 3	Anwendungssystem 4
UN1_WAR	5	Kunden anfahren			
UN1_WAR	6	Werkzeuge versenden			
UN1_WAR	7	Ersatzteile versenden			
UN1_WAR	8	Anmeldung durchführen			
UN1_WAR	9	Komponenten prüfen			
UN1_WAR	10	Altteil demontieren			
UN1_WAR	11	Ersatzteil montieren			
UN1_WAR	12	Funktionsprüfung durchführen			
UN1_WAR	13	Bericht anfertigen			
UN1_WAR	14	Dokumente übergeben			
UN1_WAR	15	Servicestützpunkt anfahren			
UN1_WAR	16	Werkzeuge versenden			
UN1_WAR	17	Ersatzteile versenden			
UN2_WAR	1	Anfrage aufnehmen			
UN2_WAR	2	Auftrag intern klären			
UN2_WAR	3	Geräte disponieren			
UN2_WAR	4	Auftragsdetails klären			
UN2_WAR	5	Mitarbeiter disponieren			
UN2_WAR	6	Geräte aufbauen			
UN2_WAR	7	Freigabe einholen			
UN2_WAR	8	Anlagenbereich reinigen			
UN2_WAR	9	Arbeit pausieren			
UN2_WAR	10	Gerät entleeren			
UN2_WAR	11	Abnahme der Arbeiten			
UN2_WAR	12	Gerät reinigen			
UN2_WAR	13	Arbeitszeit dokumentieren			
UN2_WAR	14	Auftrag abrechnen			
UN3_REP	1	Störung aufnehmen und weiterleiten			
UN3_REP	2	Auftrag mit Fehlerbeschreibung erfassen			

Fallstudie	Int. Nr.	Funktion	Anwendungssystem 2	Anwendungssystem 3	Anwendungssystem 4
UN3_REP	3	Vorliegen eines Garantievertrags prüfen			
UN3_REP	4	Kostenvoranschlag erstellen			
UN3_REP	5	Daten übermitteln			
UN3_REP	6	Auftrag vorqualifizieren			
UN3_REP	7	Ersatzteile vorqualifizieren			
UN3_REP	7	Problem telefonisch lösen			
UN3_REP	8	Auftrag freigeben			
UN3_REP	9	Techniker disponieren	Auftraggeber-IT	Landkarte	Ausbildungsstandliste
UN3_REP	10	Telefonische Behebbarkeit prüfen			
UN3_REP	11	Kunden instruieren			
UN3_REP	12	Fehlerbild konkretisieren			
UN3_REP	13	Kundenwunsch für Termin prüfen			
UN3_REP	14	Termin festlegen			
UN3_REP	15	Kunden anfahren	Field-Service-App		
UN3_REP	16	Gerät identifizieren			
UN3_REP	18	Optische Prüfung durchführen			
UN3_REP	19	Softwareprüfung durchführen			
UN3_REP	20	Kalibrierung durchführen			
UN3_REP	21	Reinigung durchführen			
UN3_REP	22	Papierstau entfernen			
UN3_REP	23	Teileverfügbarkeit prüfen			
UN3_REP	24	Altteil demontieren			
UN3_REP	25	Ersatzteil montieren			
UN3_REP	26	Funktion prüfen			
UN3_REP	27	Auftrag dokumentieren	Field-Service-App		
UN3_REP	28	Auftrag abrechnen			
UN3_WAR	1	Wartungsauftrag erfassen			
UN3_WAR	2	Wartungsaufträge entsprechendem Gebiet zuordnen			
UN3_WAR	3	Techniker disponieren			

Fallstudie	Int. Nr.	Funktion	Anwendungssystem 2	Anwendungssystem 3	Anwendungssystem 4
UN3_WAR	4	Termin mit Kunden vereinbaren			
UN3_WAR	5	Kunden anfahren			
UN3_WAR	6	Gerät identifizieren			
UN3_WAR	7	Funktionalität prüfen			
UN3_WAR	8	Verschleißteil prüfen			
UN3_WAR	9	Verschleißteile wechseln			
UN3_WAR	10	Wartungsbericht erstellen			
UN3_WAR	11	Wartungsbericht unterschreiben			
UN3_WAR	12	Auftrag im Webtool abschließen			
UN3_WAR	13	Wartung anhand des Wartungsberichts prüfen			
UN3_WAR	14	Rückfragen klären			
UN3_WAR	15	Auftrag dokumentieren			
UN3_WAR	16	Wartungsbericht archivieren			
UN3_WAR	17	Wartungsbelege versenden			
UN3_WAR	18	Auftrag abrechnen			
UN4_INS	1	Anfrage entgegennehmen (a)			
UN4_INS	1	Anfrage entgegennehmen (b)			
UN4_INS	2	Angebot erstellen			
UN4_INS	3	Auftrag anlegen			
UN4_INS	4	Benötigtes Werkzeug ermitteln			
UN4_INS	4	Mitarbeiter disponieren	MS-Project	XLS-Sheet	
UN4_INS	4	Spezialwerkzeug disponieren	MS-Project	XLS-Sheet	
UN4_INS	4	PKW disponieren	MS-Project	XLS-Sheet	
UN4_INS	4	Werkzeug disponieren	MS-Project	XLS-Sheet	
UN4_INS	5	Kunden anfahren			
UN4_INS	6	Unterweisung erhalten			
UN4_INS	7	Gefährdungen beurteilen			
UN4_INS	8	Inspektionsmaßnahme durchführen			
UN4_INS	9	Ergebnisse abstimmen			

Fallstudie	Int. Nr.	Funktion	Anwendungssystem 2	Anwendungssystem 3	Anwendungssystem 4
UN4_INS	10	Beim Kunden abmelden			
UN4_INS	11	Bericht schreiben			
UN4_INS	12	Belege auswerten			
UN4_MOD	1	Anfrage entgegennehmen (a)			
UN4_MOD	1	Anfrage entgegennehmen (b)			
UN4_MOD	2	Angebot erstellen			
UN4_MOD	3	Auftrag anlegen			
UN4_MOD	4	Benötigtes Werkzeug ermitteln			
UN4_MOD	4	Spezialwerkzeug disponieren	MS-Project	XLS-Sheet	
UN4_MOD	4	PKW disponieren	MS-Project	XLS-Sheet	
UN4_MOD	4	Werkzeug disponieren	MS-Project	XLS-Sheet	
UN4_MOD	4	Auftrag vorbereiten	MS-Project	XLS-Sheet	
UN4_MOD	5	Kunden anfahren			
UN4_MOD	6	Unterweisung erhalten			
UN4_MOD	7	Gefährdungen beurteilen			
UN4_MOD	8	Altteil demontieren			
UN4_MOD	9	Altteil zurückschicken			
UN4_MOD	10	Altteil in der Werkstatt instand setzen			
UN4_MOD	11	Altteil zur Anlage schicken			
UN4_MOD	12	Ersatzteil montieren			
UN4_MOD	13	Beim Kunden abmelden			
UN4_MOD	14	Bericht schreiben			
UN4_MOD	15	Belege auswerten			
UN4_REP	1	Anfrage entgegennehmen (a)			
UN4_REP	1	Anfrage entgegennehmen (b)			
UN4_REP	2	Angebot erstellen			
UN4_REP	3	Auftrag anlegen			
UN4_REP	4	Benötigtes Werkzeug ermitteln			
UN4_REP	4	Spezialwerkzeug disponieren	MS-Project	XLS-Sheet	

Fallstudie	Int. Nr.	Funktion	Anwendungssystem 2	Anwendungssystem 3	Anwendungssystem 4
UN4_REP	4	PKW disponieren	MS-Project	XLS-Sheet	
UN4_REP	4	Werkzeug disponieren	MS-Project	XLS-Sheet	
UN4_REP	4	Auftrag vorbereiten	MS-Project	XLS-Sheet	
UN4_REP	5	Kunden anfahren			
UN4_REP	6	Unterweisung erhalten			
UN4_REP	7	Gefährdungen beurteilen			
UN4_REP	8	Fehler identifizieren			
UN4_REP	9	Altteil demontieren			
UN4_REP	10	Altteil zurückschicken			
UN4_REP	11	Altteil in der Werkstatt instand setzen			
UN4_REP	12	Altteil zur Anlage schicken			
UN4_REP	13	Ersatzteil montieren			
UN4_REP	14	Beim Kunden abmelden			
UN4_REP	15	Bericht schreiben			
UN4_REP	16	Belege auswerten			
UN5_REP	1	Anfrage entgegennehmen			
UN5_REP	1	Anfrage entgegennehmen			
UN5_REP	1	Anfrage entgegennehmen			
UN5_REP	1	Anfrage entgegennehmen			
UN5_REP	1	Anfrage entgegennehmen			
UN5_REP	2	Servicemeldung anlegen			
UN5_REP	2	Servicemeldung anlegen			
UN5_REP	2	Servicemeldung anlegen			
UN5_REP	2	Servicemeldung anlegen			
UN5_REP	2	Servicemeldung anlegen			
UN5_REP	3	Telefonische Schadensaufnahme prüfen			
UN5_REP	4	Schadensaufnahme telefonisch durchführen			
UN5_REP	5	Kunden anfahren			
UN5_REP	6	Kunden bei Fahrtbeginn anrufen			

Fallstudie	Int. Nr.	Funktion	Anwendungssystem 2	Anwendungssystem 3	Anwendungssystem 4
UN5_REP	7	Bei Ansprechpartner melden			
UN5_REP	8	Sicherheitsunterweisung erhalten			
UN5_REP	9	Testlauf durchführen			
UN5_REP	10	Testbericht anfertigen			
UN5_REP	11	Problem identifizieren			
UN5_REP	12	Arbeiten planen			
UN5_REP	12	Befundung durchführen			
UN5_REP	13	Ersatzteile liefern			
UN5_REP	14	Altteil demontieren			
UN5_REP	15	Altteil zurückschicken			
UN5_REP	16	Alteil reparieren			
UN5_REP	17	Altteil zur Anlage schicken			
UN5_REP	18	Ersatzteil montieren			
UN5_REP	19	Montagebericht anfertigen			
UN5_REP	20	Funktionsprüfung durchführen			
UN5_REP	21	Stundenzettel erstellen			
UN5_REP	22	Auftrag abschließen (vor Ort)			
UN5_REP	23	Auftrag abrechnen			
UN5_WAR	1	Anfrage entgegennehmen			
UN5_WAR	1	Anfrage entgegennehmen			
UN5_WAR	1	Anfrage entgegennehmen			
UN5_WAR	1	Anfrage entgegennehmen			
UN5_WAR	1	Anfrage entgegennehmen			
UN5_WAR	2	Servicemeldung anlegen			
UN5_WAR	2	Servicemeldung anlegen			
UN5_WAR	2	Servicemeldung anlegen			
UN5_WAR	2	Servicemeldung anlegen			
UN5_WAR	2	Servicemeldung anlegen			
UN5_WAR	3	Kunden anfahren			

Fallstudie	Int. Nr.	Funktion	Anwendungssystem 2	Anwendungssystem 3	Anwendungssystem 4
UN5_WAR	4	Kunden bei Fahrtbeginn anrufen			
UN5_WAR	5	Bei Ansprechpartner melden			
UN5_WAR	6	Sicherheitsunterweisung erhalten			
UN5_WAR	7	Testlauf durchführen			
UN5_WAR	8	Testbericht anfertigen			
UN5_WAR	9	Arbeiten planen			
UN5_WAR	10	Verschleißteil demontieren			
UN5_WAR	11	Ersatzteil montieren			
UN5_WAR	12	Montagebericht anfertigen			
UN5_WAR	13	Funktionsprüfung durchführen			
UN5_WAR	14	Stundenzettel erstellen			
UN5_WAR	15	Auftrag abschließen (vor Ort)			
UN5_WAR	16	Auftrag abrechnen			

Tabelle 10-5: Konsolidierte Daten der Fallstudien Teil 5

Fallstudie	Int. Nr.	Funktion	Referenzfunktion
UN1_MOD	1	Anfrage entgegennehmen (a)	Anfrage/Auftrag erfassen
UN1_MOD	1	Anfrage entgegennehmen (b)	Anfrage/Auftrag erfassen
UN1_MOD	2	Anfrage klären	Anfrage/Auftrag technisch klären
UN1_MOD	2	Einzelheiten klären (vor Ort)	Fehler identifizieren
UN1_MOD	3	Angebot erstellen	Angebot erstellen
UN1_MOD	4	Termin vereinbaren	Ressourcen disponieren
UN1_MOD	5	Zum Kunden fliegen	zu Kunden/Servicestützpunkt reisen
UN1_MOD	5	Kunden anfahren	zu Kunden/Servicestützpunkt fahren
UN1_MOD	6	Werkzeuge versenden	Werkzeug versenden
UN1_MOD	7	Ersatzteile versenden	Modul versenden
UN1_MOD	8	Anmeldung durchführen	Vor Ort anmelden
UN1_MOD	9	Fehler identifizieren	Fehler identifizieren

Fallstudie	Int. Nr.	Funktion	Referenzfunktion
UN1_MOD	10	Altteil demontieren	Modul demontieren
UN1_MOD	11	Ersatzteil montieren	Modul montieren
UN1_MOD	12	Funktionsprüfung durchführen	Funktion prüfen
UN1_MOD	13	Bericht anfertigen	Arbeiten dokumentieren
UN1_MOD	14	Dokumente übergeben	Auftrag vor Ort abschließen
UN1_MOD	15	Servicestützpunkt anfahren	Servicestützpunkt anfahren
UN1_MOD	16	Werkzeuge versenden	Werkzeug versenden
UN1_MOD	17	Ersatzteile versenden	Modul versenden
UN1_REP	1	Anfrage entgegennehmen (a)	Anfrage/Auftrag erfassen
UN1_REP	1	Anfrage entgegennehmen (b)	Anfrage/Auftrag erfassen
UN1_REP	2	Anfrage klären	Anfrage/Auftrag technisch klären
UN1_REP	2	Einzelheiten klären (vor Ort)	Fehler identifizieren
UN1_REP	3	Angebot erstellen	Angebot erstellen
UN1_REP	4	Termin vereinbaren	Ressourcen disponieren
UN1_REP	5	Zum Kunden fliegen	zu Kunden/Servicestützpunkt reisen
UN1_REP	5	Kunden anfahren	zu Kunden/Servicestützpunkt fahren
UN1_REP	6	Werkzeuge versenden	Werkzeug versenden
UN1_REP	7	Ersatzteile versenden	Modul versenden
UN1_REP	8	Anmeldung durchführen	Vor Ort anmelden
UN1_REP	9	Fehler identifizieren	Fehler identifizieren
UN1_REP	10	Altteil demontieren	Modul demontieren
UN1_REP	11	Ersatzteil montieren	Modul montieren
UN1_REP	12	Funktionsprüfung durchführen	Funktion prüfen
UN1_REP	13	Bericht anfertigen	Arbeiten dokumentieren
UN1_REP	14	Dokumente übergeben	Auftrag vor Ort abschließen
UN1_REP	15	Servicestützpunkt anfahren	Servicestützpunkt anfahren
UN1_REP	16	Werkzeuge versenden	Werkzeug versenden
UN1_REP	17	Ersatzteile versenden	Modul versenden
UN1_WAR	1	Anfrage entgegennehmen (a)	Anfrage/Auftrag erfassen

Fallstudie	Int. Nr.	Funktion	Referenzfunktion
UN1_WAR	1	Anfrage entgegennehmen (b)	Anfrage/Auftrag erfassen
UN1_WAR	2	Anfrage klären	Anfrage/Auftrag technisch klären
UN1_WAR	3	Angebot erstellen	Angebot erstellen
UN1_WAR	4	Termin vereinbaren	Ressourcen disponieren
UN1_WAR	5	Zum Kunden fliegen	zu Kunden/Servicestützpunkt reisen
UN1_WAR	5	Kunden anfahren	zu Kunden/Servicestützpunkt fahren
UN1_WAR	6	Werkzeuge versenden	Werkzeug versenden
UN1_WAR	7	Ersatzteile versenden	Modul versenden
UN1_WAR	8	Anmeldung durchführen	Vor Ort anmelden
UN1_WAR	9	Komponenten prüfen	Modul prüfen
UN1_WAR	10	Altteil demontieren	Modul demontieren
UN1_WAR	11	Ersatzteil montieren	Modul montieren
UN1_WAR	12	Funktionsprüfung durchführen	Funktion prüfen
UN1_WAR	13	Bericht anfertigen	Arbeiten dokumentieren
UN1_WAR	14	Dokumente übergeben	Auftrag vor Ort abschließen
UN1_WAR	15	Servicestützpunkt anfahren	Servicestützpunkt anfahren
UN1_WAR	16	Werkzeuge versenden	Werkzeug versenden
UN1_WAR	17	Ersatzteile versenden	Modul versenden
UN2_WAR	1	Anfrage aufnehmen	Anfrage/Auftrag erfassen
UN2_WAR	2	Auftrag intern klären	Anfrage/Auftrag technisch klären
UN2_WAR	3	Geräte disponieren	Ressourcen disponieren
UN2_WAR	4	Auftragsdetails klären	Anfrage/Auftrag technisch klären
UN2_WAR	5	Mitarbeiter disponieren	Ressourcen disponieren
UN2_WAR	6	Geräte aufbauen	Equipment rüsten
UN2_WAR	7	Freigabe einholen	Freigabe erhalten
UN2_WAR	8	Anlagenbereich reinigen	Modul reinigen
UN2_WAR	9	Arbeit pausieren	nicht erfasst
UN2_WAR	10	Gerät entleeren	Equipment rüsten
UN2_WAR	11	Abnahme der Arbeiten	Equipment rüsten

Fallstudie	Int. Nr.	Funktion	Referenzfunktion
UN2_WAR	12	Gerät reinigen	Equipment rüsten
UN2_WAR	13	Arbeitszeit dokumentieren	Arbeiten dokumentieren
UN2_WAR	14	Auftrag abrechnen	Auftrag abrechnen
UN3_REP	1	Störung aufnehmen und weiterleiten	Anfrage/Auftrag erfassen
UN3_REP	2	Auftrag mit Fehlerbeschreibung erfassen	Anfrage/Auftrag erfassen
UN3_REP	3	Vorliegen eines Garantievertrags prüfen	Anfrage/Auftrag erfassen
UN3_REP	4	Kostenvoranschlag erstellen	Angebot erstellen
UN3_REP	5	Daten übermitteln	Anfrage/Auftrag erfassen
UN3_REP	6	Auftrag vorqualifizieren	Anfrage/Auftrag technisch klären
UN3_REP	7	Ersatzteile vorqualifizieren	Anfrage/Auftrag technisch klären
UN3_REP	7	Problem telefonisch lösen	Problem remote lösen
UN3_REP	8	Auftrag freigeben	Anfrage/Auftrag erfassen
UN3_REP	9	Techniker disponieren	Ressourcen disponieren
UN3_REP	10	Telefonische Behebbarkeit prüfen	Problem remote lösen
UN3_REP	11	Kunden instruieren	Problem remote lösen
UN3_REP	12	Fehlerbild konkretisieren	Anfrage/Auftrag technisch klären
UN3_REP	13	Kundenwunsch für Termin prüfen	Termin abstimmen
UN3_REP	14	Termin festlegen	Termin abstimmen
UN3_REP	15	Kunden anfahren	zu Kunden/Servicestützpunkt fahren
UN3_REP	16	Gerät identifizieren	Serviceobjekt identifizieren
UN3_REP	18	Optische Prüfung durchführen	Funktion prüfen
UN3_REP	19	Softwareprüfung durchführen	Funktion prüfen
UN3_REP	20	Kalibrierung durchführen	Modul instand setzen (vor Ort)
UN3_REP	21	Reinigung durchführen	Modul reinigen
UN3_REP	22	Papierstau entfernen	Modul reinigen
UN3_REP	23	Teileverfügbarkeit prüfen	Ressourcenverfügbarkeit prüfen
UN3_REP	24	Altteil demontieren	Modul demontieren
UN3_REP	25	Ersatzteil montieren	Modul montieren
UN3_REP	26	Funktion prüfen	Funktion prüfen

Fallstudie	Int. Nr.	Funktion	Referenzfunktion
UN3_REP	27	Auftrag dokumentieren	Arbeiten dokumentieren
UN3_REP	28	Auftrag abrechnen	Auftrag abrechnen
UN3_WAR	1	Wartungsauftrag erfassen	Anfrage/Auftrag erfassen
UN3_WAR	2	Wartungsaufträge entsprechendem Gebiet zuordnen	Anfrage/Auftrag erfassen
UN3_WAR	3	Techniker disponieren	Ressourcen disponieren
UN3_WAR	4	Termin mit Kunden vereinbaren	Termin abstimmen
UN3_WAR	5	Kunden anfahren	zu Kunden/Servicestützpunkt fahren
UN3_WAR	6	Gerät identifizieren	Serviceobjekt identifizieren
UN3_WAR	7	Funktionalität prüfen	Funktion prüfen
UN3_WAR	8	Verschleißteil prüfen	Modul prüfen
UN3_WAR	9	Verschleißteile wechseln	Modul montieren
UN3_WAR	10	Wartungsbericht erstellen	Arbeiten dokumentieren
UN3_WAR	11	Wartungsbericht unterschreiben	Auftrag vor Ort abschließen
UN3_WAR	12	Auftrag im Webtool abschließen	Auftrag vor Ort abschließen
UN3_WAR	13	Wartung anhand des Wartungsberichts prüfen	Auftrag abrechnen
UN3_WAR	14	Rückfragen klären	Auftrag abrechnen
UN3_WAR	15	Auftrag dokumentieren	Auftrag abrechnen
UN3_WAR	16	Wartungsbericht archivieren	Auftrag abrechnen
UN3_WAR	17	Wartungsbelege versenden	Auftrag abrechnen
UN3_WAR	18	Auftrag abrechnen	Auftrag abrechnen
UN4_INS	1	Anfrage entgegennehmen (a)	Anfrage/Auftrag erfassen
UN4_INS	1	Anfrage entgegennehmen (b)	Anfrage/Auftrag erfassen
UN4_INS	2	Angebot erstellen	Angebot erstellen
UN4_INS	3	Auftrag anlegen	Anfrage/Auftrag erfassen
UN4_INS	4	Benötigtes Werkzeug ermitteln	Anfrage/Auftrag technisch klären
UN4_INS	4	Mitarbeiter disponieren	Ressourcen disponieren
UN4_INS	4	Spezialwerkzeug disponieren	Ressourcen disponieren
UN4_INS	4	PKW disponieren	Ressourcen disponieren
UN4_INS	4	Werkzeug disponieren	Ressourcen disponieren

Fallstudie	Int. Nr.	Funktion	Referenzfunktion
UN4_INS	5	Kunden anfahren	zu Kunden/Servicestützpunkt fahren
UN4_INS	6	Unterweisung erhalten	Freigabe erhalten
UN4_INS	7	Gefährdungen beurteilen	Gefährdung beurteilen
UN4_INS	8	Inspektionsmaßnahme durchführen	Modul prüfen
UN4_INS	9	Ergebnisse abstimmen	Auftrag vor Ort abschließen
UN4_INS	10	Beim Kunden abmelden	Auftrag vor Ort abschließen
UN4_INS	11	Bericht schreiben	Arbeiten dokumentieren
UN4_INS	12	Belege auswerten	Auftrag abrechnen
UN4_MOD	1	Anfrage entgegennehmen (a)	Anfrage/Auftrag erfassen
UN4_MOD	1	Anfrage entgegennehmen (b)	Anfrage/Auftrag erfassen
UN4_MOD	2	Angebot erstellen	Angebot erstellen
UN4_MOD	3	Auftrag anlegen	Anfrage/Auftrag erfassen
UN4_MOD	4	Benötigtes Werkzeug ermitteln	Anfrage/Auftrag technisch klären
UN4_MOD	4	Spezialwerkzeug disponieren	Ressourcen disponieren
UN4_MOD	4	PKW disponieren	Ressourcen disponieren
UN4_MOD	4	Werkzeug disponieren	Ressourcen disponieren
UN4_MOD	4	Auftrag vorbereiten	Auftrag vorbereiten
UN4_MOD	5	Kunden anfahren	zu Kunden/Servicestützpunkt fahren
UN4_MOD	6	Unterweisung erhalten	Freigabe erhalten
UN4_MOD	7	Gefährdungen beurteilen	Gefährdung beurteilen
UN4_MOD	8	Altteil demontieren	Modul demontieren
UN4_MOD	9	Altteil zurückschicken	Modul versenden
UN4_MOD	10	Altteil in der Werkstatt instand setzen	Modul instand setzen (Werkstatt)
UN4_MOD	11	Altteil zur Anlage schicken	Modul versenden
UN4_MOD	12	Ersatzteil montieren	Modul montieren
UN4_MOD	13	Beim Kunden abmelden	Auftrag vor Ort abschließen
UN4_MOD	14	Bericht schreiben	Arbeiten dokumentieren
UN4_MOD	15	Belege auswerten	Auftrag abrechnen
UN4_REP	1	Anfrage entgegennehmen (a)	Anfrage/Auftrag erfassen

Fallstudie	Int. Nr.	Funktion	Referenzfunktion
UN4_REP	1	Anfrage entgegennehmen (b)	Anfrage/Auftrag erfassen
UN4_REP	2	Angebot erstellen	Angebot erstellen
UN4_REP	3	Auftrag anlegen	Anfrage/Auftrag erfassen
UN4_REP	4	Benötigtes Werkzeug ermitteln	Anfrage/Auftrag technisch klären
UN4_REP	4	Spezialwerkzeug disponieren	Ressourcen disponieren
UN4_REP	4	PKW disponieren	Ressourcen disponieren
UN4_REP	4	Werkzeug disponieren	Ressourcen disponieren
UN4_REP	4	Auftrag vorbereiten	Auftrag vorbereiten
UN4_REP	5	Kunden anfahren	zu Kunden/Servicestützpunkt fahren
UN4_REP	6	Unterweisung erhalten	Freigabe erhalten
UN4_REP	7	Gefährdungen beurteilen	Gefährdung beurteilen
UN4_REP	8	Fehler identifizieren	Fehler identifizieren
UN4_REP	9	Altteil demontieren	Modul demontieren
UN4_REP	10	Altteil zurückschicken	Modul versenden
UN4_REP	11	Altteil in der Werkstatt instand setzen	Modul instand setzen (Werkstatt)
UN4_REP	12	Altteil zur Anlage schicken	Modul versenden
UN4_REP	13	Ersatzteil montieren	Modul montieren
UN4_REP	14	Beim Kunden abmelden	Auftrag vor Ort abschließen
UN4_REP	15	Bericht schreiben	Arbeiten dokumentieren
UN4_REP	16	Belege auswerten	Auftrag abrechnen
UN5_REP	1	Anfrage entgegennehmen	Anfrage/Auftrag erfassen
UN5_REP	1	Anfrage entgegennehmen	Anfrage/Auftrag erfassen
UN5_REP	1	Anfrage entgegennehmen	Anfrage/Auftrag erfassen
UN5_REP	1	Anfrage entgegennehmen	Anfrage/Auftrag erfassen
UN5_REP	1	Anfrage entgegennehmen	Anfrage/Auftrag erfassen
UN5_REP	2	Servicemeldung anlegen	Anfrage/Auftrag erfassen
UN5_REP	2	Servicemeldung anlegen	Anfrage/Auftrag erfassen
UN5_REP	2	Servicemeldung anlegen	Anfrage/Auftrag erfassen
UN5_REP	2	Servicemeldung anlegen	Anfrage/Auftrag erfassen

Fallstudie	Int. Nr.	Funktion	Referenzfunktion
UN5_REP	2	Servicemeldung anlegen	Anfrage/Auftrag erfassen
UN5_REP	3	Telefonische Schadensaufnahme prüfen	Anfrage/Auftrag technisch klären
UN5_REP	4	Schadensaufnahme telefonisch durchführen	Anfrage/Auftrag technisch klären
UN5_REP	5	Kunden anfahren	zu Kunden/Servicestützpunkt fahren
UN5_REP	6	Kunden bei Fahrtbeginn anrufen	Vor Ort anmelden
UN5_REP	7	Bei Ansprechpartner melden	Vor Ort anmelden
UN5_REP	8	Sicherheitsunterweisung erhalten	Freigabe erhalten
UN5_REP	9	Testlauf durchführen	Funktion prüfen
UN5_REP	10	Testbericht anfertigen	Arbeiten dokumentieren
UN5_REP	11	Problem identifizieren	Fehler identifizieren
UN5_REP	12	Arbeiten planen	Ressourcen disponieren
UN5_REP	12	Befundung durchführen	Fehler identifizieren
UN5_REP	13	Ersatzteile liefern	Modul versenden
UN5_REP	14	Altteil demontieren	Modul demontieren
UN5_REP	15	Altteil zurückschicken	Modul versenden
UN5_REP	16	Alteil reparieren	Modul instand setzen (Werkstatt)
UN5_REP	17	Altteil zur Anlage schicken	Modul versenden
UN5_REP	18	Ersatzteil montieren	Modul montieren
UN5_REP	19	Montagebericht anfertigen	Arbeiten dokumentieren
UN5_REP	20	Funktionsprüfung durchführen	Funktion prüfen
UN5_REP	21	Stundenzettel erstellen	Arbeiten dokumentieren
UN5_REP	22	Auftrag abschließen (vor Ort)	Auftrag vor Ort abschließen
UN5_REP	23	Auftrag abrechnen	Auftrag abrechnen
UN5_WAR	1	Anfrage entgegennehmen	Anfrage/Auftrag erfassen
UN5_WAR	1	Anfrage entgegennehmen	Anfrage/Auftrag erfassen
UN5_WAR	1	Anfrage entgegennehmen	Anfrage/Auftrag erfassen
UN5_WAR	1	Anfrage entgegennehmen	Anfrage/Auftrag erfassen
UN5_WAR	1	Anfrage entgegennehmen	Anfrage/Auftrag erfassen
UN5_WAR	2	Servicemeldung anlegen	Anfrage/Auftrag erfassen

Fallstudie	Int. Nr.	Funktion	Referenzfunktion
UN5_WAR	2	Servicemeldung anlegen	Anfrage/Auftrag erfassen
UN5_WAR	2	Servicemeldung anlegen	Anfrage/Auftrag erfassen
UN5_WAR	2	Servicemeldung anlegen	Anfrage/Auftrag erfassen
UN5_WAR	2	Servicemeldung anlegen	Anfrage/Auftrag erfassen
UN5_WAR	3	Kunden anfahren	zu Kunden/Servicestützpunkt fahren
UN5_WAR	4	Kunden bei Fahrtbeginn anrufen	Vor Ort anmelden
UN5_WAR	5	Bei Ansprechpartner melden	Vor Ort anmelden
UN5_WAR	6	Sicherheitsunterweisung erhalten	Freigabe erhalten
UN5_WAR	7	Testlauf durchführen	Funktion prüfen
UN5_WAR	8	Testbericht anfertigen	Arbeiten dokumentieren
UN5_WAR	9	Arbeiten planen	Ressourcen disponieren
UN5_WAR	10	Verschleißteil demontieren	Modul demontieren
UN5_WAR	11	Ersatzteil montieren	Modul montieren
UN5_WAR	12	Montagebericht anfertigen	Arbeiten dokumentieren
UN5_WAR	13	Funktionsprüfung durchführen	Funktion prüfen
UN5_WAR	14	Stundenzettel erstellen	Arbeiten dokumentieren
UN5_WAR	15	Auftrag abschließen (vor Ort)	Auftrag vor Ort abschließen
UN5_WAR	16	Auftrag abrechnen	Auftrag abrechnen

Tabelle 10-6: Zuordnung von Daten (Attributen) zu Informationsbedarfen

Daten \ Informationsbedarf	Leistungskenngrößen hinsichtlich Kosten	Leistungskenngrößen hinsichtlich Zeit	Leistungskenngrößen hinsichtlich Qualität	Branchenbenchmarks	Marktgröße	Marktwachstum	Profitabilität von Leistungen	Umsatz von Leistungen	Selbstkosten von Leistungen	Häufigkeiten von (Teil-)Leistungen	Standardisierungspotenzial	Kundensegmentierung	Zahlungsbereitschaft der Kunden	Absatzprognose von Leistungen	Planzeiten für Ressourcen/Leistungen	Nicht-Wertschöpfende Aktivitäten	Soll-/Ist-Abweichung für Prozessschritte (Kosten)	Soll-/Ist-Abweichung für Prozessschritte (Zeit)	Soll-/Ist-Abweichung für Prozessschritte (Qualität)	Echtzeitstatus von Prozessschritten	Ressourcenbelegung	Auftragsinformationen	Ressourcenverbrauch von Aufträgen	Dokumentation von Prozessschritten
Anfrage-ID	x	x	x				x	x	x	x	x	x		x	x	x	x	x	x	x	x	x	x	x
Kunden-ID	x	x	x				x	x	x	x	x	x		x	x	x	x	x	x	x	x	x	x	x
Branche												x												
Adresse Zentrale												x												
Prozess-ID	x	x	x				x	x	x	x	x	x		x	x	x	x	x	x	x	x	x	x	x
Bezeichnung Prozessmodul	x	x	x				x	x	x	x	x	x		x	x	x	x	x	x	x	x	x	x	x
Prozessschritt-ID	x	x	x				x	x	x	x	x	x		x	x	x	x	x	x	x	x	x	x	x
geplanter Start																	x	x	x	x	x			
geplantes Ende																	x	x	x	x	x			
Status	x	x	x				x	x	x	x	x	x		x	x	x	x	x	x	x	x	x	x	x
Ereignis-ID	x	x	x				x	x	x	x	x	x		x	x	x	x	x	x	x	x	x	x	x
Zeitstempel	x	x	x				x	x	x	x	x	x		x	x	x	x	x	x	x	x	x	x	x
Mitarbeiter-ID	x						x		x		x	x					x	x		x	x		x	
Verrechnungssatz	x						x		x			x					x						x	
Werkzeug-ID	x						x		x		x	x					x	x		x	x		x	
Verrechnungssatz	x						x		x			x					x						x	
Fahrzeug-ID	x						x		x		x	x					x	x		x	x		x	
Verrechnungssatz	x						x		x			x					x						x	
Kundenmitarbeiter-ID											x	x								x	x			

Daten \ Informationsbedarf	Leistungskenngrößen hinsichtlich Kosten	Leistungskenngrößen hinsichtlich Zeit	Leistungskenngrößen hinsichtlich Qualität	Branchenbenchmarks	Marktgröße	Marktwachstum	Profitabilität von Leistungen	Umsatz von Leistungen	Selbstkosten von Leistungen	Häufigkeiten von (Teil-)Leistungen	Standardisierungspotenzial	Kundensegmentierung	Zahlungsbereitschaft der Kunden	Absatzprognose von Leistungen	Planzeiten für Ressourcen/Leistungen	Nicht-Wertschöpfende Aktivitäten	Soll-/Ist-Abweichung für Prozessschritte (Kosten)	Soll-/Ist-Abweichung für Prozessschritte (Zeit)	Soll-/Ist-Abweichung für Prozessschritte (Qualität)	Echtzeitstatus von Prozessschritten	Ressourcenbelegung	Auftragsinformationen	Ressourcenverbrauch von Aufträgen	Dokumentation von Prozessschritten
Objekt-ID							x		x			x		x	x		x	x		x		x	x	
Baujahr														x								x		
Betriebsstunden														x								x		
Werkstatt-ID											x									x	x			
Zeichnungs-ID											x													
Modul-ID							x		x		x	x		x	x		x	x		x		x	x	
Ersatzteil-ID	x						x		x		x	x		x	x		x			x			x	
Einkaufspreis	x						x		x			x					x						x	
Externer-Mitarbeiter-ID	x						x		x		x	x					x	x		x	x		x	
Verrechnungssatz	x						x		x			x					x						x	
Parameter-ID																						x		x
Bezeichnung (Parameter)																						x		x
Wert																						x		x
Störungs-ID											x											x		x
Zustands-ID																						x		x
Bezeichnung (Zustand)																						x		x
Zustandsbewertung																						x		x
Verfügbar/nicht verfügbar																						x		
Ergebnis: Starttermin																						x		
Ergebnis: Endtermin																						x		
Leistungs-ID							x	x	x	x	x			x	x		x	x				x	x	
Plankosten (Leistung)							x	x									x	x				x		

Daten \ Informationsbedarf	Leistungskenngrößen hinsichtlich Kosten	Leistungskenngrößen hinsichtlich Zeit	Leistungskenngrößen hinsichtlich Qualität	Branchenbenchmarks	Marktgröße	Marktwachstum	Profitabilität von Leistungen	Umsatz von Leistungen	Selbstkosten von Leistungen	Häufigkeiten von (Teil-)Leistungen	Standardisierungspotenzial	Kundensegmentierung	Zahlungsbereitschaft der Kunden	Absatzprognose von Leistungen	Planzeiten für Ressourcen/Leistungen	Nicht-Wertschöpfende Aktivitäten	Soll-/Ist-Abweichung für Prozessschritte (Kosten)	Soll-/Ist-Abweichung für Prozessschritte (Zeit)	Soll-/Ist-Abweichung für Prozessschritte (Qualität)	Echtzeitstatus von Prozessschritten	Ressourcenbelegung	Auftragsinformationen	Ressourcenverbrauch von Aufträgen	Dokumentation von Prozessschritten
Verkaufspreis							x	x																
Berichts-ID																								x
Checklisten-ID																								x
Beurteilungs-ID																								x
Medien-ID																								x
Dokuments-ID							x	x	x								x						x	
Nettosumme							x	x	x								x						x	
Gedeckt	2	2	1	0	0	0	2	2	2	2	2	2	0	1	2	2	2	2	1	2	2	2	2	2

Legende: 2: gedeckt; 1: teilweise gedeckt; 0: nicht gedeckt

Tabelle 10-7: Zuordnung von Attributen zu Erfassungsszenarien

			Szenarien: Aufnahme von Stammdaten			Aufnahme von Prozessergebnissen						Identifikation von Objekten			Anmelden/Bestätigung von Prozessschritten		Aus Workflow
Kategorie	**Entitätstyp**	**Attribut**	Erstmalige Aufnahme	Automatisierte Vergabe	Automatisierte Zuordnung	Freie Eingabe	Bild/Video/Ton	Auswahl	Automatische Berechnung	Self-Service	Schnittstelle/Remote	Manuell	Semi-automatisiert	Automatisiert	Manuell	Automatisiert	-
Prozess	Ereignis	**Ereignis-ID**		x													x
Prozess	Ereignis	Zeitstempel		x													x
Prozess	Ereignis	Geoposition		x													x
Prozess	Auftrag	**Anfrage-ID**		x													x
Prozess	Auftrag	Auftrags-ID		x	x												
Prozess	Auftrag	Kunden-ID		x	x												
Prozess	Auftrag	Kundenname	x		x												
Prozess	Auftrag	Branche des Kunden	x		x												
Prozess	Auftrag	Adresse Zentrale	x		x												
Prozess	Auftrag	Rechnungs-ID		x	x												

Prozess	Auftrag	Projekt-ID		x	x												
Prozess	Auftrag	Servicevertrags-ID		x	x												
Prozess	Auftrag	Datum Auftragserteilung		x	x												
Prozess	Auftrag	geplanter Start			x												
Prozess	Auftrag	geplantes Ende			x												
Prozess	Prozess	**Prozess-ID**		x													x
Prozess	Prozess	Bezeichnung Prozess	x		x												
Prozess	Prozess	geplanter Start			x												
Prozess	Prozess	geplantes Ende			x												
Prozess	Prozessmodul	**Prozessschritt-ID**		x													x
Prozess	Prozessmodul	Bezeichnung Prozessmo-dul	x		x												
Prozess	Prozessmodul	geplanter Start			x												
Prozess	Prozessmodul	geplantes Ende			x												
Prozess	Status	**Status-ID**		x	x												
Prozess	Status	Status													x	x	
Ressourcen	Mitarbeiter	**Mitarbeiter-ID**		x								x	x	x			x
Ressourcen	Mitarbeiter	Name	x		x												
Ressourcen	Mitarbeiter	Qualifikation	x		x												
Ressourcen	Mitarbeiter	Position	x		x												
Ressourcen	Mitarbeiter	Verrechnungssatz	x		x												
Ressourcen	Mitarbeiter	Standort	x		x												
Ressourcen	Werkzeug	**Werkzeug-ID**		x								x	x	x			
Ressourcen	Werkzeug	Bezeichnung	x		x												
Ressourcen	Werkzeug	Werkzeugtyp	x		x												
Ressourcen	Werkzeug	Verrechnungssatz	x		x												
Ressourcen	Werkzeug	Hersteller	x		x												
Ressourcen	Werkzeug	Lagerort	x		x												
Ressourcen	Werkzeug	Baujahr	x		x												

Ressourcen	Werkzeug	Betriebsstunden				x					x						
Ressourcen	Werkzeug	Datum letzte Kalibrierung	x		x												
Ressourcen	Fahrzeug	**Fahrzeug-ID**		x								x	x	x			
Ressourcen	Fahrzeug	Bezeichnung	x		x												
Ressourcen	Fahrzeug	Fahrzeugtyp	x		x												
Ressourcen	Fahrzeug	KFZ-Kennzeichen	x		x												
Ressourcen	Fahrzeug	Hersteller	x		x												
Ressourcen	Fahrzeug	Verrechnungssatz	x		x												
Ressourcen	Fahrzeug	Baujahr	x		x												
Ressourcen	Fahrzeug	Kilometerstand				x					x						
Ressourcen	Mitarbeiter Kunde	**Kundenmitarbeiter-ID**	x	x								x					
Ressourcen	Mitarbeiter Kunde	Name	x		x												
Ressourcen	Mitarbeiter Kunde	Position	x		x												
Ressourcen	Mitarbeiter Kunde	Telefonnummer	x		x												
Ressourcen	Serviceobjekt	**Objekt-ID**		x								x	x				
Ressourcen	Serviceobjekt	Bezeichnung	x		x												
Ressourcen	Serviceobjekt	Produkttyp	x		x												
Ressourcen	Serviceobjekt	Servicevertrags-ID	x		x												
Ressourcen	Serviceobjekt	Hersteller	x		x												
Ressourcen	Serviceobjekt	Einsatzort	x		x												
Ressourcen	Serviceobjekt	Eigentümer: Kunden-ID	x		x												
Ressourcen	Serviceobjekt	Baujahr	x		x												
Ressourcen	Serviceobjekt	Betriebsstunden				x					x						
Ressourcen	Werkstatt	**Werkstatt-ID**		x								x	x				
Ressourcen	Werkstatt	Bezeichnung	x		x												
Ressourcen	Werkstatt	Ort	x		x												
Ressourcen	Plan/CAD-Modell	**Zeichnungs-ID**		x								x	x				
Ressourcen	Plan/CAD-Modell	Bezeichnung	x		x												
Ressourcen	Plan/CAD-Modell	Erstellungsdatum		x	x												

Ressourcen	Plan/CAD-Modell	Ersteller		x	x												
Ressourcen	Modul	**Modul-ID**		x								x	x				
Ressourcen	Modul	**Objekt-ID**		x								x	x				
Ressourcen	Modul	Bezeichnung	x		x												
Ressourcen	Modul	Modultyp	x		x												
Ressourcen	Modul	Hersteller	x		x												
Ressourcen	Modul	Baujahr	x		x												
Ressourcen	Modul	Betriebsstunden				x					x						
Ressourcen	Neumodul	**Artikelnummer**	x	x								x	x	x			
Ressourcen	Neumodul	Bezeichnung	x		x												
Ressourcen	Neumodul	Teiletyp	x		x												
Ressourcen	Neumodul	Hersteller	x		x												
Ressourcen	Neumodul	Einkaufspreis	x		x												
Ressourcen	Neumodul	Gewicht	x		x												
Ressourcen	Neumodul	Abmaße	x		x												
Ressourcen	Externer Dienstleister	**Externer Mitarbeiter-ID**		x								x					
Ressourcen	Externer Dienstleister	Lieferanten-ID	x		x												
Ressourcen	Externer Dienstleister	Name Lieferant	x		x												
Ressourcen	Externer Dienstleister	Name	x		x												
Ressourcen	Externer Dienstleister	Qualifikation	x		x												
Ressourcen	Externer Dienstleister	Position	x		x												
Ressourcen	Externer Dienstleister	Verrechnungssatz	x		x												
Ergebnis	Kunde	**Kunden-ID**		x						x		x					
Ergebnis	Kunde	Kundenname	x		x					x							
Ergebnis	Kunde	Branche des Kunden	x		x					x							
Ergebnis	Kunde	Adresse Zentrale	x		x					x							
Ergebnis	Serviceobjekt	**Objekt-ID**		x						x		x	x				
Ergebnis	Serviceobjekt	Bezeichnung	x		x					x							
Ergebnis	Serviceobjekt	Produkttyp	x		x					x							

Ergebnis	Serviceobjekt	Servicevertrags-ID	x		x					x							
Ergebnis	Serviceobjekt	Hersteller	x		x					x							
Ergebnis	Serviceobjekt	Einsatzort	x		x					x							
Ergebnis	Serviceobjekt	Eigentümer: Kunden-ID	x		x					x							
Ergebnis	Serviceobjekt	Baujahr	x		x					x							
Ergebnis	Serviceobjekt	Betriebsstunden				x				x	x						
Ergebnis	Mitarbeiter	**Mitarbeitertyp**	x					x	x								
Ergebnis	Mitarbeiter	Name	x		x												
Ergebnis	Mitarbeiter	Mitarbeiter-ID		x				x	x								
Ergebnis	Mitarbeiter	Qualifikation	x		x												
Ergebnis	Mitarbeiter	Verkaufspreis	x		x												
Ergebnis	Mitarbeiter	Verrechnungssatz	x		x												
Ergebnis	Mitarbeiter	Anzahl			x	x											
Ergebnis	Werkzeug	**Werkzeugtyp**	x					x	x								
Ergebnis	Werkzeug	Bezeichnung	x		x												
Ergebnis	Werkzeug	Werkzeug-ID		x				x	x								
Ergebnis	Werkzeug	Verrechnungssatz	x		x												
Ergebnis	Werkzeug	Hersteller	x		x												
Ergebnis	Werkzeug	Lagerort	x		x												
Ergebnis	Werkzeug	Anzahl			x	x											
Ergebnis	Werkzeug	Baujahr	x		x												
Ergebnis	Werkzeug	Betriebsstunden				x					x						
Ergebnis	Werkzeug	Datum letzte Kalibrierung	x		x												
Ergebnis	Werkzeug	Verkaufspreis	x		x												
Ergebnis	Werkzeug	Verrechnungssatz	x		x												
Ergebnis	Fahrzeug	**Fahrzeugtyp**	x					x	x								
Ergebnis	Fahrzeug	Bezeichnung	x		x												
Ergebnis	Fahrzeug	Fahrzeug-ID		x				x	x								
Ergebnis	Fahrzeug	KFZ-Kennzeichen	x		x												

Ergebnis	Fahrzeug	Hersteller	x		x												
Ergebnis	Fahrzeug	Verrechnungssatz	x		x												
Ergebnis	Fahrzeug	Baujahr	x		x												
Ergebnis	Fahrzeug	Kilometerstand				x					x						
Ergebnis	Fahrzeug	Verkaufspreis	x		x												
Ergebnis	Modul	**Modul-ID**								x		x	x				
Ergebnis	Modul	**Objekt-ID**								x		x	x				
Ergebnis	Modul	Bezeichnung	x		x					x							
Ergebnis	Modul	Modultyp	x		x					x							
Ergebnis	Modul	Hersteller	x		x					x							
Ergebnis	Modul	Baujahr	x		x					x							
Ergebnis	Modul	Betriebsstunden				x				x	x						
Ergebnis	Neumodul	**Modultyp**	x					x	x								
Ergebnis	Neumodul	Bezeichnung	x		x												
Ergebnis	Neumodul	Modul-ID		x				x	x								
Ergebnis	Neumodul	Anzahl			x	x											
Ergebnis	Neumodul	Hersteller	x		x												
Ergebnis	Neumodul	Gewicht	x		x												
Ergebnis	Neumodul	Abmaße	x		x												
Ergebnis	Neumodul	Einkaufspreis	x		x												
Ergebnis	Neumodul	Verkaufspreis	x		x												
Ergebnis	Externer Dienstleister	**Dienstleistertyp**	x					x	x								
Ergebnis	Externer Dienstleister	Lieferanten-ID		x				x	x								
Ergebnis	Externer Dienstleister	Name Lieferant	x		x												
Ergebnis	Externer Dienstleister	Name				x											
Ergebnis	Externer Dienstleister	Qualifikation	x		x												
Ergebnis	Externer Dienstleister	Position	x		x												
Ergebnis	Externer Dienstleister	Verrechnungssatz	x		x												
Ergebnis	Externer Dienstleister	Verkaufspreis	x		x												

Ergebnis	Maschinenparameter	**Parameter-ID**		x								x	x				
Ergebnis	Maschinenparameter	Bezeichnung	x		x												
Ergebnis	Maschinenparameter	Wert				x					x						
Ergebnis	Störung	**Störungs-ID**		x	x												
Ergebnis	Störung	Bezeichnung	x			x		x		x	x						
Ergebnis	Störung	Fehlercode	x			x		x		x	x						
Ergebnis	Zustand des Moduls	**Zustands-ID**		x	x												
Ergebnis	Zustand des Moduls	Bezeichnung	x			x		x			x						
Ergebnis	Zustand des Moduls	Zustandsbewertung				x		x			x						
Ergebnis	Verfügbarkeit	verfügbar/nicht verfügbar						x	x								
Ergebnis	Starttermin (Plan)	**Starttermin-ID**		x	x												
Ergebnis	Starttermin (Plan)	Prozessmodul-ID							x								x
Ergebnis	Starttermin (Plan)	Prozess-ID							x								x
Ergebnis	Endtermin (Plan)	**Endtermin-ID**		x	x												
Ergebnis	Starttermin (Plan)	Zeitpunkt			x	x			x								
Ergebnis	Endtermin (Plan)	Prozessmodul-ID							x								x
Ergebnis	Endtermin (Plan)	Prozess-ID							x								x
Ergebnis	Endtermin (Plan)	Zeitpunkt			x	x			x								
Ergebnis	Leistung	**Leistungs-ID**	x					x	x								
Ergebnis	Leistung	Bezeichnung	x		x												
Ergebnis	Leistung	Plan-Kosten	x		x												
Ergebnis	Leistung	Verkaufspreis	x		x												
Ergebnis	Leistung	Anzahl			x	x											
Dokument	Servicebericht	Bericht-ID		x								x	x				
Dokument	Checkliste	**Checklisten-ID**		x								x	x				
Dokument	Checkliste	Formular-ID		x								x	x	x			
Dokument	Checkliste	Ersteller	x		x												
Dokument	Checkliste	Erstellungsdatum		x													
Dokument	Checkliste	Bezeichnung	x		x												

Dokument	Freigabe	**Freigabe-ID**		x	x												
Dokument	Foto/Video/Tonaufnahme	Medien-ID		x	x												
Dokument	Foto/Video/Tonaufnahme	Bezeichnung		x	x												
Dokument	Angebot/Auftragsbestätigung/Rechnung	**Dokuments-ID**		x	x												
Dokument	Angebot/Auftragsbestätigung/Rechnung	Lieferanten-ID															
Dokument	Angebot/Auftragsbestätigung/Rechnung	Nettosumme			x												
Dokument	Angebot/Auftragsbestätigung/Rechnung	Dokumentstyp			x												
Dokument	Angebot/Auftragsbestätigung/Rechnung	Belegdatum			x												

10.4 Interviews und Validierungsgespräche

10.4.1 Aufnahme der Fallstudien

LPR GmbH (02.05.2017, Neuss)

Holger Brehm

Rodovan Sakochi

Rafael Capilla

SMS group GmbH (07.07.2017, Mönchengladbach)

Dr. Philipp Stüer

Frank Schreiber

ABB AG (14.06.2017, Ratingen)

Bilal Sarfraz

ThyssenKrupp Industrial Solutions AG (20.06.2017, Ennigerloh)

Uwe Hinte

Dr. Michael Honné

Cleanfix Industrieservice GmbH (06.12.2017, Aachen)

Jonas Bellut

10.4.2 Fokusgruppeninterviews zu Aufgaben im Service- und Instandhaltungsmanagement

Arbeitskreis Instandhaltung (10.03.2016, Düren)

Philipp Bales, Bayer Technology Services GmbH

Jürgen Burgmer, Covestro AG

Wilhelm Esser, Continental Reifen Deutschland GmbH

Udo Gläsel, Hüttenwerke Krupp Mannesmann GmbH

Manfred Görtz, Marx Automation GmbH

Stefan Grüßer, InfraServ GmbH & Co. Knapsack KG

Manfred Halt, BILSTEIN SERVICE GmbH

Henning Hörbelt, InfraServ GmbH & Co. Knapsack KG

Ufuk Karvan, BILSTEIN SERVICE GmbH

Alfred Maukel, Heimbach GmbH

Ralf Richter, Isola GmbH

Michael Schilling, Momentive Performance Materials

Michael Walter, Saint Gorbain Sekurit Deutschland

Arbeitskreis Lean Services in der Praxis (13.06.2017, Blomberg)

Ansgar Meyer, PHOENIX CONTACT GmbH & Co. KG

Martin Meinersmann, BSH Hausgeräte Service GmbH

Helmut Mühlnickel, BILSTEIN SERVICE GmbH

Manfred Halt, BILSTEIN SERVICE GmbH

Michael Roling, Henkel AG & Co. KGaA Düsseldorf

Uwe Geiger, Endress+Hauser Messtechnik GmbH+Co. KG

10.4.3 Abschließende Validierungsgespräche

Frank Lagemann, GreenGate AG (05.01.2018, Windeck)

Thomas Zapp, GreenGate AG (05.01.2018, Windeck)

Henning Hörbelt, InfraServ GmbH & Co. Knapsack KG (29.01.2018, Knapsack)

In der Reihe **Schriftenreihe Rationalisierung** zuletzt erschienen:

Harland, Tobias:
Gestaltung des Digitalen Schattens für Instandhaltungsdienstleistungen im Maschinen- und Anlagenbau
ISBN: 978-3-86359-694-1
Erscheinungsdatum: 07.02.2019

Hoffmann, Jörg:
Informationssystem-Architekturen produzierender Unternehmen bei software-definierten Plattformen
ISBN: 978-3-86359-675-0
Erscheinungsdatum: 07.12.2018

Nienke, Steffen Tim:
Ontologie für Energieinformationssysteme produzierender Unternehmen
ISBN: 978-3-86359-630-9
Erscheinungsdatum: 22.05.2018

Kurz, Michael:
Koordination zwischen Instandhaltung und Produktion mittels Handelsmechanismus
ISBN: 978-3-86359-593-7
Erscheinungsdatum: 28.02.2018

Zeller, Violett:
Systematische Verbesserung von Prozessen für IT-Dienstleistungen
ISBN: 978-3-86359-597-5
Erscheinungsdatum: 27.02.2018

Schmitz, Sebastian:
Bewertbarkeit des Reifegrads vom Informationsmanagement in produzierenden Unternehmen in Industrie-4.0-Umgebungen
ISBN: 978-3-86359-681-1
Erscheinungsdatum: 21.12.2018

Graus, Marcel:
Datenanalytik für Energieinformationssysteme produzierender Unternehmen
ISBN: 978-3-86359-652-1
Erscheinungsdatum: 21.08.2018

Meissner, Jan Peter:
Adaptives Abweichungsmanagement in der Fertigungssteuerung bei Kleinserien
ISBN: 978-3-86359-594-4
Erscheinungsdatum: 28.02.2018

Oflazgil, Kerem:
Simulationsbasierte Bewertung alternativer Reverse Supply Chains
ISBN: 978-3-86359-571-5
Erscheinungsdatum: 27.02.2018

Schwartz, Marcel:
Typologie zum lebenszyklusorientierten Management unternehmensinterner Communitys
ISBN: 978-3-86359-597-5
Erscheinungsdatum: 15.02.2018

Edition Wissenschaft
Apprimus

Cuber, Stefan:
Gestaltung des Datenmanagements zur Regelung der Auftragsabwicklung in wandlungsfähigen Produktionssystemen
ISBN: 978-3-86359-553-1
Erscheinungsdatum: 07.12.2017

Ihne, Manfred Christian:
Morphologie für Completely Knocked Down Baugruppen in Supply Chains des Maschinenbaus
ISBN: 978-3-86359-564-7
Erscheinungsdatum: 07.12.2017

Schenk, Michael Johann
Betriebsübergreifendes echtzeitfähiges Störungsmanagement in Beschaffungsnetzwerken
ISBN: 978-3-86359-513-5
Erscheinungsdatum: 25.06.2017

Buschmeyer, Achim
Verhaltenstransformation vom Investitionsgüterhersteller zum Lösungsanbieter
ISBN: 978-3-86359-511-1
Erscheinungsdatum: 04.04.2017

Groten, Marcel
Integrierte Planung von Distributionsnetzwerken auf Basis des Viable-System-Models
ISBN: 978-3-86359-494-7
Erscheinungsdatum: 02.03.2017

Jussen, Philipp:
Betriebskennlinien für industrielle Dienstleistungen
ISBN: 978-3-86359-463-3
Erscheinungsdatum: 02.12.2016

Brandenburg, Ulrich:
Quantifizierbare Wirkungen von Energieeffizienz auf die Produktionslogistik
ISBN: 978-3-86359-457-2
Erscheinungsdatum: 14.11.2016

Honné, Michael:
Erklärungsmodell ausgewählter Lean-Prinzipien für industrielle Dienstleistungen
ISBN: 978-3-86359-441-1
Erscheinungsdatum: 11.07.2016

Imtiaz, Ali:
Configurations of Knowledge Intensive Processes and Collaborative Technologies
ISBN: 978-3-86359-430-5
Erscheinungsdatum: 02.06.2016

Wagner, Dirk Richard:
Simulationsbasierte Bewertung von Verfügbarkeitsgarantien von Windenergieanlagen
ISBN: 978-3-86359-422-0
Erscheinungsdatum: 23.05.2016

Siegers, Jan:
Gestaltung der intra-organisationalen Zusammenarbeit mithilfe von Social Software
ISBN: 978-3-86359-423-7
Erscheinungsdatum: 13.04.2016

Korall, Simone:
Ereignisadäquate Beschaffungsmengenrechnung durch Anwendung spieltheoretischer Lösungskonzepte
ISBN: 978-3-86359-418-3
Erscheinungsdatum: 06.04.2016

Edition Wissenschaft
Apprimus

FSC
www.fsc.org
MIX
Papier | Fördert gute Waldnutzung
FSC® C083411

Kolibri 360 GmbH
Ferdinand-Jühlke-Straße 7
99095 Erfurt, Deutschland
produktsicherheit@kolibri360.de